Bernd Jäger
Rückstellungen für drohende Verluste aus schwebenden Geschäften in den Bilanzen von Versicherungsunternehmen

Schriftenreihe
„Versicherung und Risikoforschung"
des Instituts für betriebswirtschaftliche Risikoforschung und Versicherungswirtschaft der Ludwig-Maximilians-Universität, München

Herausgegeben von Prof. Dr. Elmar Helten

Band 4

In dieser Reihe sind bereits erschienen:

Band 1 Sven Heinrich
Versicherungsaufsicht und Wettbewerb

Band 2 Ute Werner
Die Messung des Unternehmenserfolgs auf Basis einer kommunikationstheoretisch begründeten Jahresabschlußanalyse

Band 3 Andrea Boos
Effizienz von Bonus-Malus-Systemen

Bernd Jäger

Rückstellungen für drohende Verluste aus schwebenden Geschäften in den Bilanzen von Versicherungsunternehmen

GABLER

Die Deutsche Bibliothek – CIP-Einheitsaufnahme

Jäger, Bernd:
Rückstellungen für drohende Verluste aus schwebenden Geschäften in den Bilanzen von Versicherungsunternehmen / Bernd Jäger. –
Wiesbaden : Gabler, 1991
(Schriftenreihe Versicherung und Risikoforschung ; Bd. 4)
ISBN 978-3-663-02111-7 ISBN 978-3-663-02110-0 (eBook)
DOI 10.1007/978-3-663-02110-0
NE: GT

Der Gabler Verlag ist ein Unternehmen der Verlagsgruppe Bertelsmann International.

Lektorat: Hans-Ulrich Bauer

Satzarbeiten: Publishing 2000, Angela Fromm, Idstein

ISBN 978-3-663-02111-7

Vorwort des Herausgebers

Die Harmonisierung des EG-Binnenmarktes, aber auch die Deregulierungsdiskussion innerhalb der EG erfordert nicht nur eine Bestandsaufnahme und einen Vergleich der in den einzelnen Ländern gewachsenen Rechts- und Wirtschaftsstrukturen, sondern eine fundierte Diskussion über die für eine freie und soziale Marktwirtschaft „richtigen" Regeln. Politisch durchsetzbare Kompromisse, wie Durchschnittsbildungen und kleinste gemeinsame Teiler der Regulierungen der einzelnen Länder, sollten jedoch nicht das Ziel wissenschaftlicher Analysen sein, sondern nur konsequente Deduktionen und Ausformungen von Regeln aus gemeinsam akzeptierten Basisprinzipien.

Da aber selbst die Ausgestaltung und Rangordnung der Basisprinzipien innerhalb der einzelnen Länder, man denke etwa an den Gläubigerschutz, den Verbraucherschutz oder das Vorsichtsprinzip, umstritten sind, hat der Wissenschaftler nur die Möglichkeit, die Basisprinzipien selbst auszuwählen, die Auswahl zu begründen und aus den gewählten Annahmen Schlußfolgerungen für das zu lösende Problem zu ziehen. So ist auch die von Jäger vorgelegte Monographie über Rückstellungen für drohende Verluste aus schwebenden Geschäften nur diskutierbar, wenn Besonderheiten einzelner Wirtschaftszweige, hier der Versicherungswirtschaft, als Argument für spezielle Regelungen akzeptiert werden.

Obwohl in der EG durch Art. 54 Abs. 3 Besonderheiten im Jahresabschluß von Gesellschaften bestimmter Rechtsformen vorgesehen sind, so wird in den letzten Jahren und speziell durch den zweiten VersBiRiLi-Entwurf deutlich, daß man Branchenbesonderheiten möglichst zu reduzieren versucht und länderspezifische Regelungen auf den kleinsten Nenner dereguliert. Insofern ist die sehr subtil argumentierende Arbeit von Jäger gegen den europäischen Zeitgeist geschrieben. Aber das mindert meines Erachtens nicht ihren wissenschaftlichen Rang.

Ziel der vorliegenden Arbeit ist es, die grundlegenden Bilanzierungsprobleme, die im Zusammenhang mit der Rückstellung für drohende Verluste im besonderen Fall des Versicherungsvertrags bestehen, zu erörtern und Lösungsansätze zur Bewältigung dieser Zweifelsfragen anzubieten. Dazu wird zunächst das Erfordernis einer Rückstellung für drohende Verluste aus Versicherungsgeschäften begründet. Sodann wird die Bewertungsproblematik dargestellt und abschließend wird das Verhältnis der Rückstellung für drohende Verluste aus schwebenden Geschäften zu anderen versicherungstechnischen Passivposten diskutiert.

Die Arbeit enthält eine Fülle von interessanten, bezogen auf die Einrechnung der nichtversicherungstechnischen Erfolge sogar kontroverse Thesen sowie Anleitungen zur konkreten Berechnung der Drohverlustrückstellung. Sie nutzt die neueren versicherungsbetrieblichen und risikotheoretischen Erkenntnisse zur Frage, was ist

Versicherung und wie wird Versicherungsschutz produziert, um die Drohverlustrückstellung adäquat zu fundieren. Insofern scheint ein zumindest vorübergehender Abschluß der Diskussion um die Rückstellung für drohende Verluste aus schwebenden Geschäften bei Versicherungsunternehmen durch die Arbeit von Jäger erreicht.

München, im August 1991 Elmar Helten

Inhaltsverzeichnis

Abbildungsverzeichnis

Abkürzungsverzeichnis

ABl. EG	Amtsblatt der Europäischen Gemeinschaften
AG	Aktiengesellschaft
AktG	Aktiengesetz
AO 78	Anordnung R 4/78 zur Schwankungsrückstellung vom 21.09.1978
AVB	Allgemeine Versicherungsbedingungen
BAV	Bundesaufsichtsamt für das Versicherungswesen
BB	Betriebs-Berater (Zeitschrift)
BdF	Bundesminister der Finanzen
BewDV	Durchführungsverordnung zum Bewertungsgesetz
BewG	Bewertungsgesetz
BFH	Bundesfinanzhof
BFuP	Betriebswirtschaftliche Forschung und Praxis (Zeitschrift)
BGB	Bürgerliches Gesetzbuch
BGBl.	Bundesgesetzblatt
BGH	Bundesgerichtshof
BiRiLiG	Gesetz zur Durchführung der Vierten, Siebenten und Achten Richtlinie des Rates der Europäischen Gemeinschaften zur Koordinierung des Gesellschaftsrechts (Bilanzrichtlinien-Gesetz)
BStBl.	Bundessteuerblatt
DB	Der Betrieb (Zeitschrift)
Diss.	Dissertation
DStR	Deutsches Steuerrecht (Zeitschrift)
DStZ	Deutsche Steuer-Zeitung
EG	Europäische Gemeinschaft(-en)

EStG	Einkommensteuergesetz
EStR	Einkommensteuer-Richtlinien
EuGH	Europäischer Gerichtshof
EWG	Europäische Wirtschaftsgemeinschaft
Externe Rech VUVO	Verordnung über die Rechnungslegung der Versicherungsunternehmen vom 11.07.1973 in der Fassung der Zweiten Änderungsverordnung vom 16.08.1976
Externe VUReV	Verordnung über die Rechnungslegung der Versicherungsunternehmen vom 11.07.1973 in der Fassung der Dritten Änderungsverordnung vom 23.12.1986
f.e.R.	für eigene Rechnung
FGO	Finanzgerichtsordnung
FR	Finanz-Rundschau (Zeitschrift)
FVG	Gesetz über die Finanzverwaltung
GG	Grundgesetz
GmbHR	GmbH-Rundschau (Zeitschrift)
GoB	Grundsätze ordnungsmäßiger Buchführung
GuV-Rechnung	Gewinn- und Verlust-Rechnung
HB	Handelsblatt
HdJ	Handbuch des Jahresabschlusses in Einzeldarstellungen
HdV	Handwörterbuch der Versicherung
HGB	Handelsgesetzbuch
HUK	Haftpflicht-, Unfall- und Kraftfahrtversicherung
HURB	Handwörterbuch unbestimmter Rechtsbegriffe im Bilanzrecht des HGB
HWB	Handwörterbuch der Betriebswirtschaft
HWPlan	Handwörterbuch der Planung
HWProd	Handwörterbuch der Produktionswirtschaft
HWR	Handwörterbuch des Rechnungswesens
HWRev	Handwörterbuch der Revision

IAS	International Accounting Standard(s)
IASC	International Accounting Standards Committee
IBNR	incurred but not reported
IdW	Institut der Wirtschaftsprüfer in Deutschland e.V.
Interne Rech VUVO	Verordnung über die Rechnungslegung von Versicherungsunternehmen gegenüber dem Bundesaufsichtsamt für das Versicherungswesen vom 17.10.1974
Interne VUReV	Verordnung über die Rechnungslegung von Versicherungsunternehmen gegenüber dem Bundesaufsichtsamt für das Versicherungswesen vom 30.01.1987
JbFfSt	Jahrbuch der Fachanwälte für Steuerrecht
JDStJG	Jahrbuch der Deutschen Steuerjuristischen Gesellschaft e.V.
KÖSDI	Kölner Steuerdialog (Zeitschrift)
KoRVU	Kompendium zur Rechnungslegung der Versicherungsunternehmen
KStG	Körperschaftsteuergesetz
NB	Neue Betriebswirtschaft (Zeitschrift)
PRAP	Passive(r) Rechnungsabgrenzungsposten
RAP	Rechnungsabgrenzungsposten
RFH	Reichsfinanzhof
RGBl.	Reichsgesetzblatt
RIW	Recht der Internationalen Wirtschaft (Zeitschrift)
RStBl.	Reichssteuerblatt
SABI	Sonderausschuß Bilanzrichtlinien-Gesetz
StbJb	Steuerberater-Jahrbuch
StBp	Die steuerliche Betriebsprüfung (Zeitschrift)
StuW	Steuer und Wirtschaft (Zeitschrift)
VAG	Gesetz über die Beaufsichtigung der Versicherungsunternehmen (Versicherungsaufsichtsgesetz)
VerBAV	Veröffentlichungen des Bundesaufsichtsamtes für das Versicherungswesen

VersBiRiLi	Versicherungsbilanzrichtlinie
VersR	Versicherungsrecht (Zeitschrift)
VFA	Versicherungsfachausschuß (des IdW)
VStR	Vermögensteuer-Richtlinien
VUBR	Bilanzierungsrichtlinien für Versicherungsunternehmen des Bundesaufsichtsamtes für das Versicherungswesen vom 30.12.1987
VVaG	Versicherungsverein auf Gegenseitigkeit
VVG	Gesetz über den Versicherungsvertrag (Versicherungsvertragsgesetz)
VW	Versicherungswirtschaft (Zeitschrift)
WP	Der Wirtschaftsprüfer (Zeitschrift)
WPg	Die Wirtschaftsprüfung (Zeitschrift)
WP-Handbuch	Wirtschaftsprüfer-Handbuch
WPK	Wirtschaftsprüferkammer
ZfB	Zeitschrift für Betriebswirtschaft
ZfbF	Schmalenbachs Zeitschrift für betriebswirtschaftliche Forschung
ZfhF	Zeitschrift für handelswissenschaftliche Forschung
ZfV	Zeitschrift für Versicherungswesen
ZGR	Zeitschrift für Unternehmens- und Gesellschaftsrecht
ZVersWiss	Zeitschrift für die gesamte Versicherungswissenschaft

1. Einleitung

1.1. Problemstellung und inhaltliche Abgrenzung der Thematik

Die bilanzielle Behandlung schwebender „Geschäfte" ist in den vergangenen Jahrzehnten wiederholt Gegenstand höchstrichterlicher Entscheidungen sowie entsprechender Abhandlungen in der Literatur gewesen[1]. Obgleich auf diese Weise der fehlenden gesetzlichen Regelung zum Trotz allgemeine Grundsätze resp. Konventionen entwickelt wurden[2], haben sich noch keine festen Regeln bezüglich der Berücksichtigung von Dauerschuldverhältnissen, einer Teilgruppe schwebender Verträge, herausgebildet[3]. Innerhalb jener Kategorie noch nicht vollständig erfüllter Rechtsgeschäfte hebt sich zudem der Versicherungsvertrag von den übrigen Dauer*schuld*- bzw. -*rechts*verhältnissen aufgrund einiger Besonderheiten[4] ab. Dies läßt eine gezielte Erörterung dieses wirtschaftszweigbezogenen Spezialfalls im Rahmen der vorliegenden Arbeit geboten erscheinen. Schließlich stand der Versicherungsvertrag im Kontext einer durch ihn begründeten Rückstellung für drohende Verluste (kurz: „Verlust-" bzw. „Drohverlustrückstellung")[5] erst selten im Mittelpunkt[6] des wissenschaftlichen Interesses. Die betreffenden Beiträge von *Nies* (1972 und 1984), *Karten* (1973), *Ziegler* (1973), *Farny* (1983) sowie *Kayser* und *Rettig* (1985) erörtern die Rückstellung für drohende Verluste aus dem Versicherungsgeschäft unter Zugrundelegung stark unterschiedlicher Schwerpunkte[7]. Dabei impliziert die Kürze jener Veröffentlichungen - n.A. des Verfassers zwangsläufig - eine oberflächliche Behandlung oder sogar eine Außerachtlassung bewertungsrelevanter Sachverhalte. Zudem vertreten die Autoren in Einzelfragen z.T. ge-

---

1 Die Monographie *Vellguths* aus dem Jahr 1938 belegt in ihrer Auseinandersetzung mit divergierenden Anschauungen die bereits damals im Gang befindliche wissenschaftliche Diskussion dieses Themenkomplexes. Siehe *Vellguth*, Hans Karl (Grundsätze 1938).

2 Siehe hierzu sowie zum Begriff des schwebenden Geschäfts die Ausführungen des Kapitels 2.1.1.1.

3 Vgl. *Niemann*, Ursula (Dauerschuldverhältnisse 1986), S. 3 mit weiteren Nachweisen.

4 Jene im Zusammenhang mit dieser Arbeit bewertungsrelevanten Eigenheiten der Produktion von Versicherungsschutz werden im Verlauf des Hauptteils sukzessive erörtert.

5 Dabei stellt die Rückstellungsbildung wiederum nur einen Teilaspekt der bilanziellen Behandlung schwebender Geschäfte dar. Vgl. hierzu die Ausführungen des Kapitels 2.1.1.1.

6 Neben jenen originären Beiträgen findet die gewählte Problemstellung noch Beachtung in einigen steuerrechtlichen Kommentierungen, auf die an gegebener Stelle eingegangen wird.

7 Siehe *Nies*, Helmut (Rückstellungen 1972), S. 383-392 und 446-453, *derselbe* (Rückstellungen 1984), S. 130-135, *Karten*, Walter (Drohverlustrückstellung 1973), S. 1425-1428, *Ziegler*, Günter (Rückstellungen 1973), S. 90-99, *Farny*, Dieter (Rückstellungen 1983), S. 1581-1583 sowie *Kayser*, Georg; *Rettig*, Wolfgang (Rückstellungen 1985), S. 250-253. Nach Fertigstellung der vorliegenden Arbeit erschien ein weiterer Zeitschriftenbeitrag. Siehe *Kühnberger*, Manfred (Bildung 1990), S. 695-703 und 840-845.

genläufige Standpunkte, ohne auf die jeweils andere Position einzugehen. Eine inhaltliche Auseinandersetzung mit den hier angedeuteten Problemen erfolgt an den einschlägigen Stellen im Hauptteil der vorliegenden Abhandlung.

Im übrigen existiert eine mittlerweile fast unüberschaubare Anzahl branchenübergreifender Veröffentlichungen zum Themenkomplex der schwebenden Geschäfte sowie zur hiermit zusammenhängenden Rückstellungsbildung. In diesen allgemeinen handels- und/oder steuerrechtlich geprägten Abhandlungen findet der Versicherungsvertrag im Rahmen der dort häufig vorzufindenden kasuistischen Aufzählung schwebender Verträge entweder überhaupt keine Erwähnung[8], oder es wird unter Hinweis auf die ihm anhaftenden Besonderheiten auf seine Erörterung verzichtet[9]. Dennoch kann und soll im Zusammenhang des vorliegenden, thematisch enger gefaßten Beitrags nicht auf die Berücksichtigung jenes umfassenden Gedankenguts verzichtet werden[10]. Dies ist vielmehr notwendig, um den Versicherungsvertrag in die Gesamtsystematik der schwebenden Geschäfte sinnvoll eingliedern zu können[11]. Gleiches gilt für die zahlreichen Entscheidungen der höchstrichterlichen Finanzrechtsprechung. Obgleich sie einzelfallbezogen sind, gelten sie doch häufig als richtungsweisend für ähnlich gelagerte Fälle[12]. Diesbezüglich ist insbesondere zu untersuchen, inwieweit Urteile, die zu einzelnen Sachverhalten *anderer* Dauerschuldverhältnisse vorliegen, in ihren Aussagen tatsächlich verallgemeinerungsfähig sind und die auf diese Weise abgeleiteten Grundsätze analog auch in bezug auf den Spezialfall des Versicherungsvertrags Relevanz besitzen. Denn obgleich zu sonstigen Fragen des Versicherungsvertrags und den damit verbundenen Rückstellungspflichten bereits einige finanzgerichtliche Entscheidungen ergingen, fand bislang kein Steuerprozeß statt, in dessen Mittelpunkt die Problematik einer Rückstellung für drohende Verluste aus dem Versicherungsgeschäft stand.

Die oben angedeutete geringe Zahl gezielt zum Versicherungsvertrag ergangener Abhandlungen und Urteile ebenso wie dessen im Hauptteil sukzessive zu erörternden branchenbezogenen, bewertungsrelevanten Besonderheiten geben Anlaß, diesen Vertrag einer näheren Betrachtung zu unterziehen. Gerade die wirtschaftszweigspezifischen Eigenheiten des Versicherungsgeschäfts rechtfertigen die inhaltliche Beschränkung dieser Arbeit auf den Fall drohender Verluste ausschließlich

---

8 So u.a. bei *Döllerer*, Georg (Grundsätze 1982), S. 780.

9 So z.B. durch *Sarx*, Manfred (Probleme 1985), S. 95.

10 Wegen der Vielzahl im Schrifttum geäußerter gleichgerichteter Standpunkte wäre es nachfolgend jedoch weder sinnvoll noch erforderlich, zu einem Sachverhalt sämtliche vorhandenen Publikationen lückenlos zu zitieren. Statt dessen beschränkt sich der Verfasser im Regelfall auf die exemplarische Nennung einiger repräsentativer Beiträge. Eine ähnlich selektive Zitierweise wird auch hinsichtlich der zahlreichen zu bestimmten Detailproblemen ergangenen Entscheidungen der höchstrichterlichen Finanzrechtsprechung praktiziert.

11 Siehe hierzu Abschnitt 2.1.

12 Vgl. Kapitel 2.2.2.

aus dem Versicherungsvertrag. Trotz dieser relativ starken Eingrenzung der Thematik erweist sich dieser Grad der Spezialisierung noch als unzureichend, sämtliche durch die Vielfalt und die damit verbundene Verschiedenheit der unterschiedlichen Versicherungszweige bedingten Sonderfälle in der ihnen gebührenden Breite wie auch Tiefe erörtern zu können. Insbesondere eine extensive Behandlung versicherungsjuristischer, hier vor allem versicherungsvertragsrechtlicher, aber auch die risikotheoretischer Detailprobleme muß unterbleiben, um nicht den Blick für das Wesentliche zu verstellen. Hieraus erwuchs die Bestrebung, den Schwerpunkt der Ausführungen auf die Erforschung allgemeiner, für mehrere Versicherungssparten resp. -zweige gültige Grundlagen auszurichten. Dennoch wird an entsprechender Stelle aufzuzeigen sein, daß dem Phänomen drohender Verluste und damit den hierauf begründeten Rückstellungen in einzelnen Teilbereichen der Assekuranz äußerst unterschiedliche Bedeutung beizumessen ist[13].

Der Bildung einer Rückstellung für drohende Verluste durch Versicherungsunternehmen[14] kommt im Vergleich zur Bilanzierung dieser Position durch Unternehmen anderer Branchen ein erhöhter Schwierigkeitsgrad zu, da einige wirtschaftszweigspezifische Bewertungsdeterminanten[15] ergänzend zu berücksichtigen sind. Ein weiterer, aus den Besonderheiten des Versicherungsgeschäfts abgeleiteter Aspekt, den es gegenüber der Rückstellungsbildung sonstiger Wirtschaftszweige zusätzlich zu beachten gilt, besteht im Vergleich der Drohverlustrückstellung mit den übrigen, sog. *versicherungstechnischen Rückstellungen*. In diesem Kontext soll der Versuch einer umfassenden Abgrenzung der Verlustrückstellung von jenen branchenspezifischen Passivposten unternommen werden. Denn erst eine theoretisch nachgewiesene klare Trennbarkeit dieser Positionen von der Drohverlustrückstellung rechtfertigt deren Existenz. Ergibt die in Hauptabschnitt 4 durchgeführte Gegenüberstellung hingegen starke Ähnlichkeiten beispielsweise der Funktion von Drohverlust- sowie Schwankungsrückstellung, so ist die Bildung beider Rückstellungsarten nebeneinander in Frage gestellt. Nur durch eine Verrechnung jener Passivposten kann in diesem Fall eine Doppelerfassung zu antizi-

13 Zur unterschiedlichen Relevanz der Drohverlustrückstellung für verschiedene Sparten resp. Zweige der Versicherungswirtschaft siehe insbesondere Abschnitt 2.3.

14 Im Kontext dieser Arbeit werden unter Versicherungsunternehmen entsprechend der Legaldefinition des § 1 Abs. 1 VAG Unternehmen verstanden, „ ... , die den Betrieb von Versicherungsgeschäften zum Gegenstand haben und nicht Träger der Sozialversicherung sind". Versicherungsunternehmen in diesem Sinne dürfen gemäß § 7 Abs. 1 VAG nur in der Rechtsform der AG, des VVaG sowie einer öffentlich-rechtlichen Anstalt oder Körperschaft betrieben werden. Für sog. professionelle, d.h. reine Rückversicherungsgesellschaften gilt diese Einschränkung § 1 Abs. 2 VAG zufolge nicht. Vgl. Gesetz über die Beaufsichtigung der Versicherungsunternehmen (Versicherungsaufsichtsgesetz - VAG) vom 12.05.1901, in: RGBl., S. 139 ff., in der Fassung der Bekanntmachung vom 13.10.1983, in: BGBl. I, S. 1261 ff., nichtamtliche redaktionelle Neufassung auf dem Stand vom 01.07.1990, in: VerBAV, 39. Jg. (1990), S. 389 ff., zuletzt geändert durch das Gesetz zur Änderung versicherungsrechtlicher Vorschriften vom Dezember 1990, in: VerBAV, 39. Jg. (1990), S. 562-564.

15 Siehe hierzu insbesondere Abschnitt 3.2.

pierender negativer Erfolgserwartungen vermieden werden[16]. Gerade die Schwankungsrückstellung ist aufgrund ihrer noch aufzuzeigenden Funktion einem besonders intensiven Vergleich mit der Rückstellung für drohende Verluste zu unterziehen[17]. Zeigt sich ein Rechnung legendes Versicherungsunternehmen hingegen nicht in der Lage, die Drohverlustrückstellung eindeutig von den übrigen versicherungstechnischen Passiva abzugrenzen, so kommt es u.U. zur *Mehrfach-* oder zur *Nicht*erfassung erwarteter Verpflichtungsüberschüsse. Liegt letzterer Fall vor, so sei an dieser Stelle auf die mögliche Rechtsfolge der Nichtigkeit des Jahresabschlusses aufgrund einer unterlassenen Rückstellungszuführung hingewiesen[18].

Einige Versicherungsunternehmen kamen in der Vergangenheit ihrer gesetzlichen Pflicht zur Bildung einer Rückstellung für drohende Verluste offensichtlich nicht nach; dem Bundesaufsichtsamt für das Versicherungswesen (BAV) erschien es deshalb geboten, die seiner Beaufsichtigung unterstehende bilanzierende Praxis hierauf mit Nachdruck hinzuweisen[19]. Die Ernsthaftigkeit dieser aufsichtsbehördlichen Ermahnung sollte nicht unterschätzt werden, bedenkt man die im Falle unzureichender Rückstellungsbildung eigentlich eintretende Nichtigkeitsfolge. Schließlich gilt die Nichtigkeitsregelung des § 256 AktG[20] gemäß § 36 S. 2 VAG entsprechend auch für Versicherungsunternehmen. Diese Gedankenkette fortsetzend wäre zudem der an die Adresse einiger Abschlußprüfer gerichtete Vorwurf ableitbar, die geprüften Versicherungsunternehmen nicht nachdrücklich genug auf ihre Verpflichtung zur Passivierung von Drohverlustrückstellungen hingewiesen und dennoch den Jahresabschluß mit einem uneingeschränkten Bestätigungsvermerk versehen zu haben[21]. Außerdem sind die Prüfer gehalten, im anzufertigenden Prüfungsbericht explizit auf die Frage der Angemessenheit versicherungstechnischer Rückstellungen einzugehen[22]. *Karten* zeigt sich bereits zehn Jahre vor besagter Stellungnahme des BAV zurecht darüber verwundert, daß trotz der häufig aus langfristig schwebenden Versicherungsverträgen resultierenden Verlusterwar-

---

16 Vgl. die Ausführungen des Kapitels 4.1.2.

17 Siehe hierzu insbesondere Abschnitt 4.1; siehe auch die Ausführungen der Kapitel 2.3.1 sowie 3.1.2.1.

18 Vgl. z.B. BGH II Z R 23/81 vom 01.03.1982, in: DB 1982, S. 1922, wonach die Nichtbildung einer Rückstellung für drohende Verluste aus schwebenden Geschäften zur Nichtigkeit des Jahresabschlusses führt; zu den rechtlichen Konsequenzen dem Grunde und damit auch der Höhe nach unzureichender Rückstellungsbildung siehe beispielhaft die Ausführungen in *Naumann*, Klaus-Peter (Rückstellungen 1989), S. 155-162; zu den speziell die Nichtigkeit des Jahresabschlusses behandelnden Rechtsnormen siehe *IdW* (WP-Handbuch 1986), S. 743-755 sowie *Adler*, Hans; *Düring*, Walther; *Schmaltz*, Kurt (Rechnungslegung 1987 ff.), Tz. 27-35 der Vorbemerkungen zu den §§ 252-256 HGB.

19 Vgl. *BAV* (Stellungnahme 1983), S. 35.

20 Aktiengesetz vom 06.09.1965, in: BGBl. I 1965, S. 1089-1184, zuletzt geändert durch das Bilanzrichtlinien-Gesetz vom 19.12.1985, in: BGBl. I 1985, S. 2355-2433.

21 Ähnlich äußert sich *Biener* in einem allgemeineren Zusammenhang. Siehe *Biener*, Herbert (Rückstellungen 1988), S. 45.

22 Vgl. *IdW* (WP-Handbuch 1986), S. 601.

tungen die Rückstellung für drohende Verluste bis zum Jahr 1971 in Versicherungsbilanzen „gänzlich ungebräuchlich" war[23][24]. Schließlich bestand bereits vor dieser Zeit eine gesetzlich verankerte Pflicht zur Bildung dieser Rückstellung[25].

Ob die Ursache der n.A. der Bundesaufsicht bisher unzureichenden Bildung von Verlustrückstellungen in Versicherungsbilanzen im Einzelfall in einer bei Bilanzerstellung zu optimistischen Zukunftserwartung oder in der bewußten Verschleierung von Verlustpotential aus Gründen der „Bilanzoptik" zu suchen ist, kann aus Sicht des Unternehmensexternen nicht geklärt werden. Möglicherweise liegt der Grund hierfür auch in einer bloßen Unkenntnis bzw. Unsicherheit seitens der Unternehmen bezüglich des Erfordernisses eines derartigen Passivpostens *neben* den versicherungsspezifischen Rückstellungen. Jedenfalls wäre ein großer Unsicherheitsfaktor beseitigt, würde man sich staatlicherseits zur Schaffung einer extensiven Rechtsgrundlage entschließen. Jene sollte vor allem die Bedeutung wirtschaftszweigbezogener Bewertungsdeterminanten für die Höhe einer Drohverlustrückstellung hervorheben. Sie sollte zudem durch eine möglichst präzise Differenzierung der verschiedenen Passivposten das Erfordernis einer Verlustrückstellung *ergänzend* zu den andersartigen, bereits auf relativ ausführlichen Rechtsgrundlagen basierenden versicherungsspezifischen Positionen klar herausstellen.

Zwecks Konkretisierung der gewählten Themenstellung ist noch anzumerken, daß ausschließlich die direkt mit dem Versicherungsvertrag aus der Sicht des (Erst-) Versicherers zusammenhängende Bildung von Rückstellungen für drohende Verluste erörtert werden soll. Eine Behandlung der - ebenso wie in anderen Branchen - auch in den Unternehmen der Assekuranz möglichen drohenden Verluste z.B. aus Arbeits- oder Mietverträgen soll hingegen unterbleiben, da andernfalls der Blick für die Kernproblematik getrübt würde. Aus diesem Grund wird auch auf die Erörterung erwarteter Verpflichtungsüberschüsse aus Vermögensgegenständen bzw. aktiven Wirtschaftsgütern verzichtet. Schließlich sind auf der Aktivseite von Versicherungsbilanzen neben relativ großen Kapitalanlagebeständen unterschiedlicher Art weder selbsterstellte Halb- oder Fertigerzeugnisse noch fremdbezogene materielle Wirtschaftsgüter wie beispielsweise Handelswaren abzubilden. Folglich können die damit in Industrie- und Handelsunternehmen einhergehenden Verlusttatbestände hier außer Betracht bleiben, da die vorliegende Arbeit einen speziellen Fall der Dienstleistungsbranche behandelt. So sei bezüglich der besonderen Bedeutung des Teilwertbegriffs in diesem Kontext auf das einschlägige Schrifttum verwiesen[26]. Auch die Problematik unterschiedlicher Realisationszeitpunkte bezüglich einer *Gewinn*realisierung aus schwebenden (Liefer-)Geschäften über Sachen erweist sich für den Dienstleistungen umfassenden Versicherungsvertrag als irrelevant. Außerdem

---

23 Vgl. *Karten*, Walter (Drohverlustrückstellung 1973), S. 1425.

24 Wie aus einer Untersuchung *Farnys* hervorgeht, hat sich dies jedoch mittlerweile grundlegend gewandelt. Vgl. *Farny*, Dieter (Rückstellungen 1983), S. 1581 ff.

25 Vgl. die in Abschnitt 2.2.1.1 erörterte Vorschrift des § 152 Abs. 7 AktG 1965.

26 Siehe hierzu beispielhaft die in den Fn. 45 und 46 dieses Hauptabschnitts genannte Literatur.

ist im Gegensatz hierzu die bilanzielle Behandlung für die Zukunft erwarteter *Verlust*realisationen aus schwebenden Verträgen Gegenstand dieser Abhandlung[27]. Zwar besitzen zahlreiche, in branchenfremden Unternehmen auftretende Bewertungsprobleme in bezug auf die Aktivseite von Versicherungsbilanzen keine Relevanz. Doch ist die (Nicht-)Einbeziehung der erwarteten Erfolgsbeiträge aus Kapitalanlagen in die Ermittlung drohender Verluste aus Versicherungsverträgen einer kritischen Würdigung zu unterziehen[28]. Schließlich stehen diese sog. *nicht-technischen* Aufwendungen und Erträge nicht nur in direktem Zusammenhang mit der Produktion von Versicherungsschutz, d.h. mit den Erfolgsbeiträgen des *technischen* Geschäfts; sie rechtfertigen vielmehr auch wegen ihrer absoluten und relativen quantitativen Bedeutung eine nähere Betrachtung. Entsprechendes zahlenmäßiges Gewicht kommt auf der Passivseite der Versicherungsbilanz den bereits erwähnten versicherungstechnischen Rückstellungen[29] zu. Neben ihrer quantitativen Dominanz fordern vor allem die Bewertungsprobleme, die sich nach h.M. in diesen Passivposten kumulieren[30], eine extensive Erörterung jener Größen im Hinblick auf die Rückstellung für drohende Verluste aus schwebenden Geschäften heraus[31]. Schließlich ist auch die Verlustrückstellung - zumindest in bezug auf ihren *Ausweis* im Jahresabschluß - dem umfassenden Oberbegriff der versicherungstechnischen Passiva zu subsumieren. Der Ausweis der Drohverlustrückstellung im publizierten Jahresabschluß ist im Rahmen der Sammelposition „sonstige versicherungstechnische Rückstellungen" vorzunehmen[32].

Die bereits angedeutete stark unterschiedliche Relevanz der Drohverlustrückstellung für verschiedene Versicherungssparten resp. -zweige soll an dieser Stelle nicht näher untersucht werden[33]. Das zugrundeliegende aufsichtsrechtliche Gebot der Spartentrennung[34] führte indes zu einer weit verbreiteten Konzernbildung[35] innerhalb der bundesdeutschen Assekuranz.

---

27 Zur *Gewinn*verwirklichung aus schwebenden Geschäften unterschiedlicher Art siehe die Ausführungen in *Bauer*, Heinrich (Geschäfte 1981), S. 270-335.

28 Siehe hierzu die Ausführungen der Kapitel 3.1.1.2 und 2.1.2.1.

29 Hierunter sind allerdings nicht nur Rückstellungen im üblichen handels- oder steuerrechtlichen Sinne zu verstehen. Zum weitergefaßten Charakter des Begriffs der versicherungstechnischen Rückstellungen siehe Kapitel 2.2.1.2 sowie Hauptabschnitt 4.

30 Vgl. z.B. *Farny*, Dieter (Rechnungswesen 1981), Sp. 1703.

31 Siehe hierzu den in Hauptabschnitt 4 durchgeführten Vergleich der Drohverlustrückstellung mit den übrigen versicherungstechnischen Rückstellungen.

32 Vgl. zur Ausweisproblematik der Rückstellung für drohende Verluste in Versicherungsbilanzen die näheren Ausführungen der Kapitel 2.2.2 und 2.2.3.

33 Siehe hierzu insbesondere Abschnitt 2.3.

34 Siehe ebenda sowie Kapitel 3.1.1.1.

35 Vgl. *Angerer*, August (Dienstleistungen 1982), S. 1456. Ziel der Konzernierung ist es in diesem Kontext, trotz aufgrund der Spartentrennung rechtlich getrennter Gesellschaften „Versicherungsschutz aus einer Hand" anbieten zu können.

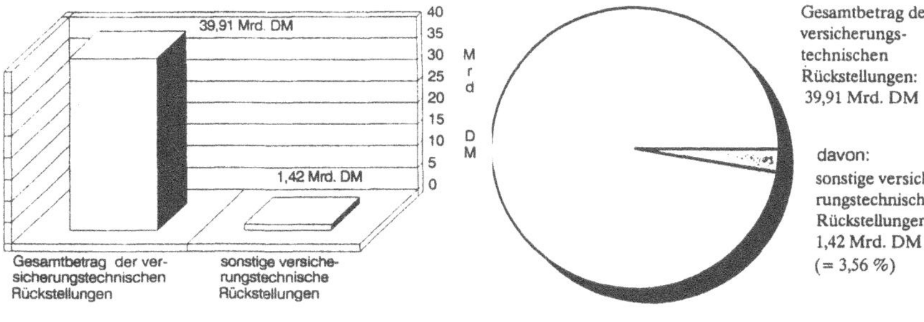

Abbildung 1: Anteil der sonstigen versicherungstechnischen Rückstellungen an den gesamten versicherungstechnischen Rückstellungen am 31.12.1988[36]

Dennoch muß eine Behandlung der mit dem konsolidierten Jahresabschluß zusammenhängenden, auch, aber nicht ausschließlich für Versicherungsunternehmen bedeutsamen Aspekte der Verlustrückstellung unterbleiben[37]. Andernfalls wäre ein sinnvoller Rahmen der vorliegenden Arbeit kaum gewährleistet. So bleibt u.a. die Problematik drohender Verluste aus Beherrschungs- und Gewinnabführungsverträgen, d.h. die bilanzielle Behandlung drohender Organschaftsverluste unberücksichtigt[38]. Außer einer Begrenzung der Ausführungen auf den Einzelabschluß wird ferner auf die Erörterung der insbesondere im internationalen Rückversicherungsgeschäft bedeutsamen drohenden

---

36 Zugrunde liegen die *Versicherungstechnischen Rückstellungen für das selbst abgeschlossene Versicherungsgeschäft* i.S.d. BAV-Geschäftsberichts 1988, hrsg. v. BAV, Berlin 1989, S. 116 f.

37 Zur Behandlung von Rückstellungen für ungewisse Verbindlichkeiten gegenüber Konzernunternehmen im Rahmen der Schuldenkonsolidierung siehe die Ausführungen in *Wysocki*, Klaus von; *Wohlgemuth*, Michael (Konzernrechnungslegung 1986), S. 166 ff. mit weiteren Nachweisen. Die Rückstellung für drohende Verluste stellt nach in Rechtsprechung und Schrifttum vorherrschender Meinung einen Unterfall jener Verbindlichkeitsrückstellung dar. Vgl. hierzu die kritischen Anmerkungen des Kapitels 2.1.1.3; zu den Sonderproblemen der Konzernrechnungslegung von Versicherungsunternehmen siehe *Gross*, Gerhard; *Schruff*, Lothar; *Wysocki*, Klaus von (Konzernabschluß 1987), S. 427-432 sowie *Richter*, Horst; *Treuberg*, Hubert Graf von (Konzernabschluß 1989), S. 555-630.

38 Dieses branchenübergreifende Themengebiet war zudem bereits häufig Gegenstand eingehender Erörterungen. Siehe hierzu u.a. *Niemann*, Ursula (Rückstellungen 1974/75), S. 301-309, *Bauer*, Heinrich (Geschäfte 1981), S. 151-154, *IdW* (WP-Handbuch 1986), S. 59 und 211 sowie *Kropff*, Bruno (Rückstellungen 1988), S. 349-367.

Verluste aus Fremdwährungsgeschäften verzichtet[39]. Zwar beschränkt sich die vorliegende Abhandlung im wesentlichen auf die Darstellung stark standardisierter Vertragsverhältnisse zwischen (Erst-)Versicherungsunternehmen und Versicherungsnehmer bzw. -kunden. Doch gelten die betreffenden Ausführungen prinzipiell analog für zwischen Erst- und Rückversicherungsunternehmen abgeschlossene sog. *Rückversicherungsverträge*:

Indem der Erstversicherer sich Rückversicherungsschutz beschafft, tritt er selbst in die Rolle eines Versicherungsnehmers ein. Wenngleich an entsprechender Stelle[40] auf die Auswirkungen dieser Doppelrolle des (Erst-) Versicherungsunternehmens hinsichtlich des Erfordernisses einer Drohverlustrückstellung in seiner Bilanz eingegangen wird, kann die bilanzielle Berücksichtigung drohender Verluste aus Versicherungsverträgen *nicht* aus Sicht des Versicherungsnehmers behandelt werden, der *selbst kein* Versicherungsunternehmen darstellt. Obwohl diese Betrachtungsweise aus dem Blickwinkel des gewerblichen, aber branchenfremden Beschaffers von Versicherungsschutz zweifelsohne interessant wäre, muß auch sie aus Platzgründen unterbleiben. Schließlich sind die bilanziellen Schlußfolgerungen für den Jahresabschluß des Versicherungsunternehmens nicht einfach auf die Rechnungslegung eines gewerblichen Kunden spiegelbildlich übertragbar, da jener neben der Versicherungsnahme im Regelfall noch weitere bilanzwirksame Instrumente der Risikopolitik einsetzt[41]. Eine angemessene Berücksichtigung all dieser z.T. interdependenten Bewertungsdeterminanten würde gewiß die Anfertigung einer eigenen Monographie zur Ermittlung und bilanziellen Behandlung drohender Verluste aus Versicherungsverträgen aus der Sicht des gewerblichen Versicherungsnehmers erfordern.

Im Rahmen der vorliegenden Arbeit wird ebenfalls nicht auf jene Fragen eingegangen, die speziell mit der *Prüfung* der Rückstellung für drohende Verluste verbunden sind. Denn hierbei handelt es sich - ähnlich der Konzernrechnungslegung - um einen bereits vielfach im Schrifttum behandelten, branchenübergreifenden Problemkreis. So soll weder die Bewertungsprüfung dieses Passivpostens durch den

---

39 Siehe hierzu *Richter*, Horst (Anpassung 1988), S. 26; zur bilanziellen Behandlung von Fremdwährungsverbindlichkeiten siehe *Moxter*, Adolf (Fremdkapitalbewertung 1984), S. 400 f. sowie *Busse von Colbe*, Walther (Rechnungslegungsvorschriften 1987), S. 124 mit weiteren Nachweisen. Zur speziellen Problematik der Rückstellung für drohende Verluste aus Fremdwährungsgeschäften siehe *Schildbach*, Thomas (Geldwertänderung 1981), Sp. 589 f. und *Burkhardt*, Dietrich (Fremdwährungsgeschäfte 1988), S. 109-113 i.V.m. dem dort zitierten Schrifttum.

40 Vgl. Kapitel 3.2.2.

41 Von Bedeutung wäre u.a. die Untersuchung der Fragestellung, inwieweit das Bestehen einer Haftpflichtversicherung die Rückstellungsbildung in der Bilanz des gewerblichen Versicherungsnehmers beeinflußt. Siehe hierzu *Liedmeier*, Norbert (Rückstellungen 1989), S. 2133 ff.

handelsrechtlichen Jahresabschlußprüfer[42] noch die Vorgehensweise der steuerlichen Außenprüfung erörtert werden. Folglich sind ebenso die Konsequenzen, die sich im Rahmen jener Angemessenheitsprüfungen im Falle von Über- oder Unterdotierungen möglicherweise ergeben, nicht Gegenstand dieser Abhandlung: So werden weder die Möglichkeiten der Einschränkung, Ergänzung oder gar Versagung des Bestätigungsvermerks[43] noch die der nachträglichen Erhöhung der Steuerbemessungsgrundlagen behandelt.

Auch auf andere steuerrechtliche Problemkreise kann im Kontext der vorliegenden Arbeit nicht vertiefend eingegangen werden. Dies hat insbesondere eine Nichtbehandlung bewertungsrechtlicher resp. substanzsteuerlicher Aspekte[44] der Drohverlustrückstellung zur Folge. Eine zu ausführliche Beschäftigung mit steuer(recht)lichen Aspekten der Rückstellung für drohende Verluste ließe einen sinnvollen Umfang dieser Abhandlung nicht mehr realistisch erscheinen. Schließlich wären in diesem Fall nicht nur die umfassenden Probleme der steuerlichen Teilwertlehre[45], sondern damit verbunden u.U. auch Fragen der Bewertung eines Versicherungsunternehmens als Ganzes[46] in die Untersuchung einzubeziehen[47]. Demhingegen entfalten die bereits oben angesprochenen Entscheidungen der Finanzrechtsprechung nicht nur in der Steuerbilanz ihre Wirkung, sondern strahlen gleichsam auf die Bewertung in der Handelsbilanz aus[48]. Deshalb finden sie im Hauptteil dieser prinzipiell stark handelsrechtlich geprägten Arbeit entsprechende Berücksichtigung. Nur sehr eingeschränkt erörtert werden Probleme der aus-

---

42 Siehe hierzu u.a. *Forster*, Karl-Heinz (Rückstellungen 1971), S. 397-399 sowie *Weirich*, Siegfried (Prüfung 1983), Sp. 1323-1337. Zur Problematik der handelsrechtlichen Jahresabschlußprüfung im speziellen Fall von Versicherungsunternehmen siehe *Richter*, Horst (Prüfung 1983), Sp. 1668-1676 sowie *Minz*, Günter; *Richter*, Horst (Prüfung 1988), S. 581-589, hier insbesondere S. 588 zur Rückstellung für drohende Verluste. Speziell zur Prüfung der Rückstellung für drohende Verluste aus dem Versicherungsgeschäft siehe auch *Donandt*, Klaus; *Richter*, Horst (Posten 1989), S. 243.

43 Siehe hierzu *IdW* (WP-Handbuch 1986), S. 565 ff. mit weiteren Nachweisen. Siehe auch das Fachgutachten 3/1988 des Hauptausschusses des IdW bezüglich der Grundsätze für die Erteilung von Bestätigungsvermerken bei Abschlußprüfungen in *IdW* (Fachgutachten 1989), S. 27-36.

44 Siehe hierzu die am Ende des Kapitels 2.1.1.1 exemplarisch genannten Literaturstellen. Lediglich auf die rechtlichen Rahmenbedingungen der substanzsteuerlichen Behandlung versicherungstechnischer Rückstellungen wird in Abschnitt 2.2 kurz eingegangen.

45 Zur Rolle des steuerlichen Teilwerts bei der Bemessung drohender Verluste in der Steuerbilanz siehe *Groh*, Manfred (Verluste 1976), S. 32-42.

46 Wenngleich in praxi vereinfachend Teilwertvermutungen zugrundegelegt werden, so ist der Unternehmensgesamtwert doch nicht völlig ohne Bedeutung. Vgl. *ebenda*, S. 35 f.; zur Problematik der Bewertung eines Versicherungsunternehmens als Ganzes siehe *Meyer*, Lothar (Gesamtbewertung 1975). Eine kritische Auseinandersetzung mit Teilwertbegriff und Teilwertlehren ist bei *Schneider* vorzufinden. Siehe *Schneider*, Dieter (Problematik 1969), S. 305-313 sowie *derselbe* (Reform 1971), S. 337-339.

47 Eine extensive Untersuchung der Behandlung schwebender Geschäfte im Steuerrecht wie auch u.a. der damit verbundenen Rückstellungsbildung erfolgt in *Bauer*, Heinrich (Geschäfte 1981).

48 Vgl. die Ausführungen des Kapitels 2.2.2.

schließlich gegenüber der Bundesaufsicht durchzuführenden, eine detailliertere Aufgliederung diverser Größen fordernden sog. *internen Rechnungslegung*[49]; im Regelfall wird statt dessen vom publizierten, einer breiten Öffentlichkeit zugänglichen[50] Jahresabschluß im Rahmen der externen Rechnungslegung von Versicherungsunternehmen ausgegangen.

Dieser Abhandlung wird die derzeit geltende bundesdeutsche Rechtslage zugrundegelegt; es wird allerdings an verschiedenen Stellen zusätzlich auf potentielle Änderungen der rechtlichen Rahmenbedingungen eingegangen, die im Zuge der europaweiten Angleichung u.a. der Vorschriften zur Rechnungslegung von Versicherungsunternehmen bevorstehen[51]. Im übrigen würden die Änderungen durch eine spezielle Versicherungsbilanzrichtlinie im Falle der Umsetzung ihrer derzeit vorliegenden Entwurfsfassung sich nicht als so gravierend erweisen, als daß eine schwerpunktmäßig auf die Erarbeitung betriebswirtschaftlicher Grundlagen ausgerichtete Arbeit danach obsolet wäre. Die hier erörterte grundsätzliche Problematik der bilanziellen Behandlung drohender Verluste aus Versicherungsverträgen existiert schließlich nicht nur in der Rechnungslegung deutscher Versicherungsunternehmen. Vielmehr besitzt die gewählte Themenstellung gleichsam Relevanz für die Bilanzierung branchenzugehöriger Unternehmen anderer EG-Mitgliedstaaten. Deshalb dürfte ihr voraussichtlich auch in einem auf zahlreichen Kompromissen basierenden, künftig stärker vereinheitlichten europäischen Recht eine gewisse „zeitlose Aktualität" zuzusprechen sein.

1.2. Gang und Ziel der Untersuchung

Gegenstand des nachfolgenden zweiten Hauptabschnitts ist die Erörterung der die Bildung einer Rückstellung für drohende Verluste in Versicherungsbilanzen begründenden Faktoren. Trotz der ausdrücklichen Begrenzung der Thematik auf den speziellen Fall des Versicherungsvertrags erscheint es unverzichtbar, in Kapitel 2.1.1 einige allgemeine Bilanzierungsgrundsätze für schwebende Geschäfte darzulegen. Schließlich dienen diese Ausführungen der Einordnung des Versicherungsvertrags in den Gesamtzusammenhang sämtlicher schwebender Verträge, was für die weitergehende branchenspezifische Abhandlung die Grundlage bildet. Bereits in

---

49 Rechtsgrundlage dieser internen Berichterstattung ist § 55 a VAG, eine Ermächtigungsvorschrift zum Erlaß entsprechender Vorschriften auf dem Verordnungsweg. Siehe in diesem Zusammenhang die Interne VUReV vom 30.01.1987.

50 Gemäß § 55 Abs. 7 S. 1 VAG besitzt jeder Versicherungsnehmer das branchenspezifische Kundenrecht, die Übersendung eines Exemplars von Jahresabschluß und Lagebericht des vorausgegangenen Geschäftsjahres zu verlangen. Im Falle einer unterlassenen Bekanntmachung von Anhang und Lagebericht steht dieses Recht § 55 Abs. 7 S. 3 VAG zufolge gar jedermann zu.

51 Siehe hierzu Kapitel 2.2.3.

jenem bewußt sehr knapp gehaltenen allgemeinen Teil besteht die Bestrebung, stets auf die Relevanz der Ausführungen bezüglich des Sonderfalls *Versicherungsvertrag* aufmerksam zu machen. Dabei werden entsprechende Hinweise[52] auf eine ausführlichere Behandlung in späteren Kapiteln gegeben. Jene einführenden Bemerkungen dienen auch der Verdeutlichung des Tatbestands, daß die Bildung einer Drohverlustrückstellung letztlich nur einen - wenn auch zweifelsfrei bedeutsamen - Teilaspekt der bilanziellen Behandlung schwebender Geschäfte darstellt. Ab Kapitel 2.1.2, das der näheren Charakterisierung des Versicherungsvertrags in seiner Eigenschaft als Dauerschuldverhältnis dient, soll gezielt auf die branchenspezifischen Besonderheiten hinsichtlich der Rückstellung für drohende Verluste aus Versicherungsgeschäften eingegangen werden. In Abschnitt 2.2 gilt es, die der untersuchten Bilanzposition zugrundeliegenden rechtlichen Rahmenbedingungen aufzuzeigen. Abschnitt 2.3 dient der Erörterung einiger in praxi auftretender, für Versicherungsunternehmen typische Verlustursachen unter Berücksichtigung der besonderen Situation unterschiedlicher Versicherungssparten und -zweige.

Nach der Darstellung des Erfordernisses einer Drohverlustrückstellung aus Versicherungsgeschäften *dem Grunde nach* werden in Hauptabschnitt 3 die im Rahmen der *Bemessung* dieses Passivpostens relevanten Prinzipien und Einflußfaktoren erörtert. Die in Abschnitt 3.1 behandelten Bewertungsgrundsätze können aufgrund ihrer an gegebener Stelle aufzuzeigenden Interdependenzen nicht völlig überschneidungsfrei und damit nicht unabhängig voneinander behandelt werden. Aufgabe dieses Abschnitts ist es, die Anwendbarkeit jener branchenübergreifend geltenden Bewertungsprinzipien auf den hier im Mittelpunkt des Interesses stehenden wirtschaftszweigspezifischen Sonderfall zu überprüfen. Hierbei soll eruiert werden, inwieweit branchenbedingte Eigenheiten eine Modifikation dieser allgemeinen Grundsätze in bezug auf die Bilanzierung von Versicherungsunternehmen erfordern. Die in Abschnitt 3.2 untersuchten Bewertungsdeterminanten repräsentieren Branchenspezifika, die es im Rahmen der Ermittlung drohender Verluste aus Versicherungsverträgen *zusätzlich*[53] zu berücksichtigen gilt. In diesem Teilabschnitt wird die Auswirkung einiger Hauptformen der zwischen Versicherungsnehmer, Erst- und Rückversicherer vereinbaren Risikoteilung sowie einiger weiterer vertragsrechtlicher Besonderheiten auf das Erfordernis einer Drohverlustrückstellung dem Grunde und der Höhe nach dargelegt.

Hauptabschnitt 4 dient der Abgrenzung der Rückstellung für drohende Verluste von den anderen, verschiedenartigen bilanzrechtlichen Charakter aufweisenden sog. *versicherungstechnischen Rückstellungen.* Mit einem eigenen Teilabschnitt 4.1

---

52 Die sich über die gesamte Arbeit erstreckenden Verweise auf die (Weiter-)Behandlung von Sachverhalten in jeweils anderen Kapiteln resultieren aus der Bestrebung, die zahlreichen Interdependenzen einzelner bewertungsrelevanter Tatbestände aufzuzeigen.

53 Deshalb haftet der diesbezüglichen Rückstellungsbildung - wie bereits in Abschnitt 1.1 festgestellt - aus Sicht des bilanzierenden Versicherungsunternehmens im Vergleich zu Unternehmen anderer Wirtschaftszweige zweifelsohne ein *höherer Schwierigkeitsgrad* an.

wird der Unterscheidung von der Schwankungsrückstellung deren Eigenschaften gemäß entsprechendes Gewicht beigemessen. Die Differenzierung von den übrigen wirtschaftszweigspezifischen Passivposten erfolgt in Teilabschnitt 4.2 . Der eigentliche Vergleich zwischen Drohverlust- und anderen versicherungstechnischen Rückstellungen erfolgt in jedem Einzelfall erst in einem zweiten Unterkapitel, nachdem vorweg die jeweils gegenübergestellte Position auf ihren eigenen Charakter hin untersucht wurde. Dieser erste Schritt erscheint unverzichtbar, da er der gezielten Eruierung derjenigen Eigenschaften einzelner branchenspezifischer Rückstellungen dient, die sich für die anschließend durchgeführte Abgrenzung von der Verlustrückstellung als wesentlich erweisen.

Eine Zusammenfassung der wesentlichsten Untersuchungsergebnisse beschließt die Arbeit.

Die in Abschnitt 2.2 näher zu erörternden Rechtsgrundlagen lassen aufgrund ihrer knappen Fassung die bilanzierende Praxis insbesondere hinsichtlich der *Bewertung* der Drohverlustrückstellung über die Lösung zahlreicher Einzelprobleme im ungewissen. Auch das BAV mit seiner Befugnis, Anordnungen zu erlassen, die geeignet wären, die Intention des Gesetzgebers im branchenspezifischen Fall zu konkretisieren, übte auf dem Gebiet der Rückstellung für drohende Verluste bisher Zurückhaltung. Außer einer kurzen, an Unternehmen und handelsrechtliche Jahresabschlußprüfer gerichteten Ermahnung[54] sind dem Verfasser keine grundlegenden Verlautbarungen der Aufsicht zur Bildung der Drohverlustrückstellung bekannt[55]. Mit vorliegender Arbeit wird deshalb der Versuch unternommen, einen, wenn auch kleinen Schritt weg vom derzeitigen Zustand relativ großer Rechtsunsicherheit zu gehen; den am Jahresabschluß von Versicherungsunternehmen interessierten Gruppen soll hiermit eine Anregung zur Diskussion und schließlich zur Erarbeitung eines für alle Seiten tragfähigen Kompromisses auf besagtem Gebiet gegeben werden. Es bleibt in diesem Zusammenhang zu hoffen, daß die Bundesaufsicht in nicht allzuferner Zukunft den ihrer Überwachung unterstehenden Unternehmen eine Orientierungshilfe bezüglich der Bildung von Verlustrückstellungen in Gestalt einer Anordnung gewähren wird. Obzwar eine derartige Anordnung, ebenso wie diese Abhandlung, kein festgefügtes Berechnungsschema ähnlich dem der Schwankungsrückstellung enthalten sollte[56], so wäre sie doch geeignet, einige grundsätzliche Zweifelsfragen aus dem Weg zu räumen.

Auch mit vorliegender Arbeit kann nicht der Anspruch erhoben werden, die vorgegebene Thematik abschließend behandelt zu haben. Hierzu erweist sich die Problemstellung - trotz ihrer auf den ersten Blick scheinbaren Enge - als zu viel-

---

54 Siehe *BAV* (Stellungnahme 1983), S. 35.

55 Siehe auch *Minz*, Günter; *Richter*, Horst (Prüfung 1988), S. 588. Allerdings war nach Einschätzung von *Laaß* bereits für das Jahr 1988 mit einer „abschließenden Klärung" der Berechnung versicherungstechnischer Drohverlustrückstellungen zu rechnen, „... um endlich eine einheitliche Bilanzierung dieses Postens herbeizuführen." *Laaß*, Wolfgang (Vorschriften 1988), S. 361.

56 Zur Begründung dieser Aussage siehe Kapitel 4.1.2.

schichtig. Ziel dieser Dissertation muß es deshalb sein, nicht oder nur verschwommen vorhandene Grundlagen zu erarbeiten resp. zu konkretisieren. In diesem Zusammenhang gilt es vor allem, die Auswirkung versicherungsspezifischer Tatbestände auf die Bilanzierung der Rückstellung für drohende Verluste aus schwebenden Geschäften zu untersuchen, da dieser Themenkreis im Schrifttum bislang erst selten Beachtung fand und nie Gegenstand der Rechtsprechung war[57]. Jene noch nicht umfassend erörterten Basisprobleme erweisen sich als äußerst tiefgreifend. Deshalb ist diese Arbeit schwerpunktmäßig darauf ausgerichtet, Lösungsansätze zur Bewältigung der grundlegenden (Zweifels-) Fragen anzubieten und somit zur Diskussion zu stellen. Darüber hinaus verbleibt jedoch nur sehr wenig Raum für eine kritische Auseinandersetzung, beispielsweise mit verschiedenartigen Methoden der Prognose bzw. Schätzung einzelner bewertungsrelevanter Zukunftsgrößen[58]. So bedürfen u.a. die umfassenden Schwierigkeiten, die sich aus der individuellen und damit differenzierten Festlegung eines angemessenen Aufschlags auf den Erwartungswert eines passivierungspflichtigen Verlustsaldos ergeben[59], einer wissenschaftlichen Sonderbehandlung unter Zugrundelegung eines mathematisch-statistischen Schwerpunkts. Es läge im Sinne des Verfassers, wenn sich im Hinblick auf den ausgeprägten interdisziplinären Charakter der Versicherungswissenschaft Experten aller Fachrichtungen der nach wie vor zahlreichen, aus Platzgründen nicht extensiv gelösten Detailprobleme annehmen würden.

---

57 Vgl. Kapitel 1.1.

58 Vgl. Kapitel 3.1.2.1.

59 Ein derartiger „Sicherheitszuschlag" erscheint zwecks Wahrung des Grundsatzes der vorsichtigen Bewertung erforderlich. Vgl. hierzu die näheren Ausführungen des Kapitels 3.1.2.1.

2. Zum Erfordernis einer Rückstellung für drohende Verluste aus Versicherungsgeschäften dem Grunde nach

2.1. Zur bilanziellen Behandlung schwebender Geschäfte

2.1.1. Allgemeine Grundsätze

2.1.1.1. Begriff und Berücksichtigung schwebender Geschäfte

Was unter einem „schwebenden Geschäft" zu verstehen" ist, war in der bilanzrechtlichen Literatur lange Zeit stark umstritten[1]. Mangels einer (gesetzlichen) Legaldefinition oblag es stets der höchstrichterlichen Finanzrechtsprechung, diesen aus dem Zivilrecht[2] stammenden unbestimmten Rechtsbegriff auf dem Gebiet des Steuerrechts adäquat zu konkretisieren. So handelt es sich nach einigen Entscheidungen des damaligen *Reichs*finanzhofs (RFH) nur dann um schwebende Geschäfte i.S.d. Steuerrechts, wenn noch kein Vertragspartner im Rahmen eines gegenseitigen schuldrechtlichen Vertrags geleistet hat[3]. Gleichgerichtete Formulierungen finden sich noch in jüngerer Zeit in einschlägigen Publikationen[4], obwohl die Mehrheit der Autoren mittlerweile eine weiter gefaßte Definition vertritt. Hiernach wird ein wirksam abgeschlossener[5], zweiseitig verpflichtender Liefer- oder Leistungsvertrag als schwebend qualifiziert, sofern er noch nicht von beiden Seiten vollständig erfüllt[6] ist[7]. Folglich sind auch von einem oder zwei Vertragspartnern *teil*erfüllte Verträge dieser weitergefaßten Begriffsauslegung subsumierbar. Diese modifizierte Auffassung birgt den Vorzug

---

1 Die Vielzahl damals existierender, verschiedenartiger Definitionen und Umschreibungen ist in der Monographie *Vellguths* aus dem Jahr 1938 nachvollziehbar. Siehe *Vellguth*, Hans Karl (Grundsätze 1938), S. 1 ff.

2 Vgl. *Bauer*, Heinrich (Geschäfte 1981), S. 1 f. i.V.m. der dort zitierten Literatur; *Woerner* zufolge ist das schwebende Geschäft gar identisch mit dem gegenseitigen Vertrag i.S.d. §§ 320 ff. BGB. Vgl. *Woerner*, Lothar (Passivierung 1984/85), S. 178 f.

3 Vgl. u.a. die Urteile des RFH vom 20.01.1926, in: StuW, 3. Jg. (1926), S. 161 und I A 218/31 vom 24.01.1933, in: RStBl. 1933, S. 338.

4 So z.B. bei *Jonas*, Heinrich H. (Rückstellung 1986), S. 1733.

5 Im Regelfall beginnt der Schwebezustand mit dem Vertragsabschluß, ausnahmsweise jedoch schon vorher. Vgl. *Clemm*, Hermann; *Nonnenmacher*, Rolf (Anmerkungen 1990), Anm. 54 und 58 zu § 249 HGB; vgl. auch *Stapper*, Klaus (Bilanzierung 1964), S. 10 sowie *Bauer*, Heinrich (Geschäfte 1981), S. 8 f. Vgl. hierzu auch die Ausführungen des Kapitels 2.1.2.2.

6 Zur Relevanz des schuldrechtlichen Begriffs der (Teil-)Erfüllung i.S.d. BGB für das Bilanzrecht siehe *Döllerer*, Georg (Bilanzierung 1974), S. 1543 f.

7 Bereits *Vellguth* sprach sich für eine derartige Begriffserweiterung aus. Vgl. *Vellguth*, Hans Karl (Grundsätze 1938), S. 6; vgl. auch u.a. *Rosenau*, der die eng erachtet. *Rosenau*, Heinz (Geschäfte 1972), S. 167.

in sich, das Wort „schwebend" i.S.v. „(noch) nicht vollendet" semantisch treffender zu interpretieren als i.S.v. „(noch) nicht begonnen"[8]. Von einer Beendigung[9] des Schwebezustands kann schließlich erst gesprochen werden, wenn ein zweiseitiger Vertrag von beiden Partnern vollständig erfüllt ist und die dem schwebenden Geschäft anhaftenden Unsicherheiten beseitigt sind. Auch die neuere Rechtsprechung des Bundesfinanzhofs (BFH) geht vom Vorliegen eines schwebenden Geschäfts aus, solange es nicht von beiden Seiten voll erfüllt ist[10]. In diesem Zusammenhang wurde der Begriff des schwebenden Geschäfts im *weiteren* Sinn geprägt, wohingegen die ältere, auf noch gar nicht erfüllte Verträge abstellende Definition das schwebende Geschäft im *engeren* Sinn beschreibt[11].

Der stattgefundenen Begriffserweiterung kommt entscheidende Bedeutung hinsichtlich einer Klassifizierung des Versicherungsvertrags zu. Mittels der branchenüblichen Prämienvorauszahlung[12] leistet der Versicherungsnehmer als Abnehmer des Gutes „Versicherungsschutz" im Regelfall vollständig[13] zu Vertragsbeginn bzw. zum jeweiligen Beginn eines neuen vertraglichen (Zeit-)Abschnitts[14]. Aufgrund dieser Vorauserbringung der aus Sicht des Versicherungsunternehmens vollen Gegenleistung und der noch nicht vollständig erbrachten eigenen Leistung, handelt es sich beim Versicherungsvertrag um einen zweiseitig verpflichtenden Vertrag, der ein schwebendes Geschäft im *weiteren* Sinne darstellt. Ob es sinnvoll ist, die weiter gefaßte Definition des schwebenden Vertrags wieder einzuengen, indem man allein auf die nicht volle Erfüllung des zur Sach- oder Dienstleistung Verpflichteten als Prämisse des Schwebezustands abstellt[15], braucht im Kontext dieser

---

8 Vgl. zur semantischen Auslegung des Begriffs „schwebend" *Friederich*, Hartmut (Grundsätze 1976), S. 18 i.V.m. der dort zitierten Literatur.

9 Zur Dauer resp. zu den Zeitpunkten des Beginns und der Beendigung des Schwebezustands im allgemeinen siehe beispielhaft die näheren Ausführungen in *Friederich*, Hartmut (Grundsätze 1976), S. 18-27 sowie *Naumann*, Klaus-Peter (Rückstellungen 1989), S. 96-99 i.V.m. den dort zitierten Literaturstellen und Gerichtsentscheidungen; zur Dauer des Schwebezustands im speziellen Fall des Versicherungsvertrags siehe die Ausführungen des Kapitels 2.1.2.2.

10 Vgl. z.B. BFH I R 7/80 vom 25.01.1984, in: BStBl. 1984 II, S. 345.

11 Vgl. u.a. *Erhard*, Fritz (Rückstellungen 1977), S. 21, *Bauer*, Heinrich (Geschäfte 1981), S. 12 f. sowie *Heinen*, Edmund (Handelsbilanzen 1986), S. 296 f. Eine hiervon abweichende Verwendung der Termini „im engeren -" und „im weiteren Sinne" vertritt *Naumann*, der sich in seinen Ausführungen auf *Leffson* stützt. Vgl. *Naumann*, Klaus-Peter (Rückstellungen 1989), S. 94 ff. unter Hinweis auf *Leffson*, Ulrich (Grundsätze 1987), S. 394 f.

12 Nachfolgend werden die Termini „Prämie" und „Beitrag" als Synonyma angesehen und entsprechend verwandt.

13 Bezüglich der Ausnahmen hierzu in Gestalt nachträglicher Prämienerhöhungen mittels Beitragsangleichungsklauseln oder einer in Kraft tretenden Nachschußpflicht siehe Kapitel 3.2.3.

14 Die Pflicht zur Vorauserbringung einer *Erst-* oder einer *Einmal*prämie sofort nach Vertragsabschluß ergibt sich aus der Fälligkeitsvorschrift des § 35 S. 1 VVG. Für die *Folge*prämie wird i.S.d. § 271 BGB von einer Fälligkeit jeweils zu Beginn eines neuen versicherungstechnischen (Zeit-)Abschnitts ausgegangen. Vgl. die näheren Ausführungen des Kapitels 2.1.2.2.

15 Vgl. den entsprechenden Definitionsversuch *Woerners*, der sich auf einen dort erörterten Vorschlag *Bauers* stützt. *Woerner*, Lothar (Grundsatzfragen 1984), S. 490 f.

Arbeit nicht entschieden zu werden. Schließlich befindet sich wegen der Vorauserbringung der Gegenleistung stets der Versicherer als zur (Dienst-) Leistung Verpflichteter in der Situation, noch nicht voll erfüllt zu haben, weshalb der Versicherungsvertrag auch in diesem, nennen wir es „eingeschränkten weiteren Sinne" einen schwebenden Vertrag repräsentiert. Auch die umstrittene Frage, ob ausschließlich gegenseitige Verträge, deren Verpflichtungen also von einer Gegenleistung abhängen, oder auch einseitig verpflichtende Verträge unter den Begriff des schwebenden Geschäfts fallen[16], kann im Zusammenhang der vorliegenden Arbeit unbeantwortet bleiben, da der Versicherungsvertrag als gegenseitiger Vertrag zu qualifizieren ist[17].

schwebende Geschäfte

im *engeren* Sinne	im *weiteren* Sinne
→ gegenseitige Verträge, die noch von keiner Seite (teil-)erfüllt wurden	→ gegenseitige Verträge, die teilweise, aber noch nicht von beiden Seiten vollständig erfüllt wurden z.B. Versicherungsvertrag

Abbildung 2: Der Versicherungsvertrag als schwebender Vertrag

Die soeben vorgenommene Zuordnung des Versicherungsvertrags zu den schwebenden Verträgen impliziert die Gültigkeit der in diesem Kontext zu beachtenden, nachfolgend zu erörternden Bilanzierungsgrundsätze. Eine darauf begründete Rückstellung für drohende Verluste aus schwebenden Versicherungsgeschäften verursacht entsprechende Auswirkungen auf die Ergebnisse der Handels- und der Steuerbilanz mit den jeweils eintretenden Folgen für die Höhe des ausschüttungsfähigen Gewinns und der (Ertrag-)Steuerbelastung.

Da es neben einer fehlenden Legaldefinition auch keine gesetzlich kodifizierten Grundsätze[18] der bilanziellen Behandlung schwebender Geschäfte gibt, jener Be-

---

16 Siehe hierzu *Bauer*, Heinrich (Geschäfte 1981), S. 6 f. i.V.m. den dort zitierten Quellen.

17 Zur näheren Erörterung der aus dem Versicherungsvertrag erwachsenden Leistungs- und Gegenleistungspflichten siehe Kapitel 2.1.2.1.

18 *Von Wysocki* schlägt zwecks Beseitigung einiger dem Bilanzrecht immanenten „Ungereimtheiten" die Einführung von Vorschriften zur bilanziellen Behandlung schwebender Geschäfte vor. Vgl. *Wysocki*, Klaus von (Bilanzpolitik 1982), S. 50.

griff jedoch u.a. in der im Rahmen dieser Arbeit relevanten Norm des § 249 HGB[19] Verwendung findet, muß sich zwangsläufig eine die gesetzliche Regelungslücke schließende kaufmännische Übung entwickelt haben. Hierzu beigetragen haben die Entscheidungen der Finanzrechtsprechung ebenso wie das handels- und steuerrechtliche Schrifttum, weshalb sich die bilanzierende Praxis mittlerweile auf ein System anerkannter Konventionen zur Berücksichtigung schwebender Geschäfte im externen Rechnungswesen stützen kann. Jene nachfolgend kurz dargelegten Grundsätze der Behandlung schwebender Verträge werden von ihren Vertretern stets mit der Begründung versehen, nach den Grundsätzen ordnungsmäßiger Buchführung (GoB) bzw. handelsrechtlichen Gepflogenheiten üblich zu sein[20]. So werden Ansprüche und Verpflichtungen aus schwebenden Geschäften unter Berufung auf die GoB dann nicht bilanziert, wenn sie noch von keiner Seite erfüllt sind, d.h. sofern schwebende Geschäfte im engeren Sinne vorliegen[21]. Gerechtfertigt wird diese Nichterfassung mit der Annahme, ein rational agierender Kaufmann schließe nur Geschäfte ab, von denen er eine Ausgeglichenheit von Leistung und Gegenleistung erwarte[22]. Folglich würde eine bilanzielle Berücksichtigung gleichhoher Forderungen und Verbindlichkeiten nur zu einer Aufblähung der Bilanz ohne Auswirkungen auf Erfolgs- und Vermögenslage führen[23]. Allerdings werden auch

19 Über § 5 Abs. 1 EStG gilt diese Vorschrift zur Bildung von Rückstellungen für drohende Verluste aus schwebenden Geschäften auch für die Steuerbilanz (vgl. Kapitel 2.2.1.1). Aufgrund des Maßgeblichkeitsgrundsatzes besitzen auch die nachfolgenden eher handelsrechtlich geprägten Ausführungen steuer(recht)liche Relevanz.

20 Vgl. u.a. *Eibelshäuser*, Manfred (Rückstellungen 1987), S. 863 f.; *Mittelbach*, Rolf (Bewertung 1966), S.265.

21 Vgl. z.B. *Woerner*, Lothar (Grundsatzfragen 1984), S. 489; *Müller*, Welf (Rückstellungen 1987), S. 322; allerdings wird dieses Verfahren an verschiedenen Stellen der Literatur zwar als (Vereinfachungs-)Möglichkeit verstanden, von der jedoch nicht zwingend Gebrauch zu machen ist. Vgl. z.B. *Roer*, Hans (Bilanzierung 1972), S. 345; streng genommen bezieht sich der Grundsatz, schwebende Verträge nicht erfassen zu müssen, im Vorfeld der Bilanzierung auf die Buchführung. Um dennoch den Überblick über sämtliche Vertragsabschlüsse zu wahren, was für die bilanzielle Erfassung eines u.U. drohenden Verlustes erforderlich ist, empfiehlt es sich allerdings, Aufzeichnungen in Nebenbüchern vorzunehmen. Vgl. *Friederich*, Hartmut (Grundsätze 1976), S. 31; siehe auch die eine Erfassung im Rechnungswesen und im Jahresabschluß unterscheidenden Ausführungen in *Schneider*, Dieter (Bilanzierungsfähigkeit 1981), Sp. 216. Einen extensiven Gegenvorschlag zur grundsätzlichen buchhalterischen Nichterfassung schwebender Geschäfte unterbreitet *Bieg*. Siehe *Bieg*, Hartmut (Erfassung 1977), S. 113-127.

22 Vom Regelfall sich ausgleichender Leistung und Gegenleistung geht u.a. der BFH in seiner Entscheidung I 185/57 U vom 14.01.1958, in: BStBl. 1958 III, S. 75 aus. Hiervon abweichend unterstellt der BFH in einem späteren Urteil, ein vernünftiger Kaufmann schließe i.d.R. keine Verträge ab, die ein Ungleichgewicht zu seinen Ungunsten aufweisen, womit er implizit eine Unausgeglichenheit in Gestalt einer Gewinnerwartung in den Regelfall einschließt. Vgl. BFH I R 7/80 vom 25.01.1984, in: BStBl. 1984 II, S. 344.

23 Vgl. u.a. *Bauer*, Heinrich (Geschäfte 1981), S. 71a; anderer Auffassung ist *Woerner*, der das dargelegte Argument unter dem Hinweis ablehnt, der Anspruch eines Unternehmens aus einem schwebenden Geschäft sei im (Regel-)Fall einer Gewinnerwartung *höher* als die damit verbundene Verpflichtung. Somit würde ein Ausweis in gleicher Höhe gegen den Grundsatz der Bilanzwahrheit verstoßen, während andererseits einem Ausweis der erwarteten Gewinnmarge das

Einwände gegen die auf den Grundsatz der Bilanzklarheit und Übersichtlichkeit[24], aber auch auf Vereinfachungs- resp. Wirtschaftlichkeitsüberlegungen[25] gestützte grundsätzliche Nichterfassung von Ansprüchen und Verpflichtungen aus schwebenden Geschäften vorgebracht. So werden in diesem Zusammenhang häufig der Grundsatz der Vollständigkeit (§ 246 Abs. 1 HGB)[26], das Saldierungsverbot[27] (§ 246 Abs. 2 HGB) sowie das damit verbundene Informationsbedürfnis externer Bilanzleser[28] genannt.

Die Kürze der soeben vorgetragenen, realiter sich erheblich vielschichtiger gestaltenden Problematik sei mit dem Argument, daß es sich beim *Versicherungs*vertrag, wie oben festgestellt, nicht um ein schwebendes Geschäft im engeren Sinne handelt, gerechtfertigt. Aufgrund der branchenüblichen Vorauserbringung der Gegenleistung liegt statt dessen ein schwebender Vertrag im *weiteren* Sinne vor, was eine *Ausnahme* zum Grundsatz der Nichterfassung schwebender Geschäfte hervorruft. Denn sofern - wie im untersuchten Fall - das Gleichgewicht zwischen erwarteter Leistung und Gegenleistung durch erbrachte Vorleistungen gestört ist, hat eine bilanzielle Berücksichtigung stattzufinden[29]. Diese äußert sich in einer Zuführung derjenigen Prämienteile, die bereits im laufenden Geschäftsjahr für die kommende(n) Periode(n) im voraus vereinnahmt wurden, zur Bilanzposition „Beitragsüberträge", einem passiven Rechnungsabgrenzungsposten[30].

Neben dieser erfolgsneutralen, der periodengerechten Erfolgsermittlung dienenden Berücksichtigung geschäftsjahresfremder Beiträge existiert mit der Pflicht, erwartete Verpflichtungsüberschüsse zu passivieren, eine weitere Ausnahme von der grundsätzlichen Nichterfassung schwebender Geschäfte. Sofern der Wert der künftigen Verpflichtung den der Gegenleistung wahrscheinlich übersteigt, ist dieser erwartete „drohende Verlust" gemäß § 252 Abs. 1 Nr. 4 1. Halbsatz HGB zu berücksichtigen. Dies wird durch die Verpflichtung des § 249 Abs. 1 S. 1 HGB, eine Rückstellung für drohende Verluste aus schwebenden Geschäften zu bilden, kon-

---

Realisationsprinzip entgegenstünde. Vgl. *Woerner*, Lothar (Grundsatzfragen 1984), S. 491 f.; vgl. auch *derselbe* (Passivierung 1984/85), S. 180.

24 Vgl. *Bauer*, Heinrich (Geschäfte 1981), S. 39.

25 Vgl. z.B. *Crezelius*, Georg (Rechtsprechung 1987), S. 28.

26 Nach Auffassung des BFH stellt der Grundsatz der Nichterfassung allerdings keinen Verstoß, sondern eine Ausnahme zum Vollständigkeitsgebot dar. Vgl. BFH IV R 158/80 vom 20.01.1983, in: BStBl. 1983 II, S. 415.

27 Siehe hierzu die näheren Ausführungen in *Forster*, Karl-Heinz (Rückstellungen 1971), S. 396 f. sowie *Bauer*, Heinrich (Geschäfte 1981), S. 27 f.

28 Mit der Intention, hierdurch die Informationsfunktion der (Handels-)Bilanz zu verbessern, tritt im Schrifttum gelegentlich die Forderung auf, auch ausgeglichene schwebende Geschäfte auszuweisen. Vgl. *Martin*, Walter (Bilanzierung 1982), S. 245; vgl. auch *Kußmaul*, Heinz (Nutzungsrechte 1987), S. 2057.

29 Vgl. *Woerner*, Lothar (Grundsatzfragen 1984), S. 489 sowie *derselbe* (Passivierung 1984/85), S. 178.

30 Siehe hierzu die näheren Ausführungen in Kapitel 4.2.1.

kretisiert. Das in § 252 Abs. 1 Nr. 4 1. Halbsatz HGB gesetzlich verankerte *Imparitätsprinzip* impliziert neben dem Zwang zur Antizipation drohender Verluste die imparitätische, d.h. ungleiche Behandlung erwarteter Gewinne. Jene dürfen dem an gleicher Stelle (2. Halbsatz des § 252 Abs. 1 Nr. 4 HGB) kodifizierten *Realisationsprinzip* zufolge nicht im voraus berücksichtigt werden. Dies gilt auch für den Fall des voraussichtlichen Übersteigens der Verpflichtung aus einem schwebenden Geschäft durch den bestehenden Anspruch aufgrund einer Gewinnerwartung[31]. Die soeben geschilderte Pflicht zur Vorwegnahme von Verpflichtungsüberschüssen, die mit gewisser Wahrscheinlichkeit[32] aus schwebenden Verträgen zu erwarten sind, durch die Bildung einer Drohverlustrückstellung gilt uneingeschränkt auch für Versicherungsunternehmen[33].

Auf eine Darlegung der Besonderheiten in bezug auf die Behandlung schwebender Geschäfte im *Bewertungsrecht* wird im Rahmen der vorliegenden Arbeit verzichtet. Es sei an dieser Stelle auf das einschlägige Schrifttum verwiesen[34].

2.1.1.2. Arten schwebender Geschäfte

Nachdem es im vorangegangenen Kapitel gelungen ist, Versicherungsverträge aufgrund ihrer regelmäßigen Teilerfüllung den schwebenden Geschäften im weiteren Sinne zu subsumieren, gilt es nun, nach einem anderen Einteilungskriterium eine konkretere Charakterisierung dieser Vertragsart vorzunehmen. Als Zuordnungsmaßstab kann in diesem Zusammenhang das Kriterium der *Häufigkeit der Leistungserbringung* angesehen werden. So bezeichnet man schwebende Verträge, die - aus betriebswirtschaftlicher Sicht weiter in Absatz- und Beschaffungsgeschäfte unterteilbar - auf die Erbringung einer *einmaligen* Leistung ausgerichtet sind, entsprechend dieser Eigenschaft rechtlich als *Einzel*schuldverhältnisse resp. *Einmal*geschäfte[35]. Demhingegen werden unter *Dauer*schuldverhältnissen schwebende[36] Verträge verstanden, deren Leistungserbringung nicht einmalig zu einem Zeitpunkt, sondern nur durch mehrere einzelne oder gar kontinuierliche, sich über einen Zeit-

---

31 Vgl. *Rosenau*, Heinz (Geschäfte 1972), S. 167; vgl. auch *Kammann*, Evert (Jahresabschlußkostenurteile 1980), S. 404 sowie *Pößl*, Wolfgang (Saldierungen 1984), S. 430 i.V.m. den dort genannten weiteren Quellen.

32 Siehe hierzu die Ausführungen in Kapitel 3.1.2.1.

33 Vgl. Abschnitt 2.2.

34 Siehe hierzu z.B. *Roer*, Hans (Bilanzierung 1972), S. 353-355, *Niemann*, Ursula (Rückstellungen 1974/75), S. 314-317, *Bauer*, Heinrich (Geschäfte 1981), S. 336-358 und *Korn*, Klaus (Geschäfte 1987), S. 7034 f. mit weiteren Nachweisen.

35 Vgl. *Bauer*, Heinrich (Geschäfte 1981), S. 14 sowie *Mathiak*, Walter (Rechtsprechung 1984), S. 274; siehe auch *Naumann*, Klaus-Peter (Rückstellungen 1989), S. 333.

36 Zum Problem der Aufteilung eines Dauerschuld- bzw. Dauerrechtsverhältnisses in einen abgewickelten und einen noch nicht abgewickelten, schwebenden Teil siehe die Kapitel 2.1.1.3 sowie 2.1.2.1.

raum erstreckende Erfüllungshandlungen möglich ist[37]. Da auch Versicherungsunternehmen ihre Leistungen in Gestalt von Versicherungsschutzgewährung dauerhaft, d.h. zeitraumbezogen permanent resp. kontinuierlich erbringen[38], ist der Versicherungsvertrag rechtlich in die Gruppe der Dauerschuldverhältnisse einzureihen. Dies gilt analog für zwischen Erst- und Rückversicherungsunternehmen abgeschlossene *Rück*versicherungsverträge, die aus Sicht des Erstversicherers betriebswirtschaftlich als schwebende *Beschaffungs*geschäfte charakterisiert werden können[39]. Demhingegen stellen die zwischen (Erst-) Versicherungsunternehmen und Versicherungsnehmer bestehenden Verträge für den Erstversicherer schwebende *Absatz*geschäfte dar. Letztere werden nachfolgend kurz „Versicherungsvertrag" genannt:

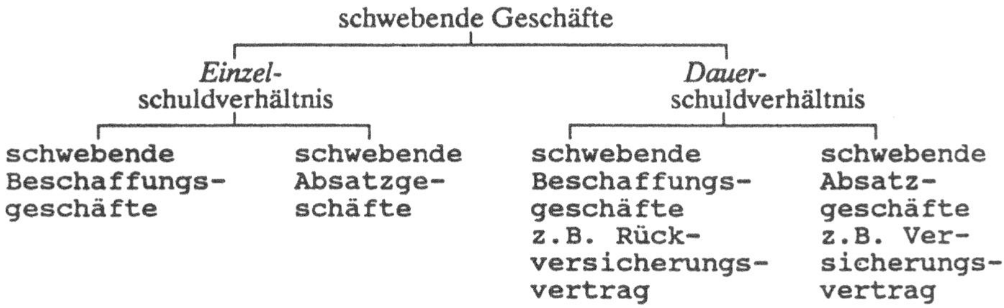

Abbildung 3: Kategorisierung von Versicherungsverträgen i.R.d. schwebenden Verträge nach dem Kriterium der Häufigkeit der Erfüllungshandlungen

---

37 Vgl. z.B. *Niemann*, Ursula (Dauerschuldverhältnisse 1986), S. 4, *Müller*, Welf (Rückstellungen 1987), S. 323 und *Naumann*, Klaus-Peter (Rückstellungen 1989), S. 333 i.V.m. der dort nachgewiesenen Literatur; vgl. auch *Clemm*, Hermann; *Nonnenmacher*, Rolf (Anmerkungen 1990), Anm. 54 und 79 zu § 249 HGB sowie *Bauer*, Heinrich (Geschäfte 1981), S. 14, die sich zur Beschreibung von Dauerschuldverhältnissen auf die dort zitierte bürgerlich-rechtliche Kommentierung *Palandts* zu § 241 BGB berufen; *Bauer* nimmt auch eine Systematisierung und Erörterung der wohl bedeutsamsten Einzelfälle in praxi vorkommender Dauerschuldverhältnisse vor. Siehe *ebenda*, S. 130-155; eine Aufzählung jener Einzelfälle existiert auch bei *Raupach*, Arndt u.a. (Anmerkungen 1950 ff.), Anm. 49z zu § 5 EStG mit weiteren Nachweisen.

38 Vgl. die nähere Erörterung dieses Sachverhalts in Kapitel 2.1.2. Vgl. auch *Nies*, Helmut (Rückstellungen 1972), S. 446.

39 Siehe hierzu und zur Erläuterung der Begriffe „Erst-", „Rückversicherungsunternehmen" sowie „Rückversicherungsvertrag" die Ausführungen des Kapitels 3.2.2. Zur Verursachung drohender Verluste aus schwebenden Beschaffungsgeschäften siehe ebenfalls Kapitel 3.2.2.

Auch im Schrifttum wird der Versicherungsvertrag unumstritten als Dauer*schuld*- resp. Dauer*rechts*verhältnis klassifiziert, wenngleich es häufig bei seiner bloßen Nennung im Rahmen einer umfassenden Aufzählung verschiedener Dauerschuldverhältnisse bleibt[40]. Meist beschäftigt sich die Literatur sodann extensiv unter Ausklammerung des Versicherungsvertrags mit einem oder mehreren anderen Dauerrechtsverhältnissen, die im Regelfall bereits mehrfach Gegenstand höchstrichterlicher Entscheidungen waren. Da sich hinsichtlich der Bewertung einer Verlustrückstellung bei Dauerschuldverhältnissen offenbar noch keine festen Grundsätze entwickelt haben[41], kommt den Finanzgerichten auch künftig großes Gewicht bei der Herausbildung derartiger Konventionen zu. Ob allerdings die Übertragbarkeit der zahlreich vorhandenen, insbesondere zu Arbeits-, Miet- u.ä. Verträgen getroffenen Einzelfallentscheidungen auf den speziellen Fall des Versicherungsvertrags uneingeschränkt möglich ist, erscheint aufgrund der noch aufzuzeigenden branchenspezifischen Besonderheiten jenes Vertrags zumindest fragwürdig. In diesem Kontext sei auf die Ausführungen des Kapitels 2.1.2, die sich auf Charakteristika bzw. abweichende Eigenschaften des Versicherungsvertrags im Vergleich zu den sonstigen Dauerschuldverhältnissen beziehen, verwiesen.

2.1.1.3 Die Rückstellung für drohende Verluste aus schwebenden Geschäften

Wie in Kapitel 2.1.1.1 erörtert, existieren zwei Hauptanlässe und - damit verbunden - zwei Formen der bilanziellen Berücksichtigung des schwebenden Geschäfts *Versicherungsvertrag*. Zum einen führt die Vorauserhebung und -vereinnahmung von Prämienteilen künftiger Perioden zur passiven Rechnungsabgrenzung über die Position „Beitragsüberträge"[42], zum anderen ist im Falle eines für die Zukunft[43] erwarteten Verpflichtungsüberschusses dieser Verlustsaldo einer Rückstellung zuzuführen[44]. Die Bildung einer derartigen *Rückstellung für drohende Verluste aus*

---

40 Siehe z.B. *Eifler*, Günter (Rückstellungen 1976), S. 179, *Sarx*, Manfred (Probleme 1985), S. 95, *Müller*, Welf (Rückstellungen 1987), S. 323 sowie *Clemm*, Hermann; *Nonnenmacher*, Rolf (Anmerkungen 1990), Anm. 79 zu § 249 HGB. Nur wenige Autoren jedoch begründen ihre Auffassung, indem sie sich tatsächlich mit dem speziellen Fall des Versicherungsvertrags in seiner Eigenschaft als schwebendes Dauerschuldverhältnis auseinandersetzen. Siehe beispielhaft *Nies*, Helmut (Rückstellungen 1984), S. 130-135 sowie die übrigen, in Abschnitt 1.1 (Fn. 7) explizit erwähnten Abhandlungen.

41 Vgl. *Sarx*, Manfred (Probleme 1985), S. 93 sowie *Niemann*, Ursula (Dauerschuldverhältnisse 1986), S. 3 mit weiteren Nachweisen.

42 Vgl. hierzu die näheren Ausführungen des Kapitels 4.2.1.

43 Ob nur die künftigen Verpflichtungen und Ansprüche oder auch erbrachte (Gegen-)Leistungen aus dem bereits abgewickelten Teil eines Rechtsverhältnisses bei der Ermittlung eines u.U. bestehenden Verpflichtungsüberschusses zu berücksichtigen sind, wird in Kapitel 3.1.3.2 untersucht.

44 Zum zwischen Beitragsüberträgen und Drohverlustrückstellung bestehenden Zusammenhang siehe die Ausführungen des Kapitels 4.2.1.

schwebenden Geschäften erweist sich auch für Versicherungsunternehmen als zwingend[45], da der Versicherungsvertrag als schwebender Vertrag der vom Gesetzgeber vorgeschriebenen Beschränkung der Verlustrückstellung[46] auf das noch nicht (vollständig) erfüllte Geschäft entspricht. Folglich kann die Diskussion, ob die in § 249 Abs. 1 S. 1 HGB fortbestehende[47] gesetzliche Begrenzung auf drohende Verluste „aus schwebenden Geschäften" tatsächlich eine richtlinienkonforme Transformation der Vierten EG-Richtlinie[48] darstellt[49], im Falle des stets schwebenden[50] Versicherungsvertrags vernachlässigt werden.

Wie im vorangegangenen Kapitel weiter festgestellt, handelt es sich beim Versicherungsvertrag um ein Dauerschuldverhältnis. Daß die gesetzlich verankerte Pflicht, eine Drohverlustrückstellung zu bilden, nicht nur für Einzel-, sondern auch für Dauerschuldverhältnisse gilt, hat die höchstrichterliche Finanzrechtsprechung bereits mehrfach festgestellt[51]. Auch darf und muß die Rückstellung für drohende *Verluste* dem Willen des BFH zufolge getreu ihrem Wortlaut ausschließlich für erwartete Verpflichtungsüberschüsse, nicht jedoch für erwartete Gewinneinbußen gebildet werden: Die Verlustrückstellung ist „ ... keine Rückstellung für entgehende Gewinne"[52], d.h. sie ist nicht für im Vergleich zur Vorkalkulation eines (Versicherungs-)Unternehmens erwartete Gewinnschmälerungen zu bilden[53]. Eine derartige Antizipation von Opportunitätskosten entspräche schließlich nicht dem

---

45 Vgl. Kapitel 2.1.1.1 i.V.m. Abschnitt 2.2.

46 Vgl. den Wortlaut des § 249 Abs. 1 S. 1 HGB.

47 Vgl. den Wortlaut des § 152 Abs. 7 AktG 1965 und dessen wörtliche Interpretation durch *Groh*, Manfred (Verluste 1976), S. 39.

48 Artikel 20 Abs. 1 der Vierten EG-Richtlinie jedenfalls läßt diesen einengenden Zusatz, wie er in § 249 Abs. 1 S. 1 HGB kodifiziert ist, vermissen. *Moxter* sieht im Weglassen dieses Zusatzes keinen Zufall, sondern mißt ihm eine beabsichtigte Erweiterungsfunktion des bereits in § 152 Abs. 7 AktG 1965 auf schwebende Geschäfte begrenzten Begriffs der Verlustrückstellung bei. Vgl. *Moxter*, Adolf (Bilanzrecht 1979), S. 436.

49 Siehe hierzu die kritischen Anmerkungen in *Hartung*, Werner (Verlustrückstellung 1988), S. 376 mit weiteren Nachweisen.

50 Für den bereits abgewickelten Teil des Dauerschuldverhältnisses *Versicherungsvertrag* ist jedoch allenfalls eine Rückstellung für Erfüllungsrückstände zu bilden. Vgl. die näheren Ausführungen dieses Kapitels sowie des Kapitels 4.2.2.

51 Vgl. u.a. BFH IV R 138/76 vom 03.07.1980, in: BStBl. 1980 II, S. 648 ff., BFH VIII R 95/81 vom 16.11.1982, in: BStBl. 1983 II, S. 361 ff., BFH VIII R 160/79 vom 19.07. 1983, in: BStBl. 1984 II, S. 58, BFH I R 7/80 vom 25.01.1984, in: BStBl. 1984 II, S. 344 ff. sowie BFH VIII R 377/83 vom 25.02.1986, in: BStBl. 1986 II, S. 465. Im einschlägigen Schrifttum wird nur selten die (Minderheits-)Meinung vertreten, eine auf Dauerschuldverhältnisse bezogene Drohverlustrückstellung sei unzulässig respektive nicht verpflichtend. Vgl. hierzu die Argumentation in *Biener*, Herbert; *Berneke*, Wilhelm (Gesetz 1986), S. 79 sowie *Biener*, Herbert (Rückstellungen 1988), S. 56 ff. Zur Kritik an dieser Argumentationsweise vgl. *von Wysocki*, Klaus (Sozialverpflichtungen 1989), S. 107 f. mit weiteren Nachweisen.

52 BFH vom 19.07.1983 VIII R 160/79, in: BStBl. 1984 II, S. 59.

53 Vgl. *Forster*, Karl-Heinz (Rückstellungen 1971), S. 394; siehe auch *Albach*, Horst (Rückstellungen 1967/68), S. 355 f. i.V.m. der dort in Fn. 96 geübten Kritik an *Schindele*.

Imparitätsprinzip, das im Zusammenhang mit der Drohverlustrückstellung lediglich die Vorwegnahme von Verlusten fordert[54].

Folgt man der im Schrifttum üblichen Grobeinteilung in verschiedene Rückstellungsarten, so handelt es sich bei der Rückstellung für drohende Verluste um eine Verbindlichkeits- bzw. Schuldrückstellung. Denn im Gegensatz zur Aufwandsrückstellung bestehen u.a. aufgrund eines Versicherungsvertrags rechtliche Leistungsverpflichtungen gegenüber Dritten[55]. Ob die Drohverlustrückstellung, wie in Rechtsprechung und Literatur häufig geschehen[56], tatsächlich als Spezial- resp. Unterfall der Rückstellung für ungewisse Verbindlichkeiten bezeichnet werden kann, erscheint allerdings fraglich. Schließlich bezieht sich die Verbindlichkeitsrückstellung auf vergangene, die Verlustrückstellung hingegen auf künftige Ereignisse[57]. Während letztere, wie bereits in Kapitel 2.1.1.1 erörtert, aus dem Imparitätsprinzip folgt[58], ist erstere als Ausfluß des Realisationsprinzips anzusehen[59]. Einer Drohverlustrückstellung kommt demnach nicht die Funktion zu, Aufwendungen den nach dem Realisationsprinzip zu berücksichtigenden Erträgen vergangener Geschäftsjahre zuzuordnen. Statt dessen dient sie der Antizipation von Aufwendungen, die Erträgen künftiger Perioden zugehörig sind, in Höhe des voraussichtlichen Verpflichtungsüberschusses, d.h. des sich aus beiden erwarteten Erfolgsgrößen wahrscheinlich ergebenden negativen Saldos[60]. Jene Vorwegnahme einer saldierten Größe stellt ein weiteres Kriterium dar, die Rückstellung für drohende Verluste von der für ungewisse Verbindlichkeiten abzugrenzen[61]. Trotz der

54 Vgl. *Burkhardt*, Dietrich (Fremdwährungsgeschäfte 1988), S. 110; vgl. auch Kapitel 3.1.2 der vorliegenden Arbeit.

55 Zur Abgrenzung von Aufwands- und Schuldrückstellung vgl. die näheren Ausführungen u.a. bei *Eder*, Dieter (Aufwandsrückstellungen 1988), S. 4 ff. sowie *Naumann*, Klaus-Peter (Rückstellungen 1989), S. 101 ff. *Borstell* unterzieht die Begriffe „Verbindlichkeits-" sowie „Aufwandsrückstellung" einer kritischen Würdigung. Siehe *Borstell*, Thomas (Aufwandsrückstellungen 1988), S. 13 i.V.m. dem dort nachgewiesenen Schrifttum.

56 Vgl. u.a. BFH VIII R 95/81 vom 16.11.1982, in: BStBl. 1983 II, S. 362 f. sowie BFH VIII R 160/79 vom 19.07.1983, in: BStBl. 1984 II, S. 58. Vgl. u.a. *Giese*, der sich auf die Begründung zum Regierungsentwurf des AktG 1965 beruft. *Giese*, Rolf (Merkmale 1981), S. 537; vgl. auch *Raupach*, Arndt u.a. (Anmerkungen 1950 ff.), Anm. 60 r zu § 5 EStG, *IdW* (WP-Handbuch 1985), S. 636 sowie *Lück*, Wolfgang (Rechnungslegung 1990), S. 559; gegenteiliger Auffassung ist *Kramer*, Jörg-Dietrich (Stichtagsprinzip 1983), S. 475, Fn. 9.

57 Vgl. *Groh*, Manfred (Rückstellung 1988), S. 27.

58 Siehe auch Kapitel 3.1.2.1.

59 Vgl. *Eibelshäuser*, Manfred (Rückstellungen 1987), S. 864; vgl. auch *Groh*, Manfred (Rückstellung 1988), S. 27 unter Bezugnahme auf *Moxter*, Adolf (Bilanzrechtsprechung 1985), S. 127; siehe auch *Kraus*, Stefan (Rückstellungen 1987), S. 113 ff.

60 Vgl. *Moxter*, Adolf (Bilanzrechtsprechung 1985), S. 127.

61 Siehe hierzu die Ausführungen *Forsters*, der dennoch einer Zuordnung der Verlustrückstellung zur Rückstellung für ungewisse Schulden „grundsätzlich" zustimmt. *Forster*, Karl-Heinz (Rückstellungen 1971), S. 396 f. i.V.m. Fn. 39; ähnlich äußern sich *Groh* und *Woerner*, die die Saldierung zwar als Besonderheit der Verlustrückstellung hervorheben, aber trotzdem eine Subsumtion unter die Verbindlichkeitsrückstellung im Grunde befürworten. Vgl. *Groh*, Manfred (Verluste 1976), S. 39 sowie *Woerner*, Lothar (Passivierung 1984/85), S. 194 f. *Bieg* zu-

Gemeinsamkeit, eine gegenüber Dritten bestehende Verpflichtung abzubilden, kann folglich die Verlustrückstellung nicht eindeutig der Verbindlichkeitsrückstellung als konkrete Ausprägung subsumiert werden, sondern allenfalls als „Rückstellung für ungewisse Verbindlichkeiten im *weiteren* Sinne"[62].

Die Ausführlichkeit der vorstehend durchgeführten Abgrenzung von Drohverlust- und Verbindlichkeitsrückstellung erscheint gerechtfertigt, wenn man sich die daraus erwachsenden Konsequenzen für den speziellen Fall des Versicherungsvertrags vor Augen hält: Der oben festgestellte Zukunftsbezug der Verlustrückstellung bewirkt im Falle eines Dauerschuldverhältnisses dessen Aufspaltung in einen abgewickelten und einen noch nicht abgewickelten, schwebenden Teil[63]. Hinsichtlich des noch schwebenden Geschäftsteils ist demnach, sofern ein Verpflichtungsüberschuß droht, eine Rückstellung für drohende Verluste zu bilden, während für den bereits abgewickelten Teil aufgrund ihres Vergangenheitsbezugs eine Verbindlichkeitsrückstellung im engeren Sinne in Frage kommt[64]. Diese Vorgehensweise impliziert eine strenge Trennung zwischen drohenden Verlusten einerseits sowie Erfüllungsrückständen[65] andererseits. Obgleich eine derartige Differenzierung in zukunfts- und vergangenheitsbezogene Rückstellungskategorien nicht unumstritten ist, birgt sie doch den Vorzug in sich, andernfalls mögliche Doppelerfassungen von Verpflichtungen zu vermeiden[66]. In diesem Zusammenhang ist insbesondere auf die in Kapitel 4.2.2.2 durchgeführte Gegenüberstellung von Drohverlustrückstellung und Rückstellung für noch nicht abgewickelte Versicherungsfälle hinzuweisen.

Bezüglich der Begründung der Rückstellung für drohende Verluste im Vergleich zu anderen Rückstellungsarten auf der Basis unterschiedlicher Bilanzauffassungen bzw. -theorien sei auf die einschlägige Literatur verwiesen[67].

---

folge zeigen „Rückstellungen für ungewisse Verbindlichkeiten ... die drohende Verpflichtung in vollem Umfang, solche für drohende Verluste aus schwebenden Geschäften nur den Saldo aus Verpflichtung und Forderung." ***Bieg***, Hartmut (Geschäfte 1977), S. 64.

62 Vgl. *Naumann*, der die Drohverlustrückstellung neben der Verbindlichkeitsrückstellung im engeren Sinne diesem Oberbegriff subsumiert. *Naumann*, Klaus-Peter (Rückstellungen 1989), S. 86 ff.

63 Zur Frage der zeitlichen Aufteilbarkeit im Sonderfall des Versicherungsvertrags siehe die Ausführungen der Kapitel 2.1.2, 3.1.3 sowie 4.2.2.2.

64 Vgl. *Groh*, Manfred (Rückstellung 1988), S. 28 f. und 32 f.; zur Auswirkung dieser Vorgehensweise auf die Höhe der Drohverlustrückstellung siehe Kapitel 3.1.3.2.

65 Zum Begriff des Erfüllungsrückstands siehe die Kapitel 2.1.2.1, 3.1.3 sowie 4.2.2.2.

66 Vgl. die näheren Ausführungen in Kapitel 3.1.3.

67 Siehe hierzu u.a. *Moxter*, Adolf (Bilanzrecht 1979), S. 433-440, *Streitferdt*, Lothar (Rückstellungen 1981), Sp. 1473-1482, *Heinen*, Edmund (Handelsbilanzen 1986), S. 36-62, *Naumann*, Klaus-Peter (Rückstellungen 1989), S. 17-29 mit weiteren Nachweisen sowie *Oberbrinkmann*, Frank (Handelsbilanz 1990), S. 240-247 in Verbindung mit dem dort zitierten Schrifttum.

2.1.2. Der Sonderfall des Versicherungsvertrags

2.1.2.1. Leistung und Gegenleistung im Versicherungsvertrag

Wie in Kapitel 2.1.1.2 belegt, ist der Versicherungsvertrag rechtlich als Dauerschuldverhältnis zu klassifizieren. Allerdings wird durch die nachfolgenden Ausführungen deutlich, daß sich der untersuchte Kontrakt von den übrigen Dauerrechtsverhältnissen in mehreren Punkten unterscheidet. In diesem Kontext ist zu prüfen, inwiefern jenen Unterschieden Relevanz hinsichtlich der Bewertung drohender Verluste bzw. einer diesbezüglichen Rückstellungsbildung zukommt. Hierzu erweist es sich jedoch als erforderlich, vorab die Begriffe der *Leistung* und der *Gegenleistung* aus Sicht des Rechnung legenden Versicherungsunternehmens zu klären. Schließlich ist der Inhalt beider Termini essentiell für die Ermittlung möglicherweise drohender Verluste aus Versicherungsverträgen, da jene sich als negativer Saldo aus erwarteter Gegenleistung sowie wahrscheinlicher künftiger Leistungsverpflichtung ergeben. Es wird zu erörtern sein, inwieweit der dem Versicherungsvertrag immanente Leistungsbegriff von dem anderer zweiseitig verpflichtender Verträge abweicht.

Um die Sonderprobleme der Bestimmung von Leistung sowie Gegenleistung und damit der Ermittlung drohender Verluste, die durch den Charakter des Versicherungsgeschäfts bedingt sind, aufzuzeigen, erscheint es sinnvoll, zu Beginn der Ausführungen einige Vereinfachungen vorzunehmen. Dieser anfängliche Abbau der Komplexität der realen Gegebenheiten ermöglicht die Darstellung der branchenspezifischen Kernproblematik des Leistungsbegriffs, ohne den Blick für das Wesentliche von zu vielen Details oder allgemeinen Problemen trüben zu lassen. Im Anschluß daran sowie in den nachfolgenden Kapiteln werden dann die wichtigsten Vereinfachungen sukzessive erörtert und im Sinne der Verwendung eines möglichst realitätsnahen Leistungsbegriffs im Rahmen der Ermittlung drohender Verluste aus Versicherungsverträgen wieder abgebaut. Schließlich muß sich die Bildung von Drohverlustrückstellungen auch in Versicherungsbilanzen eng an den realiter vorliegenden Tatsachen orientieren, um die Ordnungsmäßigkeit des Jahresabschlusses ebenso wie die Korrektheit der konkreten Steuerbemessungsgrundlagen zu gewährleisten.

Die *Gegenleistung*, auf die ein Versicherungsunternehmen gegenüber seinen Kunden einen Rechtsanspruch hat, stellt die im Versicherungsvertrag vereinbarte Prämie dar. Die Verpflichtung des Versicherungsnehmers zur Prämienzahlung ist in § 1 Abs. 2 Versicherungsvertragsgesetz (VVG)[68] gesetzlich verankert. Während

---

68 Gesetz über den Versicherungsvertrag (Versicherungsvertragsgesetz - VVG) vom 30.05.1908, RGBl., S. 263 ff., zuletzt geändert durch das Gesetz zur Änderung versicherungsrechtlicher Vorschriften vom Dezember 1990, in: VerBAV, 39.Jg. (1990), S. 562-564.

diese einem Versicherungsunternehmen zufließende *Gegenleistung* regelmäßig zu Beginn einer Versicherungsperiode durch einen konkreten Zahlungsvorgang erfolgt[69], kann die *Leistungserbringung* des Versicherers nicht so einfach quantifiziert und schon gar nicht gedanklich auf einzelne Zahlungsgrößen reduziert werden. Würde man hingegen der in praxi weit verbreiteten Terminologie, ein Versicherungsunternehmen „leiste" jeweils (nur) nach Eintritt des Versicherungsfalls, folgen, so empfingen schadenfrei gebliebene Versicherungsnehmer trotz ihrer Prämienzahlung keine Leistung. Daß diese Vorstellung nicht mit den tatsächlichen Gegebenheiten übereinstimmt und sich damit als korrekturbedürftig erweist, wurde im versicherungswissenschaftlichen Schrifttum bereits mehrfach herausgestellt[70]. Schließlich entspricht es der Leistungspflicht des Versicherers, dem Kunden während der gesamten Vertragslaufzeit permanent Versicherungsschutz zu gewähren, indem er stets seine für den Versicherungsfall erforderliche Zahlungsbereitschaft aufrechterhält. Die Leistung eines Versicherungsunternehmens umfaßt folglich die Gewährung der abstrakten Dienstleistung *Versicherungsschutz*, während sie sich in Gestalt von Entschädigungszahlungen an den Versicherungsnehmer oder an geschädigte Dritte lediglich sichtbar konkretisiert[71]. Demnach erfolgt die Konkretisierung der Unternehmensleistung in der Versicherungsbranche im Einzelfall des jeweiligen Vertrags entweder punktuell oder gar nicht, wohingegen die Erbringung der Gegenleistung stets punktuell, d.h. zum diskreten Zeitpunkt des Beginns der Versicherungsperiode erkennbar wird.

Aufgrund der dem Versicherungsgeschäft immanenten *kollektiven Produktionsweise* wäre es keinesfalls vertretbar, jeden Einzelvertrag einer isolierten Betrachtung zu unterziehen[72] und eine vertraglich fixierte Deckungshöchstsumme, die bei Eintritt des Versicherungsfalls maximal fällig würde, als Leistung im Sinne einer ständigen Zahlungsbereitschaft des Unternehmens anzusehen. Eine solche auf einer strengen Einzelbewertung basierende Sichtweise führte zu einer Gegenüberstellung

---

69 Im Verlauf der vorliegenden Arbeit wird stets vom in praxi gegebenen Regelfall einer *Voraus*erbringung der Prämie ausgegangen. Zu den Rechtsgrundlagen der Prämien*voraus*zahlung vgl. Kapitel 2.1.2.2. Möglichkeiten nachträglicher Erhöhungen der Gegenleistung in Gestalt von Prämienanpassungsklauseln oder mittels Nachschußpflichten bei VVaG werden in Kapitel 3.2.3 erörtert.

70 Vgl. u.a. *Müller*, Wolfgang (Produkt 1981), S. 156 ff. *Schwake* übt in diesem Zusammenhang umfassende Kritik auch an anderen Produktkonzepten bzw. Leistungsbegriffen der Versicherungswissenschaft. Vgl. *Schwake*, Edmund (Marketing 1984), S. 393 ff. sowie *derselbe* (Überlegungen 1987), S. 47 ff.

71 So kann die Kernleistung des Versicherers, die Produktion von Versicherungsschutz, als *abstraktes Dauerschutzversprechen* gekennzeichnet werden. Vgl. *Farny*, Dieter (Produktion 1979), Sp. 2139; *Schwake* teilt diese Auffassung grundsätzlich, allerdings unter Vornahme einiger Modifikationen. Vgl. *Schwake*, Edmund (Marketing 1984), S. 394 f.

72 Zur branchenspezifischen Modifikation des Grundsatzes der Einzelbewertung im Hinblick auf die Produktionsweise von Versicherungsunternehmen siehe die Ausführungen des Kapitels 3.1.1.1.

theoretisch möglicher Regulierungshöchstsummen[73] einerseits und relativ niedrig kalkulierter Durchschnittsprämien andererseits. Würde man beide Größen saldieren, so bedeutete dies unter Zugrundelegung einer prospektiven Betrachtungsweise Verlusterwartungen und damit verbunden Zuführungen zu Rückstellungen für drohende Verluste in schier utopischer Höhe. Zu einem geradezu absurden Ergebnis käme es durch diese Denkweise im Extremfall der in der Kraftfahrzeug-Haftpflichtversicherung z.T. angebotenen sog. *unbegrenzten Deckung*[74]. Eine derartige Überstrapazierung des handelsrechtlichen Vorsichtsprinzips kann und muß durch einen Vergleich durchschnittlich erwarteter Entschädigungszahlungen mit den ebenfalls auf Durchschnittswerten basierenden Beiträgen verhindert werden[75]. Schließlich basiert die Produktion von Versicherungsschutz auf dem *Prinzip des Risikoausgleichs im Kollektiv*, weshalb auch hinsichtlich der Bewertung von Leistung und Gegenleistung im Hinblick auf die Ermittlung möglicherweise drohender Verluste grundsätzlich nicht von einer isolierten Betrachtung des einzelnen Vertrags ausgegangen werden kann.

Folglich darf auch die im Kontext dieser Arbeit relevante Leistungsgröße nur einen unternehmensindividuell festlegbaren, aus einem konkreten Bestand mehrerer Versicherungsverträge resultierenden Durchschnittswert repräsentieren[76]. Demnach braucht sich der Umfang der zur Aufrechterhaltung der jederzeitigen Zahlungsbereitschaft erforderlichen Mittel ebenfalls nicht an den in Einzelfällen denkbaren Deckungshöchstschäden auszurichten. Statt dessen genügt aufgrund des Zusammentreffens von Verträgen mit hohen und niedrigen Schadenrealisationen sowie mit schadenfreien Kontrakten die Orientierung an einem entsprechend niedrigeren Durchschnitt. Nur durch einen auf einem derartigen Risikoausgleich basierenden, sich an Durchschnitts- statt an möglichen Entschädigungshöchstwerten orientierenden Leistungsbegriff erscheint es überhaupt erklärbar, daß Versicherungsschutz zu einer relativ niedrigen (Durchschnitts-)Prämie als Gegenleistung erstellbar ist und die Versicherungsnahme dem Kunden Kostenvorteile gegenüber einer alternativen individuellen Reservebildung bietet.

Die Kontinuität der über die gesamte Vertragslaufzeit hinweg stattfindenden abstrakten Leistungserbringung implizierte im Falle einer strengen Einzelbetrachtung, daß ein Leistungsrückstand[77] sich im speziellen Fall des Versicherungsvertrags

---

73 Dies wäre u.a. deshalb unhaltbar, weil bezüglich der Deckungshöchstsumme implizit eine Eintrittswahrscheinlichkeit von 1 unterstellt würde.

74 Allerdings ist zu beachten, daß diese sog. *illimitée-Deckung* nur in bezug auf *Sach*schäden unbegrenzt ist. Hinsichtlich *Personen*schäden ist sie hingegen begrenzt auf 7,5 Mio. DM pro geschädigter Person. Mittlerweile wird eine unbegrenzte Deckung auch z.T. in der Allgemeinen Haftpflichtversicherung angeboten. Siehe hierzu *BAV* (Haftpflichtversicherung 1990), S. 478 f.

75 Vgl. zum zwischen Vorsichtsprinzip und Grundsatz der Einzelbewertung bestehenden engeren Zusammenhang die Erörterungen der Kapitel 3.1.1.1 sowie 3.1.2.1.

76 Vgl. die näheren Ausführungen des Kapitels 3.1.1.1.

77 Der Begriff des *Leistungs*rückstandes im Gegensatz zum Terminus des *Erfüllungs*rückstandes wird weiter unten näher erörtert.

nicht wie bei anderen Dauerschuldverhältnissen sukzessive abbaut. Statt dessen besteht die Eintrittsmöglichkeit des Versicherungsfalls und der damit verbundenen Verpflichtung zu Entschädigungszahlungen bis zum endgültigen Ablauf des Vertrags[78]. Bei Betrachtung eines hinreichend großen Kollektivs wird deutlich, daß sich die Zeitpunkte des Schadeneintritts mit hoher Wahrscheinlichkeit nicht kurz vor Ende der einzelnen Verträge kumulieren, sondern über die gesamte Laufzeit verteilt sind. So kann unter Zugrundelegung einer Durchschnittsbetrachtung, die im Einklang mit der kollektiven Produktionsweise eines Versicherungsunternehmens steht und deshalb der nicht realitätskonformen strikten Einzelbetrachtung vorzuziehen ist, doch von einem im Zeitverlauf durch die abstrakte Gewährung von Versicherungsschutz abnehmenden Leistungsrückstand ausgegangen werden.

Auch bezüglich einer solchen kollektiven Sichtweise gilt es allerdings zu bedenken, daß in Wirklichkeit Schäden erfahrungsgemäß *nicht* über ganze Versicherungsperioden hinweg *gleich*verteilt eintreten. Um die für einen bestimmten Zukunftszeitraum erwarteten Leistungskonkretisierungen möglichst realitätskonform in die Ermittlung einer Drohverlustrückstellung einfließen zu lassen, sind derartige, beispielsweise witterungsbedingte bzw. saisonale Schadenungleichverteilungen entsprechend zu berücksichtigen[79]. Schließlich handelt es sich auch bei der Rückstellung für drohende Verluste um eine konkrete Größe, die wiederum in konkrete Steuerbemessungsgrundlagen eingeht. Somit müssen konsequenterweise die im Rahmen der Bemessung einer Verlustrückstellung eingehenden Leistungs- und Gegenleistungsbeträge ebenfalls konkreter Natur sein, obgleich - wie oben erörtert - eine in Gestalt geschätzter Entschädigungszahlungen konkretisierte Leistung dem umfassenderen abstrakten Leistungsbegriff eines Versicherungsunternehmens nicht annähernd entspricht. Folglich ist im Sinne einer Quantifizierbarkeit der Drohverlustrückstellung von einer theoretisch die abstrakte Dienstleistung Versicherungsschutz zutreffender beschreibenden Leistungsdefinition abzuweichen. Statt dessen ist der Leistungsbegriff inhaltlich auf die konkret erwarteten Schadenaufwendungen - unter Zugrundelegung einer der kollektiven Produktionsweise entsprechenden Durchschnittsbetrachtung - zu reduzieren. Damit erfolgt eine Orientierung an dem Leistungsbegriff, der auch § 1 Abs. 1 VVG entnehmbar ist. Dort wird der Versicherer verpflichtet, nach dem Eintritt des Versicherungsfalls - in den vertraglich vereinbarten Grenzen - den Vermögensschaden zu ersetzen (Schadenversicherung) bzw. den vereinbarten Betrag zu zahlen (Personenversicherung).

In den bisherigen Ausführungen wurde implizit eine Gleichsetzung der Gegenleistung mit der sog. *Nettorisiko*prämie unterstellt, was eine Vereinfachung der realen

---

78 Von der Möglichkeit einer vorzeitigen *Kündigung nach dem Versicherungsfall* sei an dieser Stelle noch abgesehen. Siehe hierzu Kapitel 2.1.2.2.

79 Analog zu den Schwankungen der sich konkretisierenden Leistungsverpflichtungen sollte die Periodisierung der Prämieneinnahmen idealerweise leistungsbewirkungsproportional erfolgen. Vgl. *Baur*, Wolfgang (Periodisierung 1984), insbesondere S. 94 ff. Vgl. auch Kapitel 4.2.1 der vorliegenden Arbeit.

Gegebenheiten in mehrfacher Hinsicht repräsentiert: Erstens umfaßt die vom Versicherungsnehmer realiter als Gegenleistung zu entrichtende *Brutto*prämie im Regelfall einen Sicherheitszuschlag, der zusätzlich zur Nettorisikoprämie erhoben wird, zum anderen enthält sie einen Betriebskostenzuschlag[80]. Auf die Einbeziehung eines *Sicherheitszuschlags* wurde vorläufig verzichtet, um nicht von der am Erwartungswert orientierten Durchschnittsbetrachtung bezüglich des Leistungsbegriffs abzuweichen. Da der Risikoausgleich im Kollektiv in praxi nicht vollkommen funktioniert resp. die künftige Schadenentwicklung als Leistungskonkretisierung kaum exakt dem in der Kalkulation ex ante unterstellten Erfahrungswert entsprechen wird, erscheint es allerdings geboten, möglichen negativen Abweichungen vom Schadenerwartungswert mittels entsprechender *Sicherheits*zuschläge entgegenzuwirken. Haben sich jene Zuschläge a posteriori im konkreten Vertragsbestand und im konkreten Zeitraum als nicht erforderlich erwiesen, wirken sie faktisch wie ein a priori kalkulierter *Gewinn*zuschlag. Umgekehrt können besonders negative Schadenrealisationen dazu führen, daß einem zuvor als *Gewinn*zuschlag erhobenen Prämienteil ex post betrachtet die Funktion eines *Sicherheits*zuschlags beizumessen ist. Für die Bilanzierung und Bewertung einer Rückstellung für drohende Verluste ist diese denkbare nachträgliche Umkehrung der Funktion jener Prämienelemente allerdings unerheblich. Denn die geschätzte zukunftsbezogene Bruttoprämie geht letztlich mit ihrer gesamten Höhe, d.h. ungeteilt und somit unabhängig von ihren kalkulatorischen Bestandteilen als vom Versicherungsnehmer zu erbringende (Gegen-)Leistung reduzierend in eventuell zu passivierende Verpflichtungsüberschüsse ein.

Die vorläufige Außerachtlassung eines *Betriebskostenzuschlags* in den bisherigen Ausführungen diente lediglich der gezielten Erörterung der Branchenspezifika des versicherungsbetrieblichen Leistungsbegriffs. Jene Konzentration auf die Schadenkosten[81] als Konkretisierung der abstrakten Dienstleistung *Versicherungsschutz* darf jedoch nicht darüber hinwegtäuschen, daß auch die im Innen- sowie im Außendienst eines Versicherungsunternehmens anfallenden Beratungs- und Verwaltungstätigkeiten Leistungen gegenüber Versicherungsnehmern repräsentieren, die Kosten bzw. Aufwendungen verursachen. Diese Aufwendungen für den Versicherungsbetrieb können schließlich - ebenso wie die Schadenaufwendungen - dro-

---

80 Zur Zusammensetzung der umfassenden, am Markt erhobenen Bruttoprämie und zur Kalkulation ihrer Komponenten siehe *Albrecht*, Peter; *Lippe*, Stefan (Prämie 1988), S. 525-532. Der dort ergänzend genannte Abschlag für den Erfolg aus Kapitalanlagen als die Bruttoprämie und somit die künftig zu erwartende Gegenleistung reduzierender Faktor wird im Kontext der vorliegenden Arbeit in Kapitel 3.1.1.2 eingehend erörtert.

81 Die in Versicherungswissenschaft und -praxis weit verbreiteten Termini „Schadenkosten" sowie „Betriebskosten" werden im Rahmen der vorliegenden Arbeit i.S.v. *aufwandsgleichen Kosten* verstanden, da in einer pagatorischen Jahresabschlußrechnung nur diese bei der Bemessung einer Rückstellung für drohende Verluste als Negativposten in die Saldierung eingehen dürfen. Folglich werden jene Bezeichnungen synonym zu den Begriffen „Aufwendungen für Versicherungsfälle" (kurz: „Schadenaufwendungen") und „Aufwendungen für den Versicherungsbetrieb" (kurz: „Betriebsaufwendungen") verwendet.

hende Verluste herbeiführen[82]. Die Deckung der Betriebskosten erfolgt im Falle einer sich ex post als kostendeckend erweisenden Prämienkalkulation im voraus durch den Kunden aufgrund der von ihm erbrachten Gegenleistung in Form der Bruttoprämie. Die Betriebskosten wiederum lassen sich in schadenabhängige und schaden**un**abhängige unterteilen, wobei erstere - in Abhängigkeit vom jeweiligen Schadenverlauf - wie der Schadenverlauf selbst Zufallsschwankungen unterliegen und damit ein Branchenspezifikum darstellen. Die Stochastizität des Schadenverlaufs und damit sowohl der Schadenkosten als auch der schadenabhängigen Betriebskosten bedeutet die Zufallsabhängigkeit quantitativ bedeutsamer *Leistungs*komponenten im Gegensatz zu einer üblicherweise festen[83] *Gegen*leistung.

Da es erforderlich erscheint, auch Aufwendungen, die als Betriebskosten dem Versicherungsnehmer „nur" mittelbar, d.h. nicht direkt in Gestalt eines Zahlungsstroms, zugute kommen, dem *Leistungs*begriff aus Sicht des Unternehmens zu subsumieren, sollte konsequenterweise analog bei der Bestimmung der *Gegen*leistung verfahren werden. So ermöglicht die Vorauserbringung der Prämie aufgrund der durchschnittlich erst nach diesem Zeitpunkt eintretenden Leistungskonkretisierungen eine zwischenzeitliche ertragbringende Kapitalanlage jener zu Beginn der Versicherungsperiode vereinnahmten Gegenleistungsteile. Dieser potentielle Anlagezeitraum wird zudem in bezug auf die anfallenden Schadenkosten um die zwischen Eintritt des Versicherungsfalls und Zeitpunkt der Entschädigungszahlung liegende *Schadenregulierungsdauer* verlängert. Auch jene Erträge aus Kapitalanlagen resultieren zwar - analog zum umgekehrten Fall der Betriebskosten - nicht direkt aus einem Zahlungsstrom seitens des Versicherungsnehmers. Sie sind jedoch zu einem gewissen Teil auf die unmittelbar durch den Kunden erbrachte Prämie zurückzuführen und deshalb neben dieser in die Gegenleistung einzubeziehen[84]. Damit wird die im Rahmen der Bemessung einer Drohverlustrückstellung zu berücksichtigende, erwartete Gegenleistung um eine wirtschaftszweigbezogene Komponente erweitert[85]. Wegen der im Vergleich zur Beitragsschätzung u.U. weniger exakt möglichen Vorhersehbarkeit des künftigen Kapitalanlageerfolges büßt die Gegenleistung mit jener branchenspezifischen Erweiterung ihren im Vergleich zum Leistungsbegriff relativ deterministischen Charakter z.T. ein. Demhingegen verliert die zukünftige Leistung des Versicherers an Ungewißheit, wenn hier zusätzlich zu

---

82 Dies geht auch aus dem Beitrag *Donandts* und *Richters* hervor. Vgl. *Donandt*, Klaus; *Richter*, Horst (Posten 1989), S. 236 f. sowie S. 239 f.

83 Allerdings büßt die Gegenleistung einen Teil dieser Eigenschaft ein, sofern man neben festen Prämien auch die weniger gut prognostizierbaren Nettokapitalerträge in ihre Berechnung einbezieht. Vgl. hierzu die nachfolgenden Ausführungen des laufenden Kapitels.

84 Einzubeziehen sind allerdings nicht nur die Kapitalanlageerträge, die unmittelbar auf die Prämienvorauszahlung zurückzuführen sind. Auch die Kapitalerträge, die aus der Anlage von Mitteln resultieren, die vor allem durch die Zuführung zu Rückstellungen im Unternehmen zurückbehalten wurden, sind zu berücksichtigen. Vgl. die näheren Ausführungen in Kapitel 3.1.1.2. Vgl. auch Kapitel 3.1.2.3.

85 Siehe hierzu auch die nähere Begründung der Einbeziehung des Kapitalanlageerfolges bei der Ermittlung der Rückstellung für drohende Verluste in Versicherungsbilanzen in Kapitel 3.1.1.2.

den Schaden- auch die Betriebskosten berücksichtigt werden, da letztere zumindest partiell in regelmäßiger Weise anfallen.

Aufgrund der üblichen Vorauserbringung der Prämie und der sich dann erst anschließenden permanenten Leistungserstellung entsteht einem Versicherungsunternehmen nicht das Problem dubioser, d.h. ihrem Eingang dem Grunde oder der Höhe nach risikobehafteter Kundenforderungen, wie es in Unternehmen anderer Branchen existiert[86]. Dort erfolgen Leistung und Gegenleistung häufig in umgekehrter zeitlicher Reihenfolge zum Versicherungsbetrieb, weshalb sich die aus der Auslieferung und erst nachträglichen Bezahlung von Gütern ergebenden schwebenden Absatzgeschäfte im Falle ihrer nicht vollständigen Bezahlung als verlustträchtig erweisen können. Aber nicht nur in Unternehmen der Sachgüterindustrie, sondern auch in anderen Zweigen des Dienstleistungsgewerbes ist der zeitlich zum Versicherungsvertrag gegenläufige Vorgang gegeben; beispielsweise erfolgt die Leistungserbringung beim Dauerschuldverhältnis *Darlehensvertrag* seitens des Kreditinstituts in Gestalt der Bereitstellung von Kapital *vor* dem Eingang von Zins-[87] und Tilgungszahlungen. Dies hat die Verbuchung einer Forderung gegenüber dem Darlehensnehmer und, sofern der Zahlungsrückfluß gefährdet erscheint, eine entsprechende Abwertung jenes Aktivpostens zur Konsequenz[88]. Anders kommt es in Versicherungsbilanzen aufgrund der Vorausentrichtung der Gegenleistung zu keiner direkt aus dem Versicherungsvertrag resultierenden Erfassung von Kundenforderungen im Rechnungswesen. Folglich existiert für Rechnung legende Versicherungsunternehmen hieraus auch nicht die Problematik der Bewertung, d.h. der Erkennung und Abschreibung dubioser Forderungen[89]. Selbst ein Prämienzahlungs*verzug* oder gar eine Prämien*nichtzahlung* wirft im Regelfall kein derartiges Problem auf, weil im Falle nicht rechtzeitiger Erbringung der Gegenleistung nur unter besonderen Voraussetzungen überhaupt Versicherungsschutz gewährt wird, d.h. eine unternehmerische Leistungspflicht besteht[90].

Da weder dubiose Prämienforderungen noch aktivierungsfähige und außerplanmäßig abschreibungsbedürftige Halb- oder Fertigerzeugnisse existieren, besitzt das handelsrechtliche Niederstwertprinzip des § 253 HGB diesbezüglich keine Relevanz für Versicherungsbilanzen, weil aus jenen branchenfremden Tatbeständen keine zu antizipierenden Verluste drohen können. Lediglich hinsichtlich der u.a. aus

---

86 Zur Problematik der Bewertung von Forderungen siehe beispielhaft die Ausführungen von *Schäfer*, Wolf (Grundsätze 1977) und *Herfurth*, Rolf (Bewertung 1979), S. 525-528.

87 Abgesehen wird hier von der Einbehaltung eines Disagios, das wirtschaftlich eine Zinszahlung zu Beginn der Darlehenslaufzeit darstellt.

88 Zu den Besonderheiten drohender Verluste aus *Darlehens*verträgen siehe u.a. *Lempenau*, Gerhard (Stichtagsprinzip 1978/79), S. 186 f.

89 Zur Bewertungsproblematik im Falle dubioser Forderungen siehe beispielhaft *Schäfer*, Wolf (Grundsätze 1977), S. 88 ff. sowie S. 113 ff.

90 Siehe zu dieser Problematik die näheren Ausführungen des Kapitels 2.1.2.2.

der Prämienvorauszahlung resultierenden Kapitalanlagebestände kann es auf der Aktivseite einer Versicherungsbilanz gemäß § 56 Abs. 1 VAG i.V.m. § 253 Abs. 3 HGB zu einer zwingenden Anwendung des Imparitätsprinzips in der Ausprägung des strengen Niederstwertprinzips kommen[91]. Die aus Vermögensanlagen u.U. drohenden Verluste sollen, da sie kein wirtschaftszweigspezifisches Phänomen repräsentieren, d.h. nicht direkt mit den Eigentümlichkeiten des Versicherungsvertrags verbunden sind, an dieser Stelle nicht näher erörtert werden[92]. Es sei lediglich darauf hingewiesen, daß Versicherungsunternehmen, sofern sie gegenüber Kunden, Mitarbeitern oder Institutionen nicht in ihrer Rolle als Versicherer, sondern als Kreditgeber auftreten, analoge Ausfall- oder Zinsänderungsrisiken zu professionellen Bankinstituten aus dem oben kurz angesprochenen Dauerrechtsverhältnis *Darlehensvertrag* eingehen.

Eine gewisse Ähnlichkeit mit dem Versicherungsvertrag ist dem Mietvertrag als Dauerschuldverhältnis zu bescheinigen. Während die Entrichtung des Mietzinses als Gegenleistung üblicherweise analog zur Prämienzahlung im voraus, d.h. zu Beginn des Vermietungszeitraums erfolgt, verhält es sich mit der Leistung allerdings anders. Zwar findet auch die Leistungserbringung aufgrund des Mietvertrags permanent bzw. über die gesamte Vertragslaufzeit verteilt statt, doch erfolgen die Leistungskonkretisierungen in Gestalt der Nutzungsüberlassung - abgesehen von durchzuführenden Maßnahmen zur Erhaltung der Mietsache - gleichmäßig und keineswegs zufallsabhängig wie die des Versicherungsvertrags. Trotz kontinuierlicher Teilerfüllungen und einem entsprechend unterstellten sukzessiven Prämienverzehr bleibt der durch die Beitragsvorauszahlung bedingte Leistungsrückstand des Versicherers bis zum Vertragsablauf bestehen[93], da die (Dienst-)Leistung *Versicherungsschutz* bis zu diesem Zeitpunkt in vollem Umfang gewährt wird. Schließlich können Leistungskonkretisierungen in Form von Entschädigungszahlungen auch noch kurze Zeit vor Vertragsende verursacht werden. Demhingegen wird eine Aufwendungen begründende Erhaltungsmaßnahme aus einem Mietvertrag in der Regel nicht so überraschend erforderlich, sondern über längere Zeit hinweg erkennbar resp. vorhersehbar[94]. Diese auf Erfahrungswerten der Vergangenheit basierende Berechenbarkeit gilt eingeschränkt allerdings - wie oben bereits erörtert - auch für die Konkretisierung von Versicherungsleistungen, orientiert man sich hierbei nicht an den Einzelverträgen, sondern an der dem Charakter der Produktion von

---

91 Zu den Anwendungsvoraussetzungen der Niederstwertvorschrift des § 56 Abs. 1 VAG, der explizit auf die Gültigkeit der Abschreibungsnormen des allgemeinen Handelsrechts verweist, siehe *Schmidt*, Reimer; *Frey*, Peter (Kommentar 1989), Rdnr. 1-21 der Anmerkungen zu § 56 VAG.

92 Siehe hierzu allerdings die Ausführungen des Kapitels 3.1.1.2.

93 Allerdings ist - wie bereits oben im laufenden Kapitel festgestellt - unter Zugrundelegung einer der Versicherungsschutzerstellung angemessenen kollektiven Betrachtungsweise von im Zeitverlauf abnehmenden Leistungsrückständen auszugehen.

94 Zu den Besonderheiten drohender Verluste aus *Miet*verträgen siehe u.a. *Paus*, Bernhard (Vermietung 1984), S. 450-452.

Versicherungsschutz entsprechenden Betrachtung eines Kollektivs. Wenngleich zufallsabhängige Schadenschwankungen durch eine kollektive Sichtweise nicht völlig beseitigt werden können, so stabilisiert ein funktionierender Risikoausgleich im Kollektiv doch die aus einer Vielzahl einzelner Verträge erwachsenden durchschnittlichen Leistungskonkretisierungen[95]. Deshalb würde eine isolierte Betrachtung aus Einzelverträgen erwarteter, relativ hoher Entschädigungszahlungen nicht den realen Bedingungen der Versicherungsproduktion entsprechen und, wie bereits weiter oben angemerkt, zu unhaltbaren Konsequenzen bei der Ermittlung drohender Verluste führen[96].

In den bisherigen Ausführungen dieses Kapitels wurde bewußt der Begriff des *Leistungs-* und nicht der des erstmals in Kapitel 2.1.1.3 erwähnten *Erfüllungs*rückstands verwendet, da letzterer als Terminus technicus nach h.M.[97] sich lediglich auf bereits abgelaufene Zeiträume bezieht. So liegt im speziellen Fall der Dauerschuldverhältnisse ein Erfüllungsrückstand vor, sofern der betreffende Vertragspartner zwar die Gegenleistung für einen konkreten Zeitraum der Vergangenheit erhalten, selbst jedoch (noch) nicht oder (noch) nicht vollständig konkret geleistet hat[98]. Folglich kommt für diesen Sachverhalt aufgrund ihres in Kapitel 2.1.1.3 konstatierten Vergangenheitsbezugs die Bildung einer Verbindlichkeitsrückstellung im engeren Sinne, nicht jedoch die Passivierung einer hier im Mittelpunkt des Interesses stehenden, zukunftsbezogenen Rückstellung für drohende Verluste in Frage[99].

Der häufig unterstellte, im Zeitverlauf gleichmäßige Prämienverzehr darf wiederum nur als vereinfachte Darstellung der Realität verstanden werden. Denn es wird zwar von einer Beitragsaufzehrung ausgegangen, die in ihrer Konstanz analog zur abstrakt gesehen gleichbleibenden Leistungserbringung verläuft. Doch in Wirklichkeit konkretisiert sich die Leistungserbringung eines Versicherungsunternehmens dem Grunde und der Höhe nach zum größten Teil[100] in unregelmäßiger, weil zufallsabhängiger Weise, womit auch die vereinnahmten Risikoprämien entsprechend ungleichmäßig verbraucht werden. Der sich zu einem bestimmten Zeitpunkt konkretisierenden, d.h. deterministischen Gegenleistung wird also vereinfachend ein sukzessiver Verzehr unterstellt, obwohl die ebenfalls als kontinuierlich in konstanter

---

95 Zu Inhalt und Funktionsweise eines Risikoausgleichs im Kollektiv siehe die grundlegenden risikotheoretischen Ausführungen in *Albrecht*, Peter (Ausgleich 1982), S. 501-538.

96 Siehe hierzu die näheren Ausführungen der Kapitel 3.1.1.1 sowie 3.1.2.1.

97 Siehe beispielhaft das hierzu in den Kapiteln 2.1.1.3, 3.1.3 sowie 4.2.2.2 zitierte Schrifttum.

98 Vgl. BFH IV R 81/84 vom 05.02.1987, in: BStBl. 1987 II, S. 846.

99 Vgl. *ebenda*. Siehe zu dieser Problematik die vorbereitenden Bemerkungen des Kapitels 2.1.1.3 sowie die weitergehenden, im Hinblick auf den untersuchten wirtschaftszweigspezifischen Sonderfall ausgerichteten Ausführungen der Kapitel 3.1.3 und 4.2.2.2.

100 Abgesehen sei hier von feststehenden Leistungsgrößen in der Lebensversicherung sowie von den verhältnismäßig gut schätzbaren schadenunabhängigen Betriebskosten.

Höhe angenommene Leistungserstellung sich innerhalb der betreffenden Versicherungsperiode i.d.R. nicht in einer Gleichverteilung der Schäden äußert[101].

Obzwar die Produktion von Versicherungsschutz erst nach dessen Absatz (sog. „Absatz - vor - Produktion - Tatbestand"[102]) und der Erfüllung seitens des Abnehmers beginnt, es sich im Falle der Assekuranz folglich um typische *Nachleistungs*unternehmen handelt, wäre es verfehlt, eine Analogie zum Sonderfall der langfristigen Auftragsfertigung eines Unternehmens der Bau- bzw. Investitionsgüterindustrie zu ziehen[103]. Zwar beginnt auch dort die Produktion erst nach Auftragserteilung und entsprechender Kunden(an)zahlung, doch ist die u.U. über einen ähnlich langen Vertragszeitraum angelegte kontinuierliche Versicherungsschutzerstellung mit keinem ständig wachsenden, aktivierungsfähigen materiellen Wirtschaftsgut verbunden. Folglich sind die bilanziellen Konsequenzen beider Spezialfälle nicht miteinander vergleichbar. Selbst die Aktivierung der an Versicherungsvermittler gezahlten Abschlußprovisionen ist gemäß § 56 Abs. 2 VAG gesetzlich verboten[104], sieht man vom Ausnahmefall der Zillmerung in der Lebensversicherung ab[105]. Auch in zahlreichen anderen Punkten weist das Lebensversicherungsgeschäft Besonderheiten im Vergleich zu den übrigen Versicherungssparten auf. So erfolgt die Leistungskonkretisierung der permanenten Versicherungsschutzgewährung entweder einmalig, d.h. bei Eintritt des Versicherungsfalls resp. Ablauf der Vertragslaufzeit in einem Betrag, oder alternativ als gleichförmige Zahlungsreihe in Form einer Rente. Aufgrund dieser und anderer Eigentümlichkeiten, die verschiedenartigen Versicherungssparten und -zweigen anhaften, kommt der Rückstellung für drohende Verluste in der Lebensversicherung eine völlig andere Bedeutung zu als beispielsweise in der Schaden- und Unfallversicherung[106].

2.1.2.2. Dauer des Versicherungsvertrags

Bereits im Zusammenhang mit der Erörtertung des Begriffs „schwebendes Geschäft" wurde aufgezeigt, welche divergierenden Standpunkte bezüglich des Zeitpunktes der *Beendigung* des Schwebezustands eines Vertrages bestehen. So wurde es als sinnvoll erachtet, bis zu einer vollständigen beiderseitigen Erfüllung durch

---

101 Siehe hierzu den Veränderungsvorschlag *Baurs*, der auf eine leistungsbewirkungsproportionale Periodisierung der Prämieneinnahmen abzielt. Vgl. *Baur*, Wolfgang (Periodisierung 1984), S. 94 ff.

102 Siehe hierzu *Schwake*, Edmund (Überlegungen 1987), S. 106 f.

103 Zu den Problemen der Erfolgsrealisation bei langfristiger Auftragsfertigung siehe *Clemm*, Hermann (Realisation 1981), S. 117 ff.

104 Zur Begründung dieses Verbots siehe *Schmidt*, Reimer; *Frey*, Peter (Kommentar 1989), Rdnr. 22 f. zu § 56 VAG.

105 Zur Rechtfertigung dieser Ausnahme siehe *ebenda*, Rdnr. 24 zu § 56 VAG.

106 Siehe hierzu die Ausführungen zum sog. *versicherungstechnischen Risiko* in Kapitel 2.3.1.

die Vertragspartner von einem schwebenden Vertrag - zumindest im weiteren Sinne - auszugehen[107]. Dabei kann als *Beginn* des Schwebezustands prinzipiell der Zeitpunkt des Vertragsabschlusses angenommen werden. Allerdings reicht u.U. schon der Abschluß eines Vorvertrages oder ein mit einer wahrscheinlichen Vertragsannahme verbundenes bindendes Vertragsangebot aus, eine wenigstens wirtschaftlich verursachte Verbindlichkeit aus einem schwebenden Geschäft zu begründen[108]. Jene allgemeinen Aussagen bezüglich Beginn und Beendigung des Schwebezustands eines Vertragsverhältnisses gelten jedoch, wie weiter unten aufgezeigt wird, allenfalls eingeschränkt für den Versicherungskontrakt. Auch im gegebenen Kontext gilt es demnach, einige wirtschaftszweigspezifische Besonderheiten zu beachten, die diesen speziellen Fall eines Dauerschuldverhältnisses von anderen schwebenden Geschäften unterscheiden. So werden sowohl der Anfang als auch das Ende und damit die Gesamtlaufzeit eines Versicherungsvertrags entscheidend durch die besonderen Regeln des Versicherungsvertragsrechts mitbestimmt. Die im Zusammenhang mit der Themenstellung der vorliegenden Arbeit wesentlichsten Spezialregelungen dieser Art sollen nachfolgend kurz erörtert werden. Auf Sonderprobleme einzelner Versicherungszweige kann - bedingt durch die in praxi bestehende Variantenvielfalt - aus Platzgründen nicht eingegangen werden.

Von besonderer Bedeutung für den *Beginn* des Dauerschuldverhältnisses *Versicherungsvertrag* ist die rechtzeitige Vorauserbringung der Gegenleistung in Form der Prämie durch den Versicherungsnehmer. Denn im Falle eines Prämienzahlungsverzugs erwächst dem Versicherungsunternehmen aus jenem Vertragsverhältnis u.U. keine Leistungspflicht. Wie schon in Kapitel 2.1.2.1 angedeutet, besteht Versicherungsschutz, d.h. eine unternehmerische Leistungspflicht, im Falle (noch) nicht erfolgter Prämien(voraus)zahlung nur unter bestimmten Voraussetzungen. In diesem Kontext erweist sich die im VVG vorgenommene Unterscheidung in die Begriffe *Erst*- und *Folge*prämie als bedeutsam. So ist die *Erst*prämie[109] gemäß der Fälligkeitsvorschrift des § 35 S. 1 VVG „... sofort nach dem Abschluß des Vertrages zu zahlen". Wird die Erstprämie hingegen nicht rechtzeitig vom Versicherungsnehmer gezahlt, steht dem Versicherer für die Dauer des Zahlungsverzugs[110] nach § 38 Abs. 1 VVG[111] das Rücktrittsrecht vom betreffenden Vertrag zu. Dieser Rücktritt gilt auch - selbst wenn er nicht explizit stattgefunden hat - gemäß S. 2 des § 38 Abs. 1 VVG als gegeben, sofern das Versicherungsunternehmen seinen Prämi-

---

107 Vgl. die Ausführungen des Kapitels 2.1.1.1 sowie die dort zitierte Entscheidung des BFH I R 7/80 vom 25.01.1984, in: BStBl. 1984 II, S. 345.

108 Vgl. *Clemm*, Hermann; *Nonnenmacher*, Rolf (Anmerkungen 1990), Anm. 54 und 58 zu § 249 HGB mit weiteren Nachweisen.

109 Zum Begriff der *Erst*prämie siehe die Erläuterungen in *Knappmann*, Ulrich (Kommentar 1988), Anm. 1) zu § 38 VVG mit weiteren Nachweisen.

110 Eine extensive Behandlung der Rechtsfolgen eines Prämienzahlungsverzugs findet man bei *Gärtner* vor. Siehe *Gärtner*, Rudolf (Verzug 1977).

111 Sowohl aus § 38 VVG als auch aus § 35 VVG geht hervor, daß diese zur Erstprämie ergangenen Regelungen auch für den Fall der *einmaligen Prämie* gelten.

enanspruch „ ... nicht innerhalb von drei Monaten vom Fälligkeitstage an gerichtlich geltend gemacht ..." hat (sog. *Fiktion des Rücktritts*). Das erst vor kurzem begonnene Vertragsverhältnis wäre damit vorzeitig beendet, ohne daß in diesem abgelaufenen Zeitraum konkrete Gegenleistungs- und Leistungsströme geflossen sind. Denn tritt der Versicherungsfall ein, und ist die Erstprämie zu diesem Zeitpunkt noch nicht gezahlt, ist der Versicherer § 38 Abs. 2 VVG zufolge von der Leistungspflicht frei[112]. Falls die vom Versicherungsnehmer zu erbringende (Gegen-) Leistung in Gestalt der (Erst-)Prämie (noch) nicht vollzogen ist, besteht für den Versicherer demnach keine Verpflichtung zur Leistung. Damit wird die Situation einer Leistungspflicht im Sinne konkreter Entschädigungszahlungen bei gleichzeitigem Zahlungsverzug des Kunden grundsätzlich[113] gesetzlich ausgeschlossen. Folglich können sich aus dem Tatbestand nicht oder nicht rechtzeitig gezahlter Erstprämien auch keine erwarteten Verpflichtungsüberschüsse ergeben, da die in die Saldierung eingehende, nicht gegebene Verpflichtung zur Leistung ebenso wie die nicht erbrachte Gegenleistung mit Null[114] anzusetzen wäre.

Aus den dargelegten Regelungen des § 38 VVG kann also gefolgert werden, daß keine Rückstellung für drohende Verluste aufgrund nicht (rechtzeitig) erbrachter Erstprämien gebildet werden darf[115]. Denn aus einem Dauerschuldverhältnis, aus dem keine Leistungspflicht resultierte, kann auch kein vom Versicherungsunternehmen zu tragender Verlust drohen. Zudem schwebt der Vertrag zum Zeitpunkt der Bilanzerstellung nicht mehr, sondern ist bereits beendet. Rückstellungen für *drohende Verluste* sind jedoch ausschließlich für Verpflichtungsüberschüsse zu bilden, die aus *schwebenden Geschäften* zu erwarten sind[116]. Da weder ein Gegenleistungs- noch ein Leistungsstrom aus dem hier untersuchten Vertragsverhältnis flossen oder fließen werden, ist eine bilanzielle Berücksichtigung dieses ehemals schwebenden und nun vorzeitig beendeten Vertrags folglich nicht möglich[117].

---

112 § 38 Abs. 2 ist allerdings regelmäßig dann ausgeschlossen, wenn eine sog. *vorläufige Deckungszusage* vorliegt. In diesem Fall ist meist - abweichend von der Fälligkeitsnorm des § 35 S. 1 VVG - die Prämie nicht sofort fällig. Vgl. *Knappmann*, Ulrich (Kommentar 1988), Anm. 5)c) zu § 38 VVG mit weiteren Nachweisen.

113 Eine Ausnahme besteht in der gerichtlichen Geltendmachung der Prämie, bei deren Vorliegen die Rücktrittsvermutung (Fiktion des Rücktritts) widerlegt wird. Vgl. § 38 Abs. 1 S. 2 VVG. Siehe auch *Knappmann*, Ulrich (Kommentar 1988), Anm. 7) zu § 38 VVG.

114 Wenngleich andere Erfolgsarten - insbesondere Betriebskosten - u.U. anfallen bzw. angefallen und damit realisiert sind.

115 Siehe Fn. 112

116 Vgl. den Wortlaut des § 249 Abs. 1 S. 1 HGB.

117 Zum Grundsatz der Nichtbilanzierung zweiseitig unerfüllter Verträge siehe Kapitel 2.1.1.1. Eine Durchbrechung dieses Grundsatzes ist in diesem Fall auch nicht durch eine Zuführung zur Position *Beitragsüberträge* möglich, da keine abgrenzungspflichtigen Prämieneinnahmen eingegangen sind. Zum Passivposten *Beitragsüberträge* vgl. Kapitel 4.2.1.

Anders als bei der Erstprämie gestalten sich die Rechtsfolgen eines Prämienzahlungsverzugs im Falle einer *Folge*prämie[118]. Hier existiert keine besondere gesetzliche Fälligkeitsvorschrift, weshalb die branchenübergreifende zivilrechtliche Norm des § 271 BGB oder spezielle AVB-Bestimmungen zur Geltung gelangen[119]. Übertragen auf den Sonderfall des Versicherungsvertrags kann von einer Fälligkeit der Folgeprämie jeweils zu Beginn eines neuen versicherungstechnischen (Zeit-) Abschnitts ausgegangen werden[120]. Diese Auffassung einer zeitabschnittsweisen Vorauszahlungspflicht durch den Versicherungsnehmer als Prämienschuldner entspricht der Vorstellung einer ebenfalls zeitabschnittsweisen Leistungserbringung seitens des Versicherers als Gläubiger der Prämie. Demnach kann davon ausgegangen werden, daß das Dauerschuldverhältnis *Versicherungsvertrag* von beiden Vertragspartnern *zeitabschnittsweise erfüllt* wird. Zahlt der Kunde die Folgeprämie nicht rechtzeitig, so darf ihm der Versicherer gemäß § 39 Abs. 1 VVG eine Zahlungsfrist von mindestens zwei Wochen[121] setzen. Falls der Versicherungsnehmer nach Ablauf dieser Frist immer noch mit der Zahlung im Verzuge ist, steht dem Versicherungsunternehmen mit § 39 Abs. 3 VVG ein fristloses Kündigungsrecht des Versicherungsvertrags zu. Tritt *nach* Ablauf der gesetzten Zahlungsfrist der Versicherungsfall ein, und befindet sich der Versicherungsnehmer weiterhin im Zahlungsverzug, so ist der Versicherer nach § 39 Abs. 2 VVG von der Leistungspflicht befreit.

Im Unterschied zum Zahlungsverzug im Falle der *Erst*prämie, der eine sofortige Leistungsfreiheit im Versicherungsfall auslöst, tritt diese Befreiung von der Leistungspflicht bei einer nicht rechtzeitig gezahlten *Folge*prämie demnach erst nach ergebnislosem Ablauf einer mindestens vierzehntägigen, ausdrücklich gesetzten Frist ein. Ebenso kann frühestens mit Ablauf dieser Zahlungsfrist das Vertragsverhältnis durch den Versicherer gekündigt werden, während die nicht rechtzeitig gezahlte Erstprämie einen sofortigen Rücktritt vom Vertrag ermöglicht. Somit ist es durchaus denkbar, daß Versicherungsverträge trotz nicht rechtzeitig erbrachter Folgeprämie und obgleich innerhalb der ersten mindestens zwei Wochen nach Fälligkeit u.U. bereits der Versicherungsfall eintrat, bei fristgerechter (Nach-) Zahlung der Prämie einen zu erwartenden und damit passivierungspflichtigen Verpflichtungsüberschuß aufweisen, da die betreffenden Verträge auch künftig fortbestehen. Versicherungskontrakte, deren *Folge*prämien zwar verzögert, aber noch innerhalb der gesetzten Frist erbracht werden, können demnach ebenso Ursache drohender Verluste und einer entsprechenden Rückstellungspflicht sein, wie Verträge, deren zugehörige Beitragszahlungen bei Fälligkeit eingingen. Also weichen die Rechts-

---

118 Zum Begriff der *Folge*prämie im Gegensatz zur Erstprämie siehe die Erläuterungen in *Knappmann*, Ulrich (Kommentar 1988), Anm. 2) zu § 39 VVG.

119 Vgl. *Baumann*, Horst (Prämie 1988), S. 536.

120 Vgl. *Bruck*, Ernst; *Möller*, Hans (Anmerkungen 1961), Anm. 32 zu § 35 VVG.

121 Diese Zahlungsfrist beträgt im besonderen Fall der Gebäudeversicherung § 91 VVG zufolge mindestens einen Monat und weicht damit von der allgemeinen Regelung des § 39 Abs. 1 VVG ab.

folgen einer nicht rechtzeitig, aber noch fristgerecht gezahlten *Folge*prämie bezüglich des möglichen Erfordernisses einer Rückstellung für drohende Verluste vom Fall einer verspätet erbrachten *Erst*prämie ab.

Wie soeben erörtert, kann ein gerade abgeschlossener wie auch ein bereits längere Zeit bestehender Versicherungsvertrag eine vorzeitige, außerplanmäßige Beendigung erfahren, sofern ein Prämienzahlungsverzug vorliegt. Doch selbst wenn man von diesem Sonderfall absieht, ist das Ende und damit die Dauer bzw. die Laufzeit eines Versicherungsvertrags keineswegs immer exakt fixiert. Statt dessen besteht die Möglichkeit, i.S.d. § 8 Abs. 1 VVG eine *stillschweigende Verlängerung* eines Versicherungsvertrages zu vereinbaren. Das Vertragsverhältnis wird dann automatisch um jeweils maximal ein Jahr verlängert, sofern vor Ablauf der Vertragszeit keine Kündigung erfolgte. Neben einer solchen Möglichkeit der Vereinbarung einer Vertragslaufzeit mit Verlängerungsklausel werden Versicherungsverträge auch häufig i.S.d. § 8 Abs. 2 VVG auf unbestimmte Zeit abgeschlossen (sog. *dauernde Versicherung*). Das Versicherungsverhältnis kann von beiden Vertragspartnern nur zum Ende der laufenden Versicherungsperiode gekündigt werden. Die vereinbare Kündigungsfrist hat gemäß § 8 Abs. 2 S. 2 VVG mindestens einen Monat, höchstens jedoch drei Monate zu betragen[122].

Neben der gerade beschriebenen stillschweigenden Verlängerungsmöglichkeit eines Versicherungsverhältnisses besteht auch umgekehrt die Möglichkeit, unter gewissen Umständen die Vertragslaufzeit zu verkürzen. Neben der bereits erörterten Rücktritts- bzw. Kündigungsmöglichkeit bei Prämienzahlungsverzug sei vor allem auf die Vertragsverkürzung durch *Kündigung nach dem Versicherungsfall* hingewiesen. Derartige Vorschriften existieren zu verschiedenen Zweigen der Schadenversicherung. So gestehen § 96 Abs. 1 VVG (Feuerversicherung)[123], § 113 S. 1 VVG (Hagelversicherung) sowie § 158 Abs. 1 S. 1 VVG (Haftpflichtversicherung)[124] beiden Vertragspartnern das Recht zu, nach Eintritt des Versicherungsfalls das Versicherungsverhältnis - unter Einhaltung einer jeweils festgelegten Frist - zu kündigen. Allerdings steht dem Versicherer, falls die Kündigung von seiner Seite erfolgt, gemäß § 96 Abs. 3 S. 2 VVG und § 158 Abs. 3 S. 2 VVG nur der Teil der Prämie zu, „ ... , welcher der abgelaufenen Versicherungszeit entspricht". Demhingegen gebührt dem Versicherer im Falle der Kündigung durch den Versicherungsnehmer gemäß § 96 Abs. 3 S. 1 VVG, § 113 S. 2 VVG und § 158 Abs. 3 S. 1 VVG „ ... gleichwohl die Prämie für die laufende Versicherungsperi-

---

122 Zu den Möglichkeiten der *stillschweigenden Vertragsverlängerung* und der *dauernden Versicherung* siehe die Kommentierung durch *Prölss*, Jürgen (Kommentar 1988), Anm. 1) ff. zu § 8 VVG mit weiteren Nachweisen.

123 Siehe hierzu die Kommentierung durch *Martin*, Anton (Kommentar 1988), Anm. 1) ff. zu § 96 VVG mit weiteren Nachweisen.

124 Siehe hierzu die Kommentierung durch *Voit*, Wolfgang (Kommentar 1988), Anm. 1) ff. zu § 158 VVG mit weiteren Nachweisen.

ode"[125]. Demnach wirkt es sich auf die künftige Erfolgslage eines Versicherungsunternehmens unterschiedlich aus, wer von beiden Vertragspartnern gekündigt hat:

Im Falle der Kündigung durch den Versicherungsnehmer stehen dem Versicherer, trotz der für ihn gleichen Leistungspflicht, für die betreffenden Verträge höhere Prämienerträge als Gegenleistung zu, als bei eigener Kündigung. Eigene Kündigungen wirken sich durch die vergleichsweise niedriger zu erwartenden Erträge stärker negativ auf das künftige Ergebnis aus, als Kündigungen von seiten des Versicherungsnehmers, was das Drohen eines Verlustes aus einem konkreten Kollektiv[126] entsprechend beeinflußt. Erfolgt die Kündigung einzelner Versicherungsverträge durch das Unternehmen aufgrund besonders hoher Schadenfälle, so erweisen sich diese einzelnen Verträge isoliert betrachtet häufig als verlustträchtig, da allein die künftigen Schadenaufwendungen sämtliche Erträge u.U. weit übersteigen. Doch stellt dies noch keinen Anlaß dar, für mögliche künftige *Kündigungen nach dem Versicherungsfall* Rückstellungen für drohende Verluste zu bilden. Denn das Produktionsgesetz des *Risikoausgleichs im Kollektiv* führt - sofern derartige Fälle nicht unerwartet stark an Bedeutung gewinnen - zu einer Kompensation der künftigen negativen Erfolgsrealisationen einzelner Verträge durch die positiven Erfolgsrealisationen anderer Verträge. Dies gilt, obgleich ex ante betrachtet die Erfolgs*erwartungen* aus jenen Einzelverträgen durchaus gleichgerichtet[127] sein können; denn ebenso, wie der Eintritt des Versicherungsfalls zufallsabhängig, d.h. dem Grunde und dem Zeitpunkt nach unbekannt ist, ist auch die Kündigung nach Eintritt dieses Falls a priori unbestimmt. Eine Einzelbetrachtung scheidet somit aus. Statt dessen erscheint es sinnvoll, Erfahrungswerte der Vergangenheit und erkennbare zukünftige Entwicklungen bezogen auf ein konkretes Kollektiv auszuwerten und daraus die zu erwartende Zahl künftiger Kündigungen im Schadenfall zu schätzen. Die aufgrund dieser Kündigungen in einer derartigen Gesamtbetrachtung zu erwartenden bzw. nicht mehr zu erwartenden Erfolgsbeiträge gehen sodann in den Saldierungsprozeß ein, der zur Bildung einer u.U. erforderlichen Drohverlustrückstellung auf kollektiver Basis führt. Eine *Zunahme* der *Kündigungen nach dem Versicherungsfall* durch den Versicherer dürfte - aufgrund des oben angedeuteten, im Einzelfall zwischen Schadenaufwand und Erträgen bestehenden Mißverhältnisses -

---

125 Die Frage, ob diese Ungleichbehandlung im Sinne einer Teilbarkeit der Prämie einerseits (im Falle der Kündigung durch den Versicherer) und einer Unteilbarkeit der Prämie andererseits (im Falle der Kündigung durch den Versicherungsnehmer) mit guten Argumenten gerechtfertigt werden kann oder nicht, soll hier nicht diskutiert werden, da ihre Beantwortung keinen direkten Lösungsbeitrag zur Problemstellung der vorliegenden Arbeit liefert. Maßgebend für die Bilanzierung u.a. der Verlustrückstellung ist schließlich allein die derzeit geltende Rechtslage.

126 Zur näheren Begründung, weshalb Rückstellungen für drohende Verluste aus Versicherungsverträgen auf *kollektiver Basis* - und nicht auf der Grundlage von Einzelverträgen - zu ermitteln sind, sei auf die Ausführungen des Kapitels 3.1.1.1 verwiesen.

127 Um Verstöße gegen das Realisations- und das Imparitätsprinzip zu vermeiden, erscheint es sogar geboten, die Berechnung der Drohverlustrückstellung an solchen Vertragskollektiven auszurichten, deren Komponenten durchweg *entweder* negative *oder* positive Einzelerfolgserwartungen aufweisen. Vgl. hierzu insbesondere Kapitel 3.1.2.1. Siehe auch Kapitel 3.1.1.1.

tendenziell das Drohen von Verlusten auch aus kollektiver Sicht wahrscheinlich werden lassen bzw. verstärken.

Neben der Kündigung im Schadenfall gibt es noch weitere Möglichkeiten, ein Versicherungsverhältnis vorzeitig zu beenden und damit seine Dauer zu verkürzen. So kann es auch aufgrund der Verletzung von Obliegenheiten durch den Versicherungsnehmer oder einer Gefahrerhöhung zu einer Kündigung oder zu einem Rücktritt kommen. In diesen Fällen - ebenso wie im Falle einer Anfechtung des Vertrages durch den Versicherer - steht dem Versicherungsunternehmen gemäß § 40 Abs. 1 S. 1 VVG „... gleichwohl die Prämie bis zum Schluß der Versicherungsperiode, in der er von der Verletzung der Obliegenheit, der Gefahrerhöhung oder von dem Anfechtungsgrund Kenntnis erlangt hat" zu[128]. Dieser sog. *Grundsatz der Unteilbarkeit der Prämie* verhindert somit einen nur teilweisen Anspruch auf künftige Prämien, wie er im Falle der Kündigung durch den Versicherer nach dem Versicherungsfall gegeben ist. Auch bei *Wegfall des versicherten Interesses* (sog. *Interessenmangel*) durch den Eintritt des Versicherungsfalls steht dem Versicherer die Prämie gemäß § 68 Abs. 4 VVG ungeteilt, d.h. in voller Höhe für die laufende Versicherungsperiode zu[129].

Die oben beschriebenen, aus § 8 VVG ableitbaren, Möglichkeiten der Verlängerung eines Versicherungsverhältnisses betrafen Vertragsverlängerungen, die in die Zukunft gerichtet sind, d.h. die Beendigung des Dauerschuldverhältnisses Versicherungsvertrag hinauszögern. Demhingegen bewirkt die sog. *Rückwärtsversicherung* eine Verlängerung der Gesamtlaufzeit, indem sie den Beginn der Versicherung in die Vergangenheit legt[130]. So gestattet § 2 Abs. 1 VVG, den Beginn eines Versicherungsverhältnisses auf einen Zeitpunkt zu legen, der zeitlich vor Abschluß des Vertrags liegt. Um mögliche Mißbräuche dieser vertraglichen Gestaltungsform zu verhindern, befreit der Gesetzgeber in § 2 Abs. 2 S. 2 VVG den Versicherer von der Leistungspflicht, sofern der Versicherungsnehmer schon bei Abschluß des Vertrags vom Eintritt des Versicherungsfalls weiß[131]. Doch selbst wenn es zu einem derartigen Mißbrauch käme oder der Versicherungsnehmer zu Recht die konkrete (Schadenersatz-) Leistung des Versicherers in Anspruch nähme, bestünde für das betroffene Versicherungsunternehmen noch kein Grund, allein deshalb eine Rückstellung für drohende Verluste aus schwebenden Geschäften zu bilden. Denn Verpflichtungen, die aus einer am Bilanzstichtag bestehenden Rückwärtsversicherung

---

128 Siehe hierzu die Kommentierung durch *Prölss*, Jürgen (Kommentar 1988), Anm. 1) ff. zu § 40 VVG mit weiteren Nachweisen.

129 Zu den sonstigen Möglichkeiten des *Interessenmangels* siehe die übrigen Regelungen des § 68 VVG. Siehe auch die Kommentierung zu § 68 VVG durch *Martin*, Anton (Kommentar 1988), Anm. 1) ff. zu § 68 VVG.

130 Eine extensive Auseinandersetzung mit dem Gebiet der *Rückwärtsversicherung* findet man in *Maenner*, Rolf (Theorie 1986).

131 Umgekehrt wird auch der Versicherungsnehmer geschützt, indem gemäß Satz 1 des § 2 Abs. 2 VVG der Versicherer keinen Anspruch auf die Prämie hat, sofern er bei Vertragsabschluß bereits von der Unmöglichkeit des Eintritts des Versicherungsfalls weiß.

erwachsen, betreffen Schadenfälle, die bereits vor dem Abschlußstichtag eingetreten oder zumindest verursacht sind; sie sind deshalb als vergangenheitsbezogen zu charakterisieren. Für ihre Abbildung im Jahresabschluß kommt folglich eine vergangenheitsbezogene Rückstellung für Erfüllungsrückstände in Betracht[132]. Da der betreffende Zeitraum bereits abgeschlossen ist und damit dieser Abschnitt des Dauerschuldverhältnisses Versicherungsvertrag nicht mehr schwebt, sondern der Vergangenheit angehört, kann hierfür keine Rückstellung gebildet werden, die *drohende* Verluste aus (noch) *schwebenden* Geschäften antizipiert[133]. Die Rückwärtsversicherung gehört zu denjenigen Fällen, in denen sich Haftungszeitraum (Beginn = *materieller* Versicherungsbeginn) und Vertragsdauer (Beginn = *formeller* Versicherungsbeginn) nicht decken. Da die Vertragsdauer den Zeitraum vom Abschluß bis zur Beendigung des Versicherungsvertrages umfaßt und der Haftungszeitraum noch vor Vertragsabschluß beginnt, erscheint der materielle Versicherungsbeginn im Falle der Rückwärtsversicherung für die Bildung einer stets zukunftsbezogenen Drohverlustrückstellung nicht relevant. Ähnlich verhält es sich mit dem sog. *technischen* Versicherungsbeginn[134], da der prämienbelastete Zeitraum ebenfalls in der Vergangenheit beginnt. Falls jedoch keine Rückwärtsversicherung vorliegt, fallen materieller, formeller und technischer Versicherungsbeginn häufig zusammen, so daß der Beginn des Schwebezustands des Dauerschuldverhältnisses Versicherungsvertrag i.d.R. eindeutig bestimmbar ist. Dieser „Normalfall" liegt auch § 7 VVG zugrunde, wo der exakte Beginn sowie der exakte Beendigungszeitpunkt des Versicherungsvertrags festgeschrieben ist, wobei diese Termine zugleich die Dauer der Haftung bestimmen[135].

Wie die Ausführungen dieses Kapitels verdeutlicht haben, hängt die *Dauer* des Dauerschuldverhältnisses *Versicherungsvertrag* vor allem von zahlreichen branchen spezifischen Faktoren ab, die aus den Vorschriften des Versicherungsvertragsrechts resultieren. Jene zusätzlich zu beachtenden Einflußgrößen erschweren die Schätzung der Vertragsdauer in der Assekuranz im Vergleich zu anderen Wirtschaftszweigen, die über kein eigens auf sie zugeschnittenes Vertragsrecht verfügen. Wie lange ein Versicherungsvertrag im Durchschnitt läuft, ist jedoch bedeutsam für die Bemessung der Rückstellung für drohende Verluste. Denn die Antizipation erwarteter Verpflichtungsüberschüsse, die durch diesen Passivposten beabsichtigt wird, ist nur dann in vollem Umfang möglich, wenn die gesamte Restlaufzeit[136], die sich im Durchschnitt eines als bewertungsrelevant er-

---

132 Siehe hierzu die Ausführungen des Kapitels 4.2.2 zur Schadenrückstellung und den dort durchgeführten Vergleich zwischen dieser Rückstellung für Erfüllungsrückstände und der Rückstellung für drohende Verluste. Siehe auch Kapitel 2.1.1.3.

133 Siehe hierzu die Kapitel 2.1.1.3, 3.1.3 sowie 4.2.2.

134 Zur Bedeutung des materiellen, des formellen und des technischen Versicherungsbeginns im Falle der Rückwärtsversicherung vgl. die Ausführungen in *Prölss*, Jürgen (Kommentar 1988), Anm. 1) zu § 2 VVG mit weiteren Nachweisen.

135 Vgl. *ebenda*, Anm. 3) f. zu § 7 VVG.

136 Vgl. hierzu die Kapitel 3.1.2.1 sowie 3.1.3.2.

achteten Kollektivs[137] ergibt, als Prognosezeitraum zugrundegelegt wird. Hierbei könnten Erfahrungswerte der Vergangenheit, die bezüglich der durchschnittlichen Gesamtvertragsdauer eines Kollektivs gleichartiger Verträge bestehen, als Ausgangspunkt dienen. Allerdings müßten zu erwartende Änderungen, beispielsweise im Kündigungsverhalten der Versicherungsnehmer, bei der Schätzung der künftigen durchschnittlichen Restvertragslaufzeit eines aktuell bestehenden Kollektivs zusätzlich berücksichtigt werden. Ein Trend, der sich aus der Diagnose von Vergangenheitsdaten ergibt, ist folglich um voraussichtliche Änderungen zu korrigieren, die bezüglich der praktischen Bedeutung der in diesem Kapitel aufgezeigten Faktoren für ein spezielles Vertragskollektiv zu erwarten sind[138].

2.2. Rechtliche Rahmenbedingungen der Berücksichtigung von Verlusterwartungen in Versicherungsbilanzen

2.2.1. Handels- und steuerrechtliche Rechtsquellen

2.2.1.1. Wirtschaftszweigübergreifende Normen

Wenngleich die Besonderheiten des Versicherungsgeschäfts in diversen branchenspezifischen Vorschriften Berücksichtigung finden[139], gelten auch für diesen Wirtschaftszweig grundsätzlich die allgemeinen Normen des Handels- und Steuerrechts[140]. Mit Inkrafttreten des Bilanzrichtlinien-Gesetzes (BiRiLiG)[141] am 01.01.1986 wurden zahlreiche wirtschaftszweigübergreifende handelsrechtliche Bilan-zierungs- sowie Bewertungsvorschriften dem Regelungsbereich der damals geltenden Fassung des Aktiengesetzes (AktG 1965)[142] entzogen und nach partiellen formellen, aber auch materiellen Modifikationen in das Dritte Buch des Handelsgesetzbuchs (HGB) transferiert. Diese Rechtsänderung impliziert bezüglich der Bildung von Drohverlustrückstellungen zugleich mehrere Neuerungen:

137 Zur Begründung dieser kollektiven Betrachtungsweise und zu den Kriterien der Kollektivbildung siehe die Kapitel 3.1.1.1 sowie 3.1.2.1.

138 Vgl. die näheren Ausführungen des Kapitels 3.1.3.2.

139 Siehe hierzu die Kapitel 2.2.1.2 sowie 2.2.2.

140 Zum zwischen wirtschaftszweigspezifischen und -übergreifenden Rechtsquellen bestehenden Kontext sei auf die Ausführungen in 2.2.1.2 verwiesen.

141 Gesetz zur Durchführung der Vierten, Siebenten und Achten Richtlinie des Rates der Europäischen Gemeinschaften zur Koordinierung des Gesellschaftsrechts (Bilanzrichtlinien-Gesetz - BiRiLiG) vom 19.12.1985, BGBl. I 1985, S. 2355-2433.

142 Aktiengesetz vom 06.09.1965, BGBl. I 1965, S. 1089-1184, wohingegen ein Weglassen der Jahreszahl im Rahmen dieser Arbeit für „Aktiengesetz in der Fassung des Bilanzrichtlinien-Gesetzes" stehen soll.

Durch die Kodifizierung einer expliziten Ansatzpflicht („Rückstellungen *sind*[143] ... für drohende Verluste aus schwebenden Geschäften *zu* bilden.") in § 249 Abs. 1 S.1 HGB wird die sprachlich mißverständliche, weil ein Wahlrecht vortäuschende Vorschrift des § 152 Abs. 7 AktG 1965 („Rückstellungen *dürfen*[144] ... für drohende Verluste aus schwebenden Geschäften gebildet werden.") ersetzt. Da jedoch bereits die den Anschein einer Kann-Vorschrift erweckende aktienrechtliche Norm von der h.M. als Muß-Vorschrift ausgelegt wurde[145], bewirkte die Neuformulierung im HGB keine materielle Änderung der Rechtslage. Ihr kommt vielmehr eine klarstellende Funktion zu, deren Bedeutung allerdings n.A. des Verfassers nicht gering geschätzt werden sollte. Schließlich sind somit inhaltlich wenig fruchtbare und dazu sprachlich befremdende Diskussionen, ob im gegebenen Fall *dürfen* i.S.v. *müssen* zu interpretieren sei[146], überflüssig geworden, weshalb man sich in der einschlägigen Literatur künftig verstärkt noch ungelösten Bewertungsproblemen zuwenden kann.

Mittels einer Neuregelung zahlreicher Bilanzierungs- und Bewertungsvorschriften im HGB, d.h. in einem rechtsformübergreifenden Gesetz, wurde zudem die wissenschaftliche Diskussion in bezug auf die allgemeine GoB-Eigenschaft der Rückstellungsvorschriften des AktG 1965[147] redundant. Während früher die Relevanz aktienrechtlicher Bestimmungen für andere Rechtsformen als Aktiengesellschaften umstritten war, ist die jetztige Normierung im Ersten Abschnitt des Dritten Buches des HGB für *alle* Rechnung legenden Kaufleute verbindlich. Folglich gilt § 249 HGB - neben weiteren im Zusammenhang mit der Rückstellungsbildung bedeutsamen, im allgemeinen Teil des Dritten Buches kodifizierten Regelungen - zweifelsfrei nicht nur für Versicherungsaktiengesellschaften. Diese Vorschrift gilt vielmehr auch für Versicherungsunternehmen, die nicht in der Rechtsform einer Kapitalgesellschaft betrieben werden[148].

Auch die gesetzliche Verankerung diverser GoB im HGB ist von Bedeutung für die Bilanzierung der Drohverlustrückstellung sowohl dem Grunde als auch der Höhe

---

143 Die optische Hervorhebung durch Kursivdruck ist im Original-Gesetzestext nicht gegeben.

144 Siehe Fn. 143.

145 So z.B. von *Kropff*, Bruno (Grundsätze 1966), S. 59, *Haberstock*, Lothar (Steuerbilanz 1984), S. 195, Fn.2), *Döllerer*, Georg (Korreferat 1977/78), S. 273, Fn. 19/20, *Müller*, Welf (Begriff 1981), S. 140 und *Schülen*, Werner (Tendenzen 1983), S. 659.

146 Siehe hierzu z.B. *Albach*, Horst (Rechnungslegung 1966), S. 189, *Niemann*, Ursula (Rückstellungen 1974/75), S. 265 sowie *Schülen*, Werner (Tendenzen 1983), S. 659.

147 Siehe hierzu u.a. *Bauer*, Heinrich (Geschäfte 1981), S. 53, *Clemm*, Hermann; *Nonnenmacher*, Rolf (Anmerkungen 1990), Anm. 4 zu § 249 HGB; nach Auffassung des BFH galt § 152 Abs. 7 AktG 1965 als rechtsformunabhängiger Grundsatz ordnungsmäßiger Bilanzierung. Vgl. BFH I R 148/75 vom 26.10.77, in: BStBl. 1978 II, S. 97 f.; zustimmend äußert sich *Eibelshäuser* in *Eibelshäuser*, Manfred (Rückstellungen 1987), S. 860. Vgl. auch *Niemann*, Ursula (Dauerschuldverhältnisse 1986), S. 17.

148 Neben der Aktiengesellschaft sind für Erstversicherungsunternehmen gemäß § 7 Abs. 1 VAG noch der Versicherungsverein auf Gegenseitigkeit sowie die öffentlich-rechtliche Anstalt oder Körperschaft als Rechtsformen zugelassen.

nach. Da es sich im gegebenen Fall um eine *Schuld*rückstellung handelt, kann eine Ansatzpflicht neben der expliziten Regelung des § 249 HGB auch aus § 246 Abs. 1 HGB abgeleitet werden. Denn der dort verankerte *Grundsatz der Vollständigkeit*[149] schreibt u.a. einen vollständigen Schuldausweis vor. Die Problematik, inwiefern die prinzipielle Nichtbilanzierung schwebender Geschäfte einen Verstoß gegen den Grundsatz der Vollständigkeit und das Verrechnungsverbot des § 246 Abs. 2 HGB darstellt, wurde bereits an anderer Stelle angesprochen[150]. Gleiches gilt für die Frage, inwieweit im Falle der Unausgeglichenheit schwebender Geschäfte die Zuführung lediglich des Verpflichtungs*überschusses*, d.h. des Verlust*saldos* zu einer entsprechenden Rückstellung mit den Regelungen des § 246 HGB im Einklang steht. Schließlich verpflichtet noch das in § 252 Abs. 1 Nr. 4 1. Halbsatz verankerte Imparitätsprinzip Rechnung legende (Versicherungs-) Unternehmen zur Antizipation drohender *Verluste*[151].

Hinsichtlich der Behandlung der Drohverlustrückstellung im *Steuer*recht kommt - in Ermangelung einer allgemeinen steuerrechtlichen Gesetzesnorm zur Rückstellungsbildung - dem Prinzip der Maßgeblichkeit der Handels- für die Steuerbilanz zentrale Bedeutung zu[152]. Dies stellte bereits mehrfach der BFH fest, indem er - bezogen auf die Rückstellungsnorm des AktG 1965 - konstatierte, die Vorschrift des § 152 Abs. 7 enthalte „... jedenfalls insoweit einen Grundsatz ordnungsmäßiger Buchführung ..., als sie die Bildung von Rückstellungen ... für drohende Verluste aus schwebenden Geschäften ... regelt"[153]. Deshalb ist sie nach dem Maßgeblichkeitsgrundsatz auch bezüglich der steuerrechtlichen Bilanzierung relevant. Gemäß § 5 EStG ist die in der handelsrechtlichen Enumerativnorm des § 249 HGB explizit genannte Pflicht zur Bildung von Verlustrückstellungen als GoB[154] - mangels einer entgegenstehenden steuerrechtlichen Spezialregelung - auch für die Steuerbilanz verbindlich[155]. Gleiches gilt für die im Zusammenhang mit diesem Bilanzposten relevanten handelsrechtlichen Bewertungsvorschriften, was - im Falle der Bejahung eines Rückstellungserfordernisses dem Grunde nach - einen in Handels- und Steuerbilanz gleich hohen Wertansatz zur Folge haben muß.

149 Siehe hierzu u.a. *Kupsch*, Peter (Handbuch 1986 ff.), Anm. 5 ff. zu § 246 HGB.

150 Siehe hierzu Kapitel 2.1.1.1.

151 Siehe hierzu die näheren Ausführungen in den Kapiteln 2.1.1.1, 2.1.1.3, 3.1.2 und 3.1.3.

152 *Gail* zufolge gilt das Maßgeblichkeitsprinzip gar „ ... insbesondere auch für den Bereich der Rückstellungen." *Gail*, Winfried (Auflösung 1982), S. 217.

153 BFH IV R 89/79 vom 20.03.1980, in: BStBl. 1980 II, S. 298; vgl. auch die inhaltlich gleichlautende Aussage in BFH I R 148/75 vom 26.10.1977, in: BStBl. 1978 II, S. 97.

154 Vgl. u.a. *Niemann*, Ursula (Dauerschuldverhältnisse 1986), S. 17 sowie die in Fn. 147 und 155 dieses Kapitels genannten Urteile und Literaturstellen. Da, wie aus jenen Quellen ersichtlich, bereits die Vorschrift des § 152 Abs. 7 S. 1 AktG 1965 als über § 5 Abs. 1 EStG auch steuerrechtlich zu beachtender GoB angesehen wurde, ist diese GoB-Eigenschaft n.A. des Verfassers auch der Rückstellungsnorm des § 249 Abs. 1 S. 1 HGB zuzubilligen, die schließlich, wie oben erörtert, keine materielle Änderung der Rechtslage darstellt.

155 Vgl. die Aufzählung der diese Aussage stützenden BFH-Entscheidungen in *Naumann*, Klaus-Peter (Rückstellungen 1989), S. 93, Fn. 63.

2.2.1.2. Wirtschaftszweigspezifische Normen

Neben den im vorangegangenen Abschnitt behandelten branchenübergreifenden Rechnungslegungsnormen des HGB gelten für Versicherungsunternehmen die speziellen Regelungen des Versicherungsaufsichtsgesetzes (VAG)[156]. Dort ist die Rechnungslegung in den §§ 55 ff. geregelt, wobei in bezug auf die Rückstellungsbildung in Versicherungsbilanzen § 56 Abs. 3[157] von besonderer Bedeutung ist[158]. Mit dieser Vorschrift gewährt der Gesetzgeber Versicherungsunternehmen die Möglichkeit, Passivposten unter dem Oberbegriff „versicherungstechnische Rückstellungen" anzusetzen, die z.T. weder unter § 249 HGB noch unter die durch den BFH entwickelten Rückstellungskriterien subsumierbar erscheinen[159]. Folglich gestattet der Wortlaut („ ... dürfen *auch insoweit*[160] gebildet werden, ... ") des § 56 Abs. 3 VAG nach h.M. die Bildung versicherungstechnischer Rückstellungen über die durch das allgemeine Handelsrecht vorgegebenen Möglichkeiten bzw. Pflichten hinaus[161]. Es wäre demnach nicht vertretbar, diese Formulierung wörtlich auszulegen und von einem Ansatzwahlrecht auszugehen. Vielmehr wird das Verb „dürfen" als Ausdruck des die allgemeinen handelsrechtlichen Passivierungspflichten des § 249 HGB erweiternden Charakters des § 56 Abs. 3 VAG aufgefaßt und damit die Passivierung auch der versicherungsspezifischen Rückstellungen als zwingend interpretiert[162].

Ob die Rückstellung für drohende Verluste aus schwebenden Versicherungsgeschäften einen Bilanzposten i.S.d. Spezialnorm des VAG repräsentiert, ist n.A. des Verfassers nicht zweifelsfrei festzustellen. Während die Drohverlustrückstellung *Karten* zufolge aufgrund ihres direkten Zusammenhangs mit dem Produktionsprozeß der Dienstleistung *Versicherungsschutz* eindeutig als versicherungstechnische Rückstellung zu charakterisieren ist[163], erscheint es andererseits denkbar, versicherungs*technisch* einschränkend i.S.v. versicherungs*spezifisch* auszulegen. So nennt *Farny* neben dem auch von *Karten* vertretenen unmittelbaren Zusammenhang mit der Versicherungsschutzerstellung als weiteres Kriterium des Adjektivs

156 Gesetz über die Beaufsichtigung der Versicherungsunternehmen (Versicherungsaufsichtsgesetz - VAG). Zur zugrundegelegten Fassung vgl. Fn. 14 des Abschnitts 1.

157 Die Änderung des VAG durch Art. 8 BiRiLiG bewirkte keine Modifikation von § 56 Abs. 3 VAG.

158 Zu den zahlreichen übrigen, nicht die Bildung sog. versicherungstechnischer Rückstellungen betreffenden Besonderheiten respektive Ausnahmeregelungen der Rechnungslegungsvorschriften des VAG im Vergleich zum allgemeinen Handelsrecht siehe die aktuelle Darstellung *Welzels*: *Welzel*, Hans-Joachim (Versicherungsbilanzen 1988), S. 580 ff.

159 Siehe hierzu die Charakterisierung diverser versicherungstechnischer Rückstellungen in Hauptabschnitt 4.

160 Die optische Hervorhebung durch Kursivdruck ist im Original-Gesetzestext nicht gegeben.

161 Vgl. u.a. *Boetius*, Jan (Anmerkungen 1950 ff.), Anm. 24 zu § 20 KStG.

162 Vgl. *ebenda*, Anm. 26 zu § 20 KStG.

163 Vgl. *Karten*, Walter (Drohverlustrückstellung 1973), S. 1426.

„versicherungstechnisch" die *Eigentümlichkeit*[164]. Da die Rückstellung für drohende Verluste jedoch keineswegs (ausschließlich) dem Versicherungsgeschäft eigentümlich, sondern gemäß der branchenübergreifenden Norm des § 249 Abs. 1 HGB in allen Wirtschaftszweigen zu bilden ist, erscheint ihre Subsumtion unter dem § 56 Abs. 3 VAG zumindest fragwürdig. Zudem wäre die Vorschrift des VAG als lex specialis - jedenfalls hinsichtlich der Bilanzierung dem Grunde nach - im Fall der Drohverlustrückstellung entbehrlich, zumal bereits das lex generalis eine Ansatzpflicht determiniert. Der Höhe nach allerdings berechtigt resp. verpflichtet § 56 Abs. 3 VAG n.A. einiger Autoren zu besonders „vorsichtiger" Rückstellungsdotierung[165], weshalb es in diesem Zusammenhang u.U. bewertungsrelevant wäre, die Bildung einer Verlustrückstellung nicht nur auf die Norm des allgemeinen Handelsrechts stützen zu können. Die Literatur löst das Subsumtionsproblem, indem sie die VAG-Norm als Rechtsgrundlage der über den Rahmen des allgemeinen handelsrechtlichen Rückstellungsbegriffs hinaus zu passivierenden branchenspezifischen Verpflichtungen ansieht und ihr hinsichtlich der bereits nach § 249 HGB (bzw. früher gemäß § 152 Abs. 7 AktG 1965) zu bildenden Verbindlichkeitsrückstellungen bestätigenden Charakter beimißt[166].

Bezüglich der Bildung versicherungstechnischer Rückstellungen existiert in Gestalt der §§ 20 und 21[167] KStG[168] auch eine *steuer*rechtliche Spezialregelung. Allerdings sind besagte Passivposten nur dann nach § 20 Abs. 1 S. 1 KStG zu bilden, „ ... soweit sie nicht bereits nach den Vorschriften des Einkommensteuergesetzes anzusetzen sind, ... ". Dem Wortlaut dieser Vorschrift ist der erweiternde Charakter[169] des Begriffs der versicherungstechnischen im Vergleich zur Rückstellung des allgemeinen Handelsrechts entnehmbar. Ebenso wie die in § 56 Abs. 3 VAG verankerte handelsrechtliche sichert auch die steuerrechtliche Spezialnorm des § 20 KStG die Ansatzpflicht branchenspezifischer Passivposten ab, die nicht die Rückstellungskriterien des allgemeinen Handels- und Steuerrechts aufweisen und damit einer besonderen Rechtsgrundlage bedürfen. Die in der Formulierung des § 20 Abs. 1 S. 1 KStG explizit zum Ausdruck kommende Subsidiarität des Körperschaftsteuerrechts läßt jedoch eine Stützbarkeit der Rückstellung für drohende Verluste aus Versicherungsverträgen auf diese Vorschrift fraglich erscheinen. Schließlich handelt es sich, selbst wenn man ihr die Eigenschaft, „versicherungs-

164 Vgl. *Farny*, Dieter (Periodenrechnung 1989), S. 129; eine gleichlautende Feststellung findet sich bei *Boetius* und in der dort zitierten Literatur. Vgl. *Boetius*, Jan (Anmerkungen 1950 ff.), Anm. 5 der Vorbemerkungen zu § 20 KStG.

165 Siehe hierzu die näheren Ausführungen des Kapitels 3.1.2.1.

166 Vgl. z.B. *Schmitz*, Paul G. (Besteuerung 1978), S. 385 ff. sowie *Schmidt*, Reimer; *Frey*, Peter (Kommentar 1989), Rdnr. 31 zu § 56 VAG.

167 § 21 KStG bezieht sich ausschließlich auf die Rückstellung für Beitragsrückserstattungen. Siehe hierzu Kapitel 4.2.4.

168 Körperschaftsteuergesetz (KStG) in der Fassung vom 10.02.1984, in: BGBl. I, S. 217-236, zuletzt geändert durch Gesetz vom 22.12.1989, BGBl. I, S. 2408-2420.

169 Gleiches gilt für den oben angesprochenen Wortlaut des § 56 Abs. 3 VAG.

technisch" zu sein, zubilligen würde, bei jener Position - wie in Kapitel 2.2.1.1 erörtert - um eine bereits nach allgemeinem Handelsrecht zu passivierende Verpflichtung, die gemäß § 5 EStG unverändert in die Steuerbilanz zu übernehmen ist. Somit widerspräche ein Rückgriff auf die ertragsteuerrechtliche branchenspezifische Norm des KStG nicht nur aufgrund der dort kodifizierten Vorrangstellung des EStG dem § 20 KStG, sondern dieser Rückgriff wäre zudem redundant. Dennoch hat es die kommentierende Literatur bislang präferiert, die Verlustrückstellung in Versicherungsbilanzen unter den Anmerkungen zu § 20 KStG zu behandeln[170]. Ein derartiges Abweichen von der oben vorgenommenen strengen wörtlichen Gesetzesinterpretation weist den nicht zu unterschätzenden Vorzug auf, die zwischen Verlustrückstellung und anderen, branchenspezifischen Rückstellungsarten bestehenden Zusammenhänge direkt aufzeigen zu können. Außerdem bewirkt eine Berufung auf § 20 KStG als Rechtsgrundlage im Falle der Drohverlustrückstellung keine materielle Änderung des Steuerbilanzansatzes im Vergleich zur Begründung auf der Basis von § 249 HGB i.V.m. § 5 EStG. Der BFH verneinte in einer Entscheidung zu § 11 Nr. 2 KStG a.F. die Einschränkung der bereits aufgrund des EStG gebotenen Rückstellungsbildung durch diese Norm[171]. Hieraus kann analog auch für die heutige Regelung in § 20 KStG geschlossen werden, daß ihr kein einschränkender, sondern vielmehr bestätigender Charakter bezüglich der Bildung branchenübergreifend erforderlicher Rückstellungsarten beizumessen ist[172]. Als unmittelbarer Ausfluß des Maßgeblichkeitsgrundsatzes kann § 20 Abs. 1 S. 2 KStG angesehen werden, der den Wertansatz versicherungstechnischer Rückstellungen in der Handelsbilanz als Obergrenze für die Steuerbilanz deklariert.

Eine wirtschaftszweigspezifische Sonderregelung existiert auch hinsichtlich der *substanz*steuerlichen Abzugsfähigkeit versicherungstechnischer Rückstellungen. Während für gewerbliche Unternehmen aller Branchen die Vorschrift des § 103 Abs. 1 BewG[173] gilt, schuf der Gesetzgeber in Absatz 2 dieser Norm eine bewertungsrechtliche Spezialvorschrift, die den Abzug versicherungsspezifischer Passivposten im Rahmen der Vermögensaufstellung regelt. Allerdings kommt auch hier nach h.M. die Sonderregelung nur subsidiär, d.h. sofern Absatz 1 nicht greift, zur Anwendung[174]. Ob die Drohverlustrückstellung aus schwebenden Versicherungsverträgen als Schuldposten aufgrund des Absatzes 2 oder statt dessen bereits nach Absatz 1 von den Besitzposten zu subtrahieren ist, bleibt indes - analog zum oben geschilderten Verhältnis zwischen allgemeiner und spezifischer Regelung bezüglich ihrer handelsrechtlichen Ansatzpflicht wie auch der ertragsteuerlichen Abzugsfähigkeit - ein rechtstheoretisches Problem ohne materielle Auswirkungen auf

---

170 So zum Beispiel *Boetius*, Jan (Anmerkungen 1950 ff.), Anm. 79 ff. zu § 20 Abs. 1 KStG.

171 Vgl. BFH I 114/65 vom 19.01.1972, in: BStBl. 1972 II, S. 394.

172 Vgl. *Schmitz*, Paul G. (Besteuerung 1978), S. 385.

173 Bewertungsgesetz (BewG) in der Fassung vom 30.05.1985, BGBl. I 1985, S. 845-888, zuletzt geändert durch Gesetz vom 22.12.1989, BGBl. I, S. 2408-2420.

174 Vgl. u.a. *Sasse*, Jürgen; *Boetius*, Jan (Bedeutung 1973), S. 31 f.

die Abzugspflicht dem Grunde oder der Höhe nach. Absatz 2 erweitert also den auch für Versicherungsunternehmen Gültigkeit besitzenden Absatz 1 um einige wirtschaftszweigbedingte Abzugspositionen, die nicht als Schulden i.S.d. Absatzes 1 qualifiziert werden können. Folglich scheint der in § 103 Abs. 2 BewG verwendete Terminus „versicherungstechnische Rück*lagen*" inhaltlich mit dem in § 56 Abs. 3 VAG sowie in § 20 Abs. 1 S. 1 KStG gebrauchten Begriff „versicherungstechnische Rück*stellungen*" übereinzustimmen[175]. Ergänzend zu § 103 Abs. 2 BewG enthält § 53 BewDV[176] Detailregelungen, wonach versicherungstechnische Rückstellungen u.a. dann substanzsteuerlich abzugsfähig sind, wenn es sich um echte Schuldposten oder Rechnungsabgrenzungsposten handelt. Obgleich diese Norm kein formelles Gesetz darstellt, entfaltet sie als von der Exekutive erlassene Rechtsverordnung allgemeine rechtliche Bindungswirkung gleich einer gesetzlichen Rechtsquelle[177]. Im Rahmen der wirtschaftszweigspezifischen Rechtsverordnungen ist noch die Externe VUReV zu erwähnen, deren Bedeutung hinsichtlich dieser Arbeit im Kontext des Kapitels 2.2.2 aufgezeigt wird.

Inwiefern neben der Verlustrückstellung in Versicherungsbilanzen die sogenannte *Schwankungsrückstellung* der Antizipation für die Zukunft erwarteter, negativer Erfolgsgrößen dient, und auf welcher rechtlichen Grundlage diese basiert, wird in Abschnitt 4.1 eingehend erörtert.

2.2.2. Sonstige Rechtsgrundlagen

Außer den in Kapitel 2.2.1 beschriebenen gesetzlichen Normen und Verordnungen sind im Kontext dieser Arbeit auch rechtliche Grundlagen, denen kein Rechtsquellencharakter zukommt, von Bedeutung. Aufgrund einer fehlenden allgemeinen Bestimmung zum Rückstellungsbegriff in den Steuergesetzen ist hier den Entscheidungen der höchstrichterlichen Finanzrechtsprechung[178] eine besondere Relevanz beizumessen. Wenn auch nicht als formelle Rechtsquelle, so doch als Rechts**erkenntnis**quelle[179] finden die Urteile des Bundes- und die des früheren

---

175 Vgl. *Boetius*, Jan (Anmerkungen 1950 ff.), Anm. 20 der Vorbemerkungen zu § 20 KStG.

176 Durchführungsverordnung zum Bewertungsgesetz (BewDV) vom 02.02.1935, RGBl. 1935 I, S. 81-99, zuletzt geändert durch Verordnung vom 19.01.1977, BGBl. I, S. 171.

177 Zu den zwischen Rechtsverordnungen und Steuergesetzen bestehenden Gemeinsamkeiten und Unterschieden siehe *Arndt*, Hans-Wolfgang (Grundzüge 1988), S. 21 f.

178 Einen Eindruck von der Vielzahl bislang zur Rückstellungsproblematik ergangener Urteile vermittelt die Aufzählung *Naumanns* sowie die dort zitierte Literatur: *Naumann*, Klaus-Peter (Rückstellungen 1989), S. 7, Fn. 20; die speziell im thematisch enger gefaßten Rahmen der vorliegenden Arbeit bedeutsamen Gerichtsentscheidungen werden an entsprechender Stelle eingehend erörtert.

179 Zur Unterscheidung von Rechtsquellen und Rechts**erkenntnis**quellen siehe z.B. *Arndt*, Hans-Wolfgang (Grundzüge 1988), S. 19-26. Zum Normcharakter verschiedenartiger steuerrechtlicher Vorschriften siehe *Tipke*, Klaus; *Lang*, Joachim (Steuerrecht 1991), S. 80 ff.

Reichsfinanzhofs ihren Niederschlag in Richtlinien und anderen internen Vorschriften der Finanzverwaltung. Im Zusammenhang mit der Rückstellung für drohende Verluste aus schwebenden Geschäften sei diesbezüglich auf Abschnitt 38 Abs. 5 EStR 1987 verwiesen. Obgleich nur die Bediensteten der Finanzverwaltung an dieses sog. *Innen*recht der Verwaltung gebunden sind, entfalten derartige Anordnungen häufig eine *faktische* Bindungswirkung für ähnlich gelagerte Fälle über den im jeweils zugrundeliegenden Prozeß entschiedenen Einzelfall hinaus[180]. Neben dieser Prägung diverser Rückstellungskriterien für die Steuerbilanz interpretiert der BFH häufig *handels*rechtliche Vorschriften, die über das Maßgeblichkeitsprinzip des § 5 EStG wiederum für das Steuerrecht gelten. Inwiefern die Auslegung oder gar Fortbildung von Handelsbilanzrecht und damit der handelsrechtlichen GoB in die Zuständigkeit der Finanzgerichte fällt, ist allerdings strittig[181].

Wie in Kapitel 2.2.1.1 erörtert, impliziert n.A. des BFH die handelsrechtliche Gesetzesnorm zur Rückstellungsbildung einen GoB, der u.a. hinsichtlich der Drohverlustrückstellung über § 5 EStG auch für die Steuerbilanz gilt[182]. Auch die grundsätzliche Nichterfassung schwebender Geschäfte wird von der höchstrichterlichen Finanzrechtsprechung mit den GoB, insbesondere mit dem Realisationsprinzip, begründet[183], wohingegen man sich bei der ausnahmsweisen Berücksichtigung auf das Imparitätsprinzip stützt[184]. Neben den genannten Grundsätzen sind in bezug auf die Bilanzierung der Rückstellung für drohende Verluste der Höhe nach insbesondere die Prinzipien der Einzel- und der Stichtagsbewertung von Bedeutung[185]. Durch ihre Kodifizierung in den allgemeinen Bewertungsvorschriften des § 252 HGB kommt sämtlichen genannten GoB Gesetzescharakter zu[186], d.h. sie stellen zweifelsfrei *zwingendes Recht* für Versicherungsunternehmen aller Rechtsformen dar.

---

180 Diese „präjudizielle Wirkung" nach außen kommt BFH-Urteilen de facto zu, obwohl sie gemäß § 110 FGO als Einzelfallentscheidungen direkt nur die am Prozeß beteiligten Parteien binden. Vgl. *Arndt*, Hans-Wolfgang (Grundzüge 1988), S. 25 f.

181 Siehe hierzu z.B. den Beitrag *Beisses*, der dies auf der Grundlage des Maßgeblichkeitsprinzips bejaht: *Beisse*, Heinrich (Handelsbilanzrecht 1980), S. 637 ff.; *Schneider* hingegen sieht hierin die Gefahr einer Unterdrückung betriebswirtschaftlicher Erkenntnisse bei der Entwicklung von GoB „ ... durch richterlichen Machtspruch ... ". *Schneider*, Dieter (Bilanzrechtsprechung 1980), S. 1225; *Mellwig* vermittelt zwischen beiden Positionen, indem er Mißverständnisse als Ursache des sich aus steuerlicher Bilanzrechtsprechung und Betriebswirtschaftslehre ergebenden Spannungsfeldes aufzeigt. Vgl. *Mellwig*, Winfried (Bilanzrechtsprechung 1983), S. 1613 ff. Die thematische Breite der BFH-Entscheidungen zum Handelsbilanzrecht wird deutlich in den Ausführungen von *Crezelius*, Georg (Rechtsprechung 1987), S. 1 ff.

182 Vgl. Fn. 153 dieses Abschnitts. Vgl. auch die Fn. 154 und 155.

183 Vgl. Kapitel 2.1.1.1.

184 Siehe hierzu die näheren Ausführungen der Kapitel 2.1.1.1, 2.1.1.3 und 3.1.2.

185 An dieser Stelle sei auf die eingehende Behandlung beider Bewertungsgrundsätze in den Kapiteln 3.1.1 sowie 3.1.3 verwiesen.

186 Somit wäre ihre Erwähnung auch in Kapitel 2.2.1.1 vertretbar.

Als *substanz*steuerliche Rechtserkenntnisquelle bezüglich der Abzugsfähigkeit versicherungstechnischer Rückstellungen ist Abschnitt 36 VStR[187] zu nennen. Das hier normierte Innenrecht der Finanzverwaltung ist inhaltlich gleichlautend mit der in Kapitel 2.2.1.2 behandelten Rechtsverordnung des § 53 BewDV, weshalb keine Divergenzen zwischen Verwaltungsvorschrift und der formelle Bindungswirkung nach außen entfaltenden Verordnung auftreten.

Bezüglich des *Ausweises* der Drohverlustrückstellung im Jahresabschluß von Versicherungsunternehmen sind, abweichend von den allgemeinen handelsrechtlichen Gliederungsvorschriften der §§ 266 und 275 HGB, wiederum nicht gesetzlich kodifizierte, branchenspezifische Sonderregelungen zu beachten. Rechtliche Grundlage hierfür ist die § 330 HGB entnehmbare Ermächtigung des Bundesministers der Justiz, qua Rechtsverordnung besondere Formblätter für die Gliederung der Jahresabschlüsse einiger Wirtschaftszweige vorzuschreiben[188]. Der branchenbezogene Anwendungsbereich dieser HGB-Norm wird durch § 55 Abs. 5 VAG näher spezifiziert. Die bei der Aufstellung von Bilanz sowie GuV-Rechnung zu beachtenden Formblätter wurden als Anhang und damit als Bestandteil einer umfassenderen Rechnungslegungsverordnung publiziert[189]. Da die Rückstellung für drohende Verluste im Gliederungsschema der Externen VUReV nicht explizit aufgeführt ist[190], sind zusätzlich die erläuternden Richtlinien des BAV zu beachten: Gemäß I P Nr. 3.6 Abs. 1 Ziffer 7 VUBR[191] ist die Rückstellung für drohende Verluste im Rahmen der Position „sonstige versicherungstechnische Rückstellungen" auszuweisen, was einer Passivierung unter Abschnitt III. Nr. 6 des Formblatts I der Externen VUReV entspricht. Das BAV empfiehlt somit einen Ausweis *nicht* unter den „sonstigen Rückstellungen"[192] i.R.d. branchenübergreifend auftretende Posten umfassenden Größe „Andere Rückstellungen" der Externen VUReV[193], *sondern* unter den versicherungstechnischen Passivposten der Position III. 6. in der Bilanzgliede-

---

187 Vermögensteuer-Richtlinien (VStR) in der Fassung vom 09.03.1989, in: BStBl. 1989 I, Sondernummer 1.

188 Zu Anwendungsvoraussetzungen und Inhalt des § 330 HGB siehe z.B. die Ausführungen in *Glade*, Anton (Rechnungslegung 1986), S. 1789 f. und *Welzel*, Hans-Joachim (Versicherungsbilanzen 1988), S. 584.

189 Verordnung über die Rechnungslegung von Versicherungsunternehmen (Externe VUReV) vom 11.07.1973, BGBl. I 1973, S. 1209-1304, zuletzt geändert durch die Dritte Verordnung zur Änderung der Verordnung über die Rechnungslegung von Versicherungsunternehmen vom 23.12.1986, BGBl. I 1987, S. 2-27; zu den wesentlichen Inhalten und Zielen dieser i.Zshg.m. dem Inkrafttreten des BiRiLiG auch für Versicherungsunternehmen stehenden jüngsten Änderungsverordnung siehe *Welzel*, Hans-Joachim (Rechnungslegung 1987), S. 436 ff.

190 Vgl. Externe VUReV, a.a.O., Formblatt I - Bilanz.

191 Bilanzierungsrichtlinien für Versicherungsunternehmen (VUBR) vom 30.12.1987, in: VerBAV, Sonderheft 12, S. 12 ff.

192 Hier sind allerdings solche Drohverlustrückstellungen auszuweisen, die ein Versicherungsunternehmen u.U. über das Versicherungsgeschäft hinaus zu bilden hat. Vgl. *Donandt*, Klaus; *Richter*, Horst (Posten 1989), S. 235 unter Hinweis auf Nr. I P 8.4 Ziffer 6 VUBR.

193 Vgl. Externe VUReV, a.a.O., Formblatt I - Bilanz, Position VIII. 4.

rung[194] der Externen VUReV[195]. Zwar handelt es sich bei den VUBR, die von der Bundesaufsicht ergänzend zur Externen VUReV mit dem erklärten Ziel erlassen worden sind, eine einheitliche Bilanzierung zu gewährleisten[196], um eine Verwaltungsvorschrift[197], doch ist ihre faktische Außenwirkung nicht zu unterschätzen[198]. Von einem richtlinienkonformen Verhalten seitens der Rechnung legenden Versiche-rungsunternehmen kann somit auch bezüglich des Ausweises der Verlustrückstellung im Regelfall ausgegangen werden.

Der nach der Externen VUReV i.V.m. den VUBR vorzunehmende Bilanzausweis der Drohverlustrückstellung unter der Sammelposition „sonstige versicherungstechnische Rückstellungen" ist dem Willen des BAV zufolge im Anhang getrennt vorzunehmen: Gemäß Vierter Abschnitt Nr. 17 Abs. 2 VUBR[199] ist der Sammelposten nach Rückstellungsarten im Anhang aufzugliedern, was damit auch für die Verlustrückstellung als Bestandteil jener Gesamtgröße gilt. In besagter Verwaltungsvorschrift wird keine Möglichkeit des Verzichts auf eine gesonderte Darstellung der Rückstellung für drohende Verluste für den Fall einer u.U. geringen wirtschaftlichen Bedeutung dieser Teilgröße eingeräumt. Deshalb geht der Verfasser davon aus, daß die Bundesaufsicht einen getrennten Ausweis stets vertritt, sofern diese Rückstellung dem Grunde nach vorhanden, d.h. größer als Null ist. Zweifel daran, ob das BAV tatsächlich die ihm soeben unterstellte Haltung vertritt, können aufkommen, wenn man eine Stellungnahme der Aufsicht zum *vor* Inkrafttreten des BiRiLiG geltenden § 12 Nr. 3 S. 1 i.V.m. Buchstabe c) Externe RechVUVO[200] zu Rate zieht[201]. Dort fordert das BAV zwar eine Aufgliederung der sonstigen versicherungstechnischen Rückstellungen nach Versicherungszweigen und -arten; einen getrennten Ausweis der im einzelnen enthaltenen Rückstellungsarten hält es jedoch nur dann zusätzlich für erforderlich, sofern diese einen „größeren Umfang" haben. Nach heutiger Rechtslage, d.h. gemäß Vierter Abschnitt Nr. 17 Abs. 2 VUBR, wird - im Gegensatz zur früheren Regelung - ausschließlich eine Aufteilung nach Rückstellungsarten vorgeschrieben sowie auf eine Aufgliederung nach Versi-

194 Zum Ausweis der Zuführungen bzw. der Auflösungen zu resp. von Rückstellungen für drohende Verluste aus dem Versicherungsgeschäft als Aufwendungen bzw. Erträge in der GuV-Rechnung siehe *Donandt*, Klaus; *Richter*, Horst (Posten 1989), S. 235.

195 Vgl. Externe VUReV, a.a.O., Formblatt I - Bilanz, Position III. 6.

196 Vgl. Einführung, VUBR, a.a.O., S. 1.

197 Demhingegen stellt die Externe VUReV eine Rechtsverordnung mit rechtlicher Bindungswirkung nach außen und damit eine wirtschaftszweigspezifische Rechtsquelle i.S.d. Kapitels 2.2.1.2 dar.

198 Das BAV selbst stärkt die allgemeine Bedeutung der von ihm erlassenen Richtlinien, indem es Unternehmen, die sich an ihnen orientieren, verspricht, ihre Bilanzierung nicht zu beanstanden. Vgl. *BAV* (Verlautbarung 1988), S. 102.

199 Vgl. VUBR, a.a.O., S. 67 ff.

200 Verordnung über die Rechnungslegung der Versicherungsunternehmen vom 11.07.1973 in der Fassung der Zweiten Änderungsverordnung vom 16.08.1976 (Externe RechVUVO).

201 Vgl. *BAV* (Angabe 1976), S. 178.

cherungszweigen und -arten explizit verzichtet[202]. Folglich ist davon auszugehen, daß auch die der zitierten BAV-Stellungnahme aus dem Jahre 1976 entnehmbare Einschränkung des „größeren Umfangs" aus Sicht des Bundesaufsichtsamtes keine Gültigkeit mehr besitzt. Das BAV vermied jedenfalls die erneute Verwendung eines derartigen unbestimmten Rechtsbegriffs[203] und die hiermit verbundene Rechtsunsicherheit auf seiten der den Anhang aufstellenden Unternehmen.

Von Bedeutung ist auch die Befugnis des BAV, *Anordnungen* zu erlassen. Sie basiert auf der gesetzlichen Norm des § 81 Abs. 2 VAG. Sofern eine versicherungstechnische Rückstellung Gegenstand einer Anordnung ist, muß § 81 Abs. 2 S.1 i.V.m. § 56 Abs. 3 VAG als Rechtsgrundlage für ein derartiges Tätigwerden der Aufsicht herangezogen werden[204]. Während in bezug auf die *Schwankungsrückstellung* eine Ermittlungsvorschrift in Gestalt einer Anordnung des BAV existiert[205], erging bislang keine ähnlich umfassende Stellungnahme zur Verlustrückstellung. Lediglich eine kurzgefaßte, grundsätzliche Verlautbarung des BAV, die den Charakter einer nachdrücklichen Ermahnung der bilanzierenden Praxis aufweist, die Pflicht zur Bildung von Rückstellungen für drohende Verluste dem Grunde nach künftig ernster zu nehmen, ist auf diesem Gebiet vorzufinden[206].

Daß die Bilanzierungsanweisungen des BAV auch *steuer*rechtliche Bindungswirkung entfalten, dürfte mittlerweile außer Frage stehen[207]. Schließlich stützen sich die Finanzbehörden mangels ausreichender eigener Branchenkenntnisse auf gutachterliche Äußerungen des Bundesaufsichtsamtes[208]. Zudem funktioniert die Koordination zwischen dem BAV, das als Oberbehörde selbst Bestandteil der Bundesfinanzverwaltung ist[209], und dem Bundesminister der Finanzen offenbar reibungslos, was in einer zeitgleichen Bekanntmachung von BAV-Anordnungen als

---

202 Dieser Tatbestand veranlaßt *Ellenbürger*, von „ ... wenig publizitätsfreundlichen Vorschriften zu den Anhangangaben über die Rückstellung für drohende Verluste" zu sprechen. *Ellenbürger*, Frank (Erfolgsrechnung 1990), S. 70 f.

203 Demhingegen ist für die Zukunft die Wiedereinführung der Formulierung „größerer Umfang" vorgesehen. Siehe hierzu den in Kapitel 2.2.3 i.Zshg.m. Art. 22 VersBiRiLi-Entwurf aufgezeigten Sachverhalt.

204 Vgl. *Schmidt*, Reimer; *Frey*, Peter (Kommentar 1989), Rdnr. 51 der Anmerkungen zu § 81 VAG.

205 BAV-Rundschreiben R4/R5/ 78 zur Schwankungsrückstellung, in: VerBAV, 27. Jg. (1978), S. 262-265; eine Auseinandersetzung mit dem Inhalt dieser Vorschrift findet in Abschnitt 4.1 statt.

206 *BAV* (Stellungnahme 1983), S. 35; auf den Inhalt dieser Verlautbarung wird an verschiedenen Stellen der vorliegenden Arbeit eingegangen.

207 Die frühere Auseinandersetzung mit dieser Problematik ist bei *Vassel* nachzuvollziehen: *Vassel*, Klaus (Feststellung 1961), Sp. 31 ff.

208 Vgl. *o.V.* (Jahrbuch 1987), S. 18.

209 Vgl. § 1 Nr. 2 des Gesetzes über die Finanzverwaltung (FVG) i.d.F. vom 30.08.1971, BGBl. I 1971, S. 1426-1436, zuletzt geändert durch Gesetz vom 19.12.1985, BGBl. 1985 I, S. 2436-2459.

gleichlautender Anhang eines BdF-Schreibens in den Bundessteuerblättern[210] zum Ausdruck kommt. Folglich dürfte es der Bundesaufsicht nicht schwerfallen, aus dieser positiven Erfahrung heraus - insbesondere bezüglich der Anordnung zur Schwankungsrückstellung - auch für die Ermittlung der Rückstellung für drohende Verluste einen für alle Seiten tragbaren Kompromiß zu finden. Eine solche Anordnung sollte in Kooperation mit dem Bundesminister der Finanzen erarbeitet werden, um die Ausgewogenheit der vom BAV zu vertretenden Gläubigerschutzinteressen einerseits sowie der fiskalischen Interessen des Staates andererseits und damit nicht nur die handels-, sondern auch ihre steuerrechtliche Anerkennung zu gewährleisten.

2.2.3. Zur künftigen Rechtslage

Die Rechtsentwicklung in den Staaten der EG wird zunehmend durch Harmonisierungsbestrebungen geprägt. Das der Rechtsangleichung dienende supranationale Recht in Gestalt von EG-Verordnungen und -Richtlinien basiert letztlich auf der Art. 24 GG entnehmbaren Ermächtigung des Bundes, die Rechtssetzungsbefugnis qua völkerrechtlichen Vertrag auf internationale Einrichtungen zu übertragen. Mit Inkrafttreten des BiRiLiG am 01.01.1986 wurde u.a. die 4. EG-Richtlinie[211] in deutsches Recht umgesetzt. Artikel 1 Abs. 2 dieser Richtlinie gewährte den einzelnen EG-Mitgliedstaaten das Wahlrecht, die Einzelabschlüsse[212] von Versicherungsgesellschaften bis zu einer späteren wirtschaftszweigbezogenen Koordinierung aus ihrem Anwendungsbereich auszuklammern. Da jedoch zum damaligen Zeitpunkt die Verabschiedung einer speziellen EG-Versicherungsbilanzrichtlinie (VersBiRiLi) noch nicht für die nahe Zukunft absehbar war und man für den Fall einer mehrjährigen Fortgeltung des AktG 1965 eine zunehmende Rechtsunsicherheit befürchtete, machte der deutsche Gesetzgeber von der Möglichkeit einer totalen Bereichsausnahme keinen Gebrauch[213].

---

210 So geschehen bezüglich der BAV-Anordnung zur Schwankungsrückstellung, die mit unverändertem Wortlaut auch im Rahmen des BdF IV B 7 - S 2775 - 34/78 vom 02.01.1979, in: BStBl. 1979 I, S. 58 ff. veröffentlicht wurde.

211 Vierte Richtlinie des Rates vom 25.07.1978 aufgrund von Artikel 54 Absatz 3 Buchstabe g) des Vertrages über den Jahresabschluß von Gesellschaften bestimmter Rechtsformen (78/660/EWG), in: ABl. EG Nr. L 222 vom 14.08.1978, S. 11-31.

212 Art. 40 der 7. EG-Richtlinie hingegen gestattet keine vollständige, sondern lediglich eine partielle Bereichsausnahme für die **Konzern**abschlüsse von Versicherungsunternehmen. Vgl. Siebente Richtlinie des Rates vom 13.06.1983 aufgrund von Artikel 54 Absatz 3 Buchstabe g) des Vertrages über den konsolidierten Abschluß (83/349/EWG), in: ABl. EG Nr. L 193 vom 18.07.1983, S. 1-17.

213 Siehe hierzu die näheren Ausführungen *Welzels* sowie die dort zitierte Literatur. *Welzel*, Hans-Joachim (Versicherungsbilanzen 1988), S. 580 ff.; siehe auch *Richter*, Horst (Anpassung 1988), S. 5.

Mittlerweile liegt ein - zwischenzeitlich geänderter - Entwurf der EG-Kommission für eine VersBiRiLi dem EG-Ministerrat vor[214]. Nach Verabschiedung der Richtlinie durch den Ministerrat[215] ist sie des weiteren vom bundesdeutschen Gesetzgeber in nationales Recht zu transformieren. Erst nach der Umsetzung in deutsches Recht erlangt die VersBiRiLi - ebenso wie alle sonstigen Richtlinien der EG - rechtliche Bindungswirkung für die im Staatsgebiet der Bundesrepublik Deutschland ansässigen Versicherungsunternehmen. Dies liegt in Art. 189 Abs. 3 EWG-Vertrag begründet, demzufolge sich EG-*Richtlinien* direkt nur an die einzelnen Mitgliedstaaten wenden[216].

Es liegt in der Intention des VersBiRiLi-Entwurfs, keine eigenständige Regelung zu schaffen, sondern ausschließlich aufgrund der Besonderheiten des Versicherungsgeschäfts erforderliche Abweichungen von der Vierten EG-Richtlinie zu behandeln[217]. Der Anwendungsbereich der VersBiRiLi wird im Vergleich zur Vierten Richtlinie insofern erweitert, als sie unabhängig von ihrer Rechtsform grundsätzlich *sämtliche* Versicherungsunternehmen betrifft[218]. Wie in den vorangegangenen Kapiteln erörtert, erfuhr die Bildung von Drohverlustrückstellungen durch das BiRiLiG keine materiellen Änderungen. Auch im vorliegenden VersBiRiLi-Entwurf wird lediglich eine Modifikation hinsichtlich ihres *Ausweises* im Jahresabschluß von Versicherungsunternehmungen vorgeschlagen. Nach Art. 22 ist die Verlustrückstellung unverändert[219] unter den „sonstigen versicherungstechnischen Rückstellungen" (Passivposten C.6.) auszuweisen, während in einigen Mitglied-

---

214 Geänderter Vorschlag für eine Richtlinie des Rates über den Jahresabschluß und den konsolidierten Abschluß von Versicherungsunternehmen vom 25.10.1989, KOM (89) 474 endg. - SYN 224 (VersBiRiLi-Entwurf II), als Änderung des Vorschlages für eine Richtlinie des Rates über den Jahresabschluß und den konsolidierten Abschluß von Versicherungsunternehmen vom 21.01.1987, KOM (86) 764 endg.; Ratsdok. 4374/87, in: ABl. EG Nr. C 131 vom 18.05.1987, S. 1-21, (VersBiRiLi-Entwurf I); Bundesratsdrucksache 45/87 vom 09.02.1987; einen generellen Vergleich der Regelungen des EG-VersBiRiLi-Entwurfs in seiner ersten Fassung mit den derzeit geltenden deutschen Vorschriften nimmt *Horbach* vor. Siehe hierzu *Horbach*, Lothar (EG-Entwurf 1988), S. 41 ff.

215 Hiermit war n.A. von *Schmidt/Frey* für 1989 zu rechnen. Vgl. *Schmidt*, Reimer; *Frey*, Peter (Kommentar 1989), Rdnr. 69 der Vorbemerkungen zu den §§ 55-64 VAG. Dies hat sich allerdings nicht bewahrheitet.

216 Bestätigend verhält sich die eine unmittelbare Bindungswirkung von EG-Richtlinien für privatwirtschaftliche Unternehmen negierende Auffassung der europäischen Rechtsprechung. Vgl. EuGH vom 26.02.1986, Rs. 152/84, in: RIW, 32. Jg. (1986), S. 739. Demhingegen stellen *Verordnungen* der EG-Kommission gemäß Art. 189 Abs. 2 EWG-Vertrag in sämtlichen Mitgliedstaaten unmittelbar geltendes Recht dar, ohne daß es einer einzelstaatlichen Transformation in nationales Recht bedarf.

217 Vgl. Begründung zum VersBiRiLi-Entwurf I, Bundesratsdrucksache 45/87 vom 09.02.1987, S. 4; vgl. auch Art. 1 des VersBiRiLi-Entwurfs I, ebenda, S. 42 sowie die Erläuterungen hierzu, ebenda, S. 8.

218 Vgl. ebenda, S. 5; berührt werden hiernach alle Erstversicherungsunternehmen i.S.d. ersten beiden Versicherungs-Koordinierungsrichtlinien sowie Rückversicherungsunternehmen. Siehe hierzu Inhalt und weitergehende Verweise des Art. 2 VersBiRiLi-Entwurf, ebenda, S. 43.

219 Zum derzeitigen Ausweis nach deutschem Recht siehe Kapitel 2.2.2.

staaten[220] der dort bisher vorgeschriebene Sammelausweis unter der Position „Beitragsüberträge und Rückstellung für drohende Verluste aus dem Versicherungsgeschäft" (Passivposten C.1.) beizubehalten ist. In beiden Fällen ist die Rückstellung für drohende Verluste dem Oberbegriff „versicherungstechnische Rückstellungen" zu subsumieren[221].

Die bereits mehrfach angesprochene Problematik, ob es sich bei der Drohverlustrückstellung tatsächlich - ihrem Bilanzausweis entsprechend - um eine versicherungstechnische Rückstellung handelt, tritt allerdings auch im EG-VersBiRiLi-Entwurf zutage: Während Art. 19 VersBiRiLi-Entwurf die Gültigkeit von Art. 20 der Vierten EG-Richtlinie für die unter Passivposten C.[222] ausgewiesenen versicherungstechnischen Rückstellungen generell negiert, ist in den Erläuterungen zu den Artikeln 21 und 22 desselben Entwurfs die Anmerkung zu finden, es handle sich bei der Unterposition „Rückstellung für drohende Verluste" um „ ... eine echte Rückstellung der in Art. 20 der Vierten Richtlinie vorgesehenen Art"[223]. Dieser dem VersBiRiLi-Entwurf immanente Widerspruch erscheint jedoch vernachlässigbar, da die branchenbezogene Ablehnung von Art. 20 der Vierten Richtlinie durch Art. 19 VersBiRiLi-Entwurf n.A. des Verfassers auf den über den Inhalt des Art. 20 erheblich hinausgehenden Begriff der versicherungstechnischen Rückstellung zurückzuführen ist. Dennoch würde es zur Ausräumung sprachlich bedingter Mißverständnisse beitragen, Artikel 20 der Vierten EG-Richtlinie und die daraus resultierende Vorschrift des § 249 HGB als Rechtsgrundlage für die Bildung derjenigen versicherungstechnischen Rückstellungen explizit anzuerkennen, die jenem allgemeinen Rückstellungsbegriff entsprechen; lediglich den darüber hinaus zu bildenden branchenspezifischen Passivposten sollte eine Sonderregelung gewidmet werden. Nur dann würde der EG-VersBiRiLi-Entwurf in dieser Angelegenheit seinem oben dargelegten Anspruch gerecht, ausschließlich die aus den Versicherungsspezifika resultierenden Abweichungen von der Vierten EG-Richtlinie zu regeln.

Sofern die Drohverlustrückstellung einen „größeren Umfang" erreicht, ist sie gemäß Art. 22 VersBiRiLi-Entwurf - wahlweise in der Bilanz oder im Anhang - *getrennt* auszuweisen. Mit der Wiedereinführung dieses unbestimmten, d.h. auslegungsbedürftigen Rechtsbegriffs tritt das bereits früher[224] existierende Problem der Operationalisierung auf. Zwecks Konkretisierung der Formulierung „größerer Umfang" und zur Vermeidung der mit der individuellen Auslegung dieser Bezeichnung verbundenen Rechtsunsicherheiten erscheint es n.A. des Verfassers

220 Siehe hierzu die Auflistung in *Horbach*, Lothar (EG-Entwurf 1988), S. 63.

221 Vgl. Art. 5 VersBiRiLi-Entwurf I, a.a.O., S. 49 und 46.

222 Vgl. ebenda.

223 Begründung zum VersBiRiLi-Entwurf I, a.a.O., S. 18.

224 Das BAV gebrauchte den Terminus „größerer Umfang" bereits vor der derzeit geltenden Rechtslage in einer Stellungnahme. Vgl. die Ausführungen des Kapitels 2.2.2 i.V.m. den dort angeführten Quellennachweisen.

von Vorteil, den Versicherungsunternehmen absolute oder relative[225] Kenngrößen als Mindestnorm für einen gesonderten Ausweis vorzugeben. Einer Relativzahl wäre hierbei der Vorzug zuzusprechen, zugleich in Unternehmen unterschiedlicher Größe anwendbar zu sein. Demhingegen hätte eine undifferenzierte absolute Vergleichszahl den Nachteil, in Versicherungsunternehmen je nach deren Größenordnung individuell verschiedene Relationen zu implizieren. Die vorgeschlagene Festlegung einer Kennzahl käme zwar einer willkürlichen Grenzziehung gleich, würde jedoch andererseits den Informationsinteressen externer Jahresabschlußleser entgegenkommen. Denn dieser Personenkreis könnte im Falle eines nicht gesonderten Ausweises einer Verlustrückstellung dann wenigstens auf deren jeweils theoretisch möglichen Höchstbetrag schließen. Demhingegen würde eine Interpretierbarkeit des „größeren Umfangs" durch das einzelne bilanzierende Unternehmen ein subjektives Element implizieren. Damit bestünde die „Versuchung", z.B. aus Imageerwägungen heraus eine „größere" Drohverlustrückstellung undifferenziert im Rahmen des Sammelpostens auszuweisen und damit Externe im Unklaren über die ungefähre Größenordnung dieser Verlustrückstellung zu lassen.

Unabhängig davon, ob die Verlustrückstellung in den Bilanzen bundesdeutscher Versicherungsunternehmen unter der Sammelposition „sonstige versicherungstechnische Rückstellungen" im Einzelfall undifferenziert oder dort respektive alternativ im Anhang getrennt ausgewiesen wird, ist für die Erfolgsrechnung eine stets gesonderte Abbildung der Veränderung dieses Passivpostens vorgesehen: Art. 29 VersBiRiLi-Entwurf II schreibt unter I.5.a) den getrennten Ausweis der Veränderung der Rückstellung für drohende Verluste aus dem Versicherungsgeschäft unter der Überschrift „Veränderungen der übrigen versicherungstechnischen Rückstellungen für eigene Rechnung" vor. Dies gilt jedoch nicht für EG-Mitgliedstaaten, deren Versicherungsunternehmen die Verlustrückstellung weiterhin gesammelt unter der Position „Beitragsüberträge und Rückstellung für drohende Verluste aus dem Versicherungsgeschäft" bilanzieren. Sie dürfen unter der Position I.1.c) ihrer GuV-Rechnung[226] neben der Veränderung der Beitragsüberträge auch die der Drohverlustrückstellung ausweisen.

225 In einem anderen Kontext legte das BAV die ähnliche Formulierung „größerer Betrag" i.S.d. Verhältnisses der Position zur Bilanzsumme aus, ohne jedoch eine konkrete Relativzahl als eine Sonderausweispflicht auslösende Mindestgröße vorzugeben. Vgl. *BAV* (Angabe 1975), S. 301.

226 Gemäß der ersten Entwurfsfassung waren allerdings auch die Versicherungsunternehmen dieser Staaten verpflichtet, die Veränderungen beider Passivposten voneinander getrennt bzw. gesondert auszuweisen. Vgl. Art. 29 VersBiRiLi-Entwurf I, a.a.O., S. 61.

2.3. Ursachen drohender Verluste aus Versicherungsverträgen

2.3.1. Das versicherungstechnische Risiko

Bei dem Versuch, die Ursachen drohender Verpflichtungsüberschüsse aus dem Versicherungsgeschäft zu ergründen, gelangt man zu der Erkenntnis, daß es auch in diesem Punkt branchenspezifische Besonderheiten zu beachten gilt. So spricht man im Kontext der gesamten Risikosituation eines Versicherungsunternehmens von einem arteigenen, dem sog. *versicherungstechnischen Risiko*[227]. Im Rahmen der nachfolgenden Ausführungen wird erörtert, in welchem Zusammenhang Teile dieses wirtschaftszweigspezifischen Risikos mit der Rückstellung für drohende Verluste stehen. Hierbei besteht allerdings das Problem der Existenz unterschiedlicher Definitionsversuche jenes Risikobegriffs, was dessen Zerlegung in verschiedenartige, inhaltlich nicht völlig überschneidungsfreie Komponenten zur Folge hat. Es wird deshalb nachfolgend von der Definition nach *Albrecht* und *Schwake* ausgegangen, da diese in ihrem Beitrag eine Systematisierung sämtlicher zuvor veröffentlichter Definitions- und Einteilungsversuche vornehmen. Danach wird unter dem versicherungstechnischen Risiko die Gefahr verstanden, daß - bezogen auf einen konkreten Zeitraum - der aus dem Vertragsbestand resultierende Gesamtschaden die Summe aus verfügbaren Risikoprämien und gegebenem Sicherheitskapital übersteigt[228]. Somit wird das zu untersuchende Risiko definitorisch auf das reine Risikogeschäft beschränkt, da Divergenzen zwischen den ex ante kalkulierten und sich später realisierenden Betriebsaufwendungen sich als branchenübergreifendes und folglich nicht als dem Versicherungsgeschäft arteigenes Problem erweisen.

In bezug auf die Schätzung drohender Verluste aus Versicherungsverträgen kann das Risikogeschäft allerdings nicht isoliert betrachtet werden, da auch die künftigen Aufwendungen für den Versicherungsbetrieb direkt oder zumindest mittelbar mit der Produktion von Versicherungsschutz zusammenhängen. Somit sind Betriebsaufwendungen, die für die Zukunft erwartet werden, ebenso als Leistungskonkretisierungen in die Ermittlung drohender Verpflichtungsüberschüsse einzubeziehen[229], wie im Rahmen der Prämienkalkulation üblicherweise ein Betriebskostenzuschlag auf die Risikoprämie vorgenommen wird. Auch den Erfolgserwartungen aus dem sog. „nicht-technischen" Geschäft, d.h. insbesondere aus der Kapital-

227 Vgl. beispielhaft *Albrecht*, Peter; *Schwake*, Edmund (Risiko 1988), S. 651.

228 Vgl. *ebenda*, S. 652.

229 Schließlich können auch die Aufwendungen für den Versicherungsbetrieb Ursache drohender Verluste aus dem Versicherungsgeschäft sein, weshalb sie in die Ermittlung der rückstellungspflichtigen Saldogröße einzugehen haben. Vgl. Kapitel 2.1.2.1. Vgl. auch *Donandt*, Klaus; *Richter*, Horst (Posten 1989), S. 236 f. sowie S. 239 f.

anlagetätigkeit eines Versicherungsunternehmens, kommt bei der Bemessung einer Verlustrückstellung, wie noch aufzuzeigen sein wird, eine bedeutsame Rolle zu[230]; da dieser Unternehmensbereich dem Grunde nach nicht als wirtschaftszweigspezifisch[231] zu kennzeichnen ist, kann er auch nicht dem versicherungstechnischen Risiko als arteigenem Risiko eines Unternehmens der Assekuranz subsumiert werden.

Trotz der definitorischen Ausklammerung jener für die Entstehung und Bemessung drohender Verluste aus Versicherungsverträgen relevanten Bewertungskomponenten erscheint eine gesonderte Erörterung des versicherungstechnischen Risikos als mögliche Ursache künftiger Verpflichtungsüberschüsse aufgrund seiner besonderen Bedeutung gerechtfertigt. Schließlich stellt die Risikoübernahme nach wie vor das „Kerngeschäft" eines Versicherungsunternehmens dar, aus dessen Natur heraus u.U. Verluste drohen, die der Assekuranz in der Tat „arteigen" sind. So steht die übliche Vorauserbringung[232] der Gegenleistung in Gestalt der (Risiko-) Prämie als relativ[233] feststehende Größe künftigen Leistungskonkre-tisierungen in Form von Entschädigungszahlungen gegenüber[234], die stets zufallsabhängig sind. Dabei erweist sich der Eintritt des Versicherungsfalls dem Grunde und dem Zeitpunkt nach regelmäßig als vom Zufall bestimmt, während die Höhe einer dafür zu leistenden Entschädigung u.U. determiniert oder limitiert ist[235]. Die Stochastizität der für die Zukunft erwarteten Entschädigungsleistungen ist es letztlich, die der Versicherungsbranche eigentümlich ist. Diese Zufallsabhängigkeit der Leistungskonkretisierungen bedingt somit ein „arteigenes" Risiko, das *über* die *allgemeinen*, auch in Unternehmen anderer Wirtschaftszweige vorhandenen Risiken *hinausgeht*[236]. Somit besteht das *versicherungstechnische Risiko* über das in allen Bran-

230 Siehe hierzu insbesondere die Ausführungen des Kapitels 3.1.1.2.

231 Dennoch ist die Bedeutung der Kapitalanlagetätigkeit und der hieraus resultierenden Erfolgsbeiträge *der Höhe nach* in der Versicherungsbranche aus verschiedenen Gründen größer als in anderen Wirtschaftszweigen. Vgl. Kapitel 3.1.1.2.

232 Vgl. Kapitel 2.1.2.2.

233 Von einer völlig deterministischen Prämie kann im Regelfall a priori nicht ausgegangen werden, da u.U. auflebende Prämienanpassungsklauseln oder Nachschußpflichten bei VVaG die Leistungspflicht des Versicherungsnehmers zu erhöhen vermögen. Bezüglich der Problematik von Beitragsangleichungen und deren Auswirkungen auf den Umfang einer Rückstellung für drohende Verluste sei an dieser Stelle auf die näheren Ausführungen des Kapitels 3.2.3 verwiesen.

234 Eine umfassendere Erörterung sowohl des Leistungs- als auch des Gegenleistungsbegriffs in bezug auf die Ermittlung evtl. drohender Verluste aus Versicherungsverträgen wurde bereits in Kapitel 2.1.2.1 vorgenommen.

235 Vgl. hierzu die näheren Ausführungen zur Risikosituation verschiedener Versicherungssparten und -zweige am Ende dieses Kapitels.

236 Vgl. *Albrecht*, Peter; *Schwake*, Edmund (Risiko 1988), S. 651.

chen gegebene *allgemeine Unternehmerrisiko*, aufgrunddessen allein noch keine Rückstellung für drohende Verluste gebildet werden kann[237], hinaus.

Bereits *Gürtler* bezeichnet in einer frühen Arbeit die Gefahr des zufälligen Schwankens der Schadenzahl als *Zufallsrisiko*[238]. Später berücksichtigt er zusätzlich den Umfang der Schäden, um die Möglichkeit des Überschreitens der in der Prämienkalkulation zugrundegelegten Schadenzahl und -höhe als „versicherungstechnisches Risiko" definieren zu können[239]. Die Gefahr eines Gesamtschadens, der Risikoprämien und Sicherheitskapital übersteigt, kann außer in der Stochastizität der Schadengrößen auch in der unvollkommenen Information über die wahre künftige Schadengesetzmäßigkeit begründet sein. Dieses sog. *Irrtumsrisiko*[240], das neben dem durch *Gürtler* geprägten Begriff des Zufallsrisikos n.A. von *Albrecht* und *Schwake* die zweite Hauptkomponente des versicherungstechnischen Risikos darstellt, läßt sich weiter in ein *Diagnose-* und ein *Prognose*risiko unterteilen[241]. Jene Termini gehen auf *Helten* zurück, der eine Aufteilung des versicherungstechnischen Risikos in diese beiden Komponenten vornimmt[242]. Schließlich treten im Rahmen der u.a. für die Bemessung einer Rückstellung für drohende Verluste erforderlichen Schätzung des künftigen Schadenbedarfs eines Kollektivs zwei Arten von Risiken auf. Zum einen können Fehler bei der Analyse der wahren stochastischen Schadengesetzmäßigkeiten der Vergangenheit unterlaufen (*Diagnose*risiko), die darauf basierend konsequenterweise auch zu einer fehlerbehafteten Prognose der zu ermittelnden Planwerte führt (*Prognose*risiko)[243]. Doch selbst im Falle einer fehlerfreien Diagnose erweist es sich als fraglich, ob die für einen abgelaufenen Zeitraum korrekt festgestellte Schadengesetzmäßigkeit auch in Zukunft gelten wird oder ob *Änderungen* dieser „Gesetzmäßigkeit" zu erwarten sind.

Farny reiht dieses sog. *Änderungs*risiko als gleichberechtigte Komponente in die Unterarten des versicherungstechnischen Risikos ein. So umfaßt dieses Teilrisiko hiernach Änderungen der Erwartungswerte von Schadenzahl und/oder Schadensumme. Demnach sind Abweichungen des sich realisierenden vom zuvor erwarte-

---

237 Nach der Rechtsprechung des BFH dürfen keinesfalls „ ... allgemeine Konjunkturrisiken, die nicht unmittelbar die am Bilanzstichtag schwebenden Geschäfte angehen, berücksichtigt werden". BFH I 118/55 U vom 03.07.1956, in: BStBl. 1956 III, S. 249.

238 Vgl. *Gürtler*, Max (Risiko 1929), S. 210.

239 Vgl. *derselbe* (Risiko 1936-1939), S. 445; einen detaillierten Überblick über die historische Entwicklung des Terminus „versicherungstechnisches Risiko" im versicherungswissenschaftlichen Schrifttum gewährt *Schwake*. Die dort vorzufindende kritische Auseinandersetzung mit divergierenden Auffassungen mündet in der Entwicklung einer eigenen Definition. Siehe *Schwake*, Edmund (Risiko 1988), S. 63 ff. sowie S. 68 ff.

240 Der Begriff des *Irrtums*risikos geht auf *Farny* zurück. Vgl. *Farny*, Dieter (Theorie 1965), S. 25 f.

241 Vgl. *Albrecht*, Peter; *Schwake*, Edmund (Risiko 1988), S. 652 f.

242 Vgl. *Helten*, Elmar (Entscheidungsverfahren 1973), S. 45 ff.; vgl. auch *Helten*, Elmar; *Karten*, Walter (Risiko 1984), S. 62 ff.

243 Vgl. *Helten*, Elmar (Entscheidungsverfahren 1973), S. 49.

ten Schadenanfall - sofern sie durch jene Risikokomponente verursacht sind - nicht auf zufallsbedingte Schwankungen um den Schadenerwartungswert zurückzuführen. Statt dessen hat sich die Gefahrenlage selbst geändert, weshalb auch die Schadeneintrittswahrscheinlichkeit sowie der erwartete Durchschnittsschaden anders sind, als zuvor angenommen. Derartige Änderungen der Gefahrenlage bzw. der Risikosituation können beispielsweise in der Kraftfahrtversicherung durch eine weiter zunehmende Verkehrsdichte und aufgrund steigender Reparaturkosten entstehen[244]. Auch neue technologische Entwicklungen können zu einer Veränderung der Gefahrenlage und somit zu einer Erhöhung des Änderungsrisikos beitragen. Begrenzt man den Begriff des *Änderungsrisikos* inhaltlich auf nach der Kalkulation der Risikoprämie eingetretene, nicht oder nicht korrekt antizipierte Änderungen der Schadengesetzmäßigkeit, so ist dieses Teilrisiko identisch mit dem oben genannten Terminus *Prognoserisiko*[245]. Demhingegen umfaßt das *Zufalls*risiko zufallsabhängige Schwankungen von Schadenzahl und Schadensumme um ihren Erwartungswert, während das *Irrtums*risiko *Farny* zufolge aus der unzureichenden Information über die „richtigen" Erwartungswerte resultiert. Das Irrtumsrisiko besteht folglich in der Gefahr, die falschen Rechnungsgrundlagen in Form unrichtiger Erwartungswerte der Prämienkalkulation zugrundezulegen[246]. Die Bezugnahme *Farnys* auf falsch angenommene Erwartungswerte läßt sich insoweit ausdehnen, als diese Größe lediglich einen Durchschnittswert darstellt, der auf eine umfassende Schadenverteilung bezogen ist. Folglich umfaßt das Irrtumsrisiko die Zugrundelegung eines insgesamt unrichtigen Schadenverlaufs[247], d.h. einer falschen Schadenverteilung. Dabei ist es naheliegend, daß sich aus dieser falschen Verteilung nicht nur falsche Erwartungswerte ergeben, sondern zudem ein Irrtum bezüglich der Varianz der Schadengrößen und u.U. auch bezogen auf die Schiefe einer Schadenverteilung besteht.

Nachdem oben verschiedenartige Komponenten des versicherungstechnischen Risikos aufgezeigt und kurz erörtert wurden, gilt es nun, einen Zusammenhang zwischen jenen Teilgrößen und der Rückstellung für drohende Verluste aus Versicherungsverträgen herzustellen. Beginnt man mit den bilanziellen Konsequenzen des *Zufalls*risikos, so gelangt man zu dem Ergebnis, daß sich dieses - unter Außerachtlassung des Irrtumsrisikos - mit zunehmendem Sicherheitskapital verringert. Jenes Kapital, das neben den von *Albrecht* und *Schwake* beispielhaft vorgeschlage-

---

244 Vgl. zu den bisherigen Ausführungen zum Begriff des *Änderungs*risikos *Farny*, Dieter (Theorie 1965), S. 25.

245 Vgl. *Albrecht*, Peter; *Schwake*, Edmund (Risiko 1988), S. 654. Zur Beziehung des Begriffs *Änderungsrisiko* zu den Termini *Diagnose-* und *Prognoserisiko* vgl. auch *Helten*, Elmar (Entscheidungsverfahren 1973), S. 50.

246 Vgl. *Farny*, Dieter (Theorie 1965), S. 25 f.

247 In diesem Sinne äußern sich auch *Albrecht* und *Schwake*, indem sie das Irrtumsrisiko im Ansatz „ ... einer falschen stochastischen Gesetzmäßigkeit des Schadenverlaufs ..." begründet sehen. *Albrecht*, Peter; *Schwake*, Edmund (Risiko 1988), S. 653.

nen Ist-Solvabilitätsmitteln[248] n.A. des Verfassers zusätzlich die künftig vorhandene Schwankungsrückstellung umfaßt, ermöglicht es schließlich, zufallsbedingte negative Abweichungen von den Schadenerwartungswerten zu finanzieren und damit zu kompensieren. Denn würde man im Rahmen der Prämienkalkulation den reinen Erwartungsschaden als Risikoprämie erheben, läge ohne Sicherheitsmittel - auch bei sehr großen, homogenen Kollektiven unabhängiger Risiken - eine auf eine Periode bezogene Verlust- bzw. Ruinwahrscheinlichkeit von fünfzig Prozent vor[249]. Allerdings gilt es zu bedenken, daß sich der Begriff des Verlusts in diesem Kontext auf die negative Abweichung der effektiven künftigen Schäden von den erwarteten Schäden beschränkt und somit nur einem Teil des umfassenderen Verlustbegriffs entspricht, der für die Bildung einer Drohverlustrückstellung relevant ist. Auch ein mit wachsenden Beständen zunehmend besser funktionierender Risikoausgleich im Kollektiv vermag es nicht, die Gefahr des Übersteigens der kalkulierten Nettorisikoprämie durch die später tatsächlich realisierten Schadenwerte dem Grunde nach zu verringern. Deshalb dienen Sicherheits- resp. Schwankungszuschläge, die zur Bruttorisikoprämie führen, der Senkung jenes Verlustrisikos, das aus der zufallsbedingten Unvollkommenheit des kollektiven Risikoausgleichs resultiert.

Ähnlich wie jene Sicherheitszuschläge im Rahmen der *Kalkulation* dient im Kontext der *Bilanzierung* die Schwankungsrückstellung dazu, derartige Verluste zu reduzieren und somit dem versicherungstechnischen *Zufalls*risiko entgegenzuwirken. *Albrecht* und *Schwake* sprechen gar von einer substitutiven Wirkungsweise, die zwischen Schwankungszuschlag und -rückstellung besteht[250]. Unter Zugrundelegung der dort vorzufindenden, auf *eine* Planperiode bezogenen, rein risikotheoretischen Betrachtungsweise ist dieser Aussage zuzustimmen. Allerdings können die bilanziellen Auswirkungen beider Instrumente zur Verminderung des Zufallsrisikos, bezogen auf *mehrere* Zukunftsperioden, unterschiedlicher Art sein. So wird die Schwankungsrückstellung in Geschäftsjahren erfolgsmindernd erhöht, deren relativ positiver Schadenverlauf eine derartige Reservebildung zuläßt, um in verhältnismäßig negativ verlaufenden Schadenjahren für eine Auflösung und folglich für eine Kompensation jener zufallsbedingten Schadenerhöhungen über den Erwartungswert hinaus zur Verfügung zu stehen[251]. Demhingegen erweisen sich Schwankungszuschläge auf die Nettorisikoprämie im Falle eines positiven Schadenverlaufs a posteriori betrachtet als Gewinnzuschläge, die der Ertragsbesteuerung unterliegen, weshalb sie in späteren Perioden allenfalls noch in reduzierter Höhe als Sicherheitsmittel in Gestalt gebildeter Rücklagen zur Verfügung stehen. Zudem

---

248 Vgl. *ebenda*, S. 652.

249 Vgl. *Lippe*, Stefan (Prämienprinzipien 1984), S. 136 f.

250 Vgl. *Albrecht*, Peter; *Schwake*, Edmund (Risiko 1988), S. 656.

251 Vgl. auch Kapitel 4.1.1.1.

wirken sich Schwankungs- bzw. Sicherheitszuschläge reduzierend auf die Möglichkeiten aus, eine Schwankungsrückstellung zu bilden[252].

Die Schwankungsrückstellung dient aufgrund ihrer Funktionsweise dem Risikoausgleich *in der Zeit* und ergänzt somit den zufallsbedingt unvollkommenen Risikoausgleich im Kollektiv[253]. Sie verringert somit das *Zufalls*risiko als Teil des versicherungstechnischen Risikos, indem sie aleatorische Schwankungen von Schadengrößen um deren Erwartungswert über mehrere Geschäftsjahre hinweg glättet und damit kompensiert. Da bereits der Schwankungsrückstellung die Funktion zukommt, dem Zufallsrisiko entgegenzuwirken, sollte die Drohverlustrückstellung nicht auch auf diese Komponente des versicherungstechnischen Risikos bezogen sein. Andernfalls käme es zu einer *doppelten* Vorsorge im Rahmen der versicherungstechnischen Passiva mit dem Ziel, *einen* Teil des versicherungstechnischen Risikos zu reduzieren. Dies muß jedoch verhindert werden, um externen Lesern des Jahresabschlusses kein zu pessimistisches Bild der Lage des Unternehmens zu vermitteln. Eine *Mehrfach*berücksichtigung *eines* Rückstellungsgrundes würde schließlich die in § 264 Abs. 2 HGB geforderte Vermittlung eines den tatsächlichen Verhältnissen entsprechenden Bildes der Unternehmenslage nicht mehr gewährleisten und wäre auch im Sinne eines weitgefaßten Vorsichtsprinzips nicht haltbar[254].

Allerdings könnte auch die Situation einer Schwankungsrückstellung eintreten, deren Höhe gleich Null ist und die über Jahre hinweg durch keine Zuführung erhöht wird. In diesem Fall ist es - zumindest vorübergehend, d.h. solange ihr Bestand nicht positiv ist - unmöglich, die Schwankungsrückstellung als bilanzielles Instrument der Reduktion des versicherungstechnischen Zufallsrisikos anzusehen und einzusetzen[255]. So erscheint es durchaus denkbar, daß dann eine u.U. gebildete Rückstellung für drohende Verluste u.a. dazu dient, diesem Teilrisiko entgegenzuwirken.

Im Falle einer positiven Schwankungsrückstellung jedoch trägt diese - in Höhe ihres Ist-Bestandes - zur Verringerung des *Zufalls*risikos bei, während die Verlustrückstellung der Verringerung der zweiten Hauptkomponente des versicherungstechnischen Risikos, des *Irrtums*risikos, dient. So sollte die Drohverlustrückstellung vor allem dem *Prognose*risiko entgegenwirken, das - wie oben erwähnt - unter bestimmten Voraussetzungen mit dem *Änderungs*risiko gleichzusetzen ist. Denn Änderungen der Schadenerwartungswerte bzw. unvollständige Informationen über die wahre Schadengesetzmäßigkeit künftiger Perioden stellen häufig die Ursa-

252 Vgl. *Nies*, Helmut (Neuordnung 1979), S. 162 ff. Dieser Tatbestand, der durch die derzeit geltende Anordnung zur Bildung von Schwankungsrückstellungen vorgegeben wird, beruht offenbar auf der Annahme der oben angesprochenen substitutiven Wirkungsweise, die zwischen Schwankungszuschlag und -rückstellung besteht.

253 Vgl. die näheren Ausführungen in Kapitel 4.1.1.1.

254 Vgl. die einleitenden Bemerkungen des Kapitels 4.1.1.1. Vgl. auch Kapitel 3.1.2.1.

255 Vgl. Kapitel 4.1.1.1.

che für eine der Höhe nach unzureichende Festlegung und Erhebung der Gegenleistung *Prämie* dar. Die sich aus den höheren zu erwartenden Leistungskonkretisierungen resp. aus deren Saldierung mit der zu niedrigen Gegenleistung ergebenden künftigen Verpflichtungsüberschüsse sind sodann als drohende Verluste zu passivieren. Folglich ist die Verlustrückstellung zu bilden, wenn entsprechende Änderungen in der Schadengesetzmäßigkeit erkennbar erscheinen bzw. erwartet werden, die nicht mehr in hinreichendem Umfang durch Anhebungen der künftigen Gegenleistung[256] kompensiert werden können. Die Rückstellung für drohende Verluste dient der Kompensation trendmäßiger Veränderungen, die in den Leistungsbeziehungen zu den Versicherungsnehmern zu erwarten sind[257]. Demnach bildet diese Rückstellung Verluste ab, die a priori erkennbar sind[258]:

Drohverlustrückstellungen dürfen und müssen immer erst dann gebildet werden, wenn der drohende Verpflichtungsüberschuß und folglich das ihm zugrundeliegende, sich voraussichtlich realisierende *Änderungs*risiko erkennbar zutage tritt. Erst in diesem Stadium der Erkennbarkeit einer negativen künftigen Auswirkung des Änderungsrisikos ist es damit möglich, eine Verlustrückstellung als gezielte bilanzielle Maßnahme zur Kompensation dieses versicherungstechnischen Teilrisikos einzusetzen. Die Schwankungsrückstellung hingegen wirkt dem *Zufalls*risiko nicht aufgrund eines individuellen Anlasses entgegen; sie wird vielmehr nach einem stark schematisierten Verfahren gebildet und aufgelöst[259]. Sie dient der Deckung sog. *Überschäden*, die nicht systematischer, sondern zufallsabhängiger Natur sind[260]. Da die Rückstellung für drohende Verluste, wie oben ausgeführt, in erster Linie der Verminderung des *Prognose*risikos dient, trägt sie häufig zugleich zu einer Reduktion der Folgen des damit eng zusammenhängenden *Diagnose*risikos bei. Schließlich erweist sich eine korrekte Prognose der künftigen Schadengrößen bereits dann als mit großen Risiken behaftet, wenn sie auf einer fehlerhaften Diagnose der Vergangenheitsdaten basiert.

---

256 Derartige potentielle Anhebungen der künftigen Gegenleistung auf der Basis von *Prämienanpassungsklauseln* reduzieren das Erfordernis einer Rückstellung für drohende Verluste der Höhe nach. Vgl. Kapitel 3.2.3.

257 Vgl. *Brands*, Heinrich (Schadenschwankungen 1979), S. 131.

258 Vgl. *Karten*, Walter (Drohverlustrückstellung 1973), S. 1426.

259 Vgl. Abschnitt 4.1.

260 Vgl. *Karten*, Walter (Drohverlustrückstellung 1973), S. 1426.

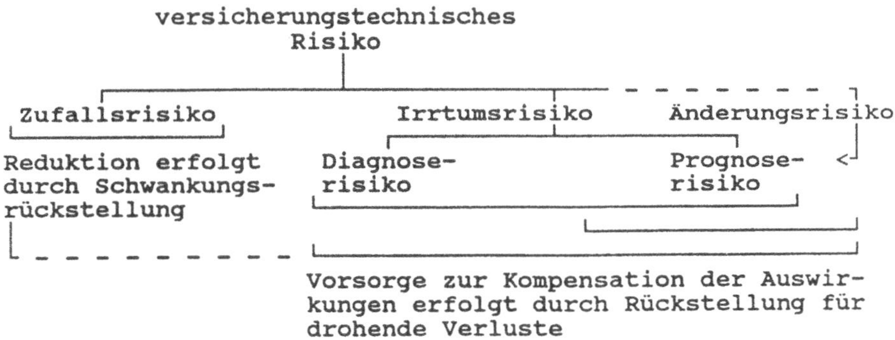

Abbildung 4: Zusammenhang zwischen Komponenten des versicherungstechnischen Risikos und ausgewählten versicherungstechnischen Rückstellungen

Bei näherer Betrachtung einzelner Versicherungssparten und -zweige kann davon ausgegangen werden, daß das versicherungstechnische Risiko mit all seinen Komponenten in diesen verschiedenartigen Geschäftsbereichen unterschiedlich stark ausgeprägt ist. So ist das branchenspezifische Risiko eines Versicherers in den Zweigen der Schaden- und Unfallversicherung sowie in der Rückversicherung allgemein - im Vergleich zu den Sparten und Zweigen der Personenversicherung - relativ groß. Dies liegt vor allem an den verhältnismäßig unsicheren Kalkulationsgrundlagen der Bereiche *Komposit-* sowie *Rückversicherung*. So können zufallsabhängige Schwankungen um die angenommenen Schadenerwartungswerte im nachhinein betrachtet stärker sein, als zuvor prognostiziert wurde. Auch ist das Irrtumsrisiko, d.h. die Gefahr, im Rahmen der Kalkulation von einer insgesamt falschen künftigen Schadenverteilung auszugehen, in diesen Zweigen relativ hoch. Ebenso ist es in jenen Betätigungsfeldern leicht möglich, daß sich die Gefahrenlage selbst - aufgrund neuer Entwicklungen - verändert, weshalb das Änderungsrisiko hier von besonders großer Bedeutung ist.

Da die Rückstellung für drohende Verluste - wie oben erörtert - insbesondere der Kompensation der Komponenten *Änderungs-* und *Irrtums*risiko des versicherungstechnischen Risikos dient, dürfte sie vor allem in den Zweigen der Schaden- und Unfallversicherung sowie in der Rückversicherung eine praktische Bedeutung besitzen. Weil auch das *Zufalls*risiko in diesen Geschäftsbereichen am höchsten ist, darf und muß eine *Schwankungs*rückstellung ebenfalls nur hier gebildet werden[261]. Reicht der Ist-Bestand dieser Position im Einzelfall nicht aus, um das Zufallsrisiko zu kompensieren, so erfolgt die Deckung auch dieser Risiko-Komponente - wie oben bereits angedeutet - durch die Drohverlustrückstellung[262]. Allerdings erweisen sich die einzelnen Bestandteile des versicherungstechnischen Risikos zwar als theoretisch unterscheidbar, jedoch als praktisch kaum voneinander trennbar. Um in praxi *Doppel*berücksichtigungen einzelner Verlusttatbestände durch Drohverlust- *und* Schwankungsrückstellung zu vermeiden, hat die Schwankungsrückstellung in die Berechnung der Rückstellung für drohende Verluste n.A. des Verfassers unter bestimmten Voraussetzungen als Abzugsgröße einzugehen[263].

Als völlig anders im Vergleich zur Schaden- und Unfall- sowie zur Rückversicherung kann die Situation in der *Lebens*- und der *privaten Krankenversicherung* charakterisiert werden. Zwar treten auch dort Leistungskonkretisierungen aus Sicht des Versicherers nicht planmäßig, sondern zufallsabhängig ein. Doch erweist sich in der Lebensversicherung nur der Eintrittszeitpunkt der Zahlungspflicht als stochastisch, während im Gegensatz zu zahlreichen Zweigen der Schaden- und Unfallversicherung die Höhe der Zahlungspflicht in der Lebensversicherung als sog. *Summen*versicherung deterministischer Natur[264] ist. Doch nicht nur jener der Höhe nach deterministische Charakter der Leistung läßt im Falle einer kollektiven Betrachtung in der Lebensversicherung eine exaktere Prognose der sich später realisierenden Leistungsgrößen zu als in anderen Versicherungssparten. Auch das stochastische Element des Eintrittszeitpunktes ist aufgrund der sich im Zeitverlauf nur relativ langsam ändernden Sterblichkeiten relativ genau prognostizierbar. Zudem ist die Häufigkeit der Leistungskonkretisierungen in der Lebensversicherung - im Vergleich zur Schadenhäufigkeit in den Zweigen eines Kompositversicherungsunternehmens - ex ante gut determinierbar. So erfolgt die Leistungserbringung in der Lebensversicherung entweder einmalig, d.h. nach Ablauf des Versicherungsvertrags oder zuvor bei Eintritt des Versicherungsfalls in einer Summe, oder als Rentenzahlung[265]. Da der Kalkulation in der Lebensversicherung Sterbetafeln zugrundegelegt werden, die sich allenfalls langsam verändern, ist ein Irrtum über die wahre künftige „Schadengesetzmäßigkeit"[266] nahezu ausgeschlossen. Zu diesem verhältnismäßig geringen Irrtumsrisiko kommt ein ebenfalls niedriges Änderungsrisiko. Denn Änderungen in der durchschnittlichen Lebenserwartung eines Menschen vollziehen

---

261 Vgl. Kapitel 4.1.1.1.

262 Vgl. *ebenda* sowie Kapitel 4.1.2.

263 Vgl. die Ausführungen zu diesem Vorschlag in Kapitel 4.1.2.

264 Abgesehen sei hier von einer möglichen Verdoppelung der Entschädigungssumme bei Unfalltod und der im Einzelfall unbestimmten Dauer einer Leibrentenzahlung.

265 Vgl. Kapitel 2.1.2.1.

266 Die Anführungszeichen sollen verdeutlichen, daß der Terminus „Schaden" in der Lebensversicherung nicht ganz angebracht ist. Es sollte statt dessen der neutralere Begriff des *Versicherungsfalls* Verwendung finden.

sich auf keinen Fall so sprunghaft, wie dies z.B. bezüglich der Schadenentwicklung in der Kraftfahrtversicherung möglich erscheint. Zudem verliefen solche Änderungen in der Vergangenheit stets in Richtung einer Verlängerung der Lebenserwartung, so daß eine Kalkulation auf der Basis „veralteter" Sterbetafeln in Lebensversicherungsunternehmen regelmäßig zu sog. *Sterblichkeitsgewinnen*[267] führte. Das - wenn auch geringe - Änderungsrisiko in der Lebensversicherung verursachte somit aufgrund der positiven Änderungsrichtung bislang Gewinne und nicht Verluste. Von drohenden Verlusten kann derzeit und auch künftig - vor allem bedingt durch das niedrige Irrtums- und Änderungsrisiko - in der Lebensversicherung keine Rede sein. Deshalb besteht in dieser Sparte auch für die Bildung einer Rückstellung zur Antizipation derartiger Verpflichtungsüberschüsse kein Anlaß.

Wegen einiger Parallelitäten mit der Lebensversicherung sind auch die Leistungskonkretisierungen in der privaten Krankenversicherung genauer vorhersehbar als in anderen Bereichen. Somit können - wegen der stabileren Kalkulationsgrundlagen in der Lebens- und in der Krankenversicherung - auch die Risikoprämien als Gegenleistung ex ante leistungsadäquater festgelegt werden, weshalb in beiden Sparten drohende Verluste relativ unwahrscheinlich sind. Deshalb beziehen sich die vorausgegangenen ebenso wie die nachfolgenden Ausführungen der vorliegenden Arbeit schwerpunktmäßig auf die in praxi mit erheblich größeren Verlustrisiken behafteten Zweige der Schaden- und Unfall- sowie der Rückversicherung. Folglich wäre es auch vertretbar, eine mögliche BAV-Anordnung zur Bildung von Drohverlustrückstellungen auf diese Geschäftsbereiche zu beschränken[268]. Die Gefahr drohender Verluste aus dem *Rück*versicherungsgeschäft besteht dabei nicht nur in Unternehmen, die ausschließlich dieses Geschäft betreiben (sog. *professionelle Rückversicherer*), sondern auch in Erstversicherungsunternehmen, die u.a. Rückversicherung als Versicherungszweig führen.

Wenngleich das *versicherungstechnische Risiko* eine in der Versicherungspraxis weit verbreitete Ursache drohender Verluste darstellen mag, so dient die Drohverlustrückstellung doch auch der Deckung von Verpflichtungsüberschüssen, deren Ursachen über diesen eng definierten Risikobegriff hinausgehen. Denn die einzelnen Aufwands- und Ertragsarten, die in die Ermittlung eines passivierungspflichtigen Verlustsaldos eingehen[269], werden z.T. durch die oben erörterte Definition des versicherungstechnischen Risikos nicht erfaßt. Einen Überblick über jene Ver-

---

267 Dennoch sei an dieser Stelle darauf hingewiesen, daß im speziellen Fall der Auszahlung einer Lebensversicherung als (Leib-)Rente eine steigende Lebenserwartung zur umgekehrten Situation von Sterblichkeits*verlusten* führt.

268 Zur Ausgestaltung einer potentiellen Anordnung zur Verlustrückstellung siehe die Ausführungen des Kapitels 4.1.2.

269 Zu den insgesamt in diesen Saldierungsprozeß einzubeziehenden Erfolgsarten vgl. insbesondere die Ausführungen der Kapitel 2.1.2.1, 2.3.2, 3.1.1.2, 3.1.2.2 sowie 3.2.2.

lustursachen, die nicht branchenspezifischer Natur sind, gewährt das nachfolgende Kapitel.

2.3.2. Sonstige Ursachen

Neben dem im vorangegangenen Kapitel erörterten branchenspezifischen resp. arteigenen Risiko existiert auch in der Versicherungswirtschaft eine Vielzahl allgemeiner, z.T. wirtschaftszweigübergreifend auftretender Verlustursachen[270]. Die n.A. des Verfassers wesentlichsten Verlustgründe dieser Art werden nachfolgend kurz dargelegt. Da Verluste stets eine negative Saldogröße aus verschiedenen Ertrags- und Aufwandspositionen darstellen, liegt auch die wahrscheinliche Verursachung *erwarteter* Verpflichtungsüberschüsse in der voraussichtlichen Entwicklung der einzelnen miteinander zu verrechnenden Teilerfolgsgrößen begründet. Der für die Bilanzierung einer Drohverlustrückstellung letztlich maßgebende Verlustsaldo ergibt sich also aus mehreren Erfolgskomponenten[271], die gemeinsam betrachtet Verpflichtungsüberschüsse herbeiführen oder verhindern.

Als eine Hauptursache in praxi drohender Verluste kann zweifelsohne der in einigen Versicherungszweigen seit Jahren stattfindende ruinöse Preiswettbewerb angesehen werden. Die dort praktizierte markt- statt kostenorientierte Kalkulation führt zu einer nicht kostendeckenden Prämienerhebung und impliziert folglich eine bewußte Inkaufnahme von Verpflichtungsüberschüssen. Versicherungsverträge werden u.U. auch deshalb unter der kalkulatorisch ermittelten Preisuntergrenze abgeschlossen, um damit zusammenhängend voraussichtlich positiv erfolgswirksame Verbundgeschäfte in anderen Zweigen tätigen zu können. Somit wird die vom BFH vertretene Auffassung, ein rational agierender Kaufmann schließe im Regelfall keine Verträge ab, von denen er eine zwischen Leistung und Gegenleistung bestehende Unausgeglichenheit zu seinen Ungunsten erwarte[272], durch real existierende, wettbewerbs- bzw. preispolitisch bedingte Ausnahmen relativiert. Doch auch im Falle des freiwilligen resp. bewußten Abschlusses voraussichtlich nicht kostendeckender, sondern verlustbringender Geschäfte kann und muß der Rechtsprechung des BFH zufolge eine Rückstellung für drohende Verluste zwingend gebildet werden[273]. Dem BFH ist n.A. des Verfassers in dieser Angelegenheit zuzustimmen, da

---

270 Allerdings stehen diese allgemeinen Verlustursachen - wie nachfolgend ersichtlich sein wird - z.T. in sehr engem Zusammenhang mit dem in Kapitel 2.3.1 erörterten branchenspezifischen Risiko.

271 Bezüglich der Erfolgskomponenten, die in den Saldierungsprozeß einzubeziehen sind, siehe insbesondere die Kapitel 2.1.2.1, 3.1.1.2, 3.1.2.2 sowie 3.2.2.

272 Vgl. BFH I R 7/80 vom 25.01.1984, in: BStBl. 1984 II, S. 344. Vgl. auch Kapitel 2.1.1.1.

273 Vgl. BFH VIII R 160/79 vom 19.07.1983, in: BStBl. 1984 II, S. 59. *Mathiak* hebt jene Aussage dieses BFH-Urteils als bemerkenswerte Klarstellung hervor. Vgl. *Mathiak*, Walter (Rechtsprechung 1984), S. 274. *Lohmeyer* knüpft die Rückstellungspflicht im Falle bewußt eingegangener Verlustgeschäfte u.a. an die Koppelung mit gewinnbringenden Geschäften an. Vgl. *Lohmeyer*,

eine Nichtberücksichtigung wissentlich eingegangener Verlustgeschäfte nicht in Einklang mit dem in § 252 Abs. 1 Nr. 4 1. Halbsatz HGB kodifizierten Imparitätsprinzip stünde, demzufolge aus Gründen des Gläubigerschutzes *sämtliche* noch nicht realisierten negativen Erfolgserwartungen[274] - unabhängig von der zum Abschlußzeitpunkt des Vertrags bestehenden Zukunftseinschätzung - zu antizipieren sind. Ein vollständiger Schuldausweis i. S. d. § 246 Abs. 1 HGB wäre andernfalls nicht gewährleistet, ebensowenig wie die in § 264 Abs. 2 HGB geforderte Darstellung eines den tatsächlichen Verhältnissen entsprechenden Bildes der Unternehmenslage im Jahresabschluß. Schließlich differenziert keine dieser Vorschriften in bewußt und in unwissentlich eingegangene Verlustverträge. Auch die explizite Rückstellungsnorm des § 249 Abs. 1 S. 1 HGB fordert ihrem Wortlaut zufolge keinen nur teilweisen Verlustausweis, sondern eine ungeteilte Rückstellungsbildung für sämtliche Verluste, die aus schwebenden Geschäften drohen. Außerdem erschiene eine Außerachtlassung bewußt eingegangener Verlustgeschäfte n.A. des Verfassers nicht willkürfrei möglich, da der damals, d.h. zum Zeitpunkt des Vertragsabschlusses, gegebene Wissensstand der Vertragspartner kaum als intersubjektiv nachprüfbar angesehen werden kann. Jene Argumente sprechen auch im Falle des Unterschreitens kostenrechnerisch ermittelter Preisuntergrenzen bei der Prämienerhebung von Versicherungsunternehmen für eine Rückstellungspflicht dieser bewußt in Kauf genommenen drohenden Verluste.

Allerdings gilt es zu bedenken, daß in der Versicherungswirtschaft neben den Prämien in Gestalt der Kapitalerträge eine weitere quantitativ bedeutsame Ertragsart der Deckung künftiger Aufwendungen dient. Da sowohl Versicherungsschutz als auch Kapitalnutzungen als Ergebnisse eines Kuppelproduktionsprozesses angesehen werden können[275], darf es nicht verwundern, wenn auch die Kalkulation dieser Ergebnisse derjenigen von Kuppelprodukten entspricht[276]. So nimmt man nichtkostendeckende Prämien und folglich drohende Verluste im sog. „technischen Geschäft" gegebenenfalls in der Erwartung hin, sie durch die per Saldo positiven Erfolgsgrößen des „nicht-technischen Geschäfts" bzw. des Kapitalanlagebereichs

Heinz (Bilanzierung 1969), S. 382. Allerdings darf eine Verrechnung der Verlusterwartung aus dem einen Geschäft nicht mit Vorteilen, die voraussichtlich aus anderen Geschäften resultieren, erfolgen. Vgl. BFH VIII R 160/79 vom 19.07.1983, in: BStBl. 1984 II, S. 59. Vgl. auch die Ausführungen der Kapitel 3.1.1.1 sowie 3.1.2.1 zu den Prinzipien der Einzelbewertung, der Realisation und der Imparität, die es mittels der Nichtsaldierung positiver mit negativen Erfolgserwartungen zu wahren gilt.

274 Vgl. Kapitel 3.1.2.

275 Vgl. hierzu die näheren Ausführungen in *Albrecht*, Peter (Produktion 1987), S. 316 ff.

276 Zur Kalkulation von Kuppelprodukten siehe die allgemeine Darstellung in *Zahn*, Erich (Kalkulation 1981), Sp. 850 f. Zur Anwendbarkeit von Verfahren der Kuppelkalkulation auf den branchenspezifischen Fall der Versicherungsproduktion siehe *Albrecht*, Peter (Produktion 1987), S. 319 ff.

kompensieren zu können[277]. Aufgrund dieser *Cash flow-Underwriting*[278] genannten planmäßigen Subventionierung des technischen durch das nicht-technische Geschäft liegt es n.A. des Verfassers nahe, auch bei der Ermittlung von Verpflichtungsüberschüssen beide Hauptbereiche und damit zugleich Haupterfolgsquellen eines Versicherungsunternehmens zusammen und nicht isoliert zu betrachten[279]. Unter Einbeziehung der Kapitalerträge stünden die voraussichtlich anfallenden Schaden- und Betriebsaufwendungen nicht mehr allein den Prämienerträgen als positive Erfolgsgröße zwecks Schätzung eines künftigen Erfolgssaldos gegenüber. Da die Erträge aus Kapitalanlagen die konsequenterweise ebenfalls zu berücksichtigenden entsprechenden Aufwendungen im Regelfall erheblich übersteigen, wird aus einem ausschließlich auf das technische Geschäft bezogenen drohenden Verlust häufig ein erwarteter Gewinn unter Betrachtung des Gesamtgeschäfts. Folgt man dem Vorschlag der Einbeziehung der Kapitalerträge, und gelangt man hierdurch zum Ergebnis einer ausgeglichenen oder gar positiven Gesamterfolgserwartung, so ist es auch für den defizitären technischen Geschäftsbereich n.A. des Verfassers weder erforderlich noch zulässig, eine Drohverlustrückstellung zu bilden[280]. Somit gelten die obigen Ausführungen bezüglich einer Passivierungspflicht erwarteter Verpflichtungsüberschüsse aus bewußt eingegangenen Verlustgeschäften nur, sofern der Verlust aus dem *Gesamt*geschäft[281] droht.

Obzwar - wie oben unterstellt - die Erträge aus Kapitalanlagen die daraus resultierenden Aufwendungen i.d.R. weit übersteigen, erscheint auch der umgekehrte Fall denkbar. Wenngleich die derzeit geltenden, im internationalen Vergleich als relativ sicherheitsbetont zu kennzeichnenden bundesdeutschen Kapitalanlagevorschriften[282] der §§ 54 und 54 a-d VAG nur eine in engen Grenzen risikobehaftete Investition ermöglichen, so sind doch im Falle entsprechender Kurseinbußen[283]

---

277 Vgl. auch Kapitel 3.1.1.2, wo die Begriffe „technisches -" und „nicht-technisches Geschäft" näher erörtert werden. An jener Stelle wird auf die Zusammenhänge und Unterschiede beider Bereiche eingegangen.

278 Siehe hierzu die eingehenden Erörterungen in *Farny*, Dieter (Underwriting 1983), S. 398 ff. sowie S. 476 ff.

279 Vgl. die nähere Begründung dieser Auffassung in den Kapiteln 2.1.2.1 sowie 3.1.1.2.

280 Vgl. *ebenda.*

281 Unter *Gesamt*geschäft wird hier *nicht* eine Zusammenbetrachtung aller (Unter-)Zweige eines Versicherungsunternehmens, *sondern* eine Berücksichtigung der technischen *und* der nicht-technischen Erfolgsbeiträge im Saldierungsprozeß - bezogen auf ein bewertungsrelevantes (Teil-)Kollektiv - verstanden. Vgl. Kapitel 3.1.1.2.

282 Zur Kritik an diesen Vorschriften siehe die Ausführungen *Schneiders*, die in ihrer Kernaussage - trotz mittlerweile erweiterter Anlagemöglichkeiten - nach wie vor aktuell sind. Siehe *Schneider*, Dieter (Vorschriften 1983), S. 5 ff. Zu den in jüngster Zeit vorgenommenen Erweiterungen der Anlagevorschriften für Versicherungsunternehmen siehe *Bering*, Rolf (Vorschriften 1987), S. 973 ff.

283 Siehe hierzu den Beitrag *Brandts*, der sich mit den Auswirkungen des „Börsen-Crashs" vom 19.10.1987 u.a. auf die Aktienbestände der Versicherungswirtschaft beschäftigt. Vgl. *Brandt*, Gerold (Kapitalanlagen 1988), S. 116 ff.

börsennotierter Papiere erhebliche Aufwendungen zu verbuchen. Dieser zwingende außerplanmäßige Abschreibungsbedarf aufgrund des in § 56 Abs. 1 VAG i.V.m. § 253 Abs. 3 HGB verankerten strengen Niederstwertprinzips ist allerdings wegen der schwer abschätzbaren zukünftigen Kursentwicklung an einer Wertpapierbörse nur äußerst vage zu prognostizieren. Jenes Erschwernis erwies sich für deutsche Versicherer bislang jedoch nicht als problematisch. Denn die u.a. auf Abschreibungen zurückzuführenden Aufwendungen verschiedener Anlagearten wurden - im nachhinein betrachtet - im Regelfall durch die festen Erträge aus Schuldverschreibungen, die nach wie vor das Gros der Kapitalanlagen repräsentieren, mehr als kompensiert. Aus dieser Erfahrung heraus wäre es auch im Hinblick auf künftige Zeiträume unrealistisch, bezogen auf das Kapitalanlagegeschäft Verpflichtungsüberschüsse zu erwarten. Da folglich im Anlagebereich derzeit kaum Verluste drohen, können sie sich somit auch nicht erhöhend auf eine u.U. aus dem Gesamtgeschäft resultierende Drohverlustrückstellung auswirken. Bisher diente das nicht-technische Geschäft sogar im Gegenteil - aufgrund der ihm immanenten durchweg positiven Erfolgserwartung - der Reduktion drohender Verluste aus dem technischen Bereich.

Allerdings steht zu befürchten, daß der Anlagebereich seine Funktion als Faktor, der das Gesamtgeschäft eines Versicherers stabilisiert, im Zuge einer EG-weiten Harmonisierung der für diesen Wirtschaftszweig bestehenden Kapitalanlagevorschriften einbüßen könnte. Sollte durch eine derartige Liberalisierung der bundesdeutschen Anlagebestimmungen künftig die Vermögensanlage verstärkt in solche Instrumente zulässig sein, die relativ starke Kursschwankungen erwarten lassen, so würden im Falle der Nutzung dieser Möglichkeiten die zukünftigen Erfolgsgrößen aus Kapitalanlagen (noch) schwieriger schätzbar als bisher. Denn neben der Chance höherer Renditen bergen riskantere Anlageformen das Risiko höherer Kurseinbußen resp. Verluste in sich. Somit könnte auch die Bedeutung des Anlagegeschäfts als Verlustursache in Zukunft steigen und folglich das Erfordernis einer auf das Gesamtgeschäft begründeten Drohverlustrückstellung wachsen. Im Kontext der bevorstehenden Dienstleistungsfreiheit im Rahmen der EG bestünde n.A. des Verfassers selbst für deutsche Lebensversicherungsunternehmen die Gefahr, im Falle einer die bundesdeutschen Vorschriften liberalisierenden Vereinheitlichung der Kapitalanlagevorschriften Verpflichtungsüberschüsse erwarten zu müssen. Denn der international z.T. bereits stark ausgeprägte Preiswettbewerb könnte - im Falle eines Abbaus der Kompetenzen der bundesdeutschen Versicherungsaufsicht - zu einer unzureichenden Prämienerhebung auch auf dem deutschen Lebensversicherungsmarkt führen. So dürfte es selbst in dieser Sparte, die im Zeitverlauf vergleichsweise stabile Leistungskonkretisierungen aufweist und damit relativ gut kalkulierbar ist[284], zu Verlusterwartungen im technischen Bereich kommen. Sollte dies durch Kapitalanlagen mit besonders hoher Renditeerwartung ausgeglichen werden, so nähme man zugleich entsprechend hohe Verlustrisiken im Anlagegeschäft in Kauf, was in

284 Vgl. Kapitel 2.3.1.

Einzelfällen durchaus zu drohenden Verlusten aus dem Gesamtgeschäft mit der Konsequenz einer zu bildenden Verlustrückstellung führen kann.

Die gerade aufgezeigten potentiellen künftigen Verlustgefahren besitzen nicht nur für die deutsche Lebensversicherung Relevanz, sondern ebenso für die übrigen bislang prosperierenden Sparten resp. Zweige der bundesdeutschen Personenversicherung. Bisher jedoch verhinderte die nur begrenzt in Aktien zulässige[285] und in noch geringerem Ausmaß praktizierte Anlage ebenso wie die Unzulässigkeit der Investition in neue Finanzierungsinstrumente, den sog. *financial futures*, große Abschreibungsbedarfe sowie entsprechende zukunftsbezogene Verlusterwartungen. Auch die bisherige prinzipielle Unzulässigkeit von Auslandsanlagen trug dazu bei, währungsbedingte und politische Risiken zu vermeiden und somit drohende Verluste, die auf das nicht-technische Geschäft zurückzuführen sind, zu verhindern. Fremdwährungs- bzw. Wechselkurs- sowie sonstige Auslandsrisiken stellen allerdings bereits heute im Geschäft international agierender Rückversicherer eine u.U. bedeutsame Verlustursache dar[286].

Neben den oben erörterten preispolitisch bedingten Verlustquellen können auch bereits im Rahmen der Kundenakquisition getroffene Fehlentscheidungen ursächlich für später drohende Verpflichtungsüberschüsse sein. Dies könnte häufig durch eine bewußtere und gezieltere Kundengruppenorientierung vermieden werden. Doch kann die Versicherung sog. „schlechter Risiken", d.h. von Verträgen mit einer überdurchschnittlich hohen Schadenerwartung, nur dann verhindert werden, wenn dieser Absicht nicht rechtliche Grenzen der Risikoselektion in Gestalt von Kontrahierungszwängen unterschiedlichen Ursprungs entgegenstehen. In einigen Fällen erscheint ein Kontrahierungszwang in der Ausprägung einer Pflichtversicherung[287] allerdings geeignet, eine negative Risikoauslese zu vermeiden. So wäre beispielsweise eine Versicherung gegen Überschwemmungsrisiken praktisch nicht ohne Versicherungspflicht realisierbar, da sich *freiwillig* rationalerweise nur Versicherungsnehmer gegen diese Gefahr versichern würden, die sich aufgrund individueller regionaler Gegebenheiten selbst als besonders davon bedroht einstufen[288]. Allgemein kann eine negative Risikoauslese resp. Antiselektion im Verhältnis zu Konkurrenzunternehmen vermieden werden, indem ein Versicherungsunternehmen eine risikoadäquate Prämiendifferenzierung betreibt.

---

285 Zur jüngsten *Erweiterung* der Anlagemöglichkeiten von Versicherungsunternehmen in Aktien siehe die Ausführungen in *Bering*, Rolf (Vorschriften 1987), S. 974 ff.

286 Zu den Währungsproblemen im internationalen Rückversicherungsgeschäft siehe die Ausführungen in *Jannott*, Horst K. (Einfluß 1975), S. 174 ff.

287 Zur *Pflichtversicherung* vgl. u.a. die vertragsrechtlichen Vorschriften der §§ 158 b-k VVG. Siehe auch die Kommentierung durch *Knappmann*, Ulrich (Kommentar 1988), Anm. zu den §§ 158 b-k VVG.

288 Vgl. hierzu den Vortrag *Eszlers* zur Versicherbarkeit des Überschwemmungsrisikos und die sich daran anschließende Diskussion in *Jäger*, Bernd (Ergebnisse 1989), S. 702.

Auch künftige Geldwertverschlechterungen stellen eine bedeutsame Ursache drohender Verluste dar, sofern die vereinnahmten Prämien- sowie Kapitalerträge nicht in gleichem Umfang und Zeitraum anpaßbar erscheinen[289] wie die erwarteten auszahlungswirksamen Aufwendungen voraussichtlich steigen werden. Inflationsbedingte Erhöhungen können im Bereich des Schadenaufwands u.a. wegen steigender Material- resp. Reparaturkosten auftreten. Auch bezüglich der Betriebsaufwendungen können drohende Verluste - z.B. durch relativ hohe künftig in Kraft tretende Tarifabschlüsse - verursacht werden. Die Berücksichtigung auch dieser erwarteten Steigerungen der Aufwendungen für den Versicherungsbetrieb im Saldierungsprozeß, der u.U. zu einem passivierungspflichtigen drohenden Verlust führt, ist zwingend[290]. Denn im Sinne des Imparitätsprinzips ist es erforderlich, *sämtliche* erkennbaren Verlustrisiken im Rahmen der Bildung einer Drohverlustrückstellung zu berücksichtigen[291]. Um diesen *vollständigen Schuldausweis* zu gewährleisten, sind n.A. des Verfassers auch solche erwarteten Verpflichtungsüberschüsse in die Ermittlung einer Drohverlustrückstellung einzubeziehen, die im weitesten Sinne „inflationsbedingt" sind. Schließlich würde die Nichtberücksichtigung zukünftiger Preissteigerungen als Verlustursache im Jahresabschluß einen zu niedrigen Schuldausweis bedeuten[292]. Damit wäre die durch das Imparitätsprinzip geforderte verlustfreie Bewertung künftiger Geschäftsjahre nicht mehr vollständig gewährleistet.

Verluste können auch aus der fehlenden Erfahrung mit neuen Techniken und den damit verbundenen Risiken resultieren. Schließlich entstehen im Zuge der zunehmenden Technisierung - beispielsweise im Zusammenhang mit der Nutzung des Weltraums - ständig neue Risiken, die es zu versichern gilt, für die allerdings noch keine Erfahrungswerte bezüglich konkreter Schadenentwicklungen bzw. -realisationen vorliegen. Somit wird die Prämienkalkulation - trotz u.U. hoher Sicherheitszuschläge - zu einer äußerst unpräzisen Angelegenheit. Denn die zugrundeliegende Prognose eines Schadenerwartungswertes als Nettorisikoprämie kann nicht auf der Diagnose von Vergangenheitsdaten eines ähnlich zusammengesetzten Kollektivs begründet werden. Aber auch im Hinblick auf neu entwickelte Gebrauchsgegenstände des täglichen Lebens erweisen sich die dabei auftretenden, vor allem durch eine Produktehaftpflichtversicherung abzudeckenden Risiken als nur schwer abschätzbar bzw. kalkulierbar. So sind die für deutsche Verhältnisse vergleichsweise hohen Schadenersatzzahlungen, die amerikanische Produzenten per Gerichtsbeschluß an geschädigte Kunden zu leisten haben, häufig Ursache für z.T. erhebliche Verluste im US-Haftplichtversicherungsgeschäft, die amerikanische Erstversicherer u.a. auf international agierende deutsche Rückversicherer über-

---

289 Zur Funktion von Prämienanpassungsklauseln als Instrument der Reduktion drohender Verluste siehe Kapitel 3.2.3.

290 Vgl. *Donandt*, Klaus; *Richter*, Horst (Posten 1989), S. 236 f.

291 Vgl. auch Kapitel 3.1.2.1 sowie die vorangegangenen Ausführungen des laufenden Kapitels.

292 Vgl. auch Kapitel 3.1.2.

wälzten. In diesem Kontext wird zugleich deutlich, daß eine unzureichende Risikoteilung sich sehr negativ auf die Lage eines Versicherungsunternehmens, u.U. sogar auf dessen Fortbestand auswirken kann. Demhingegen verringern geeignete Formen der Risikoteilung[293] bei entsprechend dosiertem Einsatz drohende Verluste im einzelnen Versicherungsunternehmen und reduzieren somit das Erfordernis der Bilanzierung einer Verlustrückstellung zumindest der Höhe nach.

Auch Katastrophenschäden jeglicher Art stellen ein schwer abschätzbares Verlustrisiko dar, da aufgrund ihres unregelmäßigen Eintritts weder Zeitpunkt noch Höhe der Leistungskonkretisierungen, die sich aus zahlreichen Einzelverträgen kumulieren, hinreichend genau prognostiziert werden können. Selbst wenn man mittels verschiedenartiger Formen der Risikoteilung die maximale Höhe eigener Nettoschadenaufwendungen und damit auch das u.U. gegebene Erfordernis einer Rückstellung für drohende Verluste begrenzt, so bleiben Zeitpunkt(e) und Anzahl der Schadenrealisationen dennoch ein bedeutsamer Ungewißheitsfaktor. Kumulschäden, die dem Grunde und der Höhe nach besonders schwer vorhersehbar erscheinen, sind z.T. auch nicht durch Maßnahmen der Risikoteilung zwischen Versicherungsunternehmen voll abdeckbar, ohne daß dies für alle beteiligten Unternehmen den Ruin bedeuten würde. Statt dessen sind für solche Fälle die Versicherungsnehmer selbst an evtl. entstehenden Schäden zu beteiligen, indem der (Erst-) Versicherer beispielsweise eine Deckungshöchstsumme festlegt, bis zu der er allein oder im Verbund[294] mit anderen Versicherungsunternehmen die Schadenregulierung übernimmt. Eine derartige vertragliche Begrenzung maximal möglicher Entschädigungszahlungen oder gar ein Leistungsausschluß erscheint insbesondere in bezug auf politische Risiken, wie das (Bürger-) Kriegsrisiko, die Gefahr von Atomunfällen oder Naturkatastrophen wie z.B. Erdbeben angebracht. Andernfalls, d.h. im Falle einer unbegrenzten Deckung solcher der Höhe nach kaum abschätzbarer Risiken durch Versicherungsunternehmen, wären zweifelsohne in einigen dieser Unternehmen Rückstellungen für drohende Verluste in einer Höhe zu bilden, die zwangsläufig zum unverzüglichen Konkurs wegen Überschuldung führte.

Eine nicht zu unterschätzende Verlustursache könnte künftig für die Sparten *Lebens-* und *Kranken*versicherung in der Immunschwächekrankheit AIDS zu sehen sein, sofern sich diese Krankheit weiterhin mit großer Geschwindigkeit ausbreitet[295]. Die sehr hohen Behandlungskosten pro Versicherungsfall bedingten aufgrund der bislang relativ wenigen Einzelfälle jedoch noch nicht die Bildung von Drohverlustrückstellungen. Statt dessen ermöglichte die bisher geringe Zahl derartiger Versicherungsfälle einen Risiokoausgleich im Kollektiv durch zahlreiche Verträge mit niedrigeren Leistungskonkretisierungen. Folglich war und ist ex ante

---

293 Zu den einzelnen Formen der Risikoteilung im Hinblick auf ihre Eignung, drohende Verluste abzuwenden, vgl. Abschnitt 3.2.

294 Siehe hierzu die Ausführungen des Kapitels 3.2.4.

295 Zur diesbezüglichen Situation in der deutschen Lebensversicherung siehe beispielhaft *o.V.* (AIDS 1989), S. 435. Vgl. auch Kapitel 2.3.1.

betrachtet aus einer Gruppe gleichartiger Verträge - trotz vereinzelt zu vermutender AIDS-Fälle - insgesamt kein Verpflichtungsüberschuß zu erwarten, weshalb bislang auch (noch) keine Rückstellung für drohende Verluste erforderlich war. Der Verhinderung von Verpflichtungsüberschüssen u.a. auf diesem Gebiet könnten entsprechend erweiterte Gesundheitsprüfungen, aber auch Präventivmaßnahmen in Gestalt von Aufklärung resp. Beratung dienen.

Auch in anderen Versicherungssparten sowie -zweigen wird verstärkt eine Schadenursachenforschung betrieben, um durch die Empfehlung und Umsetzung daraus ableitbarer gezielter Schadenverhütungsmaßnahmen[296] Leistungskonkretisierungen zu vermeiden und im Vorfeld Risiken besser einschätzen und kalkulieren zu können. Während beispielsweise Gesundheitsprüfungen geeignet erscheinen, in Zweigen der Personenversicherung eine negative Risikoselektion zumindest einzudämmen, um die künftigen Leistungsgrößen in finanzierbaren Grenzen zu halten, könnte statt einer Nichtversicherung „schlechter" Risiken auch deren Annahme unter gewissen Voraussetzungen erfolgen, ohne daß daraus drohende Verluste erwüchsen. So dienen Erhöhungen der Gegenleistung, die aus z.B. berufsabhängigen Risikozuschlägen zur Prämie resultieren, der Kompensation überdurchschnittlich hoher Leistungskonkretisierungen, die aus den betreffenden Verträgen zu erwarten sind. Somit kann ein Verpflichtungsüberschuß bzw. drohender Verlust in diesen Fällen reduziert, gegebenenfalls sogar vermieden werden. Hinsichtlich der Höhe eines künftig erwarteten Erfolssaldos und damit für den Umfang einer u.U. zu bilanzierenden Drohverlustrückstellung ist es letztlich gleich, ob sich die zugrundeliegende Saldogröße aus einer geschätzten Reduktion der Leistungs- oder einer geplanten Erhöhung der Gegenleistungsgröße ergibt. Zwar bewegen sich die einzubeziehenden Ertrags- und Aufwandsblöcke in beiden Fällen auf *absolut* unterschiedlichem Niveau, doch ist der *Abstand* der gesamten positiven und der gesamten negativen Erfolgserwartungen zueinander für die Berechnung der Saldogröße *drohender Verlust* maßgebend.

---

296 In diesem Kontext kommt der Zusammenarbeit von Versicherungsunternehmen auf Verbandsebene große Bedeutung zu. So ist vor allem auf die Arbeit des Schadenverhütungsausschusses des HUK-Verbandes hinzuweisen. Siehe hierzu *Danner*, Max (Schadenverhütung 1989), S. 1638 ff.

3. Zur Bewertungsproblematik einer Rückstellung für drohende Verluste aus Versicherungsgeschäften

3.1. Die Auswirkung allgemeiner Bewertungsprinzipien auf die Bemessung von Rückstellungen für drohende Verluste aus Versicherungsgeschäften

3.1.1. Der Grundsatz der Einzelbewertung

3.1.1.1. Berücksichtigung der Produktionsweise von Versicherungsunternehmen

Nachdem in Hauptabschnitt 2 das Erfordernis einer Drohverlustrückstellung in Versicherungsbilanzen dem *Grunde* nach erörtert wurde, gilt es nun, damit zusammenhängende Bewertungsprobleme aufzuzeigen und entsprechende Lösungsvorschläge zu unterbreiten. Gegenstand des ersten Teilabschnitts 3.1 sind die für die Bilanzierung einer Verlustrückstellung der *Höhe* nach wesentlichen branchenübergreifenden Grundsätze. In diesem Kontext wird untersucht, ob und inwieweit jene *Allgemeinen Bewertungsgrundsätze*[1] aufgrund der Besonderheiten des Versicherungsgeschäfts wirtschaftszweigspezifischen Modifikationen zu unterwerfen sind, um zu einer sinnvollen Bemessung der Rückstellung für drohende Verluste aus Versicherungsverträgen zu gelangen.

So ist u.a. zu überprüfen, welche Relevanz der in den §§ 240 Abs. 1 sowie 252 Abs. 1 Nr. 3 HGB[2] kodifizierte Grundsatz der Einzelerfassung und -bewertung hier besitzt. Während erstgenannte Vorschrift sich auf die Einzelangabe des Wertes u.a. von Schulden im Inventar bezieht, schreibt § 252 HGB inhaltlich analog eine Einzelbewertung der im Jahresabschluß ausgewiesenen Positionen zum Bilanzstichtag vor. Der aus der Gesetzesformulierung hervorgehende zwingende Charakter beider Normen wird jedoch bei näherer Betrachtung der nachfolgenden Regelungen entkräftet. So werden in § 240 Abs. 3 und 4 HGB Vereinfachungsmöglichkeiten bezüglich des Ansatzes von Vermögensgegenständen im Inventar als Bestandsverzeichnis eingeräumt, wobei zudem im Vorfeld, d.h. im Rahmen der Bestandsaufnahme mittels § 241 HGB das Wahlrecht besteht, Inventurvereinfachungsverfahren

---

1 Vgl. § 252 HGB, der mit diesem Titel überschrieben ist. Die in Teilabschnitt 3.1 der vorliegenden Arbeit behandelten Prinzipien sind - wie aufgezeigt wird - alle aus den einzelnen Vorschriften dieser Norm des allgemeinen Handelsrechts ableitbar.

2 Auch das *Steuer*recht geht grundsätzlich von einer Einzelbewertung aus. Vgl. den Wortlaut des § 6 Abs. 1 S. 1 EStG, der Vorschriften zur „ ... Bewertung der einzelnen Wirtschaftsgüter, ... " ankündigt.

anzuwenden. Auch in § 256 HGB sind Bewertungsvereinfachungsverfahren kodifiziert. All jene wahlweise möglichen Abweichungen vom Prinzip der Einzelbewertung beziehen sich jedoch explizit auf Vermögensgegenstände. Folglich erscheint es nicht verwunderlich, sondern nur konsequent, daß auch das einschlägige Schrifttum sich im Zusammenhang mit dem Grundsatz der Einzelbewertung - resp. dessen Ausnahmen - schwerpunktmäßig oder sogar ausschließlich auf die Behandlung aktiver Bilanzposten[3] konzentriert bzw. beschränkt. Zudem stehen insbesondere mit Fragen der Vorratsbewertung häufig Probleme im Mittelpunkt, die speziell in Industrieunternehmen auftreten. Jene sprachlich bedingte Einschränkung ist bezüglich der zu § 252 Abs. 1 Nr. 3 HGB existierenden Ausnahmeregelung nicht gegeben. Denn diese in Absatz 2 desselben Paragraphen kodifizierte Vorschrift läßt ein Abweichen von dem in Absatz 1 verankerten, sich u.a. auf Schulden beziehenden Grundsatz in allgemeiner Form, d.h. nicht begrenzt auf Vermögensgegenstände, zu.

Da die Rückstellung für drohende Verluste aufgrund ihres Verpflichtungscharakters gegenüber Dritten als Schuld(-rückstellung) gekennzeichnet werden kann[4], gilt für ihre Bemessung das Prinzip der Einzelbewertung ebenso wie das Wahlrecht, gemäß § 252 Abs. 2 HGB „... nur in begründeten Ausnahmefällen ... " von diesem Grundsatz abweichen zu dürfen. Ein derartiger Ausnahmetatbestand liegt nach h.M. vor, wenn eine individuelle Bewertung unwirtschaftlich oder gar unmöglich wäre[5]. Zwar kann man den Fall der technischen Unmöglichkeit einer Einzelbewertung, wie er vor allem im Vorratsvermögen eines Industrieunternehmens durch die Vermischung von Flüssigkeiten auftritt, für Versicherungsunternehmen ausschließen. Doch trotz der theoretischen Einzelbewertbarkeit eines jeden Versicherungsvertrags erscheint es unter Wirtschaftlichkeitsaspekten nicht vertretbar, die Rückstellung für drohende Verluste aus schwebenden Versicherungsgeschäften auf diese Weise zu ermitteln. Denn obgleich dem Prinzip der Einzelbewertung der Vorzug der Willkürfreiheit und der intersubjektiven Nachprüfbarkeit zukommt, findet es auch bei der Bemessung versicherungstechnischer Rückstellungen seine Grenzen im Grundsatz der Wirtschaftlichkeit und Wesentlichkeit.

So erscheint es im häufig gegebenen Fall eines Bestands, der sich aus mehreren Millionen Versicherungsverträgen zusammensetzt, im Hinblick auf den hierzu erforderlichen Zeiteinsatz nicht zumutbar, jeden dieser einzeln im Rechnungswesen erfaßten Verträge auch hinsichtlich der Ermittlung eines eventuell drohenden Ver-

---

3 So setzt sich beispielsweise *Körner* eingehend mit dem Problem auseinander, wie - insbesondere bei verschiedenartigen Teilen des Anlage-, aber auch des Umlaufvermögens - Bewertungseinheiten gebildet werden können, die als Grundlage für eine Einzelbewertung sinnvoll in Frage kommen. Siehe *Körner*, Werner (Einzelbewertung 1976), S. 431 ff.

4 Vgl. hierzu insbesondere die Ausführungen des Kapitels 2.1.1.3 der vorliegenden Arbeit mit weiteren Nachweisen.

5 Vgl. u.a. *Adler*, Hans; *Düring*, Walther; *Schmaltz*, Kurt (Rechnungslegung 1987 ff.), Tz. 59 zu § 252 HGB.

lustes einer Einzelbewertung zu unterziehen. Lehnt man eine strenge Einzelbewertung im gegebenen Kontext aus Wirtschaftlichkeits- bzw. Kostengründen ab, so werden im nächsten Schritt Überlegungen hinsichtlich einer alternativen Vorgehensweise erforderlich. Aufgrund der Gleichartigkeit zahlreicher Versicherungsverträge bezüglich ihrer rechtlichen Ausgestaltung und der ihnen immanenten Schadenerwartung erscheint es sinnvoll, derart ähnliche Kontrakte zu einer (Unter-) Gruppe resp. einem Teilkollektiv im Rahmen der Gesamtheit aller Verträge zusammenzufassen. Somit würde zwar von einer „strengen" Einzelbewertung abgewichen; dieses „Abweichen" erfolgte jedoch mittels der Bezugnahme auf einzelne, in sich möglichst homogene Teilbestände und somit nicht in Richtung einer völligen Pauschalbewertung sämtlicher Verträge. Eine dergestalt modifizierte Einzelbewertung läßt infolge der Zusammenfassung *gleichartiger* Versicherungsverträge zu Teilkollektiven erwarten, daß eine erheblich kostspieligere strikte Einzelbetrachtung keinen nennenswerten bzw. gar keinen zusätzlichen Informationsnutzen bewirken würde. Denn im Idealfall der Zusammenbetrachtung *streng homogener* Verträge wäre die Summe der Einzelerfolgserwartungen gleich der Gesamterfolgserwartung des Kollektivs. Folglich wäre das *Ergebnis* einer kollektivbezogenen Bewertung *gleich* dem einer erheblich aufwendigeren strengen Einzelbewertung. Somit käme es durch die vom Verfasser vertretene kollektive Betrachtungsweise auch zu keinem Verstoß gegen Realisations- und Imparitätsprinzip. Denn im Falle der Zusammenfassung von Kontrakten, die eine jeweils gleichgerichtete Erfolgserwartung aufweisen, würde die unzulässige Verrechnung negativer mit positiven Erfolgserwartungen aus verschiedenen Einzelverträgen vermieden[6].

Es sind allerdings nicht ausschließlich Wirtschaftlichkeitsüberlegungen, die weg von einer strengen Einzelbewertung zu der soeben vorgeschlagenen pauschaleren Betrachtungsweise hinführen. Auch der bereits mehrfach angesprochene *kollektive Charakter* der Versicherungsschutzerstellung läuft einer auf einzelne Verträge bezogenen Sichtweise zuwider. Schließlich basiert die Versicherungsproduktion auf der Zusammenfassung zahlreicher Einzelrisiken zu einer Gefahrengemeinschaft, um innerhalb dieses Kollektivs einen Ausgleich der vorhandenen Risiken zu bewirken[7]. Die Erstellung von Versicherungsschutz ist demnach nur möglich, wenn *mehrere* Risiken zusammengefaßt werden. Folglich kann ein Versicherungsvertrag auch nur im Gesamtzusammenhang der Gefahrengemeinschaft, in die er integriert ist, bewertet werden[8]. Somit würde eine strenge Einzelbewertung solcher Verträge den realen Gegebenheiten nicht gerecht.

Der *Risikoausgleich im Kollektiv* als Prämisse der Erstellung von Versicherungsschutz erscheint im Falle hinreichend großer und möglichst in sich homogener Vertragsgruppen am besten gewährleistet. Folglich erweist sich der einzelne Kontrakt

---

6 Vgl. hierzu die näheren Ausführungen des Kapitels 3.1.2.1.

7 Zum Ausgleich im Kollektiv vgl. die grundlegenden Ausführungen in *Albrecht*, Peter (Ausgleich 1982), S. 501 ff.

8 Vgl. *Nies*, Helmut (Rückstellungen 1984), S. 133.

innerhalb dieser aus homogenen Elementen bestehenden Gefahrengemeinschaft als austauschbar, ohne daß durch eine derartige Fluktuation in Gestalt von Zu- und Abgängen die künftige Erfolgsentwicklung, die aus einem solchen Kollektiv zu erwarten ist, beeinträchtigt würde. Aufgrund dieses faktischen „Untergehens" des einzelnen, de jure selbständigen Rechtsgeschäfts *Versicherungsvertrag* innerhalb einer nur gemeinsam funktionierenden Einheit, dem Kollektiv, erscheint die oben vertretene Modifikation des Grundsatzes der Einzelbewertung zulässig und geboten, ohne dadurch gegen diesen Grundsatz zu verstoßen[9]. Wegen der kollektiven Produktionsweise der Dienstleistung *Versicherungsschutz* ist es n.A. des Verfassers vertretbar und erforderlich, eine ebenfalls kollektivbezogene Bewertung der Drohverlustrückstellung durchzuführen[10]. Da nur diese kollektive Sichtweise den realen Gegebenheiten der Versicherungsproduktion entspricht, erscheint es angebracht, das *einzelne Kollektiv* als relevante *Bewertungseinheit* in bezug auf das Prinzip der Einzelbewertung anzusehen[11]. Folglich sollte in einer kollektiven Ermittlung der Verlustrückstellung in Versicherungsbilanzen n.A. des Verfassers weder eine Ausnahme zum Prinzip der Einzelbewertung noch ein Abweichen von diesem Grundsatz gesehen werden[12]. Vielmehr erfährt der Grundsatz der Einzelbewertung auf diese Weise eine *branchenspezifische Modifikation*, die erforderlich ist, da eine strenge Einzelbetrachtung sämtlicher Verträge nicht den allgemeinen Umständen der Versicherungsschutzerstellung entspräche.

Nachdem oben eine kollektivbezogene Modifikation des Prinzips der Einzelbewertung propagiert wurde, gilt es nun Vorschläge zu unterbreiten, nach welchen Kriterien die Bildung von Kollektiven vorzunehmen ist, um eine darauf basierende Ermittlung der Rückstellung für drohende Verluste zu ermöglichen. Eine - wenn auch grobe - Obergrenze erfährt das Ausmaß einer möglichen Pauschalierung durch den aufsichtsrechtlichen *Grundsatz der Spartentrennung*, demzufolge sich jede Versicherungssparte „auf Dauer selbst tragen" soll. Danach sind die Sparten Lebens-, Kranken-, Kredit- und Kautions- sowie Kompositversicherung in getrennten, rechtlich selbständigen Versicherungsunternehmen zu betreiben, um einen Erfolgsaus-

---

9 In diesem Sinne äußert sich auch *Nies*. Vgl. *Nies*, Helmut (Rückstellungen 1972), S. 390. Vgl. auch *derselbe* (Rückstellungen 1984), S. 133 f. Zustimmend äußern sich ebenfalls *Ziegler*, Günter (Rückstellungen 1973), S. 91 sowie *Donandt* und *Richter*. Vgl. *Donandt*, Klaus; *Richter*, Horst (Posten 1989), S. 238 f.

10 Anderer Auffassung ist *Karten*, der eine kollektivbezogene Drohverlustrückstellung ablehnt. Vgl. *Karten*, Walter (Drohverlustrückstellung 1973), S. 1428.

11 Auch n. A. von *Nies* kann die einzelne Gefahrengemeinschaft als „verselbständigtes Wirtschaftsgut" angesehen werden. Vgl.

12 In einem anderen Zusammenhang bekräftigte auch der BFH, das Gebot der Einzelbewertung solle nicht ausschließen, „ ... mehrere Geschäfte wirtschaftlich als Einheit zu betrachten." BFH VIII R 160/79, in: BStBl. 1984 II, S. 59.

gleich zwischen diesen Bereichen zu vermeiden[13]. Hierdurch soll insbesondere eine Subventionierung defizitärer Zweige der Schadenversicherung durch die regelmäßig gewinnträchtige Lebensversicherungssparte[14] verhindert werden. Deshalb hat auch die Ermittlung der Drohverlustrückstellung innerhalb des gesondert Rechnung legenden Einzelunternehmens und unabhängig von den Erfolgserwartungen verbundener Unternehmen anderer Sparten stattzufinden. Denn sofern kein Verlustausgleich stattfindet, darf sich die positive Erfolgserwartung eines Versicherungsunternehmens nicht reduzierend auf die Höhe der Verlustrückstellung eines anderen, rechtlich getrennten Unternehmens auswirken, da andernfalls gegen das Imparitätsprinzip verstoßen und die Lage beider Gesellschaften durch den jeweiligen Einzelabschluß nicht den tatsächlichen Verhältnissen entsprechend i.S.d. § 264 Abs. 2 HGB abgebildet würde.

Beschränkt man sich demzufolge auf die isolierte Betrachtung eines Spartenunternehmens, so ist in einem zweiten Schritt zu bedenken, daß innerhalb jener Sparte unterschiedliche Versicherungszweige betrieben werden, die sich wiederum aus mehreren Versicherungsarten und -formen bzw. Unter- sowie Nebenzweigen zusammensetzen[15]. Die Verschiedenartigkeit sämtlicher Zweige schlägt sich in der Vorschrift nieder, bezüglich der üblicherweise stark aggregierten Größen des Jahresabschlusses Aufgliederungen sowohl von Positionen der GuV-Rechnung als auch der Bilanz nach Zweigen und Unterzweigen vorzunehmen und entsprechend zu publizieren. Selbst wenn die Drohverlustrückstellung nicht mehr wie früher getrennt nach Versicherungszweigen und -arten, sondern nur noch aufgegliedert nach Rückstellungsarten im Rahmen der sonstigen versicherungstechnischen Rückstellungen auszuweisen ist[16], ändert dies nichts an der Heterogenität der Zweige zueinander.

Somit erscheint es geboten, die der Verlustrückstellungsbewertung zugrundeliegenden Kollektive strikt innerhalb einzelner (Unter-)Zweige zu bilden, um die angestrebte Homogenität im Rahmen der jeweiligen Vertragsgruppen zu wahren. Denn nur unter der Prämisse einer Betrachtung in sich möglichst homogener (Teil-)

---

13 Die Pflicht, auch das Rechtsschutzversicherungsgeschäft gesondert zu betreiben, hatte einen anderen Grund. Allerdings ist im Rahmen mehrerer Koordinierungs-Richtlinien der EG die bislang in Deutschland praktizierte Spartentrennung in mehrfacher Hinsicht abgeschwächt worden. So kann sowohl für die Rechtsschutzversicherung als auch für die Kreditversicherung kein spartengetrennter Betrieb mehr vorgeschrieben werden. Auch die Verpflichtung, die Kautionsversicherung spartengetrennt zu betreiben, ist aufgehoben worden. Vgl. zu den einschlägigen EG-Richtlinien *Schmidt*, Reimer; *Frey*, Peter (Kommentar 1989), Rdnr. 72 der Vorbemerkungen.

14 Da zahlreiche Versicherungsnehmer ihre Altersversorgung ganz oder z.T. auf die Lebensversicherung stützen, wäre es nicht vertretbar, die Gewinne, die mit den Prämienzahlungen dieses Kundenkreises erwirtschaftet werden, zur Deckung von Verlusten aus anderen Versicherungssparten und -zweigen heranzuziehen.

15 Die Begriffsbildung ist in diesem Zusammenhang uneinheitlich. Vgl. *Farny*, Dieter (Versicherungsbetriebslehre 1989), S. 288 f.

16 Vgl. Kapitel 2.2.2.

Kollektive ist es vertretbar, von einer Austauschbarkeit fluktuierender Verträge zu sprechen, ohne daß es deshalb zu Konsequenzen hinsichtlich einer Andersbewertung einer auf diesem Bestand begründeten Rückstellung für drohende Verluste käme. Im Falle von Zu- oder Abgängen zueinander heterogener Verträge änderte sich hingegen u.U. die Verlusterwartung des Kollektivs als Ganzes, da die Schadenerwartung der zusammengefaßten Verträge unterschiedlich wäre und sich ihr kollektivbezogener Durchschnitt wegen der üblichen Fluktuation verändern würde. Eine Zusammenfassung möglichst homogener Kontrakte zu einer Bewertungseinheit trägt folglich zur Klarheit und zur intersubjektiven Nachprüfbarkeit der hierauf basierenden Rückstellungsbildung bei, womit diese pauschalierende Vorgehensweise wesentliche Vorzüge des „strengen" Grundsatzes der Einzelbewertung in sich birgt. Durch die Zugrundelegung in sich homogener Kollektive kommt statt einer groben eine *stark differenzierte Pauschalbewertung* der Drohverlustrückstellung zur Anwendung, die Kompensationen zwischen den unterschiedlichen Erfolgserwartungen zueinander heterogener Vertragsbestände nicht zuläßt. Somit werden Saldierungen zwischen dem erwarteten Verpflichtungsüberschuß aus einem Kollektiv und dem geschätzten Gegenleistungsüberschuß aus einem andersartigen Teilbestand verhindert. Folglich werden Verstöße gegen das Imparitäts- sowie gegen das Realisationsprinzip vermieden, die im Falle der Verrechnung positiver mit negativen Erfolgserwartungen vorlägen[17].

Nachdem in den bisherigen Ausführungen die Festlegung von Kollektiven, die bezüglich der Verlustrückstellung bewertungsrelevant sind, im Rahmen einzelner Sparten und dort wiederum innerhalb einzelner (Unter-)Zweige vorgeschlagen und begründet wurde, sind in einem nächsten Schritt weitere Kriterien zur konkreten Kollektivbildung festzulegen. Schließlich besteht auch ein Versicherungs(unter)zweig im Regelfall noch aus vielen heterogenen Verträgen, so daß er in mehrere in sich homogene Teilbestände zerlegt werden kann und im Sinne der beabsichtigten, auf Kollektiven gleichartiger Verträge basierenden Rückstellungsbemessung auch aufgeteilt werden muß. Der gesamte Vertragsbestand eines Zweiges erweist sich demnach als zu undifferenziert, um als Bewertungsgrundlage zu dienen. Deshalb sind aus der Vielzahl real gegebener Verschiedenheiten diejenigen Unterscheidungskriterien zu eruieren, die am geeignetsten erscheinen, die Kontrakte sinnvoll in mehrere Unterbestände aufzuteilen. Die in diesen Teilkollektiven zusammengefaßten Verträge sollten folglich in bezug auf die gewählten Differenzierungsmerkmale homogen sein. Dabei sind jene Kriterien so zu wählen, daß sie tatsächlich Auswirkungen hinsichtlich Art und Ausmaß zukunftsbezogener Erfolgserwartungen implizieren. Somit wäre die *pauschale Bewertung* einer Drohverlustrückstellung für ein derartiges, aus Einzelverträgen gleicher Erfolgserwartung bestehendes Kollektiv sinnvoll und vertretbar. Denn aufgrund der gleichge-

17 Siehe zu den hiermit verbundenen Problemen die Ausführungen des Kapitels 3.1.2.1. Siehe hierzu auch *Boetius*, Jan (Anmerkungen 1950 ff.), Anm. 89 zu § 20 KStG sowie *Fey*, Dirk (Imparitätsprinzip 1987), S. 126 f.

richteten Zukunftseinschätzung der Elemente des Kollektivs führt sie zum gleichen Ergebnis wie eine strenge Einzelbewertung, deren Einzelerfolgserwartungen zwecks Bildung einer Verlustrückstellung zu addieren wären. Schließlich könnten auch im Falle einer Einzelbetrachtung dergestalt homogene Verträge *ex ante* nur mit dem jeweils selben Erwartungswert im Rahmen der Ermittlung der ihnen immanenten Erfolgserwartung geschätzt werden. Zwar ergeben sich im Regelfall aus jenen Verträgen, die im voraus gleich geschätzt und deshalb zu einer Bewertungseinheit zusammengefaßt wurden, *ex post* betrachtet unterschiedliche Realisationen bzw. Konkretisierungen einzelner Erfolgsgrößen. Doch dies ändert nichts an der Tatsache, daß in eine Rückstellung für *drohende* Verluste eingehende Verpflichtungsüberschüsse als zukunftsbezogene Werte *ex ante zu schätzen* sind und deshalb aus einer pauschalen Betrachtung homogener Verträge dasselbe Resultat folgen muß wie aus der Summe der Erwartungswerte, die sich aus einer strikten Einzelbewertung dieser gleichartigen Kontrakte ergeben.

Wenn man also die Bildung bewertungsrelevanter Teilkollektive dergestalt betreibt, indem man Verträge mit gleicher Schadenerwartung zusammenfaßt, so wird zugleich die oben angedeutete Gefahr eines Widerspruchs zu Imparitäts- und Realisationsprinzip, der durch die pauschale Betrachtung *heterogener* Kontrakte verursacht würde, vermieden. Denn die *homogenen* Verträge eines Kollektivs implizieren im einzelnen eine jeweils gleichgerichtete, d.h. einheitlich positive oder einheitlich negative Erfolgserwartung in derselben Höhe, womit die Problematik der Verrechnung nicht realisierter positiver mit entsprechenden negativen Erfolgssalden nicht auftritt[18]. Somit erweist sich eine pauschalierende Bewertung auf der Grundlage in sich homogener Vertragsbestände nicht nur unter Wirtschaftlichkeitsaspekten als einer strengen Einzelbetrachtung vorziehenswürdig. Beide Methoden führen vielmehr bei Vorliegen der Homogenitätsprämisse unter Beachtung der übrigen GoB zum selben Ergebnis bezüglich der Höhe einer u.U. zu bildenden Drohverlustrückstellung, weshalb sie bezüglich ihres Informationsnutzens als gleichwertig anzusehen sind.

Die gerade getroffenen Feststellungen gelten vor allem im sog. *Massengeschäft* und nur eingeschränkt im davon zu unterscheidenden *Industriegeschäft* eines Versicherers. Nur das Massengeschäft erweist sich aufgrund der Vielzahl dort vorhandener standardisierter (Klein-)Verträge eines Gesamtbestands als geeignet, relativ große in sich homogene Teilkollektive zu bilden. Im Industriegeschäft hingegen sind die zu versichernden Risiken wesentlich verschiedener voneinander[19]. Deshalb muß sich jene verhältnismäßig starke Heterogenität folgerichtig auch in einer differenzierteren, auf die jeweils vorliegenden individuellen Verhältnisse zugeschnittenen Vertragsgestaltung niederschlagen. Zwar mag es schwierig erscheinen, derart hete-

18 Vgl. Kapitel 3.1.2.1.

19 Die hier vorgenommene Unterteilung des Versicherungsgeschäfts in ein *Massen*- und ein *Industrie*geschäft stellt allerdings insoweit eine Vereinfachung dar, als diese Grenzziehung in beide Bereiche nicht in jedem praktisch gegebenen Fall eindeutig möglich ist.

rogene Einzelverträge nach sinnvollen Kriterien in Kollektiven zusammenzufassen, die trotzdem in sich möglichst homogen sind. Dennoch ist eine auf dieser Grundlage durchzuführende gruppenbezogene Pauschalbewertung aus mehreren Gründen einer strengen Einzelbewertung vorzuziehen:

Erstens sprechen auch im Industriegeschäft Wirtschaftlichkeitserwägungen gegen eine strenge Einzelbewertung sämtlicher Kontrakte im Hinblick auf das Drohen eines Verpflichtungsüberschusses. Denn die Zahl derartiger Verträge ist in vielen Unternehmen doch zu groß, um eine Bewertungseffizienz auf diese Weise zu gewährleisten. Zudem dürfte es - ebenso wie im Falle einer bereits oben abgelehnten strengen Einzelbetrachtung von Verträgen des Massengeschäfts - in der Regel schwierig sein, einem einzelnen Kontrakt unabhängig vom restlichen Kollektiv Eintrittswahrscheinlichkeiten bezüglich seines zu erwartenden Zukunftserfolges zuzuordnen. Um zu einer möglichst realitätsnahen Vorausschätzung zu gelangen, müssen entsprechende Erfahrungswerte der Vergangenheit[20] herangezogen werden, die aus einer Gruppe relativ ähnlicher Verträge resultieren. Da zwecks Festlegung sinnvoller Wahrscheinlichkeiten selbst im Falle einer gewollten Einzelbewertung folglich sowohl im Massen- als auch im Industriegeschäft die Ermittlung der Drohverlustrückstellung *stets* auf einer *kollektiven Grundlage* basiert, sollte auf eine strenge Einzelbewertung konsequenterweise gleich ganz verzichtet werden. Denn gruppenbezogene Daten der Vergangenheit sollten nicht der Schätzung von einzelvertragsorientierten Daten der Zukunft dienen, zumal die Produktion von Versicherungsschutz auch künftig kollektiven Charakter aufweisen wird und in Bewertungsfragen entsprechend zu verfahren ist.

Wegen der im Industriegeschäft gegebenen Verschiedenartigkeit der Verträge erweist es sich im Vergleich zum Massengeschäft, das auf stark standardisierten Vertragsformen basiert, erheblich schwieriger, bewertungsrelevante (Teil-) Kollektive zu bilden[21]. Die Individualität der Einzelvertragsgestaltung zwingt zu einer Zusammenfassung von Verträgen, deren Homogenitätsgrad nicht annähernd dem im Massengeschäft realisierbaren entspricht. Folglich besitzen im Industriegeschäft Gefahrengemeinschaften Relevanz in bezug auf die Ermittlung von Drohverlustrückstellungen, die trotz angestrebter Gleichartigkeit der Verträge aus Kontrakten mit unterschiedlichen Erfolgserwartungen bestehen. So kann es aufgrund der - wenn auch geringen - Heterogenität der Erfolgserwartungen einzelner Verträge durch die pauschale Bewertung eines derartigen Kollektivs durchaus zu der oben angedeuteten impliziten Saldierung positiver und negativer Schätzungen und damit zu einem Konflikt mit Realisations- sowie Imparitätsprinzip kommen. Zudem

20 Vgl. hierzu insbesondere die Ausführungen des Kapitels 3.1.2.1.

21 Dennoch existieren auch im Industriegeschäft Tarifklassen; so werden auf Verbandsebene Einteilungsmöglichkeiten von Risiken bzw. Verträgen in sog. Bücher und Konten vorgeschlagen. Siehe hierzu beispielhaft die Ausführungen *Albrechts* zur Aufteilung des Gesamtkollektivs der Industrie-Feuer-Versicherung aufgrund von unverbindlichen Prämienrichtlinien. *Albrecht*, Peter (Deckungsbeiträge 1990), S. 3 ff., insbesondere S. 20 ff.

würde durch die Fluktuation von Einzelverträgen die Gesamterfolgserwartung des Kollektivs als Einheit einem permanenten Wandel unterliegen, weshalb von einer einfachen Austauschbarkeit der Verträge ohne Auswirkungen auf die Einschätzung der zukünftigen Lage des Teilbestands in diesem Kontext nicht gesprochen werden kann[22]. Im übrigen widerspricht die Zusammenfassung heterogener Einzelrisiken nicht dem grundsätzlichen Produktionsprinzip von Versicherungsschutz. Wie von *Albrecht* nachgewiesen, funktioniert statt dessen der angestrebte Risikoausgleich im Kollektiv auch im Falle zueinander inhomogener Verträge, wenngleich die früher h.M. der gegenteiligen Auffassung entsprach[23].

Trotz der angesprochenen Schwierigkeiten, die im *Industriegeschäft* bezüglich der Bildung möglichst in sich homogener Kollektive bestehen, existiert diesbezüglich bereits eine praktische Lösung. So werden in der Industrieversicherung Verträge nach ihren Eigenschaften von den zuständigen Verbänden in *Konten* und *Bücher* eingeteilt. Sofern allerdings ein Einzelrisiko sich nach Art und Umfang stark von allen übrigen Risiken, die sich im Vertragsbestand eines Industrieversicherers befinden, abhebt, sollte n.A. des Verfassers eine strenge Einzelbewertung dieses Vertrags im Hinblick auf einen u.U. drohenden Verlust durchgeführt werden. Denn zu einem derart exponierten Risiko bestehen keine annähernd homogenen Verträge, die zu einem in sich relativ homogenen Kollektiv zusammengefaßt werden könnten. Folglich wäre im Falle des Abweichens von einer strengen Einzelbewertung nur eine Zusammenbetrachtung mit Risiken möglich, die nach Art und Umfang stark heterogen im Vergleich zu jenem Einzelrisiko wären. Dies wiederum würde die Gefahr eines Verstoßes gegen Imparitäts- und Realisationsprinzip wachsen lassen, weshalb eine strenge Einzelbewertung herausragender Einzelrisiken zwecks Bemessung einer Rückstellung für drohende Verluste aus dem Industriegeschäft zu befürworten ist.

Um im *Massengeschäft* die angestrebte Bildung in sich gleichartiger Kollektive zu realisieren, müssen im weiteren konkretere Differenzierungskriterien festgelegt werden. So könnten jene Kriterien Verwendung finden, die bereits im Rahmen der *primären* und der *sekundären Prämiendifferenzierung* zur Schaffung von Kollektiven führen. Während die *primäre* Prämiendifferenzierung eine Abstufung der Prämienerhebung nach *im voraus erkennbaren* Risikomerkmalen bedeutet, versteht man unter der *sekundären* Prämiendifferenzierung bzw. *Erfahrungstarifierung* eine Prämienabstufung *nach* dem individuellen Schadenverlauf[24]. Im Rahmen der sekundären Prämiendifferenzierung kann beispielsweise die in der Kraftfahrtversicherung durchgeführte Einstufung von Einzelrisiken in Schaden- resp. Schadenfreiheitsklassen (Tarifklassen) als sinnvolle Einteilung auch in die

---

22 Zum Problem der Berücksichtigung künftiger Änderungen in der Zusammensetzung eines bewertungsrelevanten Kollektivs im Rahmen der Bemessung einer Drohverlustrückstellung siehe die Ausführungen des Kapitels 3.1.3.1.

23 Vgl. *Albrecht*, Peter (Ausgleich 1982), S. 522 ff.

24 Vgl. *Helten*, Elmar; *Karten*, Walter (Risiko 1984), S. 138 und S. 146.

Teilbestände angesehen werden, die bezüglich der Drohverlustrückstellung bewertungsrelevant sind. Denn jene Zuordnung impliziert bereits eine Schätzung zukünftiger Schadenverläufe, wie sie ebenso für die Bewertung der Verlustrückstellung von Bedeutung ist. Somit erweist sich eine Orientierung an jenen bereits im Rahmen der Prämienbemessung zu bildenden Kollektiven als geeignet, zukunftsbezogene Verlusterwartungen in differenzierender Weise zu schätzen. Zudem erscheint diese Vorgehensweise praktikabel, weil die betreffende Einteilung auf einer Verpflichtung basiert, die unabhängig von der hier untersuchten bilanziellen Bewertungs-problematik schon besteht, womit keine zusätzlichen Kosten entstehen.

Dieser Kostenvorteil ergibt sich nicht nur im konkreten Beispielfall, sondern stets bei der Verwendung bereits bestehender Vertragskategorisierungen, die nach erfolgsbezogenen Kriterien vorgenommen wurden. Ähnliche Kategorisierungen von Einzelverträgen nach unterschiedlichen Schadenerwartungen, wie sie oben bezüglich der Kraftfahrtversicherung angesprochen wurden, existieren zwingend oder bedingt durch eine freiwillige differenzierende Betrachtung[25] im Sinne einer differenzierten Kalkulation von Risikoprämien in fast allen Versicherungs(unter)zweigen. Allerdings gelten die soeben unterbreiteten Vorschläge bezüglich einer Verwendung von (Teil-)Kollektiven zur Ermittlung der Drohverlustrückstellung nur, sofern die Einteilung in Teilbestände tatsächlich auf einer realistischen Schätzung von Schaden- wie auch anderen Erfolgsgrößen basiert. Werden hingegen Risikoprämien - entgegen der Empfehlung von Verbänden und entgegen eigener Schadenerfahrung - bewußt in unzureichender Höhe erhoben[26], so kann die Vorgehensweise bei der Kalkulation *nicht* Grundlage von Bewertungsfragen im Jahresabschluß sein. Denn dieser hat schließlich „ ... ein den tatsächlichen Verhältnissen entsprechendes Bild ... "[27] der Unternehmenslage zu vermitteln.

Zwar ist die oben befürwortete Bildung von bewertungsrelevanten Kollektiven, die im Hinblick auf die Erfolgserwartung ihrer Komponenten möglichst in sich homogen sind, umso besser gewährleistet, je differenzierter die Einteilungskriterien gewählt werden. Auch werden Imparitäts- und Realisationsprinzip nur dann in vollem Umfang gewahrt, wenn die Bemessung der Drohverlustrückstellung auf der Grundlage von Vertragsgruppen erfolgt, deren Bestandteile eine jeweils zueinander vollständig homogene (Einzel-)Erfolgserwartung aufweisen[28]. Doch steht diesen Argumenten insoweit der Grundsatz der Wirtschaftlichkeit entgegen, als eine Kollektivbildung, die beispielsweise *kombiniert nach sämtlichen Kriterien* der primären und der sekundären Prämiendifferenzierung in der Kraftfahrtversicherung erfolgte, zu einer fast unüberschaubaren Vielzahl von Teilbeständen führen würde. Der mit

---

25 Hier sei vor allem auf die Empfehlungen hingewiesen, die Versicherungsverbände ihren Mitgliedsunternehmen geben.

26 Ursache für eine nicht-bedarfsgerechte Prämie sind im Regelfall wettbewerbspolitische Motive. Vgl. hierzu auch die Ausführungen des Kapitels 2.3.2.

27 § 264 Abs. 2 S. 1 HGB.

28 Vgl. auch Kapitel 3.1.2.1.

einer dergestalt tief gegliederten Kollektivbildung verbundene Bewertungsaufwand stünde im Regelfall wohl nicht mehr in einem vertretbaren Verhältnis zu den Vorteilen, die einer so stark differenzierten Bewertung der Verlustrückstellung zuzusprechen sind.

Allerdings fällt es schwer, eine im Einzelfall angemessene Gliederungstiefe festzulegen. Sowohl im Unternehmensvergleich als auch im Zeitvergleich der Entwicklung eines Versicherungsunternehmens könnten sich unterschiedliche Lösungen als sinnvoll erweisen. Um jedoch die Willkürfreiheit und die intersubjektive Nachprüfbarkeit der Kollektivbildung und damit der Bemessung der Drohverlustrückstellung zu gewährleisten, würde sich - im Rahmen einer potentiellen Anordnung zur Verlustrückstellung - die Normierung einer allgemein verbindlichen Vorgehensweise anbieten. So könnte in Anlehnung an die bereits bestehende Anordnung zur Schwankungsrückstellung die dortige Regelung für die Drohverlustrückstellung übernommen werden: Die Zugrundelegung der Versicherungszweige im Sinne der Internen RechVUVO[29], wie sie für die Schwankungsrückstellung als bewertungsrelevante Kollektive vorgeschrieben sind[30], würde die Bildung einer Verlustrückstellung nicht nur objektivieren, sondern sie zudem vereinfachen. Denn eine Bewertung der Drohverlustrückstellung auf der Grundlage exakt derselben Vertragsbestände, wie sie bereits der Berechnung der Schwankungsrückstellung zugrunde liegen, erleichtert die Verrechnung beider Positionen miteinander[31]. Zudem trägt diese Vorgehensweise zur Vereinfachung der Beaufsichtigung dieser Vorgänge auf seiten des BAV bei. Einschränkend gilt es jedoch zu bedenken, daß die Ermittlung von Verpflichtungsüberschüssen auf der Basis der Versicherungszweige im Sinne der Internen RechVUVO u.U. eine Zusammenfassung von Einzelverträgen impliziert, deren Erfolgserwartungen sehr verschieden voneinander sind. Um Saldierungen positiver und negativer unrealisierter Erfolgserwartungen, die im Widerspruch zu Imparitäts- und Realisationsprinzip stünden[32], im wesentlichen zu vermeiden, wäre eine differenziertere Kollektivbildung angebracht. Zusammenfassend läßt sich feststellen, daß eine möglichst tiefe, sich an Homogenitätskriterien ausrichtende Bildung bewertungsrelevanter Kollektive zwar im Sinne des Realisations- und des Imparitätsprinzips ideal wäre. Allerdings steht dieses Ziel in konfliktärer Beziehung zum Grundsatz der Wirtschaftlichkeit der Bewertung und gegebenenfalls zum Prinzip der Willkürfreiheit und Nachprüfbarkeit.

29 heute: Interne VUReV.

30 Vgl. hierzu Kapitel 4.1.2 der vorliegenden Arbeit.

31 Zum Erfordernis einer Anrechnung künftiger Schwankungsrückstellungen auf Drohverlustrückstellungen vgl. die Ausführungen des Kapitels 4.1.2.

32 Vgl. auch *Fey*, Dirk (Imparitätsprinzip 1987), S. 126 f.

3.1.1.2. Arten einzubeziehender Erfolgsbeiträge

Zwecks Einteilung sämtlicher Einzelverträge in voneinander verschiedene und zugleich intern möglichst homogene Kollektive wurde im vorangegangenen Kapitel die *Gleichartigkeit der Erfolgserwartung* als Zuordnungskriterium vorgeschlagen. Dies erscheint erforderlich, da die Drohverlustrückstellung, die auf der Grundlage so gebildeter Teilbestände zu ermitteln ist, selbst (negative) Erfolgserwartungen resp. vorausgeschätzte Verpflichtungsüberschüsse abbildet. Deshalb kommt ausschließlich eine hiernach differenzierte Pauschalbewertung im Ergebnis einer Einzelbewertung gleich oder - im Industriegeschäft - zumindest nahe. In einem nächsten Schritt ist der Begriff der Erfolgserwartung näher zu untersuchen, da die Ermittlung eines drohenden Verpflichtungsüberschusses erst durch eine Aufgliederung dieser Saldogröße in seine ursprünglichen Komponenten praktisch durchführbar erscheint. Letztlich kann es nicht gleichgültig sein, welche künftigen Aufwands- und Ertragsgrößen zwecks Bestimmung der Erfolgserwartung miteinander verrechnet werden, zumal aus der (Nicht-)Einbeziehung einzelner Teilgrößen weitreichende Folgen hinsichtlich der Bilanzierung von Verlustrückstellungen der Höhe oder sogar dem Grunde nach resultieren.

Sämtliche in diesem Kontext erörterungsbedürftigen Erfolgsarten stehen bezüglich der Problematik ihrer Berücksichtigung u.a. im Zusammenhang mit dem Grundsatz der Einzelbewertung. Deshalb wäre es durchaus vertretbar, die Frage ihrer Einbeziehung auch in diesem Kapitel zu prüfen. Allerdings lassen es die zahlreichen Interdependenzen, die zwischen den in Abschnitt 3 erörterten Bewertungsprinzipien bestehen, sinnvoll erscheinen, die Berücksichtigung einzelner Erfolgs- bzw. Kostengrößen ausführlich erst in anderen (Teil-)Kapiteln zu behandeln. Die Betrachtung erfolgt an den entsprechenden Stellen zwar unter Zugrundelegung unterschiedlicher Schwerpunkte[33], doch wird auf die Relevanz des Einzelbewertungsprinzips im jeweiligen Einzelfall eingegangen. Im Rahmen des laufenden Kapitels wird vor allem die (Nicht-)Einbeziehung der Erträge sowie Aufwendungen aus Kapitalanlagen bei der Ermittlung erwarteter Verpflichtungsüberschüsse erörtert[34] und - hiervon ausgehend - die Berücksichtigung anderer Erfolgsarten lediglich angedeutet. Ursache jener Schwerpunktbildung stellen die u.U. weitreichenden Folgen dar, die eine (Nicht-)Einbeziehung des Kapitalanlageerfolgs nach sich zieht.

Den Erfolgsbeiträgen aus Kapitalanlagen kommt in der Versicherungsbranche aus mehreren Gründen quantitativ eine im Vergleich zu anderen Wirtschaftszweigen größere Bedeutung zu. Zum einen hängt dies mit dem absolut und relativ dominanten Volumen versicherungstechnischer Passiva zusammen. Diese Verpflichtungsposten bewirken durch ihre ertragskompensierende Bildung, daß Liquidität in Form verdienter Aufwandsgegenwerte im Unternehmen zurückbehalten wird; sie

---

33 Siehe hierzu die Ausführungen der Kapitel 2.1.2.1, 3.1.2 sowie 3.2.2.

34 Vgl. hierzu auch die Ausführungen des Kapitels 2.1.2.1.

ermöglichen somit eine zumindest temporäre ertragbringende Anlage jener Gelder. Zum anderen liegt dies an der üblichen Vorauserbringung der Gegenleistung durch die Versicherungsnehmer[35], wodurch die vereinnahmten Prämien für einen gewissen Zeitraum als Anlagekapital zur Verfügung stehen. Schließlich treten die auszahlungswirksamen Leistungskonkretisierungen in Gestalt von Schaden- und Betriebsaufwendungen im Durchschnitt nicht direkt nach Vereinnahmung der Beiträge, sondern erst im Laufe der betreffenden Versicherungsperiode und über diesen Zeitraum verteilt ein. Hierbei wird durch die zwischen Schadeneintritt und -regulierung liegende sog. *Schadenregulierungsdauer* der Abfluß jener liquiden Mittel z.T. weiter verzögert, so daß der mögliche Anlagezeitraum der Risikoprämie um den durchschnittlichen Regulierungszeitraum verlängert wird.

Da die Vorausvereinnahmung der vollständigen Gegenleistung als Branchenspezifikum angesehen werden kann und der u.a. daraus resultierenden Zwischenanlage jener Beträge in ertragbringende Aktiva eine wirtschaftszweigspezifisch besondere Bedeutung beizumessen ist, erscheint es vertretbar, in diesem Kontext von einer *Kuppelproduktion* zu sprechen. Denn neben der Erstellung von Versicherungsschutz, dem sog. *technischen Geschäft*, als ursprünglichem Gegenstand der Produktion eines Versicherungsunternehmens kommt es - damit eng verbunden - zur Bereitstellung von Kapitalnutzungen[36]. Die Ergebnisse jenes sog. *nicht-technischen* Geschäfts sind im Rahmen der Rechnungslegung getrennt vom technischen Ergebnis auszuweisen, was sich in einer entsprechenden Strukturierung des Formblatts zur Erstellung der GuV-Rechnung[37] äußert: Die Erfolgsbeiträge des *technischen Geschäfts* sind bis zur Zwischensumme 1 (technische Erträge), Zwischensumme 2 (technische Aufwendungen) bzw. Zwischensumme 3 (Veränderung der Schwankungsrückstellung und ähnlicher Rückstellungen) abzubilden. Demhingegen erfolgt der Ausweis der *nicht-technischen Erträge und Aufwendungen* nach Zwischensumme 3 bis zur Zwischensumme 4. Dabei gilt es zu bedenken, daß das nicht-technische Geschäft mehr umfaßt als die Erfolgsbeiträge des Kapitalanlagebereichs, wenngleich diesem Teil die quantitativ größte Bedeutung zukommt. Aufgrund seiner praktischen Relevanz wird zunächst gezielt auf die Einbeziehung des Anlagegeschäfts eingegangen, während die übrigen nicht-technischen Erfolgsgrößen am Ende dieses Kapitels kurz im Hinblick auf ihre Berücksichtigungspflicht bei der Ermittlung einer Drohverlustrückstellung untersucht werden.

Die grundsätzliche Einbeziehungspflicht der *technischen Erträge und Aufwendungen* im Rahmen der Berechnung eines Verlustsaldos braucht an dieser Stelle nicht mehr erörtert zu werden. So sind die voraussichtlichen künftigen *Prämienerträge*, die erwarteten *Aufwendungen für Versicherungsfälle* sowie die *Aufwendungen für*

---

35 Vgl. hierzu insbesondere die Ausführungen der Kapitel 2.1.2.1 sowie 2.1.2.2.

36 Zum näheren Zusammenhang zwischen den *Kuppelprodukten Versicherungsschutz* und *Kapital-nutzungen* siehe *Albrecht*, Peter (Produktion 1987), S. 316 ff.

37 Vgl. Formblatt III zur GuV-Rechnung von Schaden- und Unfallversicherungsunternehmen, in: Externe VUReV, a.a.O., S. 82 ff.

den Versicherungsbetrieb zweifelsfrei bei dieser Saldierung zu berücksichtigen[38]. Eine nähere Betrachtung erfordert hingegen die Einbeziehung der (technischen) Erfolgsbeiträge, die wahrscheinlich aus der Veränderung versicherungstechnischer Rückstellungen resultieren. Insbesondere sei auf die Bedeutung hingewiesen, die zu erwartenden künftigen *Veränderungen der Schwankungsrückstellung* für die Bemessung drohender Verluste aus schwebenden Geschäften zukommt[39]. Die Berücksichtigungspflicht der positiven und negativen Erfolgserwartungen, die mit der *Rückversicherung* übernommener Risiken verbunden sind, wird ebenfalls an anderer Stelle untersucht[40].

Nachdem oben die Ursachen der in Unternehmen der Assekuranz so bedeutsamen Erfolgsbeiträge aus Kapitalanlagen kurz dargelegt wurden, gilt es nun, Argumente für und gegen deren Einbeziehung in die Ermittlung drohender Verluste aus Versicherungsgeschäften zu erörtern. Zwar resultiert die temporäre Überlassungsmöglichkeit von Kapital aus den Eigenheiten der Versicherungsproduktion. Da sie jedoch nicht explizit in Versicherungsverträgen als (Gegen-)-Leistung des Kunden an den Versicherer fixiert ist, kann sie streng genommen nicht in die Berechnung erwarteter Verpflichtungsüberschüsse aus jenen Kontrakten einbezogen werden. Denn wenn man voraussichtliche Gegenleistungen mit Leistungen aus einem Vertrag resp. einem Kollektiv von Verträgen miteinander saldiert, so sind dies regelmäßig Ansprüche und Verpflichtungen, die rechtlich unmittelbar aus dem Vertragsverhältnis ableitbar sind. Nur die Einbeziehung der aus einem Kontrakt oder einer Gruppe von Verträgen direkt ableitbaren künftigen Forderungen und Verbindlichkeiten genügt dem Grundsatz der Einzelbewertung in seiner Zielsetzung der Willkürfreiheit und intersubjektiven Nachprüfbarkeit.

Bei Versicherungsverträgen einerseits sowie Kontrakten zur Überlassung von Kapital andererseits handelt es sich zweifelsfrei um zwei rechtlich getrennte und inhaltlich nicht aufeinander bezugnehmende Vertragsgruppen. Demzufolge müßten sie eigentlich einer ebenso voneinander unabhängigen, isolierten Betrachtung bezüglich Bewertungsfragen jeglicher Art unterzogen werden. Obgleich diese *juristisch* geprägte Sichtweise eindeutig *gegen* eine Berücksichtigung erwarteter Erfolgsbeiträge aus Kapitalanlagen bei der Ermittlung drohender Verluste aus Versicherungsverträgen spricht, führt eine *(betriebs-)wirtschaftliche* Betrachtung zum gegenteiligen Ergebnis: Zwar resultieren jene Erfolgsgrößen nicht direkt aus den zwischen Versicherungsgeber und -nehmer abgeschlossenen Verträgen und damit nicht unmittelbar aus einem zwischen beiden Parteien bestehenden rechtlichen Anspruch. Doch obgleich die Kapitalerträge dem Versicherungsunternehmen nicht direkt aus einem Zahlungsstrom von seiten des Versicherungsnehmers[41] zufließen,

38 Vgl. hierzu die Ausführungen des Kapitels 2.1.2.1.

39 Vgl. hierzu die Ausführungen des Kapitels 4.1.2.

40 Vgl. hierzu die Ausführungen des Kapitels 3.2.2.

41 Vom Ausnahmefall eines an Versicherungsnehmer gewährten Darlehens und deren Zinszahlungen an das Versicherungsunternehmen sei dabei abgesehen.

sind sie hinsichtlich ihrer wirtschaftlichen Verursachung der Leistung des Kunden zuzuordnen. Schließlich stellt der Versicherungsnehmer aufgrund der üblichen Prämienvorauszahlung[42] seine (Gegen-)Leistung dem Versicherer im Durchschnitt *zu früh* als Einzahlung zur Verfügung. Denn die hierdurch zu finanzierenden Leistungskonkretisierungen treten durchschnittlich erst später ein und führen erst nach entsprechenden zeitlichen Verzögerungen zu Auszahlungen. In bezug auf den Zeitraum der verfrühten Beitrags(ein)zahlung entstehen dem Kunden damit Opportunitätskosten in der Ausprägung entgangener eigener Anlageerträge. Dabei können nicht erhaltene Einzahlungen wirtschaftlich mit der Fiktion empfangener Ein-, aber in gleicher Höhe getätigter Auszahlungen (an das Versicherungsunternehmen) gleichgesetzt werden. Folglich kann unterstellt werden, daß Versicherungsunternehmen u.a. solche Kapitalerträge erzielen, die, wenn auch nicht rechtlich, so doch unter Zugrundelegung einer wirtschaftlichen Betrachtungsweise, durch die von den Versicherungsnehmern *unmittelbar* erbrachte Gegenleistung verursacht[43] werden. Die explizit vertraglich fixierte Gegenleistung des Kunden impliziert also eine zusätzliche *mittelbare* Gegenleistungsgröße. Somit erscheint es konsequent, jene Erfolgsbeiträge der im Versicherungsvertrag direkt vereinbarten Gegenleistung in Gestalt erwarteter Prämienerträge gedanklich zuzuschlagen. Deshalb steht auch einer Einbeziehung jener nicht-technischen Erträge im Rahmen der Ermittlung künftiger Erfolgssalden resp. drohender Verluste unter betriebswirtschaftlichen Aspekten nichts entgegen. Im Gegenteil ist diese Einbeziehung klar zu befürworten, da diejenigen Kapitalerträge, die infolge der vorausvereinnahmten Prämien erzielt werden, aus Sicht des Versicherungsunternehmens eine Art Substitut für andernfalls erhobene Ratenzuschläge darstellen. Denn im Falle einer unterjährigen Zahlungsweise werden in praxi höhere Beiträge im Vergleich zu einer jährlichen Prämienvorauszahlung erhoben[44], was einen höheren technischen Ertrag bedeutet. Demhingegen werden bei einer längerfristigen Vorauserbringung der Beiträge aufgrund nicht erhobener Ratenzuschläge niedrigere technische Erträge erzielt, die jedoch höhere nicht-technische Erträge auslösen. Wirtschaftlich betrachtet führen beide Formen der Prämienerhebung zu voraussichtlich nahezu gleichen Gesamterträgen: Geringer vertraglich vereinbarte direkte Leistungen des Versicherungsnehmers führen - bedingt durch ihre frühere Vereinnahmung - zu erhöhten indirekten Leistungen in Gestalt von Kapitalerträgen des Versicherungsunternehmens. Folglich verursachen sowohl die unterjährige als auch die jährliche Prämienzahlungsweise annähernd gleiche Gesamtleistungen zugunsten des Versicherungsunternehmens. Deshalb ist es nur konsequent, auch im Rahmen der bilanziellen Bewertung jene wirtschaftlich gleichen Sachverhalte gleich zu behandeln. So müssen nicht nur die direkt aus einem Versicherungsvertrag erwarteten (Gegen-)

42 Vgl. insbesondere die Kapitel 2.1.2.1 sowie 2.1.2.2.

43 So sind *Jacobs* zufolge „... aus wirtschaftlicher Sicht Saldierungen bei verschiedenen Rechtsgeschäften insbesondere dann angebracht, wenn sie in einem unmittelbaren Kausalzusammenhang stehen, ... ". *Jacobs*, Otto H. (Rückstellungen 1988), S. 241.

44 Zur Begründung dieser Vorgehensweise vgl. auch die Ausführungen des Kapitels 3.1.2.3.

Leistungsgrößen in die Ermittlung einer Drohverlustrückstellung einbezogen werden, sondern auch die Leistungskomponenten des nicht-technischen Geschäfts, die dem Grunde und der Höhe nach eng mit der Ausgestaltung des technischen Bereichs zusammenhängen.

Die oben als selbstverständlich dargelegte Einbeziehungspflicht von *Ratenzuschlägen* bei der Ermittlung der Gegenleistung des Versicherungsnehmers ist in praxi nicht unumstritten[45]. Soweit derartige Prämienaufschläge als Gegenleistung für zusätzliche Verwaltungsaufwendungen bzw. -leistungen anzusehen sind, die infolge der mehrmaligen Zahlungsweise entstehen, steht die Berücksichtigungspflicht zwar außer Zweifel. Doch stellen Ratenzuschläge z.T. auch - wie oben umgekehrt argumentiert - Ersatz bzw. Substitut für entgangene Kapitalerträge dar[46]. Die Einbeziehung dieses Teils der Ratenzuschläge in die Berechnung der Gegenleistung ist deshalb n.A. des Verfassers mit denselben Argumenten zu rechtfertigen, wie sie oben[47] sowie nachfolgend für eine Berücksichtigung der Kapitalerträge vorgetragen werden. Wenn man es befürwortet, künftige Erfolgsbeiträge aus Kapitalanlagen in die Ermittlung eines Verpflichtungsüberschusses einzubeziehen, so muß man - im Sinne einer bewertungsmäßigen Gleichbehandlung verschiedener Formen der Prämienerhebung - auch das Substitut hierfür berücksichtigen. Außerdem beruht dieser Ersatz für Kapitalerträge auf einer expliziten vertraglichen Verpflichtung des Versicherungsnehmers zur Gegenleistung, was eine Einbeziehungspflicht im Rahmen der Ermittlung drohender Verluste unumgänglich macht. Die Berücksichtigung des *vollen* Ratenzuschlags vermeidet zudem das Problem, eine Trennung dieser Größe in einen Verwaltungskostenanteil und einen Kapitalertragsanteil durchführen zu müssen.

Die Saldierung der Erfolgserwartung zweier verschiedenartiger Vertragsgruppen, und zwar die aus Versicherungsverträgen einerseits mit der aus Kapitalüberlassungsverträgen andererseits, bedeutet auch keinen Verstoß gegen den Grundsatz der Einzelbewertung. Statt dessen steht eine Verrechnung der Erfolgsaussichten unterschiedlicher Verträge in diesem Fall n.A. des Verfassers im Einklang mit dem Einzelbewertungsprinzip, da ein *enger wirtschaftlicher Zusammenhang*[48] zwischen

45 Vgl. hierzu *Donandt*, Klaus; *Richter*, Horst (Posten 1989), S. 241.

46 Vgl. *ebenda*.

47 Vgl. neben den vorangegangenen Ausführungen des laufenden Kapitels auch Kapitel 2.1.2.1.

48 Auch n.A. des BFH schließt der Grundsatz der Einzelbewertung „ ... nicht aus, mehrere Geschäfte wirtschaftlich als Einheit zu betrachten." BFH VIII R 160/79, in: BStBl. 1984 II, S. 59. *Groh* spricht im Falle von die Prämienerträge eines Schadenversicherers übersteigenden Schadenaufwendungen, die durch eine zwischenzeitliche Anlage der Prämien kompensiert werden, von „verbundenen Aufwendungen und Erträgen"; seiner Auffassung nach reduziert deshalb eine ertragbringende Zwischenanlage das Erfordernis einer Verlustrückstellung. Vgl. *Groh*, Manfred (Rückstellung 1988), S. 29. Auch *Ziegler* zufolge sind „ ... innerlich aufs engste zusammenhängende Verträge ... einheitlich zu bewerten, ... ". *Ziegler*, Günter (Rückstellungen 1973), S. 95.

beiden Vertragsarten besteht[49]. Jedenfalls läßt sich unter Berücksichtigung des oben aufgezeigten engen Verbunds zwischen der Produktion von Versicherungsschutz und der Bereitstellung von Kapitalanlagenutzungen[50] nicht leugnen, daß auch die aus beiden Geschäftsbereichen zu erwartenden Erfolgsbeiträge wirtschaftlich eng miteinander zusammenhängen werden.

Der Kontext beider Erfolgsbereiche äußert sich in praxi sogar in einer Interdependenz, da nicht nur die Kapitalerträge von der Höhe der Prämienerträge, die als Anlagevolumen zur Disposition stehen, abhängen. Vielmehr wird auch umgekehrt z.T. die Höhe künftiger Prämien u.a. vom erwarteten Kapitalanlageerfolg abhängig gemacht. Jenes z.T. bewußte Einbeziehen geschätzter nicht-technischer Erfolgsbeiträge in die Kalkulation der für zukünftige Zeiträume zu erhebenden Prämien unterstützt die Auffassung des Verfassers, im gegebenen branchenspezifischen Fall vom Vorliegen eines *engen wirtschaftlichen Zusammenhangs* auszugehen. Denn erachtet man die verbundene Produktion zweier voneinander verschiedener Dienstleistungen als Anregung, auch die Kalkulation resp. Festlegung der zugehörigen Preise im Verbund vorzunehmen[51], so erscheint es konsequent, die *Bewertung* der aus beiden Leistungsbereichen zu erwartenden Erfolgsbeiträge *ebenfalls nicht* für beide Teilbereiche *getrennt* vorzunehmen[52].

Da die Erfolgserwartung aus Kapitalanlagen im Regelfall positiver Natur ist, wirkt sie sich im Falle der gerade vorgeschlagenen Einbeziehung regelmäßig reduzierend auf einen u.U. aus dem technischen Geschäft erwarteten Verpflichtungsüberschuß aus. Diese Saldierung vermindert folglich auch das Erfordernis einer Rückstellung für drohende Verluste aus Versicherungsverträgen der Höhe oder gar dem Grunde nach. Gerade in Versicherungszweigen, in denen über längere Zeiträume hinweg bewußt künftige versicherungstechnische Verluste in der relativ sicheren Erwartung in Kauf genommen werden, sie durch künftige Gewinne aus dem nicht-technischen Bereich zumindest zu kompensieren, ist diese Folge von existentieller Bedeutung. Denn würde auf eine Verrechnung mit dem positiven Kapitalanlageergebnis ver-

---

49 Anderer Auffassung sind *Boetius* und *Nies* mit dem Argument, daß es sich beim technischen und beim nicht-technischen Geschäft um zwei getrennte Erfolgs- bzw. Bewertungskreise handelt. *Boetius* sieht dabei durch eine Einbeziehung der Kapitalerträge in die Ermittlung eines Verlustsaldos die Bilanzklarheit gefährdet. Vgl. *Boetius*, Jan (Anmerkungen 1950 ff.), Anm. 90 zu § 20 KStG sowie *Nies*, Helmut (Rückstellungen 1984), S. 134.

50 Aus diesem Grund treten auch *Donandt* und *Richter* für eine Einbeziehung der Erträge und Aufwendungen aus Kapitalanlagen in die Ermittlung einer Rückstellung für drohende Verluste aus dem Versicherungsgeschäft ein. Vgl. *Donandt*, Klaus; *Richter*, Horst (Posten 1989), S. 241 f.

51 Siehe hierzu die Ausführungen *Farnys* zum sog. *Cash flow-Underwriting*. *Farny*, Dieter (Underwriting 1983), S. 398 ff.

52 Anderer Auffassung ist *Boetius*, der die Erfolgsbeiträge aus Kapitalanlagen als nicht berücksichtigungsfähig bei der Ermittlung des Verlustsaldos erachtet. Als Hauptgrund wird angeführt, „... daß das versicherungstechnische Geschäft und das nichtversicherungstechnische Geschäft getrennte Erfolgskreise darstellen, die aus Gründen der Bilanzklarheit sich einer bilanzmäßigen Saldierung entziehen." *Boetius*, Jan (Anmerkungen 1950 ff.), Anm. 90 zu § 20 KStG.

zichtet, so erreichten die allein auf der Basis des technischen Geschäfts gebildeten Drohverlustrückstellungen in den Bilanzen der betreffenden Unternehmen Umfänge, die u.U. in manchen Fällen einen Konkurs wegen Überschuldung[53] auslösen könnten. Da jene Unternehmen jedoch in ihrem Gesamtgeschäft, d.h. nach Saldierung der Erfolgserwartungen aus technischem - und nicht-technischem Bereich, i.d.R. positive oder zumindest ausgeglichene Ergebnisse erziel(t)en bzw. erwarten dürfen, stünde eine derartige Rechtsfolge in eklatanter Weise den realen Gegebenheiten entgegen. Schließlich kann der Fortbestand eines (Versicherungs-)Unternehmens nur von dessen *Gesamt*situation und nicht von einzelnen Teilerfolgsbereichen abhängig gemacht werden.

So wäre es beispielsweise absurd, die Existenz eines seit Jahrzehnten insgesamt prosperierenden professionellen Rückversicherungsunternehmens oder eines Rechtsschutzversicherers durch die Bildung hoher Verlustrückstellungen zu gefährden, nur weil das technische Geschäft über mehrere Jahre hinweg defizitär war und dies wahrscheinlich auch künftig so bleiben wird. Um durch den Jahresabschluß ein den tatsächlichen Verhältnissen entsprechendes Bild der Lage eines Versicherungsunternehmens i.S.d. § 264 Abs. 2 HGB zu vermitteln[54], erscheint es vielmehr erforderlich, *alle* bedeutsamen Bewertungsaspekte zu berücksichtigen. So würden isoliert für den technischen Bereich und damit sehr hoch gebildete Drohverlustrückstellungen die Lage des Unternehmens nicht adäquat beschreiben. Die reale Situation würde statt dessen zu negativ dargestellt, da die ein positives Gesamtergebnis verursachenden, ebenfalls für sich betrachtet positiven nicht-technischen Erfolgserwartungen aufgrund des Realisationsprinzips keinen Niederschlag in der Bilanz und der GuV-Rechnung fänden. Demhingegen käme es im Falle einer Berücksichtigung jener positiven Erfolgsgrößen zu einer reduzierenden Saldierung mit den negativen Erwartungen aus dem technischen Geschäft. Diese Saldierung erscheint aufgrund des engen wirtschaftlichen Zusammenhangs beider Erfolgsbereiche gerechtfertigt und geboten.

Auch der Einwand, die Einbeziehung der Erfolgserwartungen aus Kapitalanlagen würde nicht den Bilanzierungsgepflogenheiten anderer Branchen entsprechen, wo für verschiedenartige Rechtsgeschäfte die Ermittlung erwarteter Erfolgssalden jeweils gesondert vorgenommen wird, vermag nicht zu überzeugen. Schließlich kommt dem Kapitalanlagegeschäft in der Versicherungswirtschaft - infolge der hier stattfindenden Kuppelproduktion - eine im Vergleich zu zahlreichen anderen Wirtschaftszweigen erheblich größere Bedeutung zu.

Geht man - wie oben befürwortet - über die Berücksichtigung der explizit vertraglich vereinbarten Ansprüche und Verpflichtungen hinaus, so wäre es willkürlich, nur die Aufwendungen und Erträge aus Kapitalanlagen in die Berechnung einer Drohverlustrückstellung aus Versicherungsverträgen einzubeziehen. Vielmehr ha-

53 Vgl. zu diesem Konkursgrund § 92 AktG.

54 Vgl. hierzu insbesondere Kapitel 3.1.2.1.

ben alle übrigen, nicht dem technischen Geschäft zuzuordnenden Erfolgsbeiträge ebenso in die Ermittlung eines drohenden Verlusts einzugehen. So wären beispielsweise künftige Abschreibungen auf die Betriebs- und Geschäftsausstattung sowie die voraussichtlichen Aufwendungen für Altersversorgung und Unterstützung eigener Mitarbeiter zu berücksichtigen[55]. Allerdings ergibt sich bei der Einbeziehung all jener nicht-technischer Erfolgsbeiträge die Schwierigkeit, diese Beträge den einzelnen Kollektiven, die für die Ermittlung der Verlustrückstellung als bewertungsrelevant angesehen werden, zurechnen zu müssen. Auch bezüglich der Nettokapitalerträge, d.h. der Erträge abzüglich der Aufwendungen aus Kapitalanlagen, besteht dieses Zurechnungsproblem, da kaum willkürfrei festgestellt bzw. prognostiziert werden kann, welches Vertragskollektiv Nettokapitalerträge in welcher Höhe wirtschaftlich verursachen wird. Um eine zu große Willkür zu vermeiden und dennoch das Zurechnungsverfahren nicht zu kompliziert werden zu lassen, könnten im Rahmen einer BAV-Anordnung geeignete Schlüsselungen vorgegeben werden[56].

3.1.2. Der Grundsatz der Vorsicht

3.1.2.1. Rechtsgrundlagen und Möglichkeiten der Berücksichtigung des Vorsichtsprinzips

Im vorangegangenen Kapitel 3.1.1 wurde mit dem *Grundsatz der Einzelbewertung* ein erstes branchenübergreifendes Bewertungsprinzip mit Bezug auf den speziellen Fall der Rückstellung für drohende Verluste aus Versicherungsverträgen erörtert und in Anlehnung an wirtschaftszweigbezogene Besonderheiten modifiziert. Wie dort bereits angedeutet, bestehen zwischen jener Bewertungsproblematik und dem *Imparitäts-* sowie dem *Realisationsprinzip* einige Berührungspunkte, die es weiter unten nochmals aufzugreifen gilt. Diese beiden Prinzipien sind gemäß § 252 Abs. 1 Nr. 4 HGB zwingend anzuwenden. Wie aus dem Gesetzeswortlaut („..., namentlich ...") gefolgert werden kann, stellen sowohl das Imparitätsprinzip (§ 252 Abs. 1 Nr. 4 1. Halbsatz HGB) als auch das Realisationsprinzip (§ 252 Abs. 1 Nr. 4 2. Halbsatz HGB) konkrete Ausprägungen des an dieser Stelle kodifizierten sog. *Vorsichtsprinzips* („Es ist vorsichtig zu bewerten, ...") dar[57]. Dabei schlägt sich das

55 Vgl. *Donandt*, Klaus; *Richter*, Horst (Posten 1989), S. 240. Siehe hierzu auch *Ellenbürger*, Frank (Erfolgsrechnung 1990), S. 71.

56 Zur möglichen Ausgestaltung einer BAV-Anordnung zur Rückstellung für drohende Verluste siehe die Vorschläge des Verfassers in Kapitel 4.1.2.

57 Vgl. u.a. *Budde*, Wolfgang Dieter; *Geißler*, Horst (Anmerkungen 1990), Anm. 29 zu § 252 HGB.

Imparitätsprinzip, demzufolge „ ... alle vorhersehbaren Risiken[58] und Verluste, ... , zu berücksichtigen" sind, u.a. in der Muß-Vorschrift des § 249 Abs. 1 S. 1 HGB zur Bildung von Rückstellungen für drohende Verluste aus schwebenden Geschäften nieder[59]. Verluste sind demnach auch dann zwingend zu antizipieren, wenn sie noch nicht am Abschlußstichtag realisiert, aber bereits entstanden und vorhersehbar sind[60]. Damit werden nicht realisierte Verluste imparitätisch, d.h. ungleich behandelt zu Gewinnen, die gemäß Realisationsprinzip erst dann im Jahresabschluß berücksichtigt werden dürfen und müssen, wenn sie am Abschlußstichtag realisiert sind und es sich nicht mehr um bloße Erwartungen handelt.

Wie schon in Kapitel 3.1.1 angesprochen, bestehen zwischen dem dort erörterten Grundsatz der Einzelbewertung und dem hier zu behandelnden Vorsichtsprinzip u.U. gewisse Zielkonflikte. So könnte der vom Verfasser in Kapitel 3.1.1.1 vertretenen kollektiven Betrachtungsweise entgegengehalten werden, eine auf dieser Basis ermittelte Drohverlustrückstellung genüge aufgrund der Verrechnung nicht verwirklichter negativer mit unrealisierten positiven Erfolgserwartungen einzelner Verträge nicht dem Imparitätsprinzip. Schließlich ergibt sich als Folge der Zusammenfassung zahlreicher Einzelverträge zu einem bewertungsrelevanten Kollektiv eine dem Gesamtumfang nach niedriger dotierte Verlustrückstellung als im Falle einer die kleinste vertragliche Einheit berührenden Einzelbewertung. Ursache hierfür ist die innerhalb dieser Gefahrengemeinschaft implizit vorgenommene Saldierung einander entgegengerichteter Erfolgserwartungen aus den einzelnen Vertragsverhältnissen. Somit würde innerhalb eines Kollektivs mittels der durchgeführten Kompensation negativer Erfolgserwartungen durch die interne Verrechnung mit den Gewinnaussichten anderer Einzelverträge dem Imparitätsprinzip in seiner Ausprägung der Antizipation drohender Verluste - zumindest der Höhe nach - nicht

58 Der Begriff „Risiken" wird in diesem Kontext gleichbedeutend mit Verlustgefahren bzw. negativen Erfolgsbeiträgen verwendet, die auf die **Zukunft** bezogen sind. Vgl. *Baetge*, Jörg; *Knüppe*, Wolfgang (Risiken 1986), S. 396. Siehe auch Kapitel 3.1.3 der vorliegenden Arbeit.

59 Vgl. u.a. *Budde*, Wolfgang Dieter; *Geißler*, Horst (Anmerkungen 1990), Anm. 41 zu § 252 HGB. Neben dem Grundsatz der Berücksichtigung drohender Verluste aus schwebenden Geschäften durch Rückstellungsbildung läßt sich aus dem Imparitätsprinzip das sich auf Vermögensgegenstände beziehende *Niederstwertprinzip* ableiten. Vgl. z.B. *Adler*, Hans; *Düring*, Walther; *Schmaltz*, Kurt (Rechnungslegung 1987 ff.), Tz. 65 zu § 252 HGB.

60 Ein Verlust „droht" nach h.M. dann, „ ... wenn Tatsachen vorliegen, die den Eintritt eines Verlustes als ernsthaft bevorstehend erscheinen lassen." *Clemm*, Hermann; *Nonnenmacher*, Rolf (Anmerkungen 1990), Anm. 60 zu § 249 HGB mit weiteren Nachweisen. Vgl. auch *Adler*, Hans; *Düring*, Walther; *Schmaltz*, Kurt (Rechnungslegung 1987 ff.), Tz. 84 zu § 249 HGB. Nach Maßgabe des BFH erfordert die Rückstellungsbildung, „ ... daß am Bilanzstichtag nicht nur mit der Möglichkeit, sondern mit einer gewissen Wahrscheinlichkeit einer Inanspruchnahme ... zu rechnen ist. Die ernstzunehmende Gefahr einer Inanspruchnahme kann sich aus den Verhältnissen des Betriebs, aus allgemeinen Branchenerfahrungen ... oder aus einer gewissen natürlichen Risikobehaftetheit bestimmter Geschäftsvorfälle ergeben." BFH IV 95/63 S vom 12.03.1984, in: BStBl. 1964 III, S. 404.

mehr genügt[61]. Zudem könnte in der kollektivinternen Berücksichtigung nicht realisierter positiver Erfolgserwartungen ein Verstoß gegen das Realisationsprinzip gesehen werden, da jene im Rahmen ihrer reduzierend wirkenden Verrechnung mit erwarteten Verlustsalden indirekt antizipiert würden[62].

Die gerade aufgezeigten Widersprüche zu Imparitäts- und Realisationsprinzip könnten vermieden werden, folgte man der Auffassung von *Sarx*, der die Saldierung drohender Verluste mit unrealisierten Gewinnen aus mehreren schwebenden Verträgen ablehnt und statt dessen eine strenge Einzelbewertung im Rahmen der Berechnung von Drohverlustrückstellungen befürwortet. Allerdings gilt es zu bedenken, daß die diesbezüglichen Ausführungen *Sarx'* branchenübergreifender Natur sind und sich nicht gezielt auf den Sonderfall des Versicherungsvertrags beziehen[63]. Wie bereits in Kapitel 3.1.1.1 erörtert, bedingt jedoch die kollektivbezogene Produktionsweise von Versicherungsunternehmen geradezu zwingend eine entsprechende Modifikation des Grundsatzes der Einzelbewertung in bezug auf die Rückstellung für drohende Verluste. So besteht aufgrund des für die Versicherungsproduktion grundlegenden Risikoausgleichs im Kollektiv ein *enger wirtschaftlicher Zusammenhang* der Einzelverträge untereinander. Dieser Kontext rechtfertigt die pauschalierende Betrachtung, daß es sich bei einer derartigen Gefahrengemeinschaft um *eine* bewertungsrelevante Einheit und damit um *ein* Wirtschaftsgut handelt. Zudem wurde vom Verfasser die Bildung jener Kollektive insbesondere nach dem Kriterium der Gleichartigkeit der Erfolgserwartungen sämtlicher eingehender Einzelverträge befürwortet[64].

Setzen sich jene Vertragsgruppen tatsächlich nur aus Kontrakten zusammen, die im Hinblick auf ihre für die Zukunft zu erwartenden Erfolgsrealisationen gleichgerichtet resp. homogen sind, kann es ohnehin nicht zu den oben erörterten Saldierungen kommen. Folglich ergeben sich die aufgezeigten Konflikte zwischen einer Pauschalbewertung der Drohverlustrückstellung einerseits sowie Realisations- und Imparitätsprinzip andererseits nur, sofern keine (vollkommene) Homogenität der zu einer Bewertungseinheit zusammengefaßten Einzelverträge im Hinblick auf ihre künftige Erfolgserwartung gegeben ist. Dies scheint in praxi der unvermeidbare Regelfall zu sein, da es aus verwaltungstechnischer Sicht unzumutbar erscheint, pro Versicherungs(unter)zweig so viele Teilkollektive zu bilden, bis diese nach besagtem Kriterium als in sich völlig homogen anzusehen sind. Die Tiefe der Kollektiv-

61 Vgl. hierzu auch *Fey*, Dirk (Imparitätsprinzip 1987), S. 126 f. mit weiteren Nachweisen. Der geschilderte Sachverhalt belegt, daß der Grundsatz der Einzelbewertung seinen „ ... Ursprung im Vorsichtsprinzip ... " hat und verhindern soll, „ ... daß Wertminderungen und Werterhöhungen gegeneinander saldiert werden." *Budde*, Wolfgang Dieter; *Geißler*, Horst (Anmerkungen 1990), Anm. 22 zu § 252 HGB.

62 Siehe zu diesem Problemkreis auch die Ausführungen des Kapitels 3.1.1.1.

63 Vgl. *Sarx*, Manfred (Probleme 1985), S. 95. Im Gegenteil schließt *Sarx* an dieser Stelle sogar die Behandlung des Dauerschuldverhältnisses *Versicherungsvertrag* explizit aus.

64 Vgl. die näheren Ausführungen zum Problem der Kollektivbildung in Kapitel 3.1.1.1.

bildung findet somit ihre praktische Grenze in Praktikabilitäts- bzw. Kostenüberlegungen. Außerdem erweist sich gerade in Zweigen des Industriegeschäfts, in denen u.U. kein einziger Vertrag dem anderen völlig gleicht, eine Zusammenfassung streng homogener Verträge gar als unmöglich[65]. Eine strenge Einzelbewertung hingegen erscheint aus den gleichen pragmatischen Gründen, wie sie für das Massengeschäft gelten, auch hier nicht zumutbar. Allerdings könnte eine derartige Einzelbetrachtung ausnahmsweise dann angebracht und vom Bewertungsaufwand her vertretbar sein, wenn ein versichertes Einzelrisiko die übrigen Risiken des Bestandes erheblich überragt.

Wie oben festgestellt, setzen sich sowohl im Industrie- als auch im Massengeschäft die für die Bildung der Drohverlustrückstellung bewertungserheblichen Gefahrengemeinschaften im Regelfall aus nur annähernd, aber nicht vollständig homogenen Kontrakten zusammen. Dies ist n.A. des Verfassers vertretbar, ohne den oben aufgezeigten Verstoß gegen Imparitäts- und Realisationsprinzip hervorzurufen, da auch ein im Hinblick auf die Erfolgserwartung seiner Elemente nicht völlig homogenes Kollektiv als *ein* Wirtschaftsgut und damit *eine* Bewertungseinheit angesehen werden kann. Schließlich funktioniert der Risikoausgleich im Kollektiv, der vom Verfasser als Grundlage der Bildung einer Verlustrückstellung aus Versicherungsverträgen auf pauschalierender Basis angesehen wird, auch im Falle heterogener Verträge[66].

Die Saldierung positiver mit negativen Erfolgserwartungen aus verschiedenen Verträgen, die sich innerhalb eines nicht vollständig homogenen Kollektivs ergibt, führt zu einer Verlustrückstellung, die im Vergleich zu einer strengen Einzelbewertung insgesamt niedriger ist. Allerdings wird hierdurch kein zu positives und damit falsches Bild der Unternehmenslage vermittelt. Statt dessen ist es nur möglich, durch den Jahresabschluß ein den tatsächlichen Verhältnissen entsprechendes Bild der Lage eines Versicherungsunternehmens i.S.d. § 264 Abs. 2 HGB[67] zu vermitteln, wenn man Branchenspezifika - wie das Produktionsprinzip des Risikoausgleichs im Kollektiv - bei der Bewertung u.a. der Drohverlustrückstellung adäquat berücksichtigt. Andernfalls käme es zur Bildung von Passivposten in irrealer Höhe. Zudem würde eine strikte Einzelbewertung jedes Vertrags, die nicht den re-

---

65 Positiv zu werten ist allerdings die von Versicherungsverbänden vorgenommene Zusammenfassung derartiger Verträge zu verschiedenen Büchern bzw. Konten, die in sich relativ homogene Verträge enthalten. Siehe hierzu beispielhaft die Ausführungen *Albrechts* zur Aufteilung des Gesamtkollektivs der deutschen Industrie-Feuer-Versicherung aufgrund von unverbindlichen Prämienrichtlinien in Bücher und Konten. *Albrecht*, Peter (Deckungsbeiträge 1990), S. 3 ff., insbesondere S. 20 ff.

66 Vgl. das Untersuchungsergebnis *Albrechts*, der unter den dort erörterten Voraussetzungen zum Schluß eines kollektiven Risikoausgleichs (auch) im Falle in sich heterogener Kollektive gelangt. *Albrecht*, Peter (Ausgleich 1982), S. 514 ff. und 532 f.

67 Diese HGB-Norm gilt - wie die übrigen Vorschriften des allgemeinen Handelsrechts für *große Kapitalgesellschaften* - gemäß § 55 Abs. 3 S. 1 VAG zwingend auch für Versicherungsunternehmen, die nicht Kapitalgesellschaften sind. Zu den Ausnahmen dieser Grundsatzregelung siehe *Angerer*, August (Vorschriften 1989), S. 6 ff.

alen Gegebenheiten der kollektiven Produktionsweise entspricht, ohnehin eine Orientierung der Schätzung an den Ergebnissen früherer Vertrags*gruppen* mit sich bringen. Denn auch eine sehr aufwendige *Prognose* der Erfolgsrealisationen *einzelner* Kontrakte könnte nur auf der Basis einer *Diagnose* entsprechender *Kollektive* der Vergangenheit sinnvoll erfolgen. Schließlich sollte eine Analyse vergangener Erfolgsrealisationen ebenso wie eine darauf aufbauende Schätzung künftiger Erfolgsgrößen die reale Gegebenheit des kollektiven Produktionsprozesses adäquat berücksichtigen, indem sie sich nicht an Einzelverträgen orientiert.

Die Antizipation drohender Verluste im Rahmen der Zuführung zu einer Drohverlustrückstellung repräsentiert den obigen Ausführungen zufolge eine konkrete Ausprägung des Imparitätsprinzips und kann somit als Ausfluß des Vorsichtsprinzips angesehen werden. Jenes übergeordnete Prinzip der vorsichtigen Bewertung impliziert allerdings nicht nur die Ableitung und Anwendung von Imparitäts- sowie Realisationsprinzip *dem Grunde nach*. Es dient vielmehr ergänzend als Grundlage für die *Bewertung* von Bilanzposten, d.h. für die Bilanzierung *der Höhe nach*.

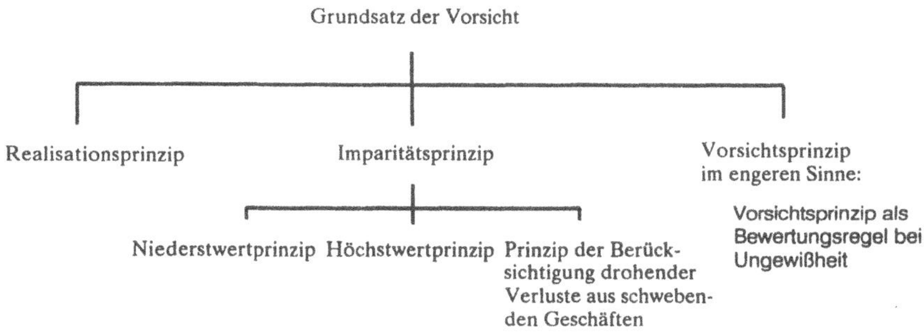

Abbildung 5: Der Grundsatz der Vorsicht

Im Zusammenhang mit der Rückstellung für drohende Verluste kommt dem *Vorsichtsprinzip im engeren Sinne* besondere Bedeutung zu, da die Bewertung jenes Passivpostens mit besonders hohen Risiken behaftet ist. Dies liegt darin begründet, daß sämtliche in die Ermittlung eines rückstellungspflichtigen Verlustsaldos eingehenden Erfolgsgrößen zukunftsbezogen[68] sind. Jene durchweg noch nicht realisierten negativen und positiven Erfolgsbeiträge sind folglich allesamt der Höhe nach zu schätzen. Dabei ist die Schätzung einzelner Aufwendungen und Erträge mit

68 Es wird damit vom Verfasser unterstellt, daß ausschließlich jene Aufwendungen und Erträge einbezogen werden dürfen und müssen, die auf den Zeitraum *nach* dem jeweils aktuellen Abschlußstichtag gerichtet sind. Vgl. zur Begründung dieser Auffassung Kapitel 3.1.3.2.

umso mehr Unwägbarkeiten verbunden, je ferner der Zeitraum, dem sie zuzuordnen sind, in der Zukunft liegt. Da die Ungewißheit der Zukunft häufig zu einem Intervall möglicher Werte führt, entsteht zusätzlich das Problem der Auswahl des Wertes mit der höchsten Eintrittswahrscheinlichkeit[69]. Dieses Zusatzproblem ist jedoch n.A. des Verfassers im speziellen Fall der Schätzung einer Rückstellung für drohende Verluste aus Versicherungsverträgen nicht gegeben; denn die Kollektivbezogenheit der Bewertung läßt hier die Reduktion der angenommenen Verteilung jener künftigen Erfolgsrealisationen auf den jeweiligen Erwartungswert zu.

Das Schätzrisiko einer jeden einzelnen Erfolgsgröße besteht in der Gefahr eines Abweichens der sich a posteriori realisierenden von den a priori erwarteten Werten. Erwiese sich der geschätzte und daraufhin zurückgestellte Verpflichtungsüberschuß im nachhinein als zu hoch im Vergleich zum realisierten Erfolgssaldo, so käme es dann zur Auflösung dieser *Schätzreserve* als Ergebnis einer Erfolgsverschiebung. Träte jedoch die ebenso denkbare gegenteilige Situation einer zu niedrig dotierten Rückstellung ein, müßte der fehlende Betrag durch eine nachträgliche Aufwandsverbuchung im Jahr der Verlustrealisation berücksichtigt werden. Damit wären im Jahr der Entstehung resp. Verursachung[70] jener Verpflichtungsüberschüsse zu wenig Erträge durch eine negativ erfolgswirksame Rückstellungszuführung vor dem Abfluß bewahrt worden. So hätten u.U. Gewinnausschüttungen auf der Basis des Handelsbilanzergebnisses stattgefunden, die in dieser Höhe aufgrund der tatsächlichen Unternehmenslage nicht gerechtfertigt gewesen wären. Auch wären wegen der Maßgeblichkeit des Rückstellungsansatzes der Handels- für den der Steuerbilanz im Jahr der zu niedrigen Zuführung Steuern in nicht gerechtfertigter Höhe abgeflossen und somit - zumindest temporär - der Liquiditätslage des (Versicherungs-) Unternehmens entzogen[71]. Die ex ante zurückgestellten und damit zurückbehaltenen Mittel reichten folglich nicht aus, den sich in Zukunft realisierenden Verpflichtungsüberschuß zu decken.

Diese Situation einer nicht ausreichenden finanziellen Vorsorge in der Ausprägung zurückgestellter Beträge zur Deckung künftiger Verlustrealisationen kann a priori mittels eines entsprechend „vorsichtigen" Rückstellungsansatzes vermieden oder wenigstens in ihrem Ausmaß reduziert werden. „Vorsichtig" bedeutet in diesem Zusammenhang einen Wertansatz, der über den geschätzten resp. erwarteten Verlustsaldo hinausgeht. Eine derartige, den Erwartungswert künftiger Verpflichtungsüberschüsse übersteigende Rückstellungsbildung erscheint gerechtfertigt, da Abweichungen der sich später realisierenden Größen von diesem Wert wegen der Ungewißheit der Zukunft die Regel sind. Demhingegen stellt eine Verlustrealisation

---

69 Vgl. hierzu *Baetge*, Jörg (Objektivierung 1970), S. 137 ff. mit weiteren Nachweisen.

70 Zur näheren Unterscheidung zwischen rechtlicher Entstehung und wirtschaftlicher Verursachung drohender Verluste siehe die Ausführungen in *Gail*, Winfried (Voraussetzungen 1987), S. 51 ff.

71 Die angedeuteten Effekte eines zu hohen Ertragsteuerabflusses und einer zu hohen Gewinnausschüttung entstehen freilich nur im Falle einer insgesamt positiven Erfolgslage.

exakt in Höhe des zuvor geschätzten Erwartungswertes eher den Ausnahmefall dar. Um möglichen negativen Abweichungen der Realisation vom Erwartungswert eines Verlustsaldos durch eine ausreichende finanzielle Vorsorge in Gestalt einer Drohverlustrückstellung vorzubeugen, erweist es sich somit als erforderlich, den geschätzten Wert zuzüglich eines Sicherheitszuschlags zu passivieren. Nur eine dergestalt erhöhte Rückstellungszuführung genügt der in § 252 Abs. 1 Nr. 4 HGB vorgeschriebenen „vorsichtigen Bewertung", deren Aufgabe insbesondere im Schutz der Gläubiger eines (Versicherungs-)Unternehmens besteht. Schließlich erscheint ein wirksamer Gläubigerschutz allenfalls dann gewährleistet, wenn u.a. künftig mögliche Verpflichtungen in hinreichendem Maße antizipiert wurden, um rechtzeitig einen die Unternehmenssubstanz und damit langfristig die Unternehmenssicherheit gefährdenden Abfluß liquider Mittel zu verhindern. Andernfalls, d.h. im Falle einer in Höhe des Erwartungswertes gebildeten Verlustrückstellung, werden die Gläubiger über die künftige Unternehmenslage zwar scheinbar „objektiver" informiert als beim zusätzlichen Ansatz eines nicht gesondert auszuweisenden Sicherheitszuschlags[72]. Doch wäre der bloße Erwartungswertansatz nicht geeignet, unternehmensexterne Publizitätsempfänger auf das vorstellbare Ausmaß einer denkbaren negativen Abweichung und auf die damit verbundenen Gefahren für den Fortbestand eines Unternehmens hinzuweisen.

Jene Probleme, die aus einer unzureichenden Verlustrückstellungsbildung resultieren, werden allerdings auch nicht durch eine „übervorsichtige", d.h. unrealistisch hohe Dotierung jenes Passivpostens vermieden. Denn eine betonte Überdotierung stellt einen eindeutigen Verstoß gegen den Grundsatz des § 264 Abs. 2 HGB dar, demzufolge „der Jahresabschluß der Kapitalgesellschaft ... ein den tatsächlichen Verhältnissen entsprechendes Bild der ... " Unternehmenslage zu vermitteln hat. Eine willkürliche Legung stiller Reserven liefe der vorgeschriebenen Vermittlung eines realitätskonformen Bildes der Erfolgs- wie auch der Vermögenslage eindeutig zuwider. Außenstehende Informationsempfänger erhielten ein zu pessimistisches Bild der Unternehmenssituation, während eine Auflösung der gebildeten stillen Rücklagen in späteren Perioden die Erfolgslage dann zu positiv darstellte. Die Informationsfunktion des handelsrechtlichen Jahresabschlusses und ein damit verbundener wirksamer Gläubigerschutz können folglich im Falle einer willkürlichen Bildung und Auflösung stiller Reserven nicht mehr als gewährleistet angesehen werden.

72 Zu den Gefahren, die gerade im Hinblick auf die Informationsfunktion des Jahresabschlusses für die Gläubiger infolge der Bildung und der Auflösung stiller Rücklagen bestehen, siehe *Leffson*, Ulrich (Grundsätze 1987), S. 84 ff. Eine vorsichtige, d.h. über Mittelwerte hinausgehende, Bewertung von (Schuld-)Rückstellungen, die dennoch nicht den Informationsgehalt für externe Leser des Jahresabschlusses reduziert, könnte allerdings gewährleistet werden, indem - kombiniert mit dem Mittelwert einer Bandbreite möglicher Werte - auch der Wert vom unteren Bandbreitenende bilanziert wird. Vgl. hierzu die näheren Ausführungen in *Baetge*, Jörg (Objektivierung 1970), insbesondere S. 153 ff. mit weiteren Nachweisen.

Aus den soeben aufgezeigten Argumenten kann gefolgert werden, daß die früher häufig in der Literatur geäußerte Auffassung[73], der Grundsatz der vorsichtigen Bewertung erfordere auf der Passivseite der Bilanz einen möglichst hohen Ansatz von der Höhe nach ungewissen Schulden, im Sinne einer wirksamen Wahrung der Funktionen der Handelsbilanz nicht haltbar ist[74]. Die damals vertretene Maxime, das Vorsichtsprinzip und somit der Gläubigerschutz seien umso besser gewahrt, je höher eine Rückstellung angesetzt ist, ist deshalb abzulehnen, weil die Gläubiger ab einer individuell verschiedenen Höhe jenes Passivpostens nicht mehr über die tatsächliche Lage des Unternehmens unterrichtet würden. Im Gegenteil führen willkürlich gebildete stille Rücklagen durch ihre ebenso willkürliche stille Auflösung zu einer Gefährdung der Gläubiger, da jenen frühzeitige Informationen über eine Verschlechterung der Erfolgslage vorenthalten werden[75]. So darf im Sinne einer vorsichtigen Bewertung nicht von der jeweils vorstellbaren pessimistischsten bzw. verlustbringendsten Annahme ausgegangen werden[76].

Orientiert sich ein Rechnung legendes (Versicherungs-)Unternehmen an den vorstehenden Ausführungen dieses Kapitels, so befindet es sich in einer schwierigen Situation. Denn einerseits soll es zusätzlich zum Erwartungswert eines Verlustsaldos eine Art „Sicherheitszuschlag" passivieren, da nur so dem Anspruch einer „vorsichtigen" Bewertung genügt wird; andererseits darf jener Zuschlag nicht zu hoch ausfallen, um den Gläubigern über die Handelsbilanz kein realitätsfremdes Bild der Unternehmenslage zu vermitteln und um willkürliche Steuerverschiebungen in künftige Geschäftsjahre über die Steuerbilanz zu verhindern.

Wie hoch jedoch der „optimale" Zuschlag ist, d.h. welches Maß an Vorsicht als sinnvoll bzw. als nach der Vorstellung des Gesetzgebers zwingend erforderlich, und welches darüber hinausgehende Maß damit als nicht mehr vertretbar angesehen werden kann, erscheint nicht pauschal festlegbar, sondern bedarf einer differenzierenden Betrachtung. Schließlich ergibt sich der im Rahmen einer Drohverlustrückstellung passivierungspflichtige Verlust aus der Saldierung von Erfolgsgrößen, die im Hinblick auf das Ausmaß der vorstellbaren Schwankungen um ihre Erwartungswerte sehr verschiedenartig sind. Deshalb wäre es nicht sachgerecht, einen erwarteten Verlustsaldo pauschal, d.h. unabhängig von seiner Zusammensetzung, mit einem beispielsweise prozentualen Sicherheitszuschlag zu versehen.

Diese Vorgehensweise könnte im Rahmen der Bewertung von Verbindlichkeitsrückstellungen im *engeren* Sinne, die *nur eine* Aufwandsart abbilden, akzeptiert werden, um somit der Gefahr eines negativen Abweichens des sich später realisie-

---

73 Zu dieser sog. *älteren Deutung* des Vorsichtsgrundsatzes siehe *Rückle*, Dieter (Vorsicht 1986), S. 408 mit weiteren Nachweisen.

74 Zur Beeinträchtigung der Jahresabschlußfunktionen durch so und anders gebildete stille Rücklagen siehe *Leffson*, Ulrich (Grundsätze 1987), S. 84 ff.

75 Vgl. *Jacobs*, Otto H. (Realisationsprinzip 1972), S. 173 ff.

76 Vgl. *Adler*, Hans; *Düring*, Walther; *Schmaltz*, Kurt (Rechnungslegung 1987 ff.), Tz. 70 zu § 252 HGB.

renden vom a priori erwarteten Aufwand angemessen zu begegnen. Eine vorsichtige Bewertung im Falle der Drohverlustrückstellung darf hingegen nicht einfach am Erwartungswert der Gesamtgröße ansetzen, sondern sollte der Unterschiedlichkeit der eingehenden Einzelerfolgsarten Rechnung tragen. Es kann schließlich für die Schwankungsbreite eines Verlustsaldos nicht gleichgültig sein, ob die in die Verrechnung einbezogenen Erfolgsbeiträge ihrem Charakter nach relativ exakt bestimmbar sind oder ob ihre Prognose mit größerer Unsicherheit behaftet ist. So unterliegt ein künftiger Verpflichtungsüberschuß, in dessen Ermittlung relativ hohe künftige Schadenaufwendungen eingehen, bezüglich seiner Realisation im Regelfall größeren Schwankungen als ein Verlustsaldo, in dessen Berechnung die geschätzten, verhältnismäßig deterministischen Betriebsaufwendungen mit einem relativ stärkeren Gewicht eingehen.

Folglich erscheint es angebracht, vor der Verrechnung der einzelnen Aufwandserwartungen jene mit einem individuellen Sicherheitszuschlag zu versehen und sie erst dann mit den geschätzten künftigen Erträgen zu saldieren. Diese Berücksichtigung der unterschiedlich starken Schwankungen um den Erwartungswert einzelner Aufwandsarten impliziert eine differenzierte Anwendung des Grundsatzes der vorsichtigen Bewertung. Jener Differenzierung kommt im speziellen Fall der Rückstellung für drohende Verluste aus Versicherungsverträgen besonders große Bedeutung zu, da die Erfolgsgrößen, die in die Berechnung eingehen, aufgrund branchenspezifischer Gegebenheiten stark unterschiedlichen Schätzrisiken ausgesetzt sind. So unterliegen - wie oben angedeutet - die stark zufallsabhängigen künftigen Schadenaufwendungen ebenso wie die damit eng verbundenen schadenabhängigen Betriebsaufwendungen in ihrer Vorausschätzung einer größeren Unsicherheit als die relativ deterministischen übrigen Betriebsaufwendungen sowie sämtliche eingehenden Ertragsgrößen. Demnach ist die Gefahr eines Abweichens der sich später realisierenden von den a priori geschätzten Werten bei den stärker zufallsabhängigen Erfolgsarten größer als bei den anderen.

Der oben vertretene Sicherheits**zu**schlag auf ungewisse künftige Aufwandsgrößen dient im Sinne einer Berücksichtigung zukünftiger *Risiken* einer vorsichtigen Bewertung. Analog zu diesen Risiken sind allerdings auch künftige *Chancen* vorsichtig abzuwägen, d.h. die für die Zukunft erwarteten Erträge sind - vor ihrer Saldierung mit den künftigen Aufwendungen - mit einem individuellen Sicherheits**ab**schlag vom geschätzten Erwartungswert zu versehen. „Vorsichtig bewerten" bedeutet demnach eine tendenziell *höhere* Berücksichtigung der geschätzten *Risiken*, während die prognostizierten *Chancen* sich eher *geringer* in der Rückstellungsbewertung niederschlagen.

Allerdings rechtfertigen zufallsbedingte Erfolgsschwankungen um einen Erwartungswert grundsätzlich noch keinen besonderen Zuschlag im Rahmen der Passivierung einer Verlustrückstellung; denn das *Zufallsrisiko* als Teil des versicherungstechnischen Risikos wird bereits durch die *Schwankungsrückstellung* bilanziell kompensiert[77]. Somit wäre ein Sicherheitszuschlag auf den zu erwartenden künftigen Schadenaufwand im Regelfall nicht mit der Begründung des Zufallsrisikos vertretbar, da er sich erhöhend auf einen zu passivierenden Verpflichtungsüberschuß im Rahmen einer Drohverlustrückstellung auswirkt, obgleich im Regelfall schon eine Berücksichtigung durch die Schwankungsrückstellung stattfindet. Folglich erfüllt bereits die Schwankungsrückstellung z.T. die Anforderungen des Vorsichtsprinzips, indem sie zufallsbedingte Schwankungen des Schadenbedarfs im Zeitablauf ausgleicht bzw. glättet. Eine auf denselben Zufallsschwankungen basierende Erhöhung der Verlustrückstellung über den erwarteten Schadenaufwand hinaus käme deshalb einer Doppelerfassung künftigen Aufwands gleich und ist somit auch unter dem Aspekt einer vorsichtigen Bewertung nicht gerechtfertigt. Die beschriebene Gefahr einer Mehrfacherfassung besteht allerdings ausnahmsweise dann nicht, wenn die Schwankungsrückstellung keinen oder einen im Einzelfall zu niedrigen Bestand aufweist und somit ihrer Aufgabe, dem Zufallsrisiko entgegenzuwirken, nicht oder nicht ausreichend gerecht wird. Hier sollte eine entsprechend erhöhte Verlustrückstellung dazu beitragen, nicht nur das Änderungsrisiko, sondern auch das Zufallsrisiko ganz oder teilweise abzudecken[78]. Allerdings gilt es zu bedenken, daß in praxi das versicherungstechnische Risiko kaum exakt in seine einzelnen Komponenten und deren Auswirkungen zerlegbar ist. Somit erweisen sich Überlegungen bezüglich einer Doppel- oder Nichterfassung einer Teilgröße zwecks Ermittlung der Vorsichtskomponente im Rahmen einer zu passivierenden Verlustrückstellung zwar als theoretisch angebracht, jedoch praktisch schwer umsetzbar.

Unabhängig von der jeweiligen Höhe der Schwankungsrückstellung, die der Kompensation des Zufallsrisikos dient, kommt der Rückstellung für drohende Verluste stets die Aufgabe zu, das Änderungs- resp. das Irrtumsrisiko abzudecken[79]. Damit dient auch die Verlustrückstellung stets der Abdeckung zumindest eines Teils des versicherungstechnischen Risikos. Durch diese Funktion, zusätzlich zu anderen Risiken ein dem Versicherungsbetrieb arteigenes, branchenspezifisches Risiko abzudecken, ist ein zu passivierender Verpflichtungsüberschuß in Versicherungsbilanzen regelmäßig einer höheren Unsicherheit ausgesetzt als Verlustsalden in den Jahresabschlüssen anderer Wirtschaftszweige. Folglich ist - bedingt durch jenes zusätzliche, spezifische Risiko - die Gefahr des Abweichens der Realisation einer Hauptaufwandskomponente, der Schadenaufwendungen, von ihrem Erwartungswert größer als dies bei den Hauptaufwandsgrößen anderer Branchen der Fall ist. Dieser Tatbestand rechtfertigt einen insgesamt höheren Sicherheitszuschlag im Rahmen

---

77 Vgl. hierzu die Ausführungen des Kapitels 2.3.1 sowie des Abschnitts 4.1.

78 Zum näheren Zusammenhang zwischen einzelnen Komponenten des versicherungstechnischen Risikos und ausgewählten versicherungstechnischen Rückstellungen siehe insbesondere die Ausführungen der Kapitel 2.3.1 sowie 4.1.2.

79 Vgl. *ebenda*.

der „vorsichtigen" Bewertung des passivierungspflichtigen Verlustsaldos in der Versicherungsbilanz im Vergleich zu anderen Wirtschaftszweigen.

Diese Forderung nach einer „besonderen Vorsicht", die bei der Bewertung versicherungstechnischen Fremdkapitals zu beachten ist, kann auch aus der wirtschaftszweigbezogenen Rechnungslegungsnorm des § 56 Abs. 3 VAG abgeleitet werden. So sind nach dieser Vorschrift versicherungstechnische Rückstellungen zu bilden, soweit „ ... dies nach vernünftiger kaufmännischer Beurteilung notwendig ist, um die dauernde Erfüllbarkeit der Verpflichtungen aus den Versicherungen sicherzustellen". Damit geht § 56 Abs. 3 VAG noch über die allgemeine handelsrechtliche Norm des § 253 Abs. 1 Satz 2 HGB hinaus[80], die ebenfalls die Rückstellungsbildung der Höhe nach auf den Betrag begrenzt, „ ... , der nach vernünftiger kaufmännischer Beurteilung notwendig ist". Die zusätzliche Forderung des lex specialis im Vergleich zum lex generalis kommt demzufolge in dem Nachsatz zum Ausdruck, durch die Bildung versicherungstechnischen Fremdkapitals die dauernde Erfüllbarkeit der gegenüber Versicherungsnehmern bestehenden vertraglichen Verpflichtungen sicherstellen zu müssen[81]. Durch diese ausdrückliche Kodifizierung der Kundeninteressen in einer branchenspezifischen Rechnungslegungsnorm mißt der Gesetzgeber dem Verbraucherschutz in der Assekuranz eine besonders hohe Bedeutung bei. Da die so geschützten Versicherungsnehmer in praxi regelmäßig die Hauptgläubigergruppe eines Versicherungsunternehmens repräsentieren, ist die Vorschrift des § 56 Abs. 3 VAG n.A. des Verfassers als Ausdruck eines besonders stark ausgeprägten Gläubigerschutzes zu interpretieren. Um diesen Gläubigerschutz zu gewährleisten, ist in bezug auf die Bemessung versicherungstechnischer Rückstellungen grundsätzlich eine noch größere Vorsicht anzuwenden als hinsichtlich der Bewertung anderer Rückstellungen[82]. Denn die gesetzlich geforderte Sicherstellung der dauernden Erfüllbarkeit der vertraglichen Verpflichtungen wird im speziellen Fall des Versicherungsvertrags dadurch erschwert, daß die Leistungskonkretisierungen schwieriger vorauszuschätzen sind als bei anderen Vertragsverhältnissen. Dies liegt in dem bereits oben angesprochenen Problem begründet, daß wegen des *versicherungstechnischen Risikos* die Schätzung der künftigen Leistungsgrößen, die in die Ermittlung eines u.U. drohenden Verlustes einzubeziehen sind, mit *zusätzlichen Unsicherheiten* im Vergleich zur Bemessung von Verlustrückstellungen in anderen Branchen behaftet ist.

---

80 Auch *Fricke* zufolge stellt § 56 Abs. 3 VAG „ ... eine Bewertungsvorschrift dar, die über den handelsrechtlichen Bewertungsrahmen hinausgeht". *Fricke*, Friedrich (Sonderfragen 1989), S. 639.

81 Dieser Nachsatz gebietet n.A. von *Schmidt/Frey* „ ... ein Mehr an Vorsicht als in anderen Wirtschaftszweigen ... ". *Schmidt*, Reimer; *Frey*, Peter (Kommentar 1989), Rdnr. 30 zu § 56 VAG.

82 So kann *Boetius* zufolge aus der Ergänzungsfunktion, die § 56 Abs. 3 VAG im Verhältnis zum allgemeinen Handelsrecht zuzusprechen ist, „ ... § 56 Abs. 3 VAG gegenüber dem allgemeinen Handelsrecht stets nur zu einer *höheren*, nicht zu einer niedrigeren Dotierung führen". *Boetius*, Jan (Anmerkungen 1950 ff.), Anm. 24 zu § 20 KStG.

Erklärte Zielsetzung der vorliegenden Arbeit ist es, Lösungsansätze zur Bewältigung grundlegender Probleme zu entwickeln, die mit der Bilanzierung der Rückstellung für drohende Verluste aus Versicherungsgeschäften verbunden sind. Da die Einbeziehung einzelner Bewertungsfaktoren dem Grunde nach bislang entweder umstritten war oder überhaupt nicht diskutiert wurde, sollte es Ziel dieser Arbeit sein, konkrete Vorschläge bezüglich der Berücksichtigung jener Sachverhalte anzubieten und somit zur Diskussion zu stellen. Detailprobleme bezüglich der Auswahl eines geeigneten Prognoseverfahrens sollten u.a. deshalb nicht behandelt werden, weil sich zuvor ein allgemeiner Konsens bezüglich der dem Grunde nach zu berücksichtigenden Bewertungsfaktoren gebildet haben müßte[83]. Denn erst wenn die Diskussion im Hinblick auf die Einbeziehungspflichten abgeschlossen ist, erscheint es sinnvoll, für den Ansatz jener Bewertungsfaktoren der Höhe nach geeignete Lösungen zu suchen. Trotz der dem Grunde nach bestehenden Unsicherheiten ist es das Verdienst von *Kayser* und *Rettig*, einen konkreten Quantifizierungsvorschlag hinsichtlich der Ermittlung der Drohverlustrückstellung in Versicherungsbilanzen unterbreitet zu haben[84]. Die dort als Prognosemethode vorgeschlagene *Zeitreihenanalyse* ermöglicht im Rahmen der Analyse von Daten vergangener Geschäftsjahre die Feststellung bestimmter Gesetzmäßigkeiten, die der Entwicklung einzelner Erfolgsarten in der Vergangenheit zugrunde lagen. Hieraus wird dann auf eine mögliche Fortschreibung der Zeitreihe in die Zukunft geschlossen. Aus den extrapolierenden Verfahren wird die *Methode der exponentiellen Glättung erster Ordnung mit Trend* als besonders geeignet hervorgehoben, um eine schnelle Anpassung an Trendänderungen und eine stärkere Gewichtung der jüngeren Daten einer Zeitreihe zu gewährleisten[85]. Anschließend wird das vorgeschlagene Verfahren durch ein Beispiel verdeutlicht. Aus Vereinfachungsgründen wird dabei ausschließlich auf Erträge und Aufwendungen des technischen Geschäfts Bezug genommen[86]. Die in den Kapiteln 2.1.2.1 sowie 3.1.1.2 der vorliegenden Arbeit geforderte Einbeziehung der Erfolgsbeiträge des nicht-technischen Geschäfts bleibt folglich außer Betracht. Eine Berücksichtigung jener Aufwendungen und Erträge hätte die Beispielrechnung gewiß erheblich komplizierter werden lassen, da vorab eine Aufschlüsselung jener Erfolgsbeiträge aus Kapitalanlagen, aus Abschreibungen auf die Betriebs- und Geschäftsausstattung, aus der Zuführung zu Pensionsrückstellungen etc. auf das hier untersuchte bewertungsrelevante Kollektiv hätte erfolgen müssen[87]. Die in Kapitel 3.2.2 dieser Arbeit vertretene Berücksichtigung der Erfolgsbeiträge, die dem untersuchten Erstversicherer aus seinen Rückversicherungsbeziehungen entstehen, findet

83 Vgl. die einleitenden Erörterungen des Abschnitts 1.2.

84 Siehe *Kayser*, Georg; *Rettig*, Wolfgang (Rückstellungen 1985), S. 250-253.

85 Vgl. *ebenda*, S. 251. Vgl. hierzu auch beispielhaft die formalen Ausführungen *Hüttners* zum *First Order Exponential Smoothing* und zu weiterentwickelten *Trendmodellen*. *Hüttner*, Manfred (Prognoseverfahren 1986), S. 55 ff.

86 Vgl. *Kayser*, Georg; *Rettig*, Wolfgang (Rückstellungen 1985), S. 251 f..

87 Siehe die näheren Ausführungen zur Einbeziehung der Erfolgsbeiträge aus dem nicht-technischen Geschäft in Kapitel 3.1.1.2.

implizit statt, indem *Kayser* und *Rettig* von *Netto*größen, d.h. Beiträgen sowie Aufwendungen für Versicherungsfälle und für den Versicherungsbetrieb „für eigene Rechnung" ausgehen[88].

Wie noch zu erörtern sein wird, stellt die Rückstellung für drohende Verluste eine primär zukunftsbezogene Bilanzposition dar[89]. Wenngleich es sinnvoll erscheint, die Prognose der künftigen Erfolgsbeiträge, die in ihre Berechnung eingehen, auf der Diagnose von Erfahrungswerten der Vergangenheit aufzubauen, darf der „Blick in die Zukunft" keinesfalls vernachlässigt werden. Die Anwendung eines schematisierten Prognoseverfahrens, das ausschließlich auf einer Analyse der Veränderungen vergangener Daten basiert, würde jedoch künftige Entwicklungen, die unabhängig von einem früheren Trend zu erwarten sind, außer Betracht lassen. So schlagen *Kayser* und *Rettig* vor, „ ... Veränderungen und Maßnahmen, die im Prognosejahr erstmalig wirksam werden, zusätzlich zu berücksichtigen ... "[90]. Der ursprünglich auf der Grundlage einer Vergangenheitsbetrachtung ermittelte Prognosewert soll um diese neuen Entwicklungen korrigiert werden, wobei die Korrektur in Abstimmung mit der jeweiligen Fachabteilung zu erfolgen hat[91]. Die Einbeziehung der zuständigen Fachabteilungen in den Prognoseprozeß erscheint n.A. des Verfassers besonders bedeutsam, weil das Hinzuziehen von Experten[92] das einer Schätzung anhaftende subjektive Element noch am besten ausfüllt. Schließlich impliziert die gesetzlich vorgeschriebene „vernünftige kaufmännische Beurteilung"[93] in ihrer Formulierung einen gewissen Ermessensspielraum[94] bezüglich der Bewertung von Rückstellungen, der von Fachleuten des Rechnung legenden Unternehmens am sachgerechtesten ausgefüllt werden kann. Denn dieser Personenkreis dürfte zweifellos über die besten internen Informationen verfügen, die zur Beurteilung der künftigen Erfolgslage einzelner (Teil-)Kollektive erforderlich sind. Demhingegen würde ein relativ starres Ermittlungsschema der Drohverlustrückstellung, das ausschließlich auf der Diagnose objektiv feststehender Vergangenheitsdaten basierte, der erforderlichen „vernünftigen kaufmännischen Beurteilung" nicht gerecht. Aus diesem Grund wäre es n.A. des Verfassers auch nicht vertretbar,

---

88 Vgl. *Kayser*, Georg; *Rettig*, Wolfgang (Rückstellungen 1985), S. 251; zu Art und Auswirkung der zwischen Erst- und Rückversicherer fließenden Erfolgsströme in bezug auf die Ermittlung einer Rückstellung für drohende Verluste aus der Sicht des Erstversicherers siehe Kapitel 3.2.2.

89 Vgl. insbesondere Kapitel 3.1.3. Vgl. auch die Erörterungen der Kapitel 2.1.1.3 sowie 4.2.2.2.

90 *Kayser*, Georg; *Rettig*, Wolfgang (Rückstellungen 1985), S. 252.

91 Vgl. *ebenda*.

92 Hier könnte eine Expertenbefragung im Sinne der sog. *Delphi-Methode* Anwendung finden. Eine praktische Anwendung dieses intuitiven Prognoseverfahrens in der Versicherungswirt-

93 Vgl. den oben erörterten Wortlaut der §§ 253 Abs. 1 Satz 2 HGB sowie 56 Abs. 3 VAG.

94 Eine extensive Auseinandersetzung mit der Formulierung „vernünftige kaufmännische Beurteilung" bietet *Westermann*, wenngleich jener Beitrag schwerpunktmäßig auf andere Normen des HGB eingeht, in denen diese Begriffsfolge Verwendung findet, als auf die im Kontext der vorliegenden Arbeit interessierenden Rückstellungsnormen. Siehe *Westermann*, Harm Peter (Beurteilung 1986), S. 351-365 mit weiteren Nachweisen.

in einer möglichen Anordnung des BAV zur Bildung der Rückstellung für drohende Verluste aus Versicherungsgeschäften ein starres Berechnungsschema vorzuschreiben, das - ähnlich der zur Zeit gültigen Anordnung zur Schwankungsrückstellung - dem gesetzlich geforderten individuellen kaufmännischen Ermessen keinen Raum mehr ließe[95].

Mit Skepsis betrachtet werden muß allerdings der Vorschlag von *Kayser* und *Rettig*, den Prognosezeitraum, der der Berechnung einer Drohverlustrückstellung aus Versicherungsverträgen zugrundezulegen ist, aus „pragmatischen Gründen" auf nur ein Geschäftsjahr zu begrenzen. Das angeführte Argument, eine Prognose sei mit um so größeren Unsicherheiten behaftet, je weiter sie in die Zukunft gerichtet ist[96], ist zwar zutreffend, vermag allerdings im Hinblick auf die Einhaltungspflicht des Imparitätsprinzips nicht zu überzeugen. Denn es liegt in der Zwecksetzung des Imparitätsprinzips, *sämtliche* für die Zukunft drohenden Verluste, die aus einem gegebenen Vertragsbestand zu erwarten sind, zu antizipieren. Eine vollständige Verlustantizipation muß sich jedoch auf die *gesamte Restlaufzeit* des jeweiligen bewertungsrelevanten Kollektivs beziehen[97]. Nur auf diese Weise ist es möglich, *alle* künftigen Aufwendungen und Erträge in die Saldierung, aus der sich u.U. ein drohender Verlust ergibt, einzubeziehen. Eine Berücksichtigung ausschließlich eines Jahres würde jedoch potentielle Verlustquellen, aber auch Gewinnchancen, die weiter in der Zukunft liegen, ignorieren. Da sich die Erfolgserwartung aus einem konkreten Kollektiv über die Jahre hinweg verstärken oder auch in das Gegenteil umkehren kann, dürfte die Bezugnahme auf nur ein Jahr zu einer im Einzelfall zu hohen oder zu niedrigen Drohverlustrückstellung führen. Demhingegen würden sich im Falle der Berücksichtigung der gesamten künftigen Restlaufzeit die bei dieser Vorgehensweise zu addierenden[98] Erfolgserwartungen der einzelnen Jahre kompensieren oder verstärken.

3.1.2.2. Voll- versus Teilkostenansatz

Ein im Schrifttum häufig diskutiertes Problem stellt die Frage dar, ob die Rückstellung für drohende Verluste aus schwebenden Geschäften auf der Basis von Voll-

95 Vgl. hierzu die Vorschläge des Verfassers in bezug auf den Charakter einer potentiellen künftigen BAV-Anordnung zur Rückstellung für drohende Verluste aus Versicherungsverträgen in Kapitel 4.1.2.

96 Vgl. *Kayser*, Georg; *Rettig*, Wolfgang (Rückstellungen 1985), S. 251.

97 Vgl. die Ausführungen zum bewertungsrelevanten Zeitraum in Kapitel 3.1.3.2.

98 Eine Addition von Erfolgsgrößen, die zu unterschiedlichen Zeitpunkten anfallen, wirft die Frage auf, ob diese Größen zwecks Herstellung ihrer Vergleichbarkeit vor der Einbeziehung in den Saldierungsprozeß auf einen gemeinsamen Bezugszeitpunkt abzuzinsen sind oder nicht. Zur Beantwortung dieser Frage sei an dieser Stelle auf Kapitel 3.1.2.3 verwiesen.

oder nur von Teilkosten[99] zu ermitteln ist. Um der Bedeutung dieser Problematik Rechnung zu tragen, soll im laufenden Kapitel eine derartige kostenorientierte Betrachtung ausschließlich der negativen Erfolgskomponenten, die bei der Ermittlung eines Verlustsaldos zu berücksichtigen sind, erfolgen[100]. Die Vertreter eines Teilkostenansatzes sprechen sich für eine Berechnung der Drohverlustrückstellung ausschließlich auf der Grundlage der variablen Kosten aus, d.h. die Einbeziehung fixer Kosten wird abgelehnt[101]. Für diesen Standpunkt spricht, daß unter der gegenteiligen Annahme eines Vollkostenansatzes ein Unternehmen, dem es gelingt, eine beschäftigungsarme Zeit durch die Annahme nicht-kostendeckender Aufträge zu überbrücken, bilanziell schlechter dastünde als ein anderes Unternehmen, dem dies in der gleichen Situation nicht gelingt. So hätte das erstgenannte Unternehmen eine Verlustrückstellung zu bilden, da die Vollkosten voraussichtlich nicht durch entsprechende Erträge gedeckt werden, obwohl es mittels der abgeschlossenen Geschäfte seine variablen Kosten und zumindest einen Teil der Fixkosten deckt. Schließlich fallen die *fixen Kosten* als der „ ... Teil der Gesamtkosten, der für die Erhaltung der Betriebsbereitschaft aufgewendet wird"[102], kurzfristig auch bei einer Produktion von Null an, weshalb der Abschluß nicht voll, aber doch teilkostendekkender Geschäfte grundsätzlich positiv zu werten wäre. Denn der Abschluß eines Geschäfts, dessen Erlös über die variablen Kosten hinaus voraussichtlich einen Teil der Fixkosten deckt, verbessert die künftige Erfolgslage[103] im Vergleich zur Nichtauslastung der bestehenden Produktionskapazitäten. Im Gegensatz zum ersten ist das oben an zweiter Stelle genannte Unternehmen im Falle der Vollkosten-Alternative nicht verpflichtet, eine Rückstellung für drohende Verluste zu bilden, weil es ihm nicht gelungen ist, ein zumindest teilweise kostendeckendes (schwebendes) Geschäft abzuschließen[104]. Folglich würde im Falle der Ermittlung einer Drohverlustrückstellung auf Vollkostenbasis das erste Unternehmen höhere Verpflichtungen passivieren als das zweite, obwohl die tatsächliche Lage des zweiten Unternehmens, bedingt durch die Nichtdeckung wenigstens eines Teils der fixen Kosten, (noch) schlechter sein wird, als die des ersten.

---

99 Bedingt durch den pagatorischen Charakter der deutschen Rechnungslegungsvorschriften sind bei der Bewertung von Drohverlustrückstellungen nur *aufwandsgleiche Kosten* zu berücksichtigen. Vgl. hierzu auch die auf Sachleistungsverpflichtungen bezogene zustimmende Äußerung in *Küting*, Karlheinz; *Kessler*, Harald (Kostenbegriff 1989), S. 694 f. mit weiteren Nachweisen.

100 Dabei gilt es stets zu bedenken, daß die Verlustrückstellung letztlich nur den Betrag abbildet, um den künftige Erträge durch entsprechende negative Erfolgserwartungen - bezogen auf eine Bewertungseinheit - voraussichtlich überstiegen werden.

101 Diese Auffassung wurde bereits im Jahr 1938 durch *Vellguth* vertreten. Siehe *Vellguth*, Hans Karl (Grundsätze 1938), S. 104 f. Gleichgerichtet äußern sich u.a. *Albach*, Horst (Rückstellungen 1967/68), S. 355 ff. und *Friederich*, Hartmut (Grundsätze 1976), S. 66 ff. Demhingegen sprechen sich u.a. *Döllerer*, Georg (Bilanzierung 1974), S. 1543 sowie *Eifler*, Günter (Rückstellungen 1976), S. 131 für einen Ansatz der Drohverlustrückstellung auf *Vollkostenbasis* aus.

102 *Heinen*, Edmund (Kostenlehre 1983), S. 456.

103 Vgl. *Friederich*, Hartmut (Grundsätze 1976), S. 67.

104 Vgl. zu dieser Argumentation die umfassenden Ausführungen in *Forster*, Karl-Heinz (Rückstellungen 1971), S. 394 f. mit weiteren Nachweisen.

Gegen das oben dargelegte Argument, das für eine Ermittlung der Verlustrückstellung auf Teilkostenbasis angeführt wird, spricht allerdings die Gefahr, daß das erste Unternehmen aufgrund des Abschlusses nicht voll, aber doch teilkostendekkender Verträge seine Produktionskapazitäten auslastet und sie somit für andere Geschäfte blockiert[105]. Das zweite Unternehmen hätte demhingegen wegen der Nichtannahme teilkostendeckender Geschäfte die Möglichkeit, sich zwischenzeitlich ergebende Verträge abzuschließen, deren Kosten voraussichtlich in vollem Umfang gedeckt sein würden[106]. Unter diesem Gesichtspunkt ist zweifelsfrei die Berechnung der Drohverlustrückstellung auf Vollkostenbasis der Teilkostenmethode vorzuziehen[107]. Allerdings wird dieses gegen die Teilkosten-Alternative sprechende Argument in bezug auf den speziellen Fall der Verlustrückstellung aus Versicherungsverträgen durch ein Branchenspezifikum entkräftet. Denn die Annahmekapazität eines Versicherungsunternehmens im Hinblick auf zu deckende Risiken kann verhältnismäßig schnell an Beschäftigungsschwankungen angepaßt werden[108]. Vor allem ist es möglich, die sog. *Zeichnungskapazität* eines Versicherers relativ kurzfristig zu erweitern, indem Teile der zusätzlich übernommenen Risiken an einen Rückversicherer weitergegeben werden[109]. Aufgrund dieser Möglichkeit, die Kapazitäten, die für den Abschluß von Verträgen mit Versicherungsnehmern[110] erforderlich sind, zu erweitern, stellt eine Blockade vorhandener Produktionskapazitäten durch den Abschluß nur zum Teil kostendeckender Verträge kein Problem dar. Somit ist das ansonsten, d.h. bei anderen schwebenden Verträgen berechtigte Argument, der Abschluß nicht vollständig kostendeckender Verträge verhindere die Nutzung der auf diese Weise beanspruchten Kapazität zur Annahme lukrativerer Geschäfte, die sich später ergeben, auf den Sonderfall des Versicherungsvertrags nicht anwendbar.

---

105 Vgl. u.a. *Schönnenbeck*, Hermann (Auftrag 1963), S. 143.

106 *Forster* spricht unter diesen Umständen zurecht von einem falschen Bild der Unternehmenslage, das durch eine Bewertung auf der Grundlage (ausschließlich) der variablen Kosten vermittelt wird. Vgl. *Forster*, Karl-Heinz (Rückstellungen 1971), S. 394.

107 Da offensichtlich sowohl Argumente für einen Ansatz nur der variablen Kosten als auch für einen Ansatz der vollen Kosten sprechen, hat sich als dritte im Schrifttum vertretene Auffassung ein *Wahlrecht* zwischen beiden Alternativen herausgebildet. Vgl. zu den Problemen, die mit diesem Wahlrecht verbunden sind, *Adler*, Hans; *Düring*, Walther; *Schmaltz*, Kurt (Rechnungslegung 1987 ff.), Tz. 219 zu § 253 HGB mit weiteren Nachweisen.

108 Ähnlich äußert sich *Karten*. Vgl. *Karten*, Walter (Drohverlustrückstellung 1973), S. 1427.

109 Zur relativ großen praktischen Bedeutung des Zieles, durch Rückversicherungsnahme die eigene Zeichnungskapazität zu erhöhen, siehe die Ergebnisse der empirischen Untersuchung *Heltens* zu den Zielstrukturen von Rückversicherungsentscheidungen deutscher Schaden- und Unfallversicherer. Siehe *Helten*, Elmar (Zielstrukturen 1983), S. 952; siehe auch *derselbe* (Nutzen 1984), S. 57 ff.

110 Auch Unternehmen, die ausschließlich das Rückversicherungsgeschäft betreiben (sog. *professionelle Rückversicherer*), d.h. ausschließlich Verträge mit anderen Versicherungsunternehmen abschließen, können ihre Kapazität erweitern, indem sie selbst Rückversicherung nehmen (sog. *Retrozession*). Siehe hierzu Kapitel 3.2.2.

Eine Zugrundelegung ausschließlich der Teilkosten wäre allerdings mit dem Problem verbunden, einzelne Kostenkomponenten als variabel und die anderen als fix klassifizieren zu müssen. Da dies nicht in jedem Fall zweifelsfrei möglich ist, hält *Forster* „gewisse Generalisierungen" für unvermeidlich; der „überwiegende Charakter" der jeweiligen Kosten sei im Zweifel ausschlaggebend[111]. Den Ausführungen *Forsters* ist insoweit zuzustimmen, als sie auf wesentliche Schwierigkeiten hinweisen, die mit der Berücksichtigung allein der variablen Kosten verbunden sind. Aus diesen Problemen heraus ist n.A. des Verfassers eine reine Teilkostenberücksichtigung abzulehnen, da die Verallgemeinerungen, die von *Forster* für die Teilkosten-Alternative zurecht als unvermeidlich angesehen werden, u.U. mit erheblichen Unsicherheiten auf seiten des Bilanzierenden verbunden wären. Jenes Willkürelement läßt sich durch die Zugrundelegung der Vollkosten vermeiden, weil hier keine derartigen Einteilungsprobleme von Teilkostengrößen in fixe und variable Komponenten bestehen. Allerdings existiert bei Anwendung der Vollkosten-Alternative die Schwierigkeit, Gemeinkosten nach einem festzulegenden Schlüssel den einzelnen für die Drohverlustrückstellung aus Versicherungsgeschäften bewertungsrelevanten Vertragskollektiven zuordnen zu müssen[112].

Ein anderer Tatbestand spricht wiederum für die Einbeziehung der vollen Kosten in die Saldierung, die der Berechnung eines u.U. drohenden Verlustes aus Versicherungsverträgen dient. So argumentiert *Sarx*, wegen der andersartigen Bedeutung der fixen Kosten bei Dauerschuldverhältnissen sei die Teilkosten-Alternative in diesen Fällen in der Regel nicht sinnvoll[113]. Unter Bezugnahme auf *Sarx* schließt sich die Kommentierung in *Adler/Düring/Schmaltz* dieser Auffassung an und spricht sich ebenfalls dafür aus, daß bei Dauerschuldverhältnissen im Regelfall nur die Berücksichtigung der Vollkosten als sinnvoll in Frage kommt[114]. Fraglich ist allerdings, ob der von *Sarx* beschriebene „Regelfall", in dem nur die Vollkosten-Alternative sinnvoll erscheint, auch auf den speziellen Fall des Versicherungsvertrags übertragbar ist. Denn obgleich es sich auch bei diesem Vertrag um ein Dauerschuldverhältnis handelt, kommt dem Fixkostenanteil im Rahmen der Erstellung von Versicherungsschutz u.U. eine erheblich geringere Bedeutung zu, als in den

---

111 Vgl. *Forster*, Karl-Heinz (Rückstellungen 1971), S. 395 mit weiteren Nachweisen.

112 *Zahn* beklagt in einem allgemeineren Kontext die seiner Auffassung nach geringe Aussagefähigkeit der Vollkostenrechnung, die er auf die Unmöglichkeit einer verursachungsgemäßen Zurechnung von Gemein- und Fixkosten auf die Kostenträger zurückführt. Vgl. *Zahn*, Erich (Kalkulation 1981), Sp. 845 f. Jene im Zusammenhang mit Fragen der Kalkulation aufgezeigte Problematik besteht in gleicher Weise bezüglich der hier erörterten Bewertungsfragen der Drohverlustrückstellung. Zum Problem der Gemeinkostenzurechnung auf einzelne (Teil-)-Kollektive von Versicherungsverträgen siehe auch die Ausführungen der Kapitel 3.1.1.2 sowie 3.2.2.

113 Vgl. *Sarx*, Manfred (Probleme 1985), S. 107.

114 Vgl. *Adler*, Hans; *Düring*, Walther; *Schmaltz*, Kurt (Rechnungslegung 1987 ff.), Tz. 225 zu § 253 HGB.

von *Sarx* beispielhaft genannten Miet- und Leasingverträgen[115]. So besitzt zwar ein Großteil der in Versicherungsunternehmen anfallenden Betriebsaufwendungen Gemeinkostencharakter. Vor allem die im Innendienst anfallenden Verwaltungskosten sind als *kurz*fristig *fix* zu charakterisieren. Allerdings erweisen sich jene (Verwaltungs-)Gemeinkosten in einer *lang*fristigen Betrachtung im wesentlichen als *variabel*, da auch im Versicherungsbetrieb entstehende Kosten, die kurzfristig fix sind, im Zeitverlauf an Beschäftigungsschwankungen - insbesondere durch Maßnahmen der Personalaufstockung oder des Personalabbaus - anpaßbar sind. Somit ist im Falle einer Drohverlustrückstellung, die auf der Grundlage der durchschnittlichen Restlaufzeit eines Vertragskollektivs[116] gebildet wird, von einem im wesentlichen variablen Charakter der kurzfristig als fix anzusehenden Verwaltungskosten auszugehen. Denn jene Restlaufzeit umfaßt in der Regel mehrere Perioden, so daß ein Großteil der Aufwendungen für den Innendienst über diesen Zeitraum hinweg als variabel zu kennzeichnen ist. Je länger die zu berücksichtigende Restlaufzeit im Falle des jeweiligen Kollektivs ist, desto größere Teile der erwarteten Betriebsaufwendungen für den *Innen*dienst nehmen den Charakter variabler Kosten an[117].

Die Betriebsaufwendungen für den *Außen*dienst, die in die Berechnung einer Rückstellung für drohende Verluste eingehen, sind stets, d.h. auch kurzfristig betrachtet, variabel, da sie mit dem wirksamen Bestehen eines Versicherungsvertrags anfallen und mit seinem Ablauf entfallen. Auch die voraussichtlichen künftigen Schadenaufwendungen können keinesfalls als fix bezeichnet werden; sie sind im Gegenteil, bedingt durch das branchenspezifische versicherungstechnische Risiko[118], vom Zufall abhängig und folglich auch kurzfristig variabel. Zudem sind die Schadenaufwendungen konkreten Vertragsverhältnissen im einzelnen als Leistungskonkretisierung zurechenbar, weshalb es sich um Einzelkosten handelt. Hiergegen spricht auch nicht die kollektive Betrachtungsweise, die der Berechnung einer Verlustrückstellung im Spezialfall des Versicherungsvertrags zugrundegelegt wird[119]. Denn die Zusammenstellung dieser Kollektive sollte nach dem Vorschlag des Verfassers so erfolgen, daß jeweils nur Verträge mit gleicher oder zumindest sehr ähnlicher Einzelerfolgserwartung gemeinsam betrachtet werden[120]. Nur so

---

115 Zudem schließt *Sarx* noch vor seinen Ausführungen zur Kostenproblematik die Behandlung der Besonderheiten, die mit dem Dauerschuldverhältnis *Versicherungsvertrag* verbunden sind, explizit aus. Vgl. *Sarx*, Manfred (Probleme 1985), S. 95.

116 Zur Bestimmung des Zeitraums, der für eine Drohverlustrückstellung aus Versicherungsverträgen bewertungsrelevant ist, siehe die Ausführungen des Kapitels 3.1.3.2.

117 Ähnlich äußert sich in einem allgemeineren Zusammenhang *Karten*. Vgl. *Karten*, Walter (Drohverlustrückstellung 1973), S. 1427.

118 Siehe hierzu insbesondere Kapitel 2.3.1. Siehe auch die Kapitel 4.1.1.1 sowie 4.1.2.

119 Zur Rechtfertigung der kollektiven Ermittlung der Verlustrückstellung in diesem Spezialfall siehe Kapitel 3.1.1.1.

120 Vgl. hierzu die ausführliche Erörterung dieser Problematik in Kapitel 3.1.1.1. Vgl. auch Kapitel 3.1.2.1.

können Verstöße gegen Realisations- und Imparitätsprinzip vermieden werden, wie sie im Falle einer kollektiven Saldierung gegenläufiger Einzelerfolgserwartungen zwangsläufig stattfänden[121]. Je größer ein Kollektiv, das aus Verträgen gleichgerichteter Erfolgserwartungen besteht, ist, desto größer ist die absolute Gesamterfolgserwartung[122] und auch die Gesamt*schaden*erwartung aus dieser Gefahrengemeinschaft. Folglich erweisen sich die zu erwartenden Schadenkosten auch im Falle kurzfristig eintretender Änderungen der jeweiligen Kollektivgröße als variabel.

In Kapitel 3.1.1.2 wurde die Auffassung vertreten, daß auch die künftigen Erfolgsbeiträge des nicht-technischen Geschäfts in die Berechnung einer Rückstellung für drohende Verluste aus Versicherungsverträgen einzubeziehen sind. Den betreffenden Aufwendungen ist durchweg der Charakter von Gemeinkosten zuzusprechen, die im Falle einer Berücksichtigung der Vollkosten über einen Zurechnungsschlüssel den einzelnen bewertungsrelevanten Kollektiven zugeschlagen werden müssen. So fallen beispielsweise die Abschreibungen auf Kapitalanlagen oder auf Gegenstände der Betriebs- und Geschäftsausstattung oder auch die Zuführungen zu Pensionsrückstellungen für eigene Mitarbeiter im Versicherungsbetrieb im allgemeinen ohne direkten Bezug zu einem konkreten Kollektiv von Versicherungsverträgen an. Diese Kosten können zwar - von außerplanmäßigen Abschreibungen abgesehen - kurzfristig als „relativ fix" angesehen werden, erweisen sich jedoch bei einer mehrjährigen Zukunftsbetrachtung, ebenso wie die oben beschriebenen Aufwendungen des technischen Geschäfts, als variabel.

Wie in Kapitel 3.2.2 zu erörtern sein wird, sind auch die Kosten der Rückversicherungsnahme in die Ermittlung drohender Verluste eines (Erst-)Versicherungsunternehmens einzubeziehen. Auch hierbei handelt es sich um Kosten, die sich aufgrund später möglicher Rückversicherungsprovisionen und Gewinnbeteiligungen[123] für den Erstversicherer nachträglich verringern und deshalb ebenfalls nicht über einen allenfalls kurzen Zeitraum hinaus als fix bezeichnet werden können. Üblicherweise kommt es in praxi ohnehin zu einer jährlichen Konditionenanpassung bzw. -erneuerung zwischen Erst- und Rückversicherer; schon aus diesem Grund kann nicht für die Berechnung einer Verlustrückstellung, die sich auf ein Kollektiv mit einer im Durchschnitt *mehr*jährigen Restlaufzeit bezieht, von Rückversicherungskosten ausgegangen werden, die über den gesamten Bewertungszeitraum fix sind.

---

121 Vgl. insbesondere die Ausführungen des Kapitels 3.1.2.1. Vgl. auch Kapitel 3.1.1.1.

122 Abgesehen sei hier vom Sonderfall einer Erfolgserwartung der einzelnen Verträge von jeweils Null. In diesem Fall bliebe die absolute Gesamterfolgserwartung trotz einer sich verändernden Kollektivgröße ebenfalls gleich Null.

123 Zur Auswirkung von Rückversicherungsprovisionen und Gewinnbeteiligungen auf die künftige Erfolgslage des Erstversicherers und auf die daraus resultierende Höhe u.U. drohender Verluste siehe die Ausführungen des Kapitels 3.2.2.

Wie aus den vorangegangenen Ausführungen hervorgeht, handelt es sich bei den künftigen Aufwendungen, die in die Ermittlung einer Verlustrückstellung aus Versicherungsverträgen einzubeziehen sind, über den bewertungsrelevanten Zukunftszeitraum betrachtet und z.T. sogar kurzfristig gesehen im wesentlichen um *variable* Kosten[124]. Folglich kann anstatt einer Teilkosten-Einbeziehung, die auf derart umfangreiche variable Kosten abstellt, auch gleich vom Vollkosten-Ansatz ausgegangen werden.

Für einen Ansatz der Drohverlustrückstellung zu Vollkosten spricht ferner die Zwecksetzung des Imparitätsprinzips, mittels dieses Passivpostens Verpflichtungsüberschüsse, die für die Zukunft zu erwarten sind, vollständig zu antizipieren[125]. Anderer Auffassung ist *Friederich*, der in einem schwebenden Geschäft, das zwar nicht die vollen, aber doch mehr als die variablen Kosten deckt, eine Verbesserung des Ergebnisses der Folgeperiode sieht; er hält es deshalb nicht für zweckgerecht im Sinne des Imparitätsprinzips, trotz der zu erwartenden *Ergebnisverbesserung* einen *Verlust* zu antizipieren[126]. *Friederich* ist insoweit zuzustimmen, als die Auslastung der Kapazitäten durch Verträge, deren variable und z.T. auch fixe Kosten gedeckt sind, die künftige Erfolgslage im Vergleich zum Produktionsstillstand verbessert. Allerdings äußert sich diese „Verbesserung" lediglich in einer Reduktion des erwarteten Verlustsaldos. Denn ein Teil der (Fix-) Kosten ist nach wie vor ungedeckt, was eine Rückstellungspflicht des daraus drohenden Verlustsaldos aus dem Imparitätsprinzip heraus begründet. Denn weder das in § 252 Abs. 1 Nr. 4 1. Halbsatz HGB als zwingende Norm verankerte Imparitätsprinzip noch die in § 249 Abs. 1 S. 1 HGB kodifizierte spezielle Ausprägung dieses Prinzips in Form der Bildung von Verlustrückstellungen lassen ihrem Wortlaut nach eine Einschränkung der geforderten Verlustantizipation zu. Die gesetzliche Verpflichtung zur Vorwegnahme von Verpflichtungsüberschüssen besteht demnach uneingeschränkt, d.h. sie bezieht sich ungeteilt auf alle künftigen Kostengrößen, die den rückstellungspflichtigen Verlustsaldo der Höhe nach bestimmen. Eine Beschränkung auf die variablen Kosten führte hingegen zu einer unvollständigen Antizipation drohender Verluste, da auch die zukünftigen fixen Kosten erhöhend in einen Verpflichtungsüberschuß, der sich voraussichtlich in Zukunft realisieren wird, eingehen[127]. Um im Sinne des Imparitätsprinzips eine *verlustfreie Bewertung* künftiger Perioden zu ermöglichen, müssen folglich *sämtliche* Komponenten eines erwarteten Verlustes der Drohverlustrückstellung zugeführt werden. Demhingegen stünde eine Nichtberücksichtigung fixer Kosten im Rahmen der Ermittlung von Verlustrückstellungen der umfassenden Zukunftsvorsorge, die das Imparitätsprinzip zu gewährleisten hat, entgegen.

---

124 Auch *Karten* geht davon aus, daß nur ein sehr geringer Teil der gesamten Aufwendungen eines Versicherungsunternehmens - unter Bezugnahme auf den für die Verlustrückstellung bewertungsrelevanten Zeitraum - noch den fixen Kosten zuzurechnen ist. Vgl. *Karten*, Walter (Drohverlustrückstellung 1973), S. 1427 f.

125 Vgl. Kapitel 3.1.2.1.

126 Vgl. *Friederich*, Hartmut (Grundsätze 1976), S. 67.

127 Vgl. *Eifler*, Günter (Rückstellungen 1976), S. 131.

Nach Abwägung aller vorgetragenen Argumente gelangt man zu dem Ergebnis, daß die gewichtigeren Gründe für einen Ansatz der Rückstellung für drohende Verluste - im allgemeinen und bezogen auf den Spezialfall des *Dauerschuldverhältnisses Versicherungsvertrag* - auf der Basis von *Vollkosten* sprechen.

3.1.2.3. Die Abzinsungsproblematik

Nachdem bereits erörtert wurde, welche zukunftsbezogenen Erfolgsgrößen in die Ermittlung der Rückstellung für drohende Verluste aus Versicherungsverträgen einzubeziehen sind, ergibt sich das Folgeproblem, ob - und gegebenenfalls wie - der unterschiedliche zeitliche Anfall dieser Beträge berücksichtigt werden kann bzw. muß. Schließlich hat die Bewertung jenes Passivpostens mit Bezug auf den *jeweiligen Bilanzstichtag*[128] zu erfolgen, weshalb die zu schätzenden künftigen Aufwendungen und Erträge trotz ihres zeitlichen Auseinanderliegens zu diesem Gegenwartszeitpunkt miteinander verrechnet werden. Es ist im bilanzrechtlichen Schrifttum nach wie vor umstritten, ob und inwiefern in diesem Kontext dem *verschiedenartigen Zeitbezug* der eingehenden Erfolgserwartungen Rechnung zu tragen ist. So äußerte sich eine zeitlich undifferenzierte Betrachtung in einer bloßen Addition negativer und positiver Erfolgsbeiträge, die voraussichtlich zu unterschiedlichen Zeitpunkten anfallen werden. Damit würden Zahlen saldiert, obwohl sie aufgrund ihres divergierenden Zukunftsbezugs unterschiedlicher Qualität und folglich nicht einfach miteinander vergleichbar sind. Demhingegen führt eine *Abzinsung* der einzelnen Leistungs- und Gegenleistungsgrößen auf den gemeinsamen Bezugszeitpunkt, den aktuellen Abschlußstichtag, zu einer nach zeitlichen Kriterien differenzierten Berücksichtigung künftiger Erfolgserwartungen. So gehen Ansprüche und Verpflichtungen mit um so geringerem quantitativen Gewicht in die Bemessung einer Drohverlustrückstellung ein, je weiter sie in der Zukunft liegen[129], da sich der Diskontierungszeitraum entsprechend vergrößert. Als positive Nebenwirkung ist dabei n.A. des Verfassers anzusehen, daß diejenigen Erfolgsbeiträge, die der Höhe oder gar dem Grunde nach mit den größten Unsicherheiten behaftet sind, weniger stark berücksichtigt werden. Denn je weiter Erfolgsgrößen in der Zukunft liegen, mit umso mehr Unwägbarkeiten ist ihre spätere Realisation und vorab die Schätzung ihrer Höhe behaftet.

Das Hauptargument, das insbesondere von der höchstrichterlichen Finanzrechtsprechung zugunsten der Abzinsung von Verlust- wie auch von Verbindlichkeitsrückstellungen im engeren Sinne vorgetragen wird, ist jedoch ein anderes. So befürwortet bzw. fordert der BFH stets dann die Abzinsung einer Verbindlichkeit,

---

128 Zur Bedeutung des (jeweiligen) Bilanzstichtages für die Bewertung einer Rückstellung für drohende Verluste aus Versicherungsgeschäften siehe die näheren Ausführungen des Kapitels 3.1.3.

129 Vgl. u.a. *Friederich*, Hartmut (Grundsätze 1976), S. 74.

sofern diese (Geld-)Schuld unverzinslich[130] ist, da der so ermittelte Bar- bzw. Zeitwert der Verbindlichkeit ihrem steuerlich relevanten Teilwert entspricht[131]. Auch gemäß Abschn. 38 Abs. 3 EStR 1987 ist die Abzinsung sämtlicher unverzinslicher Geldschulden zwingend. Der sich so ergebende Barwertansatz einer Rückstellung ist sodann im Zeitablauf auf den Erfüllungsbetrag der Geldleistungsverpflichtung zu erhöhen[132]. N.A. von *Groh*, der sich mit der Verwaltungsanweisung des Abschn. 38 Abs. 3 EStR 1987 sowie mit einschlägigen Entscheidungen der höchstrichterlichen Finanzrechtsprechung auseinandersetzt, sind (Verbindlichkeits-)Rückstellungen u.a. dann abzuzinsen, wenn im Erfüllungsbetrag ein *Zinsanteil* enthalten ist[133]. Sind also schwebende Verträge bedingt durch ihre künftigen Erfüllungszeitpunkte, die in bezug auf die Erbringung von Leistung und Gegenleistung divergieren, zugleich mit einem *Kreditgeschäft* verbunden, so ist diesem Tatbestand auch bei der Bewertung einer stichtagsbezogenen Drohverlustrückstellung Rechnung zu tragen. Denn selbst wenn das Kreditgeschäft im Rahmen des schwebenden Vertrags keine ausdrückliche Erwähnung findet und folglich kein Zins zwischen den Vertragspartnern explizit vereinbart ist, kann doch unter Zugrundelegung einer wirtschaftlichen Betrachtungsweise von einer einkalkulierten Verzinsung ausgegangen werden. Schließlich wird es einem rational agierenden Kaufmann nicht gleichgültig sein, ob er im Falle eines schwebenden Absatzgeschäftes die Gegenleistung des Kunden bei Vertragsbeginn erhält, oder ob er diesem ein Zahlungsziel einräumt. Im letzteren Fall könnte die Forderung auf seiten des leistenden Unternehmens nur mit dem auf den jeweiligen Bilanzstichtag abgezinsten Erfüllungsbetrag bewertet werden[134] und nur in dieser Höhe in die Ermittlung einer Rückstellung für drohende Verluste eingehen.

Im Sonderfall des Versicherungsvertrags ist hingegen der umgekehrte Sachverhalt gegeben. Die zukünftige Gegenleistung wird hier *nicht nach* der Leistungserstellung des Versicherungsunternehmens erbracht, *sondern davor*, d.h. zu Beginn der jeweiligen Versicherungsperiode[135]. Die jeweils ohne Gewährung eines Zahlungsziels vom Versicherungsnehmer geforderten künftigen Gegenleistungsteile stellen, da sie in voller Höhe zu Beginn der eigenen Leistungserstellung erbracht werden, bereits den auf den jeweiligen Periodenanfang bezogenen Barwert dar. Deshalb ist eine explizite Abzinsung der Prämienerwartungen verschiedener Perioden auf deren

---

130 Vgl. BFH I 162/64 vom 27.11.1968, in: BStBl. 1969 II, S. 249.

131 Vgl. u.a. BFH IV 456/61 U vom 12.03.1964, in: BStBl. 1964 III, S. 525 sowie BFH IV R 22/68 vom 20.11.1969, in: BStBl. 1970 II, S. 309.

132 Vgl. Abschn. 38 Abs. 3 S. 1 EStR 1987 unter Hinweis auf die BFH-Entscheidungen I 162/64 vom 27.11.1968, in: BStBl. 1969 II, S.247, I R 28/73 vom 19.02.1975, in: BStBl. 1975 II, S. 480 und IV R 47/80 vom 07.07.1983, in: BStBl. 1983 II, S. 753.

133 Vgl. *Groh*, Manfred (Abzinsung 1988), S. 1919.

134 Vgl. *Groh*, Manfred (Rückstellung 1988), S. 32.

135 Vgl. die ausführliche Erörterung dieses Sachverhalts in Kapitel 2.1.2.

Anfangszeitpunkte nicht mehr erforderlich[136]. Denn die Sachlage verhält sich im gegebenen branchenspezifischen Spezialfall gerade umgekehrt zum weiter oben geschilderten Fall der Diskontierung einer Forderung. Während jene Forderung abzuzinsen war, da sie wegen des gewährten Zahlungsaufschubs implizit einen unverzinslichen Kredit an den Abnehmer enthielt, ist es im Versicherungsgeschäft der Kunde, der durch seine Prämienvorauszahlung dem erst nachträglich leistenden Versicherungsunternehmen wirtschaftlich betrachtet ein Darlehen gewährt[137], für das explizit kein Zins vereinbart wird. Allerdings ist dieses Kreditgeschäft nur scheinbar zinslos, da sich in praxi der Vorauserhalt der Beiträge offenbar reduzierend auf deren Höhe auswirkt. Diese Aussage kann aus der Gewohnheit abgeleitet werden, die Prämie mit einem Ratenzuschlag zu versehen, falls der Versicherungsnehmer sie nicht vollständig zu Beginn der Versicherungsperiode, sondern in mehreren gleichhohen Raten zu Beginn eines neuen Teilabschnitts der Periode zahlt[138]. Auch in diesen Fällen einer unterjährigen Zahlungsweise erbringt der Kunde seine Leistung stets im voraus, jedoch bezogen auf kürzere Zeiträume als bei der andernfalls vorliegenden, z.B. jährlichen Zahlungsweise. Die aufgrund nicht erhobener Ratenzuschläge niedrigere Gegenleistung im Falle einer auf längere Zeiträume bezogenen Zahlungsweise belegt, daß Versicherungsunternehmen Zahlungen, die zu unterschiedlichen Zeitpunkten anfallen, unterschiedliches ökonomisches Gewicht beimessen. Zinswirkungen werden somit bereits im Rahmen der Prämienkalkulation berücksichtigt. So kann finanzwirtschaftlich betrachtet die auf ein ganzes Jahr bezogene niedrigere Prämienvorauszahlung durchaus als diskontierter Wert von der Summe nach höheren Ratenbeiträgen angesehen werden, die sich auf kürzere Vorauszahlungszeiträume beziehen. Denn ein Ratenzuschlag auf eine niedrigere Gesamtprämie kommt in seiner Auswirkung einem Abschlag bzw. einer Diskontierung einer höheren Gesamtprämie, die sich auf eine insgesamt frühere Beitragszahlung bezieht, gleich.

Die in praxi übliche Differenzierung der Gegenleistungshöhe nach ihrer Erbringung in einem oder mehreren Abschnitten erscheint ökonomisch zweifelsfrei gerechtfertigt. Schließlich steht dem Versicherungsunternehmen im Falle einer jeweils pro Versicherungsperiode einmaligen Prämienzahlung in voller Höhe dieser Betrag insgesamt länger für die eigene ertragbringende Anlage zur Verfügung als bei einer durchschnittlich späteren Vereinnahmung in mehreren Etappen. Da die Konkretisierungen der Leistungsgrößen, d.h. die auszahlungswirksamen künftigen Aufwands-

---

136 Allerdings ist im Falle einer *unterjährigen Zahlungsweise* des Kunden eine Abzinsung der Prämien vorzunehmen, die um Ratenzuschläge erhöht sind.

137 Schließlich treten die auszahlungsverursachenden Leistungskonkretisierungen eines Versicherungsunternehmens durchschnittlich nicht in voller Höhe direkt nach der Prämienzahlung, sondern verteilt über die Versicherungsperiode ein. Vgl. Kapitel 2.1.2.1.

138 Allerdings erfüllt der Ratenzuschlag in praxi nicht ausschließlich die Funktion eines Ersatzes für entgangene Kapitalerträge des Versicherungsunternehmens; er dient vielmehr auch der Deckung zusätzlich entstehender Verwaltungskosten. Vgl. *Donandt*, Klaus; *Richter*, Horst (Posten 1989), S. 241. Vgl. auch Kapitel 3.1.1.2 der vorliegenden Arbeit.

größen von der Zahlungsweise der Prämie resp. den Zeitpunkten der Erbringung der Gegenleistung unberührt bleiben, wird die Liquiditätslage des Unternehmens in diesem Kontext ausschließlich durch die Zeitpunkte der Beitragszahlung beeinflußt. Es ist demnach nur gerecht, Versicherungsnehmern, die ihr Kapital früher zinsfrei zur Verfügung stellen, einen *Abschlag* auf den zu zahlenden Preis, die Prämie, zu gewähren, womit diesen Abnehmern des Produktes *Versicherungsschutz* eine Art von *Zinsentgelt* gewährt wird. Auch *Groh* sieht in einem allgemeineren Zusammenhang in einer Verringerung der Lieferpreise, die auf eine zinslose Anzahlung zurückzuführen ist, ein *Zinsentgelt*[139]. Dies ist gerade im Falle von Versicherungsunternehmen, die als typische Nachleistungsbetriebe die ihnen zustehenden Gegenleistungsbeträge regelmäßig im voraus empfangen, von besonderer Bedeutung. Denn in der Assekuranz werden Abschläge auf die Produktpreise häufig in der Erwartung in Kauf genommen, sie durch temporäre ertragbringende Anlagen jener reduzierten Beiträge zu kompensieren. Diese z.T. bewußte Inkaufnahme nicht kostendeckender Preise[140] für die Dienstleistung *Versicherungsschutz* belegt wiederum, wie eng die Produktion dieses Gutes mit der Erstellung von Kapitalnutzungen speziell in diesem Wirtschaftszweig verbunden ist.

Folgt man den branchenübergreifenden Ausführungen *Grohs*, so müßte bei der Bewertung eines schwebenden Absatzgeschäftes, das mit einer zinslosen Anzahlung verbunden ist, „... ein entsprechender Zuschlag auf den vereinbarten Lieferpreis ... "[141] erfolgen, um den als Zinsentgelt anzusehenden Preisabschlag zu kompensieren; bezogen auf das hier erörterte Dauerschuldverhältnis kann eine Verwirklichung dieser Vorstellung n.A. des Verfassers in der Einbeziehung der Erfolgsbeiträge aus Kapitalanlagen in die Bemessung der Drohverlustrückstellung aus Versicherungsverträgen gesehen werden[142]. Denn die Erzielung dieser per Saldo positiven Erfolgsbeiträge des nicht-technischen Geschäfts beruht letztlich zum großen Teil auf der Anlage im voraus erhaltener Prämien. Die oben erörterten Preisabschläge, die auf vorausentrichtete Beiträge gewährt werden, erfahren aus Sicht des Versicherungsunternehmens durch eine ertragbringende Anlage der erhaltenen Gelder wirtschaftlich betrachtet eine Kompensation. Folglich sind auch die Kapitalerträge im Rahmen der Ermittlung eines drohenden Verlusts der Gegenleistung des Kunden gedanklich zuzurechnen und somit in den Saldierungsvorgang einzubeziehen[143].

Wenngleich es bei der Berücksichtigung der *Netto*kapitalerträge im Kontext der Ermittlung erwarteter Verpflichtungsüberschüsse aus schwebenden Versicherungs-

---

139 Vgl. *Groh*, Manfred (Rückstellung 1988), S. 32.

140 Vgl. die Ausführungen des Kapitels 3.1.1 zum sog. *Cash flow-Underwriting*. Vgl. auch Kapitel 2.3.2.

141 *Groh*, Manfred (Rückstellung 1988), S. 32.

142 Die Berücksichtigung jener Erfolgsbeiträge des nicht-technischen Geschäfts wurde in Kapitel 3.1.1.2 nach eingehender Begründung befürwortet.

143 Vgl. auch Kapitel 3.1.1.2.

verträgen um die Zurechnung voraussichtlich konkret vereinnahmter Zins- u. ä. Erträge geht, während der Vorschlag *Grohs* auf den Zuschlag eines abstrakten resp. fiktiven Zinsentgelts abzuzielen scheint, ist die Ähnlichkeit beider Gedankengänge doch nicht zu leugnen. Der Hinweis *Grohs*, die bilanzierende Praxis verfahre offenbar nicht seiner Vorstellung entsprechend[144], darf im Kontext des hier im Mittelpunkt stehenden Spezialfalls allerdings nicht überbewertet werden. Schließlich sprechen gerade im untersuchten Fall sämtliche Umstände für einen ***engen wirtschaftlichen Zusammenhang*** zwischen Versicherungs- und Kapitalanlagegeschäft[145]. Damit erweist sich ein Zuschlag nicht-technischer Nettoerträge auf die erwarteten Prämienerträge zwecks Ermittlung der Erfolgserwartung aus dem „schwebenden Absatzgeschäft (Erst-)Versicherungsvertrag" nicht nur als gerechtfertigt, sondern aus den bereits erörterten Gründen auch als sinnvoll. Eine Nichtberücksichtigung jener Erfolgsbeiträge aus Kapitalanlagen würde hingegen, wie in Kapitel 3.1.1.2 aufgezeigt, z.T. zu äußerst wirklichkeitsfremden und damit fragwürdigen Ergebnissen führen.

Wie oben ausgeführt, stellt eine hundertprozentige Prämienvorauszahlung bereits einen Barwert des Anspruchs auf Gegenleistung dar, weshalb eine weitere Abzinsung nicht in Frage kommt. Allerdings gilt es zu bedenken, daß im Falle mehrerer künftiger Beitragszahlungen, die für verschiedene Zukunftszeitpunkte hinsichtlich eines bewertungsrelevanten Kollektivs zu erwarten sind, diese lediglich Barwerte für einen jeweils anderen Tag darstellen[146]. Da man jene Beträge jedoch bezogen auf den einen, jetzt aktuellen Bilanzstichtag in die Ermittlung einer Verlustrückstellung einzubeziehen hat, stellt sich die Frage, inwiefern der divergierende Zeitbezug jener positiven Erfolgserwartungen zu berücksichtigen ist. Rein finanzwirtschaftlich betrachtet erscheint es, wie bereits erörtert, zweifelsohne sinnvoll, die Beträge mittels Diskontierung entsprechend ihres unterschiedlichen zeitlichen Anfalls verschieden stark zu gewichten. Nur auf diese Weise würden ökonomisch vergleichbare Größen addiert, da rational agierende Kaufleute Zahlungen, die zwar wiederholt in gleicher Höhe, jedoch zu unterschiedlichen Zeitpunkten anfallen, unterschiedliche Bedeutung beimessen. Zwar werden künftige Erträge wie auch Aufwendungen, die zeitlich auseinanderliegen, erst durch eine Abzinsung miteinander vergleichbar, doch ist dies, wie *Groh* zutreffend feststellt, „ ... Finanzmathematik und nicht Bilanzrecht"[147].

---

144 Vgl. *Groh*, Manfred (Rückstellung 1988), S. 32.

145 Vgl. die in den Kapiteln 2.1.2.1 sowie 3.1.1.2 entwickelten Argumente, die ausnahmslos *für* diese Aussage sprechen.

146 Angesprochen ist hier der Regelfall eines Kollektivs, dessen durchschnittliche Restlaufzeit mehr als eine Zukunftsperiode beträgt. Zur Bewertungsrelevanz dieses mehrjährigen Zukunftszeitraums für die Ermittlung einer Drohverlustrückstellung aus Versicherungsverträgen siehe Kapitel 3.1.3.2.

147 *Groh*, Manfred (Rückstellung 1988), S. 32.

Geht man jedoch von einer finanzwirtschaftlich geprägten, d.h. an Zahlungsgrößen orientierten Beurteilung über zu einer Betrachtung der Erfolgsebene, so ist die zwecks Vergleichbarkeit der Zahlungen als sinnvoll zu kennzeichnende Abzinsung bezüglich der damit verbundenen, für die Zukunft erwarteten Prämienerträge erneut in Frage zu stellen. Schließlich wirkt bereits die vom Verfasser vertretene Einbeziehung der Nettokapitalerträge reduzierend auf Verpflichtungsüberschüsse, die aus dem technischen Geschäft u.U. zu erwarten sind. Somit mindert die Berücksichtigung jener künftigen Kapitalanlageerträge eine zu passivierende Drohverlustrückstellung der Höhe nach, was in der Wirkung einer formellen Abzinsung der für den technischen Bereich geschätzten drohenden Verluste gleichkommt[148]. Folglich ist das Hauptziel einer Diskontierung von Bilanzposten - die Berücksichtigung von Zinswirkungen im Rahmen der Bewertung von Rechtsgeschäften, die mit einem unverzinslichen Kreditgeschäft verbunden sind - bereits erfüllt:

Indem man im speziellen Fall der Verlustrückstellung in Versicherungsbilanzen die Erfolgserwartungen beider Hauptgeschäftsbereiche aufgrund ihres engen wirtschaftlichen Zusammenhangs auch zusammenhängend bewertet, kommt es - bedingt durch die regelmäßig positive[149] Erfolgserwartung aus dem Kapitalanlagegeschäft - stets zur Reduktion eines Verpflichtungsüberschusses, der sich aus dem technischen Geschäft voraussichtlich ergibt. Durch die Zugrundelegung tatsächlich erwarteter Zinserträge kommt dieser Form der „impliziten Abzinsung" gar der Vorzug zu, das Problem zu vermeiden, nach welchen Kriterien im Falle einer „expliziten Abzinsung" der hier erforderliche Diskontierungsfaktor festzulegen ist. Um eine handels- und steuerrechtliche Gleichbehandlung aller betroffenen Versicherungsunternehmen zu gewährleisten, wäre es - zwecks Wahrung der Willkürfreiheit des Bewertungsverfahrens - im Falle einer ausdrücklichen Abzinsung u.U. angebracht, einen einheitlichen Abzinsungsfaktor vorzugeben. Denn bereits geringfügige Änderungen eines solchen Faktors hätten oft erhebliche Auswirkungen auf die Höhe der Drohverlustrückstellung. Doch ein Faktor, der beispielsweise im Rahmen einer BAV-Anordnung festlegbar erscheint, ginge nicht auf die jeweils individuellen Unternehmensverhältnisse ein. Demhingegen ließe es die als „implizite Abzinsung" bezeichnete Vorgehensweise zu, die im Einzelfall konkret zu erwartenden Erfolgsbeiträge aus Kapitalanlagen zu schätzen und in den Saldierungsprozeß einzubeziehen. Gewiß ist auch eine solche Methode nicht frei von subjektiven Elementen; doch ein intersubjektiv nachvollziehbares Prognoseverfahren[150] zur Schätzung der absoluten Erfolgsbeiträge aus Kapitalanlagen, verbunden

---

148 In diesem Sinne äußern sich auch *Donandt* und *Richter*. Vgl. *Donandt*, Klaus; *Richter*, Horst (Posten 1989), S. 241.

149 Zur im Regelfall positiven Erfolgserwartung aus dem Kapitalanlagegeschäft und zu potentiellen Gefährdungen dieser Situation vgl. die Ausführungen des Kapitels 2.3.2.

150 Ein derartiges Verfahren sollte für sachkundige Dritte, so für den Prüfer des handelsrechtlichen Jahresabschlusses und den steuerlichen Betriebsprüfer, nachvollziehbar und damit verständlich sein. Vgl. hierzu z.B. das in Kapitel 3.1.2.1 erörterte Verfahren, das auf einem Vorschlag von *Kayser* und *Rettig* beruht.

mit einem geeignet festgelegten Zurechnungsschlüssel zwecks Verteilung dieser Größen auf die bewertungsrelevanten (Teil-)Kollektive berücksichtigt jedenfalls die spezifische Lage jedes einzelnen Versicherungsunternehmens. Deshalb ist diese Vorgehensweise n.A. des Verfassers einer pauschalen Reduktion einer Verlustrückstellung mittels eines starren Abzinsungsfaktors vorzuziehen.

Die einbezogenen Kapitalerträge resultieren aber nicht nur aus der temporären Anlage im voraus vereinnahmter Prämienerträge. Sie ergeben sich auch zu einem großen Teil aus den Beträgen, die infolge der negativ erfolgswirksamen Erhöhung versicherungstechnischer und anderer Rückstellungen zumindest vorübergehend im Versicherungsunternehmen verbleiben und für eine Kapitalanlage zur Verfügung stehen[151]. Damit wird eine Verlustrückstellung ihrem Ansatz der Höhe nach stärker reduziert, als dies bei bloßer Berücksichtigung jener Kapitalerträge, die aus der Anlage vorauserhaltener Beitragszahlungen hervorgehen, der Fall wäre. In dieser Verrechnung besonders hoher nicht-technischer Nettoerträge darf n.A. des Verfassers auch kein Verstoß gegen das Imparitätsprinzip gesehen werden. Vielmehr ist die Einbeziehung *sämtlicher* künftiger Nettokapitalerträge - was zu einer Verminderung des zu antizipierenden Verpflichtungsüberschusses führt - aufgrund des sehr engen wirtschaftlichen Zusammenhangs, der zwischen Versicherungsschutzerstellung und der Überlassung von Kapitalnutzungen besteht[152], gerechtfertigt. Die durch das Imparitätsprinzip geforderte verlustfreie Bewertung[153] bleibt folglich gewahrt, da sie sich nicht isoliert auf Kollektive von Versicherungsverträgen, sondern - damit eng verbunden - zugleich auf das Kuppelprodukt „Kapitalnutzungen" bezieht. Außerdem gilt es zu bedenken, daß künftige Kapitalerträge, die nicht auf die Vorauszahlung von Prämien, sondern auf die Anlage liquider Mittel zurückzuführen sind, die z.B. aufgrund der Erhöhung der Pensionsrückstellungen im Unternehmen verbleiben, letztlich u.U. nur scheinbar eine Drohverlustrückstellung der Höhe nach reduzieren. Schließlich wirken sich die Aufwendungen des nichttechnischen Geschäfts, wie die Aufwendungen für Altersversorgung und Unterstützung und die Abschreibungen auf die Betriebs- und Geschäftsausstattung, die ebenfalls in den Saldierungsprozeß zur Ermittlung der Verlustrückstellung eingehen[154], wiederum erhöhend auf einen zu passivierenden Verpflichtungsüberschuß aus. Somit würde die durch jene Aufwandsverbuchung bedingte künftige Ertragserzielung - zumindest zum Teil - kompensiert. Eine Konkretisierung dieses Sachverhalts bedürfte jedoch n.A. des Verfassers einer sehr aufwendigen Untersuchung der Interdependenzen, die zwischen Aktiv- und Passivseite der Versiche-

---

151 Allerdings erscheint es fraglich, ob eine derartige Aufteilung der Kapitalerträge in zwei Haupterfolgsquellen überhaupt exakt möglich ist. Wäre dies der Fall, so stellte sich das Folgeproblem, ob eine Trennung dieser Art unter Wirtschaftlichkeitsaspekten vertretbar ist.

152 Vgl. Kapitel 3.1.1.2.

153 Vgl. Kapitel 3.1.2.1.

154 Vgl. Kapitel 3.1.1.2.

rungsbilanz einerseits und den verschiedenen Bereichen der GuV-Rechnung andererseits bestehen.

Über die oben beschriebene, durch die Einbeziehung der Nettokapitalerträge *implizit* bewirkte „Abzinsung" von Verpflichtungsüberschüssen aus Versicherungsverträgen hinaus darf n.A. des Verfassers keine explizite Diskontierung der sich zu verschiedenen Zukunftszeitpunkten realisierenden Erfolgserwartungen erfolgen. Obgleich finanzmathematisch betrachtet eine dergestalt undifferenzierte Addition technischer und nicht-technischer Erfolgsbeiträge, die zu unterschiedlichen Zukunftszeitpunkten anfallen werden, zu einem unbefriedigenden Ergebnis führt, erscheint diese Vorgehensweise unter bilanzrechtlichen Gesichtspunkten zwingend erforderlich. Schließlich erfüllt die Einbeziehung der Kapitalerträge bereits die Funktion einer Abzinsung, Zinswirkungen zu berücksichtigen, indem sie reduzierend auf den Ansatz einer Verlustrückstellung aus Versicherungsverträgen wirkt. Durch eine zusätzliche explizite Diskontierung sämtlicher einzubeziehender Erfolgsgrößen auf den einen, derzeit relevanten Bilanzstichtag käme es hingegen zu einer doppelten Berücksichtigung besagter Zinswirkungen. Ein solches Ergebnis wäre jedoch unter Beachtung der GoB nicht vertretbar. So widerspräche eine derartige Doppelberücksichtigung von künftigen Zinserträgen, die zu einer zweifachen Reduktion der Rückstellungshöhe führte, dem Imparitätsprinzip, das eine verlustfreie Bewertung erfordert.

Moxter zufolge reicht eine Rückstellungsbildung lediglich in Höhe des Barwerts eines drohenden Verlusts für eine verlustfreie Abwicklung jener Geschäfte nicht aus[155]. Schließlich führte die alljährlich vorzunehmende Aufstockung eines Barwertes zur Belastung der Erfolgsrechnungen künftiger Perioden. Dies jedoch stünde im Widerspruch zu der Zwecksetzung des Imparitätsprinzips, durch eine Antizipation drohender Verluste künftige Geschäftsjahre (völlig) verlustfrei zu halten[156]. Trotzdem entschied der BFH in einem Urteil, dem ein Mietvertrag zugrundelag, drohende Verluste aus schwebenden Dauerschuldverhältnissen seien mit ihrem Barwert, der durch Abzinsung zu ermitteln sei, als Rückstellung anzusetzen[157]. Der VIII. Senat zieht dabei eine Analogie zur Bewertung von Rentenverpflichtungen, die aufgrund einer ausdrücklichen gesetzlichen Norm abgezinst, d.h. zu ihrem Barwert zu passivieren sind[158]. Zurecht zeigt sich *Perlet* über diesen Vergleich befremdet, zumal beide Verpflichtungspositionen sich ihrem Charakter nach sehr

---

155 Vgl. *Moxter*, Adolf (Bilanzrechtsprechung 1986), S. 175.

156 Vgl. hierzu auch *Böcking*, Hans-Joachim (Verzinslichkeit 1988), S. 287 ff.

157 Vgl. BFH VIII R 160/79 vom 19.07.1983, in: BStBl. 1984 II, S. 56. Zustimmend äußert sich *Biergans*. Vgl. *Biergans*, Enno (Einkommensteuer 1990), S. 486 f. sowie S. 493.

158 Vgl. BFH VIII R 160/79 vom 19.07.1983, in: BStBl. 1984 II, S. 59. Vgl. auch die gleichgerichtete Argumentationsweise *für* eine Abzinsung von Verpflichtungsüberschüssen durch *Strobl*, Elisabeth (Bewertung 1984), S. 217 f.

stark voneinander unterscheiden[159]. Schließlich stellt der Barwertansatz von Rentenverpflichtungen den Ausnahmefall vom grundsätzlichen Schuldansatz zum Erfüllungsbetrag dar[160]. *Moxter* sieht in jener Entscheidung des BFH zugunsten des Barwertansatzes eines Verpflichtungsüberschusses einen Verstoß gegen das Imparitätsprinzip und bezeichnet das Urteil deshalb als „systemwidrig"[161]. Erfolgte die Antizipation eines drohenden Verlustes nicht in dessen voller Höhe, sondern nur in Höhe seines Barwertes, so würden die Folgeperioden nicht völlig verlustfrei bleiben, was der Zwecksetzung des Imparitätsprinzips zuwiderliefe[162].

Die in den bisherigen Ausführungen erörterten Argumente dürften verdeutlicht haben, daß eine ausdrückliche Abzinsung der Rückstellung für drohende Verluste aus Versicherungsverträgen nicht vertreten werden kann. Doch selbst wenn man der gegenteiligen Auffassung des BFH trotz der gewichtigen Gründe, die seiner Entscheidung entgegenstehen, zustimmen würde, könnte aus dem Urteil keine Analogie zur Bewertung der Verlustrückstellung in Versicherungsbilanzen gezogen werden. Denn obgleich es sich auch bei Mietverträgen um Dauerrechtsverhältnisse handelt, lassen sich die hier vom BFH aufgestellten Grundsätze, falls überhaupt, so nur eingeschränkt verallgemeinern und auf den speziellen Fall des Versicherungsvertrags übertragen. Schließlich hat, wie oben bereits erörtert, durch die Einbeziehung der - im Regelfall per Saldo positiven - nicht-technischen Erfolgsbeiträge bereits eine relativ starke Reduktion der zu passivierenden Verpflichtungsüberschüsse stattgefunden. Eine formelle Abzinsung führte folglich zu einer zweiten und damit doppelten Reduktion der Verlustrückstellung um die erwarteten künftigen Zinswirkungen, was unter dem Aspekt der Wahrung des Imparitäts- und somit des Vorsichtsprinzips nicht mehr vertretbar erscheint. Jene indirekte Form der Minderung des Ansatzes von Verlustrückstellungen mittels der Einbeziehung der erwarteten Kapitalerträge in den Saldierungsprozeß bedeutet - wie bereits weiter oben angedeutet - keinen Verstoß gegen das Prinzip der verlustfreien Bewertung bzw. gegen das Imparitätsprinzip. Denn die künftigen Erfolgsbeiträge des technischen und des nicht-technischen Geschäfts sind wirtschaftlich untrennbar miteinander verbunden und deshalb auch einer gemeinsamen Bewertung zu unterziehen. Demhingegen dürfte eine isolierte Betrachtung des versicherungstechnischen Bereichs - trotz einer voraussichtlich positiven Gesamterfolgslage - in einigen Erst- und Rückversicherungsunternehmen zur Bildung von Drohver-

---

159 Vgl. *Perlet*, Helmut (Versicherungsfälle 1986), S. 140.

160 Vgl. *Clemm*, Hermann (Verzinslichkeit 1984), S. 235 ff.; vgl. auch *Clemm*, Hermann; *Nonnenmacher*, Rolf (Anmerkungen 1990), Anm. 179 zu § 253 HGB. Vgl. auch *von Wysocki*, Klaus (Sozialverpflichtungen 1989), S. 111 f.

161 Vgl. *Moxter*, Adolf (Bilanzrechtsprechung 1985), S. 175.

162 Vgl. *Ballwieser*, Wolfgang (Vorsorge 1989), S. 967 mit weiteren Nachweisen; vgl. auch *Clemm*, Hermann; *Nonnenmacher*, Rolf (Anmerkungen 1990), Anm. 179 zu § 253 HGB, wo weitere Argumente gegen eine Abzinsung der Verpflichtungsüberschüsse aus schwebenden Dauerschuldverhältnissen vorgetragen werden. Vgl. auch *Küting*, Karlheinz; *Kessler*, Harald (Abzinsung 1989), S. 728.

lustrückstellungen führen, die der Höhe nach im Extremfall geeignet wären, einen Konkurs wegen Überschuldung auszulösen. Verlustrückstellungen in solchen Größenordnungen können nicht mehr durch das Imparitätsprinzip gerechtfertigt werden, zumal sie unter Betrachtung des wirtschaftlich sehr eng zusammenhängenden Gesamtgeschäfts nicht nur der Höhe nach reduziert werden, sondern sich z.T. sogar dem Grunde nach als überflüssig erweisen. Eine Außerachtlassung des nicht-technischen Geschäfts würde zu einem Schuldausweis führen, der die Gesamterfolgslage eines Versicherungsunternehmens i.d.R. zu pessimistisch, aber keinesfalls „den tatsächlichen Verhältnissen entsprechend"[163] darstellte. Die wirtschaftszweigspezifische Einbeziehung der Erfolgsbeiträge aus Kapitalanlagen als Faktor, der eine Drohverlustrückstellung aus Versicherungsverträgen im Regelfall verringert, steht folglich voll im Einklang mit dem Imparitätsprinzip. Gegen eine darüber hinaus erfolgende explizite Abzinsung der Verlustrückstellung bestehen jedoch im Sonderfall des Versicherungsgeschäfts die gleichen Einwände, wie sie oben gegen eine Diskontierung im Falle des Mietvertrages vorgetragen wurden. Denn das Imparitätsprinzip gilt auch für Versicherungsunternehmen, wobei für diesen Wirtschaftszweig nach h.M. sogar eine „besondere Vorsicht" in der Bewertung anzuwenden ist[164]. Um den Zweck des Imparitätsprinzips, die vollständige verlustfreie Bewertung, zu gewährleisten, muß deshalb ein Verpflichtungsüberschuß, der sich aus der Saldierung künftiger Ertragsgrößen ergibt, in seiner vollen Höhe, d.h. zum Erfüllungsbetrag, - und nicht nur in Höhe seines Barwerts zum aktuellen Abschlußstichtag - antizipiert werden.

3.1.3. Das Stichtagsprinzip der Bewertung

3.1.3.1. Bedeutung des Bilanzstichtags

Wie nachfolgend aufgezeigt wird, stellt der aus § 252 Abs. 1 Nr. 3 HGB abzuleitende sog. *Grundsatz der Bewertung nach den Verhältnissen des Abschlußstichtages*[165] (kurz: *Stichtagsprinzip der Bewertung*) einen weiteren branchenübergreifend gültigen Grundsatz dar, der in bezug auf die Bemessung von Rückstellungen für drohende Verluste in Versicherungsbilanzen von besonderer Bedeutung ist. Dem Wortlaut jener Vorschrift zufolge sind „... Schulden ... zum Abschlußstichtag ... zu bewerten". Dabei sind sämtliche am Abschlußstichtag objektiv gegebenen Umstände in die Bewertung einer (Schuld-)Rückstellung einzubeziehen, und zwar unabhängig davon, ob sie zu diesem Zeitpunkt dem Rechnung legenden (Versiche-

163 Vgl. § 264 Abs. 2 S. 1 HGB.

164 Vgl. Kapitel 3.1.2.1.

165 So bezeichnet u.a. in *Adler*, Hans; *Düring*, Walther; *Schmaltz*, Kurt (Rechnungslegung 1987 ff.), Tz. 32 zu § 252 HGB.

rungs-)Unternehmen bereits bekannt waren[166]. Denn gemäß § 252 Abs. 1 Nr. 4 HGB „ ... sind alle vorhersehbaren Risiken und Verluste, die bis zum Abschlußstichtag entstanden sind, zu berücksichtigen, selbst wenn diese erst zwischen dem Abschlußstichtag und dem Tag der Aufstellung des Jahresabschlusses bekanntgeworden sind". Folglich sind auch Sachverhalte, deren Verursachung und Entstehung[167] zwar dem abgelaufenen Geschäftsjahr zugeschrieben werden können, die jedoch erst im Zeitraum zwischen Bilanzstichtag und Bilanzaufstellung erkannt wurden, noch im betreffenden Jahresabschluß zu berücksichtigen. Diese z.T. als *wertaufhellende Ereignisse bzw. Informationen* bezeichneten[168], im neuen Geschäftsjahr gewonnenen besseren Erkenntnisse gehen demnach in die stichtagsbezogene Bewertung u.a. einer Drohverlustrückstellung ein, da sie in der vorangegangenen Rechnungsperiode verursacht wurden und damit an deren Ende objektiv gegeben waren.

Demhingegen dürfen sog. *wertbegründende Ereignisse*[169], die zwar vor dem Zeitpunkt der Bilanzerstellung bekannt werden, aber noch nicht im Vorjahr, sondern erst im laufenden Geschäftsjahr eingetreten sind, gemäß Stichtagsprinzip keine Berücksichtigung in dem Jahresabschluß erfahren, der auf die vergangene Periode bezogen ist. Jene Gegebenheiten sollen[170] statt dessen im Lagebericht, der den Jahresabschluß ergänzt[171], erörtert werden, sofern sie „Vorgänge von besonderer Bedeutung" für das Unternehmen darstellen. Diese in § 289 Abs. 2 Nr. 1 HGB kodifizierte Vorschrift dient dem unternehmensexternen Leser des publizierten Geschäftsberichts stark bewertungsrelevante Sachverhalte zu erkennen, die sich auf-

---

166 Nach Auffassung des BFH besteht die Verpflichtung des Kaufmanns, „ ... bei Aufstellung seiner Bilanz alle diejenigen Umstände zu berücksichtigen, die nach den Grundsätzen ordnungsmäßiger Buchführung für die Verhältnisse am Bilanzstichtag von Bedeutung sind, auch wenn sie am Bilanzstichtag noch nicht eingetreten oder nicht bekannt waren." BFH IR 170/78 vom 21.10.1981, in: BStBl. 1982 II, S. 122

167 Die Pflicht zur Bildung einer Schuldrückstellung knüpft an die Prämissen der rechtlichen Entstehung und/oder der wirtschaftlichen Verursachung an. Vgl. beispielhaft *Adler*, Hans; *Düring*, Walther; *Schmaltz*, Kurt (Rechnungslegung 1987 ff.), Tz. 66 ff. zu § 249 HGB. Siehe zu diesem Problemkreis auch die näheren Ausführungen in *Gail*, Winfried (Voraussetzungen 1987), S. 51 ff.

168 *Baetge* reiht die sog. *Wertaufhellung* in die *Allgemeinen Bewertungsgrundsätze* des HGB auf einer Ebene mit anderen in § 252 Abs. 1 HGB kodifizierten GoB ein. Vgl. *Baetge*, Jörg (Vorschriften 1987), S. 131. Der Terminus *wertaufhellende Ereignisse* findet auch Verwendung in *Adler*, Hans; *Düring*, Walther; *Schmaltz*, Kurt (Rechnungslegung 1987 ff.), Tz. 34 zu § 252 HGB.

169 Der Begriff *wertbegründende Ereignisse* findet u.a. Verwendung in *Bauch*, Günter; *Oestreicher*, Andreas (Bilanzen 1989), S. 54. *Baetge* und *Knüppe* sprechen von *wertbeeinflussenden* bzw. *wertbegründenden Tatbeständen*. Vgl. *Baetge*, Jörg; *Knüppe*, Wolfgang (Risiken 1986), S. 398.

170 Wenngleich die betreffende Norm des § 289 Abs. 2 Nr. 1 HGB eine *Soll-Vorschrift* darstellt, ist sie n.A. des BAV als grundsätzliche Berichts*pflicht* im Lagebericht zu interpretieren; nur ausnahmsweise dürfe hiervon abgewichen werden. Vgl. VUBR, Fünfter Abschnitt: Lagebericht (V), Nr. 1, (3).

171 Vgl. § 264 Abs. 1 S. 1 HGB.

grund ihres Eintrittszeitpunkts nicht im Jahresabschluß der abgelaufenen Periode niederschlagen, sondern die sich erst in Bilanz und GuV-Rechnung der aktuellen Periode auswirken werden. Gerade auf dem Gebiet der drohenden Verluste kann eine derartige Information im Lagebericht von großer Bedeutung sein. Denn infolge der noch nicht möglichen Bildung einer Rückstellung für drohende Verluste wird durch Bilanz und GuV-Rechnung zwar ein den Verhältnissen am Abschlußstichtag entsprechendes Bild der Unternehmenslage vermittelt, das allerdings der Situation bei Bilanzerstellung u.U. nicht mehr annähernd entspricht.

Trotz der theoretisch klaren Trennbarkeit beider Sachverhalte erweisen sich wertaufhellende und wertbegründende Ereignisse im speziellen Fall der Drohverlustrückstellung in praxi z.T. als nicht einfach voneinander unterscheidbar. Dies liegt im zukunftsbezogenen Charakter der Verlustrückstellung begründet, der sich in einer Schätzung sämtlicher bewertungsrelevanter Größen, die allesamt noch nicht realisiert sind, äußert. So ist es u.U. schwierig zu unterscheiden, ob ein Verlusttatbestand, der erst *nach* dem Bilanzstichtag aus der Sicht des bilanzierenden Unternehmens erkannt wird, bereits an diesem Tag hätte erkannt werden können und deshalb als zu diesem Zeitpunkt eingetreten bzw. objektiv gegeben anzusehen ist. Im Falle der Bejahung dieser Sachlage - was allerdings nicht immer intersubjektiv nachvollziehbar erscheint - ist die ursprünglich auf dem Wissensstand am Stichtag basierende Schätzung einer Verlustrückstellung zu korrigieren. Die Korrektur hat entsprechend den neu hinzugewonnenen, auf das jeweilige Kollektiv[172] von Versicherungsverträgen bezogenen *wertaufhellenden* Erkenntnissen zu erfolgen. So sind Änderungen in der Erfolgserwartung noch in der stichtagsbezogenen Bewertung zu berücksichtigen, sofern diese Verbesserungen des Informationsstandes der Aufhellung der objektiven Situation zum Abschlußstichtag dienen[173]. Beispielsweise würden mittlerweile geplante oder bereits beschlossene Prämienanpassungen die künftige Gesamterfolgserwartung verändern[174]. Sie haben deshalb in die Bemessung der Drohverlustrückstellung reduzierend[175] einzugehen. N.A. des Verfassers dürfen und müssen derartige und auch andere Änderungen der Erfolgserwartung jedoch nur dann berücksichtigt werden, wenn sie bereits in der Vergangenheit wirtschaftlich verursacht wurden[176] und damit als am Abschlußstichtag

172 Die grundsätzliche Kollektivbezogenheit der Bewertung einer Verlustrückstellung aus Versicherungsverträgen wurde in Kapitel 3.1.1.1 befürwortet und eingehend erörtert. Siehe hierzu auch Kapitel 3.1.2.1.

173 In diesem Sinne äußert sich auch *Forster*, Karl-Heinz (Rückstellungen 1971), S. 396. Vgl. auch *Donandt*, Klaus; *Richter*, Horst (Posten 1989), S. 237.

174 Vgl. *ebenda*.

175 Zu den Auswirkungen vorhandener Prämienanpassungsklauseln auf die Höhe eines rückstellungspflichtigen drohenden Verlustes siehe die näheren Ausführungen in Kapitel 3.2.3.

176 Zur Prämisse der wirtschaftlichen Verursachung vgl. die weitergehenden Ausführungen im mittleren Teil dieses Kapitels.

objektiv gegeben anzusehen sind. Nur so erscheint das Stichtagsprinzip gewahrt[177]. Für eine Berücksichtigung neuer Informationen, die wertbegründenden Charakter haben und folglich nicht dazu dienen, die am Abschlußstichtag objektiv bestehende Situation aufzuhellen, läßt das Stichtagsprinzip jedoch keinen Raum[178].

Es kann u.U. vorkommen, daß die im laufenden Geschäftsjahr hinzugewonnenen Informationen - sofern ihre Grundlagen im nachhinein als bereits am Stichtag gegeben angesehen werden - nicht nur wert*verändernd* in bezug auf die Bildung einer Drohverlustrückstellung wirken, sondern u.U. deren Ansatz sogar erst *dem Grunde nach* erforderlich machen. Letzterer Fall tritt ein, sofern der kollektivbezogene, für die Zukunft erwartete Erfolgssaldo aufgrund von wertaufhellenden Ereignissen statt eines bislang positiven ein negatives Vorzeichen annimmt, da Änderungen in der Einschätzung der in ihn eingehenden Aufwands- und Ertragskomponenten[179] vorliegen. Wird hingegen ein Verlusttatbestand bekannt, der erst im laufenden Geschäftsjahr begründet wurde, so darf dieses *wertbegründende* Ereignis *nicht* in die Bildung einer Verlustrückstellung eingehen. Im allgemeinen dürfte die Schätzung von Erfolgsgrößen, die aus der Sicht des Bilanzstichtags zukunftsbezogen sind, unter Berücksichtigung *wertaufhellender* Ereignisse und des damit verbesserten Erkenntnisstands tendenziell den Werten näher kommen, die sich später tatsächlich realisieren[180]. Dennoch ist es auch vorstellbar, daß in bezug auf ein Kollektiv von Versicherungsverträgen sich die Erfolgserwartung wegen fehlender neuer Erkenntnisse bis zur Erstellung des Jahresabschlusses nicht verändert. Folglich ist in diesem Fall allein der Wissens- bzw. Informationsstand am Stichtag für die Bewertung einer u.U. erforderlichen Drohverlustrückstellung maßgebend.

Die Bedeutung des Stichtagsprinzips beschränkt sich im Kontext der Bilanzierung einer Drohverlustrückstellung allerdings nicht auf die oben erörterte Problematik der (Nicht-)Berücksichtigung von Umständen, die erst im neuen Geschäftsjahr bekanntgeworden sind und aus konkreten Verträgen resp. Kollektiven künftig Verpflichtungsüberschüsse erwarten lassen. Vielmehr ist bereits im Vorfeld zu prüfen und festzulegen, *welche* Kontrakte überhaupt mit ihren Erfolgserwartungen

---

177 Anderer Auffassung war früher *Ziegler*, indem er - bezogen auf den Fall steigender Schadenquoten als Verlustindikator - es nicht für erforderlich hielt, daß die „ ... Gründe für das Ansteigen ... bereits vor dem Bilanzstichtag eingetreten oder verursacht ... " sind. *Ziegler*, Günter (Rückstellungen 1973), S. 94. *Ziegler* änderte jedoch seine Auffassung insoweit, als er - in bezug auf zu erwartende Änderungen im Vertragsbestand - künftige Veränderungen für berücksichtigungspflichtig bei der Ermittlung der Verlustrückstellung hält, „ ... , weil diese Veränderungen ... als im abgelaufenen Geschäftsjahr wirtschaftlich verursacht anzusehen sind". *Ziegler*, Günter (Rückstellungen 1989), S. 208.

178 Vgl. hierzu auch die branchenübergreifenden Ausführungen *Forsters*. Vgl. *Forster*, Karl-Heinz (Rückstellungen 1971), S. 396.

179 Zu den insgesamt in die Saldierung einzubeziehenden Aufwands- und Ertragsarten vgl. insbesondere die Kapitel 2.1.2.1, 2.3.2, 3.1.1.2, 3.1.2.2 sowie 3.2.2.

180 Auch n.A. von *Baetge* und *Knüppe* basiert die Bilanzierung durch die Berücksichtigung wertaufhellender Ereignisse „ ... auf zuverlässigeren Informationen als am Abschlußstichtag". *Baetge*, Jörg; *Knüppe*, Wolfgang (Risiken 1986), S. 403.

bewertungsrelevant sind. Streng genommen muß die Ermittlung einer Verlustrückstellung ausschließlich auf der Basis von Verträgen erfolgen, die bereits am Bilanzstichtag abgeschlossen waren. Denn nach diesem Zeitpunkt neu abgeschlossene Vertragsverhältnisse bestanden damals noch nicht objektiv; sie repräsentieren somit einen wert*begründenden* Tatbestand. Allerdings erscheint es aufgrund der kollektiven Produktionsweise[181] von Versicherungsschutz auch in diesem Zusammenhang nicht sinnvoll, auf eine Betrachtung von Einzelverträgen abzustellen. Statt dessen wurde der Vorschlag unterbreitet, die Schätzung künftiger Erfogssalden auf Gruppen möglichst homogener Kontrakte zu stützen[182].

Im Falle einer zwischen Stichtag und Tag der Bilanzerstellung stattfindenden Fluktuation derart gleichartiger Einzelverträge ändert sich die absolute Gesamterfolgserwartung eines Kollektivs nicht, sofern die Zahl der abgehenden mit der Anzahl der hinzukommenden Kontrakte übereinstimmt und keine der oben angesprochenen wertaufhellenden Umstände eintreten. Einzelne Verträge sind demnach infolge ihrer gleichgerichteten individuellen Erfolgserwartungen austauschbar, ohne daß sich dadurch die einer u.U. erforderlichen Rückstellungsbildung zugrundeliegende Verlusterwartung der betreffenden Gefahrengemeinschaft änderte. Werden also nach dem Bilanzstichtag ablaufende Kontrakte durch gleichartige Verträge, die bis zur Erstellung des Jahresabschlusses neu hinzukommen, faktisch ersetzt, so kann das bewertungsrelevante Kollektiv seinem Umfang und seiner Zusammensetzung nach als unverändert angesehen werden. Somit ergäbe es keinen Sinn, die Einbeziehung im laufenden Jahr neu abgeschlossener Verträge unter dem Hinweis abzulehnen, sie seien als wertbegründender Sachverhalt am Bilanzstichtag noch nicht gegeben gewesen, denn de facto ersetzen sie lediglich die damals vorhandenen, aber mittlerweile abgelaufenen Vertragsverhältnisse. Es erscheint jedoch nicht vertretbar, über die Zahl abgehender Verträge hinaus zu verzeichnende Neuzugänge in die Ermittlung der kollektiven Erfolgserwartung einzubeziehen. Denn eine derartige Änderung der Kollektivgröße würde zugleich die daraus abzuleitende absolute Gesamterfolgserwartung - sofern sie nicht zuvor zufällig gleich Null war - ändern. Diese Nichtberücksichtigung der im laufenden Geschäftsjahr eingetretenen „wertbegründenden Veränderung" in der Anzahl der Elemente eines bewertungsrelevanten Kollektivs bedeutet letztlich die Zugrundelegung der jeweiligen Kollektivgröße, die bereits am Bilanzstichtag gegeben war[183]. Sofern die Kontrakte, die auf diese Weise nicht in die Bewertung einer Drohverlustrückstellung einbezogen werden, die Voraussetzung des § 289 Abs. 2 Nr. 1 HGB erfüllen und in diesem Sinne von besonderer Bedeutung für das Versicherungsunternehmen sind, sollte[184] eine

---

181 Vgl. Kapitel 3.1.1.1.

182 Vgl. *ebenda* sowie Kapitel 3.1.2.1.

183 Diese Berechnung der Drohverlustrückstellung auf der Basis derjenigen Versicherungsverträge, die am jeweiligen Abschlußstichtag tatsächlich bestehen, entspricht offensichtlich auch der Haltung der Finanzverwaltung. Vgl. *Ziegler*, Günter (Rückstellungen 1989), S. 207.

184 Zum verpflichtenden Charakter dieser Soll-Vorschrift siehe Fn. 170 dieses Kapitels.

entsprechende Angabe im Lagebericht erfolgen. Da der Umfang der bewertungsrelevanten Kollektive von Stichtag zu Stichtag variiert, ist es erforderlich, die Schätzung der zukunftsbezogenen Erfolgsgrößen in jedem Jahresabschluß neu auf das Kollektiv auszurichten, das am *jeweiligen* Abschlußstichtag vorhanden ist. Es hat folglich eine jährliche Neubewertung der Rückstellung für drohende Verluste stattzufinden, die sich auf jene Kollektivgröße stützt, die am aktuellen Stichtag objektiv gegeben ist.

Der oben vom Verfasser vertretenen Orientierung an den Versicherungsverträgen, die am jeweiligen Bilanzstichtag tatsächlich vorhanden sind, wird im Schrifttum vereinzelt entgegengehalten, auch zu erwartende Bestandsveränderungen müßten bei der Ermittlung einer Drohverlustrückstellung aus dem Versicherungsgeschäft berücksichtigt werden[185]. Den betreffenden Beiträgen ist in dieser Frage insoweit zuzustimmen, als davon ausgegangen werden kann, daß die nach dem Stichtag zu erwartende Änderung des Bestandes bereits im abgelaufenen Geschäftsjahr wirtschaftlich verursacht wurde. Denn dies entspricht der wirtschaftlichen Betrachtungsweise, wie sie von der Finanzrechtsprechung praktiziert wird. Danach sind Rückstellungen auch für solche Verbindlichkeiten zu bilden, die zwar erst nach dem Abschlußstichtag rechtlich entstehen werden, aber wirtschaftlich bereits im vergangenen Geschäftsjahr verursacht sind[186]. Bezogen auf die Bewertung der Drohverlustrückstellung dürfen und müssen demzufolge n.A. des Verfassers nur solche künftigen Änderungen u.a. des Bestandsumfangs berücksichtigt werden, deren wirtschaftliche Verursachung intersubjektiv nachvollziehbar der vergangenen Periode zuzuordnen ist.

Demhingegen dürfen Änderungen, die zwar für die durchschnittliche Restlaufzeit eines Bestandes[187] erwartet werden, deren wirtschaftliche Verursachung jedoch nicht eindeutig dem Zeitraum vor dem jeweiligen Bilanzstichtag zugeordnet werden kann, nicht in die stichtagsbezogene Ermittlung der Rückstellung für drohende Verluste einbezogen werden. Denn maßgebend sind stets die am Abschlußstichtag objektiv gegebenen Umstände, was voraussetzt, daß eine Änderungserwartung bis zu diesem Tag zumindest wirtschaftlich verursacht ist. Die vollständige Antizipation drohender Verluste, wie sie vom Imparitätsprinzip gefordert wird[188], kann demnach nur insoweit erfolgen, als die Prämisse der wirtschaftlichen Verursachung der Verlusterwartung bereits zum Bilanzstichtag erfüllt bzw. objektiv gegeben ist. Da es unzulässig ist, wertbegründende Verlusterwartungen des neuen Geschäftsjahres zu berücksichtigen, erfährt das Imparitätsprinzip durch das Stichtagsprinzip in diesem Punkt eine Einschränkung. Für jene nicht-berücksichtigungsfähigen

185 Vgl. *Boetius*, Jan (Anmerkungen 1950 ff.), Anm. 87 f. zu § 20 KStG sowie hierauf Bezug nehmend *Ziegler*, Günter (Rückstellungen 1989), S. 207 f.

186 Vgl. u.a. BFH I R 15/68 vom 24.06.1969, in: BStBl. 1969 II, S. 581.

187 Zur Relevanz dieses Zeitraums für die Bemessung der Verlustrückstellung aus Versicherungsverträgen siehe Kapitel 3.1.3.2.

188 Vgl. insbesondere Kapitel 3.1.2.

Verlustursachen verbleibt allerdings gemäß § 289 Abs. 2 Nr. 1 HGB die Angabepflicht im Lagebericht, sofern es sich um „Vorgänge von besonderer Bedeutung" handelt. Ebenso geht *Forster* in einem allgemeineren Kontext auf diese Problematik ein. Auch er hält eine Berichterstattungspflicht über jene wertbegründenden Ereignisse im Lagebericht für gegeben, da eine Berücksichtigung dieser Sachverhalte bei der Bewertung der Verlustrückstellung dem Stichtagsprinzip widerspräche[189]. Wegen der Unzulässigkeit der Einbeziehung jener Verlusttatbestände liegt es nahe, zu ihrer Deckung *statt* einer (Drohverlust-)Rück*stellung* eine Rück*lage* zu bilden[190]. Denn trotz des steuerlichen Nachteils im Vergleich zur Rück*stellungs*bildung würden durch die Erhöhung einer Eigenkapitalposition Gewinne wenigstens vor dem Abfluß an die Anteilseigner bewahrt. Statt dessen würde in diesem Umfang ein Teil des Gewinns zur Deckung erwarteter künftiger Verluste, für die keine Rückstellungszuführung möglich war, im (Versicherungs-) Unternehmen zurückbehalten.

Die geforderte prinzipielle Zugrundelegung der am Stichtag bestehenden Kollektivgröße bedarf in Anbetracht einer branchenspezifischen Besonderheit der Versicherungsproduktion einer klärenden Differenzierung, da zahlreiche Versicherungsverträge am jeweiligen Bilanzstichtag um exakt 24$^{\underline{00}}$ Uhr enden. Jene Kontrakte bestehen zwar formell noch während der „logischen Sekunde" des Abschlußstichtags, dürfen aber - sofern sie keine Verlängerung[191] erfahren - nicht mehr bei der Bestimmung eines Bewertungskollektivs mitgezählt werden, das der Schätzung zukunftsbezogener Erfolgserwartungen dient. Statt dessen ist für Vertragsverhältnisse, die zu diesem Zeitpunkt ablaufen, allenfalls eine vergangenheitsbezogene Rückstellung für Erfüllungsrückstände zu bilden. Dies hat dann zu erfolgen, wenn während der Vertragslaufzeit eingetretene oder zumindest verursachte Leistungskonkretisierungen voraussichtlich noch nach Vertragsende zu Auszahlungen führen werden[192]. Folglich dürfen und müssen nur solche Versicherungsverträge in ein stichtagsbezogenes Kollektiv einbezogen werden, das für die Ermittlung einer u.U. erforderlichen Drohverlustrückstellung relevant ist, die über den Bilanzstichtag hinaus bestehen. Denn nur diese Dauerschuldverhältnisse verfügen - vom Stichtag aus betrachtet - über einen noch schwebenden Teil. Somit kann bzw. muß[193] nur für sie eine zukunftsbezogene Rückstellung für drohende Verluste aus *schwebenden* Geschäften gebildet werden.

Die große Bedeutung, die der *Tag der Bilanzaufstellung* neben dem Bilanzstichtag annimmt, kommt in der besonderen wirtschaftszweigbezogenen Fristenregelung

---

189 Vgl. *Forster*, Karl-Heinz (Rückstellungen 1971), S. 396.

190 Vgl. *ebenda* mit weiteren Nachweisen.

191 Vgl. hierzu die Ausführungen zur Beendigung eines Versicherungsverhältnisses in Kapitel 2.1.2.2.

192 Vgl. hierzu die Ausführungen des Kapitels 4.2.2 zur Schadenrückstellung und zur Unterscheidung dieser Rückstellung für Erfüllungsrückstände von der Drohverlustrückstellung.

193 Vgl. den zwingenden Wortlaut des § 249 Abs. 1 S. 1 HGB.

zum Ausdruck. So beträgt die Frist zur Aufstellung von Jahresabschluß und Lagebericht für Versicherungsunternehmen gemäß § 55 Abs. 1 S. 1 1. Halbsatz VAG vier Monate, im Gegensatz zur Regelung des allgemeinen Handelsrechts, die nur drei Monate nach Ablauf des jeweiligen Geschäftsjahres einräumt. Jene in § 264 Abs. 1 S. 2 HGB kodifizierte Vorschrift wird in § 55 Abs. 1 S. 1 2. Halbsatz VAG in bezug auf Versicherungsunternehmen explizit für ungültig erklärt. Unternehmen, die ausschließlich die Rückversicherung zum Gegenstand haben (sog. *professionelle Rückversicherer*), wurde mit § 55 Abs. 2 VAG sogar eine Aufstellungsfrist von zehn Monaten eingeräumt, sofern das Geschäftsjahr mit dem Kalenderjahr übereinstimmt. Die für Versicherungsunternehmen geltenden längeren Fristen für die Aufstellung von Jahresabschluß und Lagebericht ermöglichen ein Hinausschieben des Tages der Bilanzerstellung im Vergleich zu branchenfremden Unternehmen, für die die Norm des § 264 Abs. 1 S. 2 HGB maßgebend ist. Aufgrund dieser potentiellen wirtschaftszweigspezifischen Verlängerung des Zeitraums, der seit dem Bilanzstichtag vergangen ist, erhöht sich zugleich die Wahrscheinlichkeit des Erkennens wertaufhellender Umstände, die bei der Schätzung kollektivbezogener Erfolgserwartungen bzw. im Rahmen der Ermittlung einer Rückstellung für drohende Verluste zu berücksichtigen sind. Schließlich treten innerhalb von vier Monaten u.U. mehr bewertungsrelevante Sachverhalte, die bereits am Stichtag objektiv gegeben waren, zutage, als in einer nur dreimonatigen Frist.

Die Möglichkeit, die Bilanzaufstellung und damit den Zeitpunkt, zu dem eine endgültige Entscheidung bezüglich der Bewertung einer Drohverlustrückstellung ansteht, hinauszuzögern, eröffnet folglich die Gelegenheit, im Zeitverlauf weitere bewertungsrelevante Informationen zu erhalten. Somit ist es für Versicherungsunternehmen eher möglich, ihren Informationsstand zum Zeitpunkt der Aufstellung des Jahresabschlusses zu verbessern, als anderen Kapitalgesellschaften, deren „Wertaufhellungszeitraum" sich als kürzer erweist. Diese im Vergleich zu anderen Wirtschaftszweigen verstärkte Möglichkeit, im Rahmen der Rechnungslegung von Versicherungsunternehmen auftretende Bewertungsunsicherheiten zu reduzieren, ist n.A. des Verfassers gerade in bezug auf die Rückstellung für drohende Verluste gerechtfertigt. Denn diese Unsicherheitsreduktion, die wegen der später zulässigen Bilanzaufstellung realisierbar ist, leistet letztlich nur einen kleinen Beitrag zum Abbau der branchenspezifischen, durch die Natur der Versicherungsproduktion bedingten, vergleichsweise großen Schätzprobleme. Schließlich ist die Erstellung der Dienstleistung *Versicherungsschutz* mit einem im Vergleich zu anderen Branchen zusätzlichen, diesem Wirtschaftszweig arteigenen Produktionsrisiko verbunden[194]. Somit erscheinen die längeren Aufstellungsfristen vertretbar, da sie als teilweise Kompensation der versicherungstypischen Zufallsabhängigkeit wesentlicher Erfolgskomponenten, die in die Schätzung einer Verlustrückstellung aus Versicherungsverträgen erschwerend eingeht, angesehen werden können.

---

194 Vgl. hierzu die Ausführungen des Kapitels 2.3.1 zum *versicherungstechnischen Risiko*.

Trotz der aufgezeigten Pflicht zur Berücksichtigung wertaufhellender Umstände sollten die vorangegangenen Ausführungen verdeutlicht haben, daß dadurch das Stichtagsprinzip der Bewertung nicht umgangen wird. Statt dessen behält es wegen des Abstellens auf die am Bilanzstichtag objektiv gegebenen Fakten seine zentrale Bedeutung für den Bezugszeitpunkt der Bewertung. So ist auch die Bewertung des passiven Bilanzpostens *Rückstellung für drohende Verluste* und damit die Schätzung der künftigen Erfolgsgrößen, aus denen sich ein erwarteter Verpflichtungsüberschuß ergibt, auf den Abschlußstichtag zu beziehen. Die Zukunft im Sinne der Ermittlung einer Drohverlustrückstellung beginnt folglich mit dem jeweils aktuellen Bilanzstichtag. Denn Versicherungsverträge werden als Dauerschuldverhältnisse *zeitabschnittsweise* erfüllt, weshalb nur der am jeweiligen Abschlußstichtag noch nicht abgewickelte Teil als *schwebend* gekennzeichnet werden kann. Demnach ist es auch ausschließlich möglich, für den mit dem *jeweiligen* Stichtag beginnenden Zeitraum eine in § 249 Abs. 1 S. 1 HGB explizit so bezeichnete Rückstellung für drohende Verluste aus *schwebenden* Geschäften zu bilden. Nur eine auf der Basis aktueller Daten ermittelte Verlustrückstellung kann der Forderung des § 264 Abs. 2 HGB genügen und im Gesamtzusammenhang des Jahresabschlusses ein den tatsächlichen Verhältnissen entsprechendes Bild der Unternehmenslage vermitteln. In diesem Sinne ist auch der durch § 246 Abs. 1 HGB geforderte vollständige Schuldausweis bezogen auf den *jeweiligen* Stichtag zu verstehen.

Eine stichtagsbezogene jährliche Aktualisierung der Rückstellungshöhe ist ebenso zwecks Wahrung des Imparitätsprinzips erforderlich, das in der Ausprägung der Drohverlustrückstellung der Antizipation (jeweils) erwarteter Verpflichtungsüberschüsse dient. Denn nur auf diese Weise kann eine ex ante betrachtet zu hohe oder zu niedrige Verlustantizipation vermieden werden[195]. Schließlich kann sich die Einschätzung der auf ein konkretes Kollektiv bezogenen künftigen Erfolgslage binnen Jahresfrist ändern, so daß sich dies auf das Erfordernis des Ansatzes einer Verlustrückstellung in der nächsten Bilanz der Höhe oder gar dem Grunde nach auswirken muß. So sind bezüglich der in der kommenden Bilanz zu bildenden Drohverlustrückstellung sämtliche wertaufhellenden Ereignisse zu berücksichtigen, die im laufenden Geschäftsjahr oder zuvor eingetreten sind und bis zum Tag der nächsten Bilanzaufstellung dem Rechnung legenden Versicherungsunternehmen bekannt werden. Wie oben erörtert, könnten sich auch bezüglich der *Größe* der Kollektive, die im einzelnen der Bewertung der Verlustrückstellung zugrundegelegt werden, Änderungen ergeben haben, was die Gesamterfolgserwartung im Hinblick auf die so veränderten Kollektive ebenfalls verändert. Rückstellungen für drohende Verluste sind folglich mit Bezug auf jeden neuen Abschlußstichtag der Höhe nach zu aktualisieren. Der veränderte Erkenntnisstand dient der neuen Schätzung der für jedes bewertungsrelevante Kollektiv einzeln zu ermittelnden Erfolgserwartung. Die Summe der einzelnen, aus jenen Gefahren-

195 Vgl. die Ausführungen des Kapitels 3.1.2.

gemeinschaften erwarteten Verpflichtungsüberschüsse[196] ergibt den aktuellen Gesamtwert der zu passivierenden Verlustrückstellung. Eine entsprechende Neubewertung bzw. periodische Anpassung der Drohverlustrückstellung zum jeweiligen Stichtag stellt auch keinen Verstoß gegen den in § 252 Abs. 1 Nr. 6 HGB verankerten Grundsatz der Bewertungsstetigkeit dar. Denn die Änderung der Rückstellungshöhe ist in diesem Fall nicht auf einen Wechsel in den Bewertungsmethoden zurückzuführen. Schließlich bleiben die dem Grunde nach in die Ermittlung potentieller Verpflichtungsüberschüsse einbezogenen Erfolgsgrößen - ebenso wie die Verfahren zur Schätzung[197] jener Zukunftswerte - die gleichen. Lediglich der zwischenzeitlich veränderte Erkenntnisstand des Versicherungsunternehmens, der zu einem geänderten Schätzergebnis führt, ist Ursache eines im Vergleich zur Vorjahresbilanz modifizierten Ansatzes der Verlustrückstellung.

3.1.3.2. Relevanter Zeitraum

Im vorangegangenen Kapitel wurde erörtert, welche Relevanz der Bilanzstichtag und damit zusammenhängend der Tag der Aufstellung des Jahresabschlusses allgemein, wie auch bezogen auf den speziellen Fall der Bilanzierung einer Rückstellung für drohende Verluste aus Versicherungsverträgen, besitzt. Nun gilt es aufzuzeigen, welch zentrale Bedeutung dem Bilanzstichtag insbesondere hinsichtlich der Festlegung des Zeitraums zukommt, der für die Bewertung einer Verlustrückstellung relevant ist. In diesem Zusammenhang muß entschieden werden, ob in die Ermittlung der Saldogröße *Verpflichtungsüberschuß* ausschließlich Erfolgsgrößen einzubeziehen sind, die den Zeitraum vom Stichtag bis zum voraussichtlichen Vertragsablauf betreffen, oder ob die Erfolgsgrößen der gesamten Vertragslaufzeit zu berücksichtigen sind. Die letztgenannte Alternative wird wegen ihres Abstellens auf die Gesamtlaufzeit eines Dauerrechtsverhältnisses allgemein als *Ganzheitsbetrachtung* bzw. *-methode*[198] bezeichnet. Jene Auffassung wurde bereits mehrfach in der Rechtsprechung des BFH vertreten[199]. Das bilanzrechtliche

---

196 Eine Einbeziehung der *positiven* Erfolgserwartung aus anderen Kollektiven in diese Addition darf hingegen *nicht* erfolgen, da andernfalls eine Saldierung stattfände, die die Gesamthöhe der Verlustrückstellung niedriger werden ließe. Dies bedeutete jedoch einen Verstoß gegen das Realisations- und das Imparitätsprinzip. Siehe hierzu Kapitel 3.1.1.1 sowie 3.1.2.

197 Als geeignete Prognosemethode zur Bewertung der Drohverlustrückstellung in Versicherungsbilanzen wurde in Kapitel 3.1.2.1 der Ansatz von *Kayser* und *Rettig* - verbunden mit gewissen Änderungsvorschlägen - vorgestellt.

198 Der Begriff *Ganzheitsbetrachtung* findet u.a. Verwendung bei *Woerner*, Lothar (Passivierung 1984/85), S. 196 f.

199 Vgl. u.a. BFH VIII R 160/79 vom 19.07.1983, in: BStBl. 1984 II, S. 56, wonach „Voraussetzung ist, daß ... insgesamt ein Verlust droht; es genügt nicht, daß einzelne Geschäftsjahre mit Verlust abschließen". Vgl. auch BFH IV R 18/86 vom 08.10.1987, in: BStBl. 1988 II, S. 57, wonach Verluste aus schwebenden Geschäften nur dann passiviert werden dürfen, wenn sich in bezug auf die Gesamtlaufzeit des Geschäfts ein negativer

Schrifttum hingegen lehnt diese Betrachtungsweise überwiegend ab[200], da sie unter Beachtung der GoB nicht haltbar erscheint. Schließlich werden Dauerschuldverhältnisse in Zeitabschnitten erfüllt[201], weshalb sie im Falle einer stichtagsbezogenen Betrachtung ausschließlich hinsichtlich des zukünftigen, mit dem Bilanzstichtag beginnenden Zeitraums als „schwebend" klassifiziert werden können. Folglich kann im Kontext der gesetzlich vorgeschriebenen Bildung einer Rückstellung für drohende Verluste aus *schwebenden* Geschäften auch nur auf den noch schwebenden Teil eines Dauerrechtsverhältnisses, d.h. auf dessen *Restlaufzeit ab Bilanzstichtag*, abgestellt werden. Wegen der kollektiven Bewertung der Drohverlustrückstellung[202] ist somit von der *durchschnittlichen Restlaufzeit der Verträge eines bewertungsrelevanten Kollektivs* auszugehen.

Allein diese Orientierung an der *Restvertragslaufzeit* entspricht dem Imparitätsprinzip, das in der Ausprägung der Drohverlustrückstellung der Antizipation *erwarteter* bzw. *drohender* Verpflichtungsüberschüsse dient[203]. Das Imparitätsprinzip weist somit einen Zukunftsbezug auf, der sich auch in der betreffenden Rückstellungsbemessung niederschlagen muß. Demzufolge ist die Ganzheitsbetrachtung zwecks Wahrung des Imparitätsprinzips abzulehnen, da nur im Falle einer Zugrundelegung ausschließlich der künftigen Erfolgslage ein erwarteter Verpflichtungsüberschuß in voller Höhe antizipiert wird. Schließlich fordert dieses Prinzip in der konkreten Ausprägung der Bildung von Verlustrückstellungen eine *vollständige Antizipation drohender* Verluste[204]. Demhingegen würde sich die Berücksichtigung bereits *realisierter Gewinne* vergangener Perioden reduzierend auf eine konkrete Verlustrückstellung auswirken, was dem Imparitätsprinzip wie auch dem Grundsatz der Vollständigkeit in der Ausprägung des vollständigen Schuldausweises zuwiderliefe. Nur durch eine Ablehnung der Ganzheitsbetrachtung kann im Kontext der Bildung einer Verlustrückstellung ein wirksamer und damit voraussichtlich ausreichender Gläubigerschutz mittels der Zurückbehaltung verdienter Aufwandsgegenwerte im (Versicherungs-)Unternehmen gewährleistet werden. Praktizierte man hingegen die Ganzheitsmethode, so bestünde die Gefahr einer Nichterfassung drohender Verluste im Jahresabschluß. Denn jene erwarteten negativen Erfolgssalden würden bei dieser Vorgehensweise mit sämtlichen in der

---

Erfolgsbeitrag ergibt. Allerdings erhob der BFH nicht in allen jüngeren Entscheidungen die Forderung nach einer Ganzheitsbetrachtung. Vgl. hierzu *von Wysocki*, Klaus (Sozialverpflichtungen 1989), S. 111 unter Hinweis auf BFH VIII R 377/83 vom 25.02.1986, in: BStBl. 1986 II, S. 465.

200 Vgl. *Rohse*, Heinz Werner (Rückstellung 1988), S. 247 unter Hinweis auf das dort genannte Schrifttum. Vgl. auch *Adler*, Hans; *Düring*, Walther; *Schmaltz*, Kurt (Rechnungslegung 1987 ff.), Tz. 87 ff. zu § 249 HGB, *Jacobs*, Otto H. (Rückstellungen 1988), S. 240, *Mayer-Wegelin*, Eberhard (Anmerkungen 1990), Anm. 46 zu § 249 HGB sowie *Biergans*, Enno (Einkommensteuer 1990), S. 317.

201 Vgl. Kapitel 2.1.2.

202 Zur Begründung siehe Kapitel 3.1.1.1.

203 Vgl. Kapitel 3.1.2.1.

204 Vgl. die Ausführungen des Kapitels 3.1.2.

Vergangenheit bereits realisierten Gewinnen aus dem betreffenden Kollektiv von Verträgen saldiert und folglich kompensiert.

Legt man den umgekehrten Fall zugrunde und geht von *Verlusten* aus, die bereits in den dem Bilanzstichtag vorausgegangenen Geschäftsjahren realisiert wurden, so gelangt man - jedenfalls, sofern man analog zur Gewinnsituation verfährt - mittels der Ganzheitsbetrachtung zu einer nicht vertretbaren Verstärkung der Drohverlustrückstellung. Es wäre jedoch absurd, auf diese Weise Verluste, die bereits vor dem Bilanzstichtag realisert wurden, nochmals für die Zukunft zu antizipieren. Auch wenn die Rechtsprechung und das sich mit ihr auseinandersetzende Schrifttum auf die mit der Ganzheitsmethode verbundene Problematik der Verrechnung zukunftsbezogener Verluste mit vergangenheitsbezogenen Gewinnen abstellen, sollte letztgenannter Fall nicht unbeachtet bleiben. Denn berücksichtigte man Verluste der Vergangenheit im Rahmen der Ermittlung einer stets zukunftsbezogenen Drohverlustrückstellung, so bestünde die Gefahr der *Doppel*erfassung von Verlusttatbeständen, da diese bereits realisiert sind und demnach für sie allenfalls eine vergangenheitsbezogene Rückstellung für Erfüllungsrückstände in Betracht kommt. Eine derartige vergangenheitsbezogene, nach dem Realisationsprinzip zu bildende Rückstellung für Erfüllungsrückstände stellt in Versicherungsbilanzen die „Rückstellung für noch nicht abgewickelte Versicherungsfälle" (kurz: „Schadenrückstellung") dar[205]. Die in der Vergangenheit verursachten Aufwendungen sind, sofern sie bis zum Bilanzstichtag noch zu keiner Auszahlung führten, als Erfüllungsrückstand mittels einer derartigen Rückstellungszuführung den im abgelaufenen Geschäftsjahr verbuchten realisierten Prämienerträgen verursachungsgerecht zuzuordnen. In die Ermittlung einer Rückstellung für drohende Verluste haben hingegen ausschließlich zukunftsbezogene, d.h. den Zeitraum ab Bilanzstichtag betreffende negative und positive Erfolgserwartungen einzugehen[206]. Demnach ist eine Verlustrückstellung ausschließlich auf den noch schwebenden Teil eines Dauerschuldverhältnisses[207] zu beziehen[208]. Ihr ist damit ein reiner Zukunftsbezug zu-

205 Siehe hierzu insbesondere Kapitel 4.2.2. Siehe auch Kapitel 2.1.1.3.

206 Auch *Hartung* lehnt - in einem branchenübergreifenden Kontext - die Einbeziehung bereits realisierter Gewinne und Verluste in die Erfolgsermittlung aus schwebenden Geschäften ab. Er begründet dies damit, daß der Bildung einer Drohverlustrückstellung nicht das Realisations-, sondern das Imparitätsprinzip zugrundeliegt. Vgl. *Hartung*, Werner (Verlustrückstellung 1988), S. 377 mit weiteren Nachweisen. Vgl. hierzu auch die Kapitel 2.1.1.3, 3.1.2.1 sowie 4.2.2 der vorliegenden Arbeit.

207 Eine gleichgerichtete Äußerung enthält die Verwaltungsvorschrift des Abschn. 38 Abs. 5 S. 1 2. Halbsatz EStR. Dort wird im Hinblick auf Drohverlustrückstellungen explizit festgestellt, daß „bei Dauerschuldverhältnissen ... ausschließlich die zukünftigen Ansprüche und Verpflichtungen gegenüberzustellen" sind. Mit dieser ausdrücklichen Ablehnung der Ganzheitsbetrachtung vertritt die Finanzverwaltung den gegensätzlichen Standpunkt im Vergleich zur oben (vgl. Fn. 199 dieses Kapitels) zitierten Auffassung der höchstrichterlichen Finanzrechtsprechung.

208 Auch der I. Senat des BFH vertritt die Auffassung, ein rückstellungsbegründender Verlust sei dann gegeben, wenn der Wert der *künftigen* Ansprüche den Wert der *künftigen* Verpflichtungen aus einem schwebenden Geschäft unterschreitet. Vgl. BFH I R 7/80 vom 25.01.1984, in: BStBl. 1984 II, S. 344. Vgl. zudem die ebenfalls ausschließlich auf *künftige* Leistungsgrößen Bezug

zugestehen[209], während für den bereits abgewickelten Teil allenfalls die Bildung einer streng vergangenheitsbezogenen Schadenrückstellung in Frage kommt[210].

Diese vom Verfasser vertretene Ablehnung der Ganzheitsbetrachtung gewährleistet aufgrund der eindeutigen Trennbarkeit beider hier bedeutsamer Rückstellungsarten, daß die im Falle der Ganzheitsmethode eintretenden, oben beschriebenen Gefahren einer Nicht- oder einer Mehrfacherfassung von Verlusttatbeständen vermieden werden. In diesem Kontext besitzt der jeweilige Abschlußstichtag entscheidende Bedeutung, da er die (Gesamt-)Lebensdauer eines (Versicherungs-) Unternehmens - ebenso wie die eines bewertungsrelevanten Kollektivs von Verträgen - klar in einen Vergangenheits- und einen Zukunftszeitraum trennt. Der Stichtag erfüllt folglich die Funktion der Trennung vergangenheits- und zukunftsbezogener Rückstellungsgründe und dient damit der Vermeidung etwaiger Überschneidungen, die im Falle einer Ganzheitsbetrachtung nicht zu verhindern wären. Aufgrund der vorgetragenen Argumente ist die vom BFH z.T. vertretene Ganzheitsbetrachtung - auch für die Bewertung einer Rückstellung für drohende Verluste aus Versicherungsverträgen - n.A. des Verfassers eindeutig abzulehnen.

Nachdem oben dafür plädiert wurde, ausschließlich solche Erfolgsgrößen in die Bemessung einer Drohverlustrückstellung einzubeziehen, die erst dem künftigen, d.h. am Bilanzstichtag beginnenden Zeitraum zuzurechnen sind, gilt es im weiteren, diesen Zukunftszeitraum näher zu konkretisieren. Die Ermittlung dieser bewertungsrelevanten Restvertragslaufzeit sollte jedoch nicht bezogen auf das einzelne Vertragsverhältnis erfolgen. Denn die in Kapitel 3.1.1.1 unter Hinweis auf die Besonderheiten der Versicherungsproduktion vertretene kollektivbezogene Ermittlung drohender Verpflichtungsüberschüsse ist u.a. für die Bestimmung der Restvertragsdauer relevant. Folglich ist die *durchschnittliche Restlaufzeit* der Kontrakte eines solchen Kollektivs zu ermitteln und anschließend die Schätzung der für die Zukunft erwarteten Erfolgsgrößen an diesem Zeitraum auszurichten. Die Bestimmung der im Durchschnitt anzunehmenden Restvertragslaufzeit selbst kann - ebenso wie die dann für diesen Zeitraum festzulegenden Erfolgserwartungen - nur auf der Basis von Erfahrungswerten erfolgen, die in der Vergangenheit gesammelt wurden. Nur auf dieser Grundlage können realistische Daten - insbesondere bezüglich der

---

nehmende Entscheidung des BFH I 103/55 U vom 25.09.1956, in: BStBl. 1956 III, S. 333. Diese beiden Entscheidungen des I. Senats implizieren dem Wortlaut nach eine *Ablehnung der Ganzheitsbetrachtung*, wenngleich in den oben (vgl. Fn. 199 dieses Kapitels) zitierten Entscheidungen des VIII. und des IV. Senats die gegenteilige Auffassung vertreten wird.

209 Dennoch sollte sich die Schätzung der eingehenden zukunftsbezogenen Erfolgsgrößen an Erfahrungswerten orientieren, die in der Vergangenheit gewonnen wurden. Siehe hierzu die Ausführungen des Kapitels 3.1.2.1 zum Vorschlag von *Kayser* und *Rettig*, die Prognose der jeweils rückstellungspflichtigen Verlustsalden auf einer Zeitreihenanalyse aufzubauen.

210 Vgl. hierzu die näheren Ausführungen des Kapitels 4.2.2.

tatsächlichen Dauer[211] von Verträgen, die auf unbestimmte Zeit abgeschlossen sind - für die Zukunft geschätzt werden. Wie häufig eine Verlängerungsklausel im Durchschnitt eines Kollektivs wirken wird und nach wievielen Vertragsjahren es durchschnittlich zur Kündigung eines Vertrages kommt, ist letztlich nur auf der Basis einer Diagnose vergangener Werte prognostizierbar. Die reine Übertragung eines Trends, der sich aus der Analyse von Vergangenheitsdaten ergibt, auf die Zukunft ist allerdings auch bezüglich der Ermittlung der Restvertragsdauer abzulehnen. Statt dessen sollte die an anderer Stelle befürwortete Einbeziehung von Fachabteilungen des Versicherungsunternehmens[212] sich auch auf diesen Aspekt erstrecken. Denn eine Expertenbefragung würde dazu beitragen, die als Trend ermittelte Restvertragslaufzeit des bestehenden Kollektivs um bevorstehende Änderungen zu korrigieren. Eine solche Korrektur hätte beispielsweise dann zu erfolgen, wenn der Versicherer beabsichtigt, künftig verstärkt das Instrument der *Kündigung nach dem Versicherungsfall*[213] einzusetzen. Die dadurch zu erwartende Verkürzung der durchschnittlichen Restlaufzeit der Vertragsverhältnisse, die zum aktuellen Stichtag bestehen, ist entsprechend zu berücksichtigen. Denn die Drohverlustrückstellung ergibt sich letztlich aus der Saldierung derjenigen Erfolgsbeiträge, die für exakt diese Restvertragslaufzeit erwartet werden. Die Zugrundelegung eines Prognosezeitraums, der kürzer als diese durchschnittliche Restvertragsdauer ist, muß hingegen abgelehnt werden, da auf diese Weise nicht alle künftigen Ertrags- und Aufwandserwartungen in den Saldierungsprozeß einbezogen würden. Aufgrund dieser Außerachtlassung bewertungsrelevanter Erfolgsgrößen käme es im Ergebnis zu einer im Einzelfall zu hohen oder zu niedrigen Drohverlustrückstellung[214]. Aus diesem Grund kann dem Vorschlag von *Kayser* und *Rettig*, den Prognosezeitraum zur Bemessung der Rückstellung für drohende Verluste aus Versicherungsgeschäften auf nur ein Geschäftsjahr zu begrenzen, nicht zugestimmt werden[215].

Zwecks Ermittlung der durchschnittlichen Restvertragslaufzeit eines bestehenden Kollektivs ist es bedeutsam, den mittleren Zeitraum des bereits abgewickelten Teils dieser Verträge zu errechnen. Das auf diese Weise festgestellte Durchschnittsalter des am Abschlußstichtag vorhandenen Vertragsbestands ist sodann von der geschätzten durchschnittlichen Gesamtvertragslaufzeit des Bestands zu subtrahieren. Als Resultat ergibt sich die voraussichtliche mittlere Restvertragslaufzeit, die - wie oben erörtert - der Bewertung einer Drohverlustrückstellung aus Versicherungsverträgen zugrundezulegen ist. Die zuvor erforderliche Prognose der durchschnittli-

---

211 Auch *Nies* zufolge ist „ ... , von einer Bestandsdauer auszugehen, die der tatsächlichen durchschnittlichen Laufzeit der Versicherungsverträge der Gefahrengemeinschaft entspricht". *Nies*, Helmut (Rückstellungen 1984), S. 134.

212 Vgl. die Ausführungen des Kapitels 3.1.2.1 zum dort erörterten Beitrag von *Kayser* und *Rettig*.

213 Vgl. hierzu Kapitel 2.1.2.2.

214 Vgl. hierzu die näheren Ausführungen des Kapitels 3.1.2.1.

215 Vgl. *Kayser*, Georg; *Rettig*, Wolfgang (Rückstellungen 1985), S. 251. Zur näheren Kritik an diesem Vorschlag siehe Kapitel 3.1.2.1. Abgesehen von der Frage des adäquaten Prognosezeitraums wurde den Ausführungen von *Kayser* und *Rettig* an jener Stelle zugestimmt.

chen Gesamtvertragslaufzeit kann letztlich nur auf der Basis von Vergangenheitsdaten erfolgen; denn zur Ermittlung einer Gesamtvertragsdauer ist die Betrachtung von Dauerschuldverhältnissen erforderlich, die bereits vollständig abgewickelt sind und somit nicht mehr über den jeweils aktuellen Bilanzstichtag hinaus bestehen. Die so ermittelte Durchschnittslaufzeit bereits abgelaufener Verträge ist jährlich zu aktualisieren, um mögliche Trendänderungen, die sich in jüngster Vergangenheit abzeichneten, zu berücksichtigen. Ferner sollte eine Korrektur des errechneten Trends[216] im Rahmen einer Expertenbefragung erfolgen, sofern sich in Zukunft - wie oben angesprochen - voraussichtliche Änderungen der *Gesamt*vertragsdauer und damit zugleich Veränderungen der *Rest*vertragsdauer ergeben. Diese um erwartete künftige Entwicklungen korrigierte Restvertragslaufzeit stellt sodann den Prognosezeitraum dar, der für die Ermittlung einer Drohverlustrückstellung aus Versicherungsverträgen relevant ist.

3.2. Die Berücksichtigung wirtschaftszweigspezifischer Bewertungsdeterminanten im Rahmen der Ermittlung drohender Verluste

3.2.1. Die Selbstbeteiligung der Versicherungsnehmer

Im vorangegangenen Abschnitt 3.1 wurde untersucht, inwieweit die dort erörterten allgemeinen Bewertungsprinzipien von Bedeutung sind bezüglich der Rückstellung für drohende Verluste speziell aus Versicherungsgeschäften. Zusätzlich zu jenen branchenübergreifend geltenden Grundsätzen gilt es nun, einige Tatbestände zu behandeln, die dem Versicherungsgeschäft eigentümlich sind. In diesem Zusammenhang soll vor allem erörtert werden, inwiefern die aufzuzeigenden Sachverhalte Relevanz für die Ermittlung drohender Verluste aus Versicherungsverträgen besitzen. Allerdings lassen Platzgründe keine detaillierte Auseinandersetzung mit sämtlichen Ausprägungen dieser Bewertungsdeterminanten zu; denn die in praxi vorzufindende Variantenvielfalt ist auf diesem Gebiet so groß, daß eine Berücksichtigung aller Möglichkeiten n.A. des Verfassers die Anfertigung einer eigenen Monographie rechtfertigte. Deshalb haben die nachfolgenden Ausführungen des Abschnitts 3.2 eher grundlegenden Charakter, um eine einseitige Schwerpunktbildung der vorliegenden Arbeit in dieser Richtung zu vermeiden. Ein Anspruch auf Vollständigkeit kann und soll folglich nicht erhoben werden.

---

216 Zur Ermittlung dieses Trends könnte das von *Kayser* und *Rettig* in einem anderen Zusammenhang vorgeschlagene Verfahren der Zeitreihenanalyse dienen. Vgl. *Kayser*, Georg; *Rettig*, Wolfgang (Rückstellungen 1985), S. 251. Vgl. auch die Ausführungen des Kapitels 3.1.2.1 der vorliegenden Arbeit zu diesem Verfahren.

Verluste können einem Versicherungsunternehmen nur insoweit aus Versicherungsverträgen drohen, als es die dort bezeichneten Risiken wirtschaftlich selbst trägt. Werden die betreffenden Risiken jedoch nur z.T. vom jeweiligen Versicherer getragen, so kann auch nur aus diesem Teil ein Verpflichtungsüberschuß zu erwarten sein, der in eine Drohverlustrückstellung einzustellen ist. Jene Risikokomponenten, die im Rahmen der *Risikoteilung* auf einen Vertragspartner übertragen werden oder bei diesem verbleiben, belasten entsprechend die Erfolgslage dieser Risikoträger und entlasten die eigene Situation. So besteht im Kontext der Risikoteilung die Möglichkeit, über besondere Verträge (Teil-)Risiken auf andere Versicherungsunternehmen zu überwälzen. Neben der *Rückversicherungsnahme*[217] kommt hier auch den Gestaltungsmöglichkeiten der *Mitversicherung* und der *Poolung*[218] praktische Bedeutung zu. Zudem ist es möglich, seitens des Versicherungsunternehmens eine *Risikoteilung mit dem Versicherungsnehmer* herbeizuführen. Hierzu bedarf es keines eigenständigen Vertrags; vielmehr ist eine *(Selbst-) Beteiligung* des Kunden an seinen eigenen Risiken Bestandteil des zwischen ihm und dem Versicherer abgeschlossenen Vertragsverhältnisses. Der Begriff „Selbstbeteiligung" steht dabei für den Risikoteil, der beim Versicherungsnehmer verbleibt, also erst gar nicht auf den Versicherer übergeht[219]. Da demnach kein vollständiger, sondern nur ein partieller Risikotransfer vom Kunden auf das Versicherungsunternehmen stattfindet, besteht für den Versicherer nach Eintritt des Versicherungsfalls auch nur in den entsprechenden Grenzen eine Verpflichtung zur Entschädigungszahlung.

Jene reduzierte Pflicht zur konkreten Leistung ist - im Vergleich zur Übernahme des vollen Risikos - mit einer Senkung künftiger Schadenaufwendungen verbunden. Folglich geht eine vorhandene Selbstbeteiligung insoweit reduzierend in die Ermittlung einer Drohverlustrückstellung ein, als die Aufwendungen für Versicherungsfälle, die für die Zukunft erwartet werden, in entsprechend verminderter Höhe in den Saldierungsprozeß einzubeziehen sind. Allerdings kann die Selbstbeteiligung der Versicherungsnehmer deshalb noch nicht als wirksames und nachhaltiges Instrument der Reduktion drohender Verluste angesehen werden. Denn neben der Verringerung erwarteter künftiger Aufwandsgrößen werden auch die Prämienerträge eines Versicherungsunternehmens durch Selbstbeteilung reduziert. Schließlich ist ein rational handelnder Kunde nur dann bereit, einen Teil seiner Risiken selbst zu tragen, wenn ihm im Vergleich zur Situation des vollständigen Risikotransfers ein Prämiennachlaß gewährt wird. Geringere künftige Prämienerträge führen bei einem Versicherungsunternehmen außerdem zwangsläufig zu niedrigeren Erträgen aus Kapitalanlagen. Folglich gehen nicht nur die Aufwandsgrößen, sondern auch die Ertragskomponenten des technischen und des nicht-technischen Geschäfts infolge von Selbstbeteiligung in verminderter Form in die Bemessung einer Verlustrückstellung ein. Demnach werden die geschätzten künftigen Aufwandsminde-

---

217 Vgl. hierzu die näheren Ausführungen des Kapitels 3.2.2.

218 Vgl. hierzu Kapitel 3.2.4.

219 Vgl. *Helten*, Elmar; *Schwake*, Edmund; *Henke*, Klaus-Dirk (Selbstbeteiligung 1987), S. 532.

rungen durch entsprechende Rückgänge in der Ertragserwartung ganz oder z.T. kompensiert[220], so daß die Selbstbeteilung der Versicherungsnehmer grundsätzlich nicht als wirksames Instrument zur Reduktion drohender Verluste angesehen werden kann. Langfristig zumindest dürfte ein Versicherungsnehmer nur dann zu einer partiellen Selbsttragung seiner Risiken bereit sein, wenn ihm dafür ein angemessener Preisnachlaß gewährt wird. Somit dürften reduzierte Aufwandserwartungen auf längere Sicht zu entsprechend niedrigeren Ertragsgrößen führen. Allenfalls kurzfristig betrachtet, d.h. bezogen auf einen relativ kleinen Zukunftshorizont, könnte es durch verschiedene Formen der Selbstbeteiligung zu einer Reduktion drohender Verluste kommen. So kann sich die Festlegung einer Entschädigungshöhe, die Vereinbarung der proportionalen Selbstbeteiligung oder die einer Franchise[221] reduzierend auf Verpflichtungsüberschüsse auswirken, doch sind diese Möglichkeiten der Verlustüberwälzung über kurz oder lang mit der Höhe nach niedriger kalkulierten Prämien verbunden.

Selbst wenn die Selbstbeteiligung infolge der oben dargelegten Argumente nicht als Instrument zur nachhaltigen Reduktion drohender Verluste angesehen werden kann, so bewirkt sie doch bei einigen Versicherungsnehmern eine Verhaltensänderung. So wird das sog. *subjektive Risiko* bzw. das *moralische Risiko* insoweit gemindert, als das Bewußtsein einer Selbstbeteiligung an möglichen Schäden bei zahlreichen Kunden zu einem vorsichtigeren Verhalten - im Vergleich zur Situation des vollständigen Risikotransfers auf ein Versicherungsunternehmen - führt[222]. Zum Beispiel erweisen sich einige Selbstbeteiligungsformen als geeignet, Versicherungsbetrug aus Sicht des potentiellen Betrügers finanziell nicht mehr lohnend erscheinen zu lassen. Unter diesen Gesichtspunkten trägt die Selbstbeteiligung zu - auch künftig - niedrigeren Schäden und somit auch zur Reduktion drohender Verluste bei.

Unterschiedliche Formen der Selbstbeteiligung wirken sich verschiedenartig auf das Ausmaß der jeweiligen Ertrags- und Aufwandsreduktion aus. Deshalb wäre es sinnvoll, im Rahmen der Bildung von Vertragskollektiven, die für die Ermittlung der Drohverlustrückstellung bewertungsrelevant sind[223], diese Gefahrengemeinschaften auch unter dem Aspekt gleichartiger bzw. homogener Selbstbeteiligungssyteme der enthaltenen Verträge zusammenzustellen. Eine derartige Bildung von Kollektiven,

---

220 Eine nähere Konkretisierung dieser Aussage bedürfte einer detaillierten Untersuchung der zwischen einzelnen Erfolgsarten bestehenden Ursache-Wirkungs-Zusammenhänge unter Einbeziehung der individuellen Umstände der Prämienkalkulation eines Versicherungsunternehmens.

221 Zur Erläuterung dieser Hauptformen der Selbstbeteiligung und deren Unterarten siehe *Helten*, Elmar; *Schwake*, Edmund; *Henke*, Klaus-Dirk (Selbstbeteiligung 1987), S. 532 f.

222 Zur näheren Unterscheidung der Termini „subjektives" und „moralisches Risiko" voneinander sowie zum Begriff des „objektiven Risikos" vgl. *Helten*, Elmar; *Karten*, Walter (Risiko 1984), S. 9-11.

223 Die Kollektivbezogenheit der Bewertung im besonderen Fall einer Drohverlustrückstellung aus Versicherungsverträgen wurde in Kapitel 3.1.1.1 eingehend begründet und befürwortet.

die auch in bezug auf die Selbstbeteiligungsform der Einzelverträge homogen[224] sind, erleichtert die Schätzung der zukünftigen Aufwendungen und Erträge, die aus dieser Gefahrengemeinschaft zu erwarten sind. Denn die Selbstbeteiligung muß insoweit bei der Bemessung der Drohverlustrückstellung berücksichtigt werden, als in die Ermittlung des rückstellungspflichtigen Verlustsaldos nur die tatsächlich für die Zukunft erwarteten Aufwendungen und Erträge einzubeziehen sind. Auf diese Weise werden unterschiedliche Selbstbeteiligungsformen *implizit* bei der Ermittlung von Verpflichtungsüberschüssen berücksichtigt. Die Selbstbeteiligung der Versicherungsnehmer wirkt sich schließlich *nicht explizit* in Gestalt zusätzlicher Aufwands- und Ertragsgrößen auf einen zukunftsbezogenen Erfolgssaldo aus, sondern *implizit* in Form der Reduktion von Einzelerfolgsgrößen, die im Falle einer nicht vorhandenen Selbstbeteiligung dem Grunde nach ohnehin fließen würden. Während die Rückversicherungsnahme ein eigenes Vertragsverhältnis bedingt und - neben den Erfolgsbeiträgen aufgrund des (Erst-)Versicherungsvertrags - zusätzliche Erfolgsströme verursacht, die es explizit zu berücksichtigen gilt[225], stellt sich die Situation bezüglich der Selbstbeteiligung einfacher dar. Hier braucht nicht begründet zu werden, daß die Saldierung der Aufwands- und Ertragserwartungen aus verschiedenen Vertragsverhältnissen im Einklang mit dem Grundsatz der Einzelbewertung steht[226]. Vielmehr bedarf die Berücksichtigung der Auswirkungen einer Selbstbeteiligung auf die Höhe künftiger Erfolgsgrößen keiner näheren Rechtfertigung, da diese Form der Risikoteilung - wie oben festgestellt - direkter Bestandteil des Vertragsverhältnisses zwischen Versicherungsunternehmen und Versicherungsnehmer ist.

3.2.2. Die Rückversicherungsnahme

Nachdem im vorangegangenen Kapitel die Selbstbeteiligung erörtert wurde, gilt es nun, mit der Rückversicherungsnahme eine weitere Form der Risikoteilung bezüglich ihrer Auswirkungen auf die Höhe drohender Verluste aus Versicherungsverträgen zu untersuchen. Während die Selbstbeteiligung im Rahmen des Vertragsverhältnisses Berücksichtigung findet, das zwischen (Erst-) Versicherungsunternehmen und Versicherungsnehmer besteht, ist die Rückversicherung Gegenstand eines gesonderten, eigenständigen Vertrags, der zwischen einem Erst- und einem Rückversicherer abgeschlossen wird. Ein derartiger Rückversicherungsvertrag stellt somit eine Rechtsbeziehung dar, die ausschließlich zwischen Versiche-

---

224 Zur Begründung der Homogenitätsprämisse im Rahmen der Zusammenstellung bewertungsrelevanter (Teil-)Kollektive vgl. die Kapitel 3.1.1.1 sowie 3.1.2.1.

225 Vgl. Kapitel 3.2.2.

226 Vgl. hierzu die Ausführungen der Kapitel 3.1.1.2 bzw. 3.2.2, wo die Einbeziehung der Erfolgsbeiträge des nicht-technischen Geschäfts resp. aus Rückversicherungsbeziehungen entsprechend begründet wird.

rungsunternehmen besteht. Eine Risikoteilung findet in diesem Zusammenhang statt, indem ein Erstversicherer (auch *Zedent* genannt) Teile der Risiken, die er qua Versicherungsvertrag von seinen Versicherungsnehmern übernimmt, an einen Rückversicherer (auch *Zessionar* genannt) abgibt (sog. *passive Rückversicherung*)[227]. Dieser Risikotransfer auf ein anderes Versicherungsunternehmen dient vor allem der Reduktion des eigenen bzw. selbst wirtschaftlich zu tragenden versicherungstechnischen Risikos[228] eines Erstversicherungsunternehmens. Die übrigen Ziele, die ein Erstversicherungsunternehmen mittels Rückversicherungsnahme verfolgt, nehmen in dessen Zielsystem regelmäßig einen nachgeordneten Rang hinter dem erstrangigen Ziel der Risikominderung ein[229].

Der Versicherungsnehmer kann einen Rechtsanspruch auf Versicherungsschutz nur aus dem Vertragsverhältnis ableiten, das zwischen ihm und dem Erstversicherungsunternehmen besteht. Welcher Teil seines Risikos jedoch de facto, d.h. wirtschaftlich von einem Rückversicherer getragen wird, erkennt der Kunde nicht. Schließlich fehlt ihm als Außenstehendem der Einblick in die Produktionsweise der Dienstleistung *Versicherungsschutz*. Er wird lediglich mit dem *Output* dieses Prozesses konfrontiert, während ihm die Zusammensetzung und Entwicklung des an ihn abgesetzten immateriellen Produktes aus verschiedenen Input- bzw. Produktionsfaktoren verschlossen bleibt. Als einer der wesentlichsten Produktionsfaktoren kann dabei die Rückversicherungsnahme des Zedenten angesehen werden[230]. Da Rückversicherungsschutz von einem anderen, d.h. außenstehenden Unternehmen angeboten und zur Verfügung gestellt wird, erscheint es vertretbar, aus Sicht des nachfragenden Erstversicherers vom Rückversicherungsvertrag als „(schwebendem) Beschaffungsgeschäft" zu sprechen[231]; denn obgleich der Begriff des schwebenden Beschaffungsgeschäfts bislang in erster Linie in der Sachgüterindustrie Verwendung fand, steht doch zweifelsfrei fest, daß auch ein Dienstleistungen erstellendes (Erst-)Versicherungsunternehmen mittels Rückversicherungsnahme einen (immateriellen) Produktionsfaktor von außen „be-

---

227 Während die Rückversicherungsnahme des Erstversicherers als *passive Rückversicherung* bezeichnet wird, betreibt der Rückversicherungsschutz absetzende Rückversicherer *aktive Rückversicherung*.

228 Zu dieser und anderen Möglichkeiten der Reduktion des versicherungstechnischen Risikos siehe die Ausführungen von *Albrecht*, Peter; *Schwake*, Edmund (Risiko 1988), S. 655 ff.

229 Dies geht aus einer empirischen Untersuchung *Heltens* hervor, die auf die Ermittlung der Zielstrukturen von Rückversicherungsentscheidungen deutscher Schaden- und Unfallversicherungsunternehmen ausgerichtet ist. Vgl. *Helten*, Elmar (Zielstrukturen 1983), S. 952. Vgl. auch *derselbe* (Nutzen 1984), S. 57 ff. Zustimmend äußert sich *Jannott*, Horst K. (Rückversicherungspolitik 1988), S. 715 f. Beide Verfasser gehen in ihren Beiträgen ausführlich auf Art und Bedeutung der übrigen Ziele der Rückversicherungsnahme ein.

230 Zur Produktionsfaktoreigenschaft der Rückversicherung vgl. die näheren Ausführungen in *Farny*, Dieter (Theorie 1965), S. 110 ff. mit weiteren Nachweisen.

231 Vgl. hierzu auch die Ausführungen des Kapitels 2.1.1.2.

schafft"[232]. Zudem kann der Rückversicherungsvertrag aus Sicht des Rückversicherers als Dauerschuldverhältnis angesehen werden, weil seine daraus resultierende Leistungserbringung nicht einmalig zu einem Zeitpunkt, sondern kontinuierlich erfolgt[233]. Schließlich erstreckt sich die Gewährung von Rückversicherungsschutz über einen Zeit*raum*, wenngleich die konkrete Abrechnung mit dem jeweiligen Erstversicherer auf der Zahlungsebene i.d.R. zu festgelegten Zeitpunkten im Kontokorrentverkehr stattfindet. Als „schwebend" ist ein Rückversicherungsvertrag zu kennzeichnen, soweit er noch nicht von beiden Vertragspartnern vollständig erfüllt ist[234].

Obgleich der Rückversicherungsvertrag ein eigenständiges Rechtsverhältnis darstellt, sollte n.A. des Verfassers keine isolierte Betrachtung der Rückversicherungsbeziehungen im Rahmen der Ermittlung drohender Verluste aus Sicht des Zedenten erfolgen. Zwar gebietet der Grundsatz der Einzelbewertung in seiner strengen Fassung eine gesonderte Untersuchung, ob aus den Vertragsverhältnissen des Erstversicherers mit seinen Rückversicherern unter Berücksichtigung der dort zu erwartenden Erfolgsströme Verluste drohen. Doch stehen Rückversicherungsverträge mitsamt der durch sie ausgelösten künftigen Aufwendungen und Erträge in so starker Abhängigkeit zu der Erfolgslage, die aus den (Erst-) Versicherungsverträgen mit den Versicherungsnehmern resultiert, daß eine Einbeziehung der Rückversicherungsbeziehungen in die Ermittlung drohender Verluste aus Erstversicherungsverträgen geboten erscheint. So hängt beispielsweise die Höhe der dem Zedenten vom Zessionar als Ertrag künftig zufließenden *Rückversicherungsprovision* in erheblichem Maße von der Erfolgslage ab, die bezüglich der (Erst-)Versicherungsverträge besteht; ein relativ schlecht, d.h. schadenträchtig verlaufendes zukünftiges Geschäftsjahr, das zu einer verstärkten Beanspruchung bzw. Konkretisierung der Leistung des Rückversicherers führt, wird gewiß eine reduzierte Rückversicherungsprovision resp. Gewinnbeteiligung des Rückversicherers an den Erstversicherer zur Folge haben. Dieses Beispiel belegt den *engen wirtschaftlichen Zusammenhang*, der zwischen Erst- und Rückversicherungsvertrag besteht[235]; somit erweist sich die in einem anderen Kontext vertretene Voraussetzung als gegeben, bei deren Vorliegen von einer gemeinsamen Betrachtung beider eng miteinander verbundener Vertragsverhältnisse im Rahmen der Bewertung aus-

232 Im versicherungswissenschaftlichen Schrifttum wurde der Rückversicherungsvertrag bereits mehrfach als „Beschaffungsvertrag" bezeichnet. Vgl. u.a. *Farny*, Dieter (Rückversicherung 1963), S. 738, *Farny*, Dieter; *Helten*, Elmar (Grundlagen 1977/81), S. 776 und *Oos*, Johannes (Ausweis 1979), S. 608.

233 Zum Begriff des *Dauerschuldverhältnisses* im allgemeinen und bezogen auf den Sonderfall des (Erst-)Versicherungsvertrags siehe die näheren Ausführungen der Kapitel 2.1.1.2 sowie 2.1.2.1.

234 Zum Terminus des *schwebenden Geschäfts* siehe die Ausführungen des Kapitels 2.1.1.1.

235 *Nies* spricht analog von einer *wirtschaftlichen Verbundenheit* zwischen beiden Vertragsarten und rechtfertigt so die reduzierende Berücksichtigung von Rückversicherungsverträgen bei der Ermittlung drohender Verluste aus Erstversicherungsverträgen. Vgl. *Nies*, Helmut (Rückstellungen 1972), S. 450.

zugehen ist, ohne daß dies einen Verstoß gegen den Grundsatz der Einzelbewertung bedeutete[236].

Bezieht man, wie vorgeschlagen, die Erfolgserwartungen aus Rückversicherungsverträgen in die Ermittlung eines u.U. drohenden Verlustes aus (Erst-) Versicherungsverträgen ein, so vermeidet man das Problem, allein aufgrund von Rückversicherungsbeziehungen gegebenenfalls zu erwartende Verpflichtungsüberschüsse schätzen zu müssen. Denn im Falle einer gesonderten, isolierten Betrachtung des Rückversicherungsvertrags wäre zu ermitteln, ob die *Wiederbeschaffungskosten* des Rückversicherungsschutzes im Vergleich zum vertraglich vereinbarten Preis *nachhaltig gesunken* sind. Dies ist die im Schrifttum vertretene Prämisse, die als Grundsatz der Ermittlung drohender Verluste aus Beschaffungsgeschäften allgemeine Anerkennung findet[237]. Die Ermittlung der jeweiligen Wiederbeschaffungskosten aus Sicht des Erstversicherers wäre allerdings nur unter relativ großen Umständen und kaum für Außenstehende intersubjektiv nachvollziehbar möglich. Denn auf dem Rückversicherungsmarkt herrscht auch nicht annähernd eine Preistransparenz, wie beispielsweise auf einem börsenmäßig organisierten Rohstoffmarkt für beschaffende Unternehmen der verarbeitenden Industrie. Statt dessen werden die Preise und sonstigen Konditionen zwischen dem Erst- und dem Rückversicherer jeweils individuell ausgehandelt und außerdem im Regelfall jährlich aktualisiert bzw. angepaßt. Bedingt durch diese jährliche Konditionenanpassung können im Falle des *schwebenden Beschaffungsgeschäfts Rückversicherungsvertrag* keine - gleich wie zu ermittelnden - Wiederbeschaffungskosten mit den vertraglich vereinbarten, dem Erstversicherer künftig entstehenden Kosten der Rückversicherungsnahme verglichen werden, da letztere Vergleichsgröße ex ante noch nicht feststeht. Schließlich ist die exakte Höhe der vom Erstversicherer zu tragenden Rückversicherungskosten u.a. von der künftigen Schadenentwicklung des Bestandes an versicherungstechnischen Einheiten (Versicherungsverträgen, Versicherungsnehmern) abhängig, auf den sich der jeweilige Rückversicherungsvertrag bezieht. So kann

Zessionar zu zahlenden Rückversicherungsprämie nachträglich de facto reduzieren, sofern es aufgrund einer verhältnismäßig positiven kollektivbezogenen Schadenentwicklung zu einer *Gewinnbeteiligung* resp. *Rückversicherungsprovision* kommt, die vom Rück- an den Erstversicherer fließt. Dies kommt wirtschaftlich betrachtet aus Sicht des Erstversicherungsunternehmens einer nachträglichen Minderung der Beschaffungskosten für Rückversicherungsschutz gleich, was die

---

236 Vgl. die Ausführungen des Kapitels 3.1.1.2, wo u.a. aufgrund des dort erörterten engen wirtschaftlichen Zusammenhangs für eine Einbeziehung der künftigen Erfolgsbeiträge aus dem Kapitalanlagegeschäft in die Ermittlung drohender Verluste aus (Erst-)Versicherungsverträgen plädiert wurde.

237 Vgl. u.a. *Herzig*, Norbert (Arbeitsverhältnisse 1985/86), S. 99 f. Anderer Auffassung ist *Eifler*, der eine Ausrichtung der Bewertung zum *Beschaffungsmarkt* ablehnt und statt dessen eine Orientierung am *Absatzmarkt* befürwortet. Vgl. *Eifler*, Günter (Rückstellungen 1987), S. 57 f.

Schwierigkeiten verstärkt, a priori die tatsächlichen künftigen Kosten der Rückversicherungsnahme zu schätzen.

Auch ein Konkurrenzvergleich der Beschaffungskosten von Rückversicherungsschutz mit dem Ziel, aus einem „relativ teuren" schwebenden Rückversicherungsvertrag einen drohenden Verlust abzuleiten, da ebenso ein „preiswerteres" Angebot eines anderen Rückversicherers hätte angenommen werden können, erscheint in praxi nicht durchführbar. Schließlich führt die individuelle Ausgestaltung von Rückversicherungsbeziehungen zu einer großen Variantenvielfalt, so daß selbst im Falle stark standardisierter Vertragsgestaltungen Rückversicherungskontrakte noch heterogene Elemente aufweisen. Insbesondere aufgrund unterschiedlicher Provisionierungs- bzw. Gewinnbeteiligungssysteme und bedingt durch diverse Zusatzleistungen dürfte es kaum möglich sein, die Beschaffungskosten, die bei der Wahl verschiedener Anbieter von Rückversicherungsschutz anfallen, einem exakten Vergleich zu unterziehen.

Sämtliche oben ausgeführten Tatbestände sprechen *gegen* eine isolierte Untersuchung der Rückversicherungsbeziehungen eines Erstversicherers im Hinblick auf drohende Verluste, die im Jahresabschluß dieses (Erst-) Versicherungsunternehmens mittels einer Drohverlustrückstellung zu antizipieren wären. Statt dessen ist eine Einbeziehung der Erfolgsbeiträge aus dem (schwebenden) Beschaffungsgeschäft *Rückversicherungsvertrag* in die Ermittlung drohender Verluste aus dem (schwebenden) Absatzgeschäft *(Erst-) Versicherungsvertrag* zu befürworten. Somit ergeben sich auch nicht die aufgezeigten Probleme, die bei der isolierten Betrachtung des Rückversicherungsvertrags in seiner Eigenschaft als Beschaffungsgeschäft auftreten würden. Ebenso braucht im Falle der Einbeziehung der Erfolgserwartungen aus dem Rückversicherungsvertrag in die Erfolgsschätzung aus dem Absatzgeschäft (Erst-)Versicherungsvertrag nicht auf die Frage eingegangen zu werden, ob die Bildung einer Verlustrückstellung im Falle eines schwebenden Beschaffungsgeschäfts nur dann zu erfolgen hat, wenn ein aktivierungsfähiges Wirtschaftsgut Gegenstand dieses Geschäfts ist[238].

Die Rückversicherungsnahme dient - wie oben angesprochen - dem Zielsystem deutscher Schaden- und Unfallversicherer zufolge vor allem der Reduktion des versicherungstechnischen Risikos[239]. Diese Risikominderung erstreckt sich auf sämtliche Komponenten jenes branchenspezifischen Gesamtrisikos[240]. So schränkt das Vorhandensein von Rückversicherungsschutz die Möglichkeit der Bildung einer *Schwankungsrückstellung* ein, die den *Abbau des Zufallsrisikos* zum Gegenstand

---

238 Zu dieser Diskussion siehe *Herzig*, Norbert (Arbeitsverhältnisse 1985/86), S. 100.

239 Vgl. *Helten*, Elmar (Zielstrukturen 1983), S. 952; vgl. auch *derselbe* (Nutzen 1984), S. 57 ff.

240 Die exakten Auswirkungen auf die einzelnen Teile dieses Gesamtrisikos hängen von der genauen Ausgestaltung des jeweiligen Rückversicherungsvertrags ab. Aufgrund der vielfältigen praktischen Gestaltungsmöglichkeiten erweist sich eine derart detaillierte Ursache-Wirkungsanalyse jedoch als äußerst schwierig und aufwendig. Vgl. hierzu auch *Albrecht*, Peter; *Schwake*, Edmund (Risiko 1988), S. 657.

hat. Wenn zufallsbedingte Schwankungen des jährlichen Schadenbedarfs eines Erstversicherers bereits durch Rückversicherungsverträge gedeckt sind, brauchen und dürfen sie nicht zusätzlich mittels einer Schwankungsrückstellung gedeckt werden[241]. Ebenso muß es sich bezüglich der *Rückstellung für drohende Verluste* in der Bilanz des Erstversicherers verhalten, die in erster Linie der Kompensation des *Irrtums-* und des *Änderungsrisikos* als Teile des gesamten versicherungstechnischen Risikos dient[242]. Denn die Rückversicherungsnahme bewirkt auch eine *Reduktion des Änderungsrisikos*, weshalb ein vorhandener Rückversicherungsvertrag die zusätzliche Bildung einer Drohverlustrückstellung überflüssig macht. Anders ausgedrückt bewirkt die Risikoteilung mit dem Rückversicherer aus Sicht des Erstversicherers - abhängig von der jeweiligen Vertragsgestaltung - eine Verminderung andernfalls u.U. drohender Verluste.

Durch die Überwälzung eines Teils der von ihm übernommenen Risiken auf einen Rückversicherer reduziert der Erstversicherer folglich die zu erwartenden Verluste, die er nach ihrer tatsächlichen Realisation wirtschaftlich selbst zu tragen hat. Bezogen auf die Aufwendungen für Versicherungsfälle haftet ein Versicherungsunternehmen zwar *de jure* für einen Schaden *insgesamt*; es wird jedoch *de facto* durch den Rückversicherer bei der Schadentragung *entlastet*. Demnach drohen ihm letztlich nur aus dem Selbst- bzw. Eigenbehalt Verpflichtungsüberschüsse, weshalb es auch nur für diesen Teil des Gesamtrisikos eine Drohverlustrückstellung bilden darf und muß, der wirtschaftlich betrachtet bei ihm verbleibt[243]. Da eine Verlustantizipation i.S.d. Imparitätsprinzips nur insoweit vertretbar erscheint, als der drohende Verpflichtungsüberschuß das Rechnung legende (Versicherungs-) Unternehmen selbst wirtschaftlich zu belasten droht, hat der Ausweis der Rückstellung für drohende Verluste „netto"[244], d.h. nach Saldierung der Bruttogrößen mit den künftigen Erfolgsbeiträgen der passiven Rückversicherung zu erfolgen. Dabei entfällt der Ausweis von Rückversicherungsanteilen in einer Vorspalte, weil - wie gerade festgestellt - für die Ermittlung der Verlustrückstellung allein die Erträge und Aufwendungen f.e.R. relevant sind[245].

Im Rahmen der vorzunehmenden Saldierung sind sämtliche Erträge und Aufwendungen zu berücksichtigen, die aus der passiven Rückversicherung zu erwarten

241 Vgl. den Wortlaut des § 20 Abs. 2 Nr. 2 S. 2 KStG, demzufolge die durch eine Schwankungsrückstellung zu deckenden Schadenschwankungen „ ... nicht durch Rückversicherungen gedeckt sein" dürfen.

242 Zum näheren Zusammenhang zwischen den Komponenten des versicherungstechnischen Risikos einerseits und Drohverlust- sowie Schwankungsrückstellung andererseits vgl. insbesondere Kapitel 2.3.1. Vgl. auch Kapitel 4.1.2.

243 Vgl. auch *Nies*, Helmut (Rückstellungen 1972), S. 450 sowie *Donandt*, Klaus; *Richter*, Horst (Posten 1989), S. 239.

244 Üblich ist hierfür auch die Bezeichnung „für eigene Rechnung" ("f.e.R.").

245 Zum Ausweis der Drohverlustrückstellung im Jahresabschluß von Versicherungsunternehmen vgl. *Donandt*, Klaus; *Richter*, Horst (Posten 1989), S. 235. Vgl. auch Kapitel 2.2.2 der vorliegenden Arbeit.

sind. Es sind dies zum einen Aufwendungen, die dem Erstversicherer für Rückversicherungsprämien entstehen, die er als Leistung an den Rückversicherer für dessen Risikoübernahme entrichtet. Zum anderen entstehen dem Zedenten Zinsaufwendungen für einbehaltene Depots, sofern die dem Zessionar zustehenden Finanzmittel nicht an diesen ausgezahlt, sondern statt dessen einbehalten und verzinst werden. Als positive Erfolgsgröße aus einem Rückversicherungsvertrag erzielt das Erstversicherungsunternehmen Erträge aus der Vergütung des Rückversicherers für Versicherungsleistungen, die dem Erstversicherer aus dessen Vertragsbeziehung zum Versicherungsnehmer entstehen. Der Rückversicherer beteiligt sich auf diese Weise wirtschaftlich an den Entschädigungszahlungen, die beim Erstversicherer anfallen, womit sich die zuvor stattgefundene Risikoteilung beider Unternehmen konkretisiert. Doch der Rückversicherer entlastet den Erstversicherer nicht nur im Hinblick auf dessen Schadenaufwendungen. Zusätzlich beteiligt er sich in der proportionalen Rückversicherung an den Betriebsaufwendungen des Erstversicherers, indem er ihm Erträge aus Rückversicherungsprovisionen und Gewinnanteilen zukommen läßt[246]. Diese dem Erstversicherer zugehende Ertragsgröße ist häufig vom Schadenverlauf des jeweiligen Geschäftsjahres abhängig. Somit sind beide Ertragsgrößen, die dem Erstversicherer vom Rückversicherer auf der Grundlage des Rückversicherungsvertrags zufließen, von den Leistungskonkretisierungen abhängig, die dem Erstversicherer aus seinen Kundenbeziehungen erwachsen. Aufgrund dieser Tatsache kann - wie bereits oben angedeutet - zweifelsfrei von einem ***engen wirtschaftlichen Zusammenhang*** ausgegangen werden, der zwischen Rückversicherungsvertrag und dem zugrundeliegenden Kollektiv von (Erst-) Versicherungsverträgen besteht. Folglich sind - ohne gegen den Grundsatz der Einzelbewertung zu verstoßen - die erwarteten Erfolgsbeiträge aus dem Rückversicherungsvertrag in die Ermittlung u.U. drohender Verluste aus dem entsprechenden Kollektiv von Erstversicherungsverträgen einzubeziehen[247].

Um die mit einer Rückversicherungsbeziehung verbundene Erfolgserwartung vollständig zu berücksichtigen, sind sämtliche der oben genannten Aufwands- und Ertragsarten in die Berechnung einzubeziehen. Berücksichtigt man alle zwischen Erst- und Rückversicherer fließenden Erfolgsgrößen, so bleiben allerdings nicht-quantitative Vorzüge der Rückversicherungsnahme - zumindest unmittelbar - außer Betracht. So schlägt sich beispielsweise die Tatsache, daß Rückversicherer ihr Erfahrungswissen häufig Erstversicherern als Informationsquelle zur Verfügung stellen, nicht direkt in der Erfolgsrechnung des Erstversicherers nieder[248]. Dennoch wirken sich derartige Informationen u.U. mittelbar auf die GuV-Rechnung des Erstver-

246 Zur Kritik an diesem Sachverhalt siehe *Farny*, Dieter (Periodenrechnung 1989), S. 114 f.

247 U.a. mit diesem Argument des *engen wirtschaftlichen Zusammenhangs* mit dem (Erst-) Versicherungsvertrag wurde bereits in Kapitel 3.1.1.2 für eine Einbeziehung der Erfolgsbeiträge aus dem nicht-technischen Geschäft plädiert.

248 Derartige Beratungen von Erstversicherern bei Auslandsgeschäften etc. werden allgemein als „kostenlose Serviceleistungen" eines Rückversicherers angeführt. Vgl. u.a. *Helten*, Elmar (Nutzen 1984), S. 54.

sicherers aus, da ein Entgelt für sie indirekt über die erhobene Rückversicherungsprämie finanziert wird und sich geeignete Informationen bei entsprechender Nutzung außerdem auf das eigene Kundengeschäft - insbesondere, was die Akquisition anbelangt - positiv niederschlagen. Implizit, d.h. in den explizit in die Berechnung eingehenden künftigen Erfolgsgrößen enthalten, werden demnach auch die qualitativen Aspekte der Rückversicherungsnahme bei der Bildung einer Drohverlustrückstellung durch den Erstversicherer berücksichtigt.

Resümierend ist festzustellen, daß in die Ermittlung einer Rückstellung für drohende Verluste für die Bilanz des Erstversicherers alle Erfolgsgrößen einzubeziehen sind, die aus einem bestimmten Kollektiv von Versicherungsverträgen und den auf dieses konkrete Kollektiv bezogenen Rückversicherungsverträgen erwartet werden. Zudem sind die Erfolgsbeiträge des nicht-technischen Geschäfts - bezogen bzw. zugerechnet auf denselben Vertragsbestand - in die Saldierung miteinzubeziehen. Ebenso wie bezüglich der nicht-technischen Aufwendungen und Erträge besteht allerdings auch bezüglich der Erfolgsgrößen aus den Rückversicherungsbeziehungen das Problem der Zurechnung. Obgleich Rückversicherungsverträge regelmäßig kollektivbezogen abgeschlossen werden, muß dieses Kollektiv nicht zwangsläufig mit dem Vertragsbestand identisch sein, den der Erstversicherer zwecks Bemessung der Drohverlustrückstellung für geeignet hält. So erscheint es vorstellbar, daß ein konkreter Rückversicherungsvertrag sich auf ein größeres oder ein kleineres Kollektiv bezieht, als es aus Sicht des Erstversicherers bewertungsrelevant bezüglich der Verlustrückstellung wäre. In solchen Fällen erweist sich eine anteilige Zurechnung der Erfolgserwartungen aus einem oder mehreren Rückversicherungsverträgen auf das vom Erstversicherer gebildete Teilkollektiv als angebracht; nur auf diese Weise kann eine Berücksichtigung der künftigen Aufwendungen und Erträge aus der Rückversicherungsnahme, die bezogen auf das konkrete Vertragskollektiv angemessen ist, im Rahmen der Ermittlung einer Drohverlustrückstellung gewährleistet werden.

Wie oben festgestellt wurde, sind die erwarteten Erfolgsbeiträge aus Rückversicherungsverträgen *dem Grunde nach* in die Ermittlung u.U. drohender Verluste aus Sicht des Erstversicherers einzubeziehen. Allerdings gilt es zu bedenken, daß es *verschiedene Rückversicherungsformen* gibt, die sich aufgrund ihrer Eigenheiten unterschiedlich auf die Höhe der Verlustrückstellung auswirken können. Infolge der großen Variantenvielfalt, die in praxi auf diesem Gebiet vorzufinden ist[249], kann jedoch im Rahmen der vorliegenden Arbeit nicht auf Detailprobleme eingegangen werden. Statt dessen sollen nachfolgend kurz einige wesentliche Sachverhalte exemplarisch hervorgehoben werden. So läßt sich erstens eine Einteilung nach

249 Eine prägnante Einteilung der in praxi existierenden Rückversicherungsformen nach unterschiedlichen Kriterien gewähren *Helten* und *Schwake*. Vgl. *Helten*, Elmar; *Schwake*, Edmund (Rückversicherung 1987), S. 496-498. Vgl. auch *Labes*, Hartmut W. (Rückversicherungsformen 1988), S. 703-707.

(vertrags-)rechtlichen Gesichtspunkten in die *fakultative* und die *obligatorische* Rückversicherung vornehmen.

In der *fakultativen* Rückversicherung bietet der Erst- dem Rückversicherer die Abgabe von Risiken nach eigenem Ermessen an, während jener ebenso von Fall zu Fall frei entscheiden kann, ob er das jeweilige Risiko übernimmt oder nicht. Aufgrund der wahlweisen, d.h. nicht pflichtgemäßen Risikoabgabe durch den Zedenten liegt es nahe, daß dem Rückversicherer vor allem exponierte (Spitzen-)Risiken bzw. besonders risikobehaftete Verträge zur Rückdeckung angeboten werden. Doch darf dies nicht als Möglichkeit des Erstversicherers interpretiert werden, drohende Verluste nach Belieben auf einen Rückversicherer zu überwälzen, denn letztlich besteht auf seiten des Zessionars ein Annahmewahlrecht. Der Rückversicherer wird die ihm fakultativ angebotenen Risiken auf ihr Ausmaß hin prüfen und im Falle der Annahme eine Aufteilung jener Risiken in mehrere Haftungsabschnitte (sog. *layer*) vornehmen, womit eine differenzierte Prämiengestaltung verbunden ist[250]. Eine derartige Haftungsbegrenzung beschränkt die Möglichkeit des Erstversicherers, eigene Schadenaufwendungen wirtschaftlich auf den Rückversicherer zu überwälzen. Folglich werden nur in den vertraglich vereinbarten Grenzen Erträge aus der Vergütung für Versicherungsleistungen beim Erstversicherer zu verbuchen sein, womit auch die damit einhergehende Reduktion drohender Verluste begrenzt ist. Mit einer Ausweitung der Haftung des Rückversicherers würden jedoch die Aufwendungen für Rückversicherungsprämien aus Sicht des Erstversicherers steigen. Dies wiederum würde den künftig erweiterten Ertragserwartungen des Erstversicherers aus Vergütungen des Rückversicherers für Versicherungsleistungen kompensatorisch entgegenwirken. Demnach wäre eine Haftungserweiterung des Rückversicherers infolge der damit verbundenen künftigen Aufwandserhöhungen wohl kaum geeignet, drohende Verluste des Erstversicherers zu reduzieren.

Im Rahmen der *obligatorischen* Rückversicherung besteht eine Abgabe- bzw. Annahmepflicht in bezug auf Risiken, die der Art nach im Rückversicherungsvertrag konkret beschrieben sind. Diese Verpflichtung kann auf beiden Vertragsseiten bestehen oder einseitig auf seiten des Erstversicherers (sog. *obligatorisch-fakultative* Rückversicherung) bzw. einseitig auf seiten des Rückversicherers (sog. *fakultativ-obligatorische* Rückversicherung). Im Falle einer zweiseitig obligatorischen Rückversicherungsbeziehung haben Erst- und Rückversicherer keine direkte Möglichkeit, selektiv ausschließlich jene Risiken abzugeben resp. anzunehmen, die ihnen besonders groß bzw. besonders gering erscheinen. Die im Rückversicherungsvertrag gekennzeichneten Risiken sind vielmehr stets an den Zessionar abzugeben und von ihm zu übernehmen. In der *fakultativ-obligatorischen* Rückversicherung ist es dem Erstversicherer jedoch überlassen, dem Rückversicherer Risiken anzubieten, die dieser dann übernehmen muß. Der Zedent entscheidet hier von Fall zu Fall, ob er ein Risiko in Rückdeckung gibt. Allerdings wird sich der Zessionar nur dann auf

---

250 Vgl. u.a. *Labes*, Hartmut W. (Rückversicherungsformen 1988), S. 703 f.

eine derartige, nur ihn in die Pflicht nehmende Vertragsgestaltung einlassen, wenn ihm über die Art der Rückversicherungsprämie sowie im Rahmen der Provisionierung bzw. Gewinnbeteiligung ein gewisser Spielraum verbleibt, einer sich für ihn verlustreich entwickelnden Geschäftsbeziehung entgegenzusteuern. Folglich erscheint auch diese Form der Rückversicherungsnahme nicht geeignet, drohende Verluste eines Erstversicherers wirksam zu reduzieren. Im Falle einer *obligatorisch-fakultativen* Rückversicherung ist der Handlungsspielraum des Erstversicherers ohnehin soweit eingeschränkt, daß Gestaltungsmöglichkeiten bezüglich einer gezielten Überwälzung drohender Verluste auf einen Rückversicherer gänzlich ausgeschlossen sind.

Neben der gerade vorgenommenen Einteilung nach vertragsrechtlichen Gesichtspunkten lassen sich verschiedene Rückversicherungsformen auch nach **versicherungstechnischen Kriterien** unterscheiden. So läßt sich danach eine grobe Differenzierung in die *proportionale* und die *nichtproportionale Rückversicherung* vornehmen. In der *proportionalen* Rückversicherung - die wiederum in die Quoten-Rückversicherung und die Summenexcedenten-Rückversicherung unterteilt werden kann[251] - findet zwischen Zedent und Zessionar eine proportionale Aufteilung von Prämien und Entschädigungszahlungen des Erstversicherers statt. Da sich in den Fällen der proportionalen Rückversicherung der vom Zedenten zu zahlende Rückversicherungspreis auf analoge Weise zu den vom Rückversicherer jeweils anteilig übernommenen Schadenzahlungen ermittelt, erscheinen diese Rückversicherungsformen kaum geeignet, dem Erstversicherer als wirksames Instrument der Reduktion drohender Verluste zu dienen.

Anders als in der proportionalen erfolgt in der *nichtproportionalen* Rückversicherung die Kalkulation des Rückversicherungspreises getrennt von der Erstversicherungsprämie. Die nichtproportionale Rückversicherung kann weiterhin in die Höchstschaden-, die Jahresüberschaden- sowie die Schadenexcedenten-Rückversicherung untergliedert werden, wobei letztere Form noch in die Ausprägungen der Einzelschadenexcedenten- und der Kumulschadenexcedenten-Rückversicherung zerfällt. Eine individuelle Betrachtung jeder dieser Gestaltungsmöglichkeiten bezüglich ihrer Auswirkungen auf eine vom Erstversicherer zu bildende Drohverlustrückstellung soll aus Platzgründen nicht erfolgen[252]. Doch kann - auch ohne auf all jene Rückversicherungsformen im einzelnen eingehen zu müssen - allgemein festgestellt werden, daß auch die nichtproportionale Rückversicherung ungeeignet erscheint, auf mittlere oder lange Sicht als Instrument der Reduktion drohender Verluste eines Erstversicherers zu dienen. Allerdings können *kurzfristig* betrachtet insbesondere die Höchstschaden- und die Jahresüberschaden-Rückversicherung als Möglichkeiten angesehen werden, erwartete Verpflichtungsüberschüsse zu re-

---

251 Zur Erläuterung dieser beiden Unterformen der proportionalen Rückversicherung vgl. *Helten*, Elmar; *Schwake*, Edmund (Rückversicherung 1987), S. 497.

252 Zur Unterscheidung jener Formen der nichtproportionalen Rückversicherung voneinander vgl. *ebenda*, S. 497 f.

duzieren[253]. So werden in der Höchstschaden-Rückversicherung der höchste oder eine festgelegte Anzahl der höchsten Schäden vom Rückversicherer getragen, während der Zessionar im Falle der Jahresüberschaden-Rückversicherung all die Schäden übernimmt, die beim Zedenten das Verhältnis aus Prämienerträgen und Schadenaufwand über einen fixierten Prozentsatz hinaus verschieben würden. Beide Gestaltungsformen der nichtproportionalen Rückversicherung können aus Sicht des Erstversicherers durchaus dazu beitragen, drohende Verluste aus konkreten Kollektiven von (Erst-)Versicherungsverträgen einzudämmen oder u.U. sogar dem Grunde nach unmöglich erscheinen zu lassen.

Diese verlustmindernde Wirkung kann jedoch in praxi nur für den Zukunftshorizont von einem Jahr festgestellt und folglich nur für diesen Zeitraum als bewertungsrelevantes Element bei der Ermittlung einer Drohverlustrückstellung berücksichtigt werden. Denn Rückversicherungsverträge werden im Regelfall für die Dauer eines Jahres - mit der Möglichkeit einer stillschweigenden Verlängerung im Falle der Nichtkündigung - abgeschlossen[254]. Da ein rational agierender Rückversicherer nicht bereit wäre, dauerhaft Verluste eines Erstversicherers zu tragen, ist infolge der auf jeweils ein Jahr bezogenen Vertragsgestaltung von einer jährlichen Erneuerung bzw. Anpassung der Konditionen eines Rückversicherungsvertrags auszugehen. Rückversicherer achten i.d.R. darauf, daß die Geschäftsbeziehung zu einem Erstversicherer mittel- und langfristig zu einem ausgeglichenen Ergebnis führt[255]. Besteht aus Sicht des Zedenten die Gefahr drohender Verluste über eine mehrjährige durchschnittliche Restlaufzeit eines bewertungsrelevanten Kollektivs hinweg, so kann und muß die Rückversicherungsnahme doch nur für das erste Jahr als wirkungsvolles Instrument zur Reduktion dieser Verlusterwartung in die Bewertung der Drohverlustrückstellung eingehen. Denn im Falle einer Realisation von Verlusten innerhalb dieses ersten Jahres der Zukunft fände wohl umgehend eine Konditionenanpassung oder - im schlimmsten Fall - sogar eine Kündigung des Vertragsverhältnisses von seiten des Rückversicherers statt. Die Rückversicherungsnahme kann folglich nicht als langfristiges „Allheilmittel" gegen drohende Verluste aus dem eigenen Vertragsbestand des Erstversicherers angesehen werden. Es erscheint deshalb angemessen, Rückversicherungsschutz ausschließlich bezogen auf die erste Zukunftsperiode als Bewertungsdeterminante in die Ermittlung einer Verlustrückstellung einzubeziehen, wenngleich die bewertungsrelevante durch-

---

253 Die *Schadenexcedenten-Rückversicherung* erscheint hingegen weniger geeignet, drohende Verluste zu reduzieren, da die Haftung des Rückversicherers i.d.R. durch die Vereinbarung einer Haftungsstrecke (layer) nach oben begrenzt ist. Vgl. hierzu die obigen Ausführungen dieses Kapitels zum Thema *layer*.

254 Vgl. *Nies*, Helmut (Rückstellungen 1972), S. 450 f.

255 Über mehrere Jahre hinweg negative Ergebnisse könnte ein Rückversicherer ausnahmsweise dann in Kauf nehmen, wenn er den betreffenden Rückversicherungsvertrag - vor allem im Falle einer konzernmäßigen Verbindung mit dem Erstversicherer - als Instrument ansieht, dem Zedenten eine Finanzierungshilfe zu gewähren.

schnittliche Restlaufzeit der Verträge eines Kollektivs im Regelfall über diesen Zeitraum hinausgeht[256].

Rückversicherungsschutz wird nicht nur von Versicherungsunternehmen angeboten, die ausschließlich das Rückversicherungsgeschäft betreiben (sog. *professionelle Rückversicherer*), sondern auch von nichtprofessionellen Rückversicherern, bei denen die Rückversicherung als Versicherungszweig anzusehen ist. Auch die Rückversicherer selbst geben übernommene Risiken z.T. wieder in Rückdeckung bei einem anderen Zessionar (sog. *Retrozession*). Mittels der Retrozession übertragen Rückversicherer Teile ihres eigenen versicherungstechnischen Risikos auf ein anderes Versicherungsunternehmen. Es können demnach bezüglich der Retrozession ähnliche Motive und analoge Auswirkungen auf die Bewertung im Jahresabschluß festgestellt werden, wie sie oben bereits im Hinblick auf einen Rückversicherungsschutz nachfragenden Erstversicherer erörtert wurden.

3.2.3. Prämienanpassungsklauseln

Wie schon mehrfach erörtert, ergeben sich drohende Verluste aus der Saldierung von Aufwendungen und Erträgen, die für die Zukunft erwartet werden. Um derartige Verpflichtungsüberschüsse abzubauen, sind folglich jene zukunftsbezogenen Aufwandserwartungen durch gezielte Maßnahmen, beispielsweise der Risikoteilung, zu reduzieren. So wurden in den Kapiteln 3.2.1 sowie 3.2.2 Möglichkeiten aufgezeigt, (Teil-)Risiken und daraus resultierende Leistungskonkretisierungen in Gestalt von Schaden- und Betriebsaufwendungen auf Rückversicherer und Versicherungsnehmer zu überwälzen. Der Effekt einer Reduktion drohender Verluste ist alternativ oder ergänzend durch eine potentielle Erhöhung der zukunftsbezogenen Ertragsgrößen erreichbar. So ermöglichen *Prämienanpassungsklauseln*, die sich am Eintritt bestimmter Indikatoren orientieren, durch ihr anschließendes Wirksamwerden eine Angleichung künftiger Prämienerträge an eine nachteilige Entwicklung der Aufwandsgrößen. Damit erweisen sich jene Klauseln als geeignete Instrumente, einen zu erwartenden negativen Erfolgssaldo wenigstens zu reduzieren, was zugleich eine entsprechende Verringerung des Erfordernisses einer Drohverlustrückstellung zumindest der Höhe nach bedeutet.

Ziel von Prämienanpassungsklauseln ist es, dem Versicherer die Möglichkeit zur Reaktion auf Veränderungen in der Umwelt zu geben. Denn die anfänglich, d.h. im Rahmen der Kalkulation der Dienstleistung Versicherungsschutz häufig ange-

---

256 Die Bewertungsrelevanz der *gesamten durchschnittlichen Restvertragslaufzeit* - und nicht nur der ersten Zukunftsperiode - im Hinblick auf die Ermittlung der Drohverlustrückstellung aus Versicherungsverträgen wurde in den Kapiteln 3.1.2.1 sowie 3.1.3.2 eingehend begründet und befürwortet.

nommene zwischen Leistung und Gegenleistung bestehende Äquivalenz kann sich im Zeitverlauf u.U. als nicht mehr gegeben erweisen. So können Beitragsanpassungsklauseln als Instrumente zur Korrektur von Äquivalenzstörungen angesehen werden[257]. Anfangs nicht vorhersehbare Änderungen der rechtlichen Rahmenbedingungen des Wirtschaftens sowie Verhaltensänderungen seitens der Versicherungsnehmer können zu Modifikationen bezüglich der Schätzung künftiger Erfolgsrößen führen[258]. Dieses *Änderungsrisiko* als Teil des versicherungstechnischen Risikos[259] kommt insbesondere bei langfristig abgeschlossenen Verträgen im Zeitverlauf zum Tragen. Denn je weiter ein Versicherungsvertrag in die Zukunft hineinreicht, desto größer sind die Unwägbarkeiten, mit denen die ursprüngliche Prognose der sich künftig realisierenden Leistungsgrößen verbunden ist. So vermag jenes Änderungsrisiko sowohl bezüglich der Schaden- als auch der Betriebsaufwendungen[260] während des Vertragsverlaufs zu geänderten Einschätzungen führen, die durch eine entsprechende Anpassung der zukünftigen Prämienerträge zumindest zum Teil kompensiert werden können. Allerdings ist es ebenso vorstellbar, daß im Zeitverlauf sich realisierende Erfolgsgrößen deshalb nicht mit den ursprünglichen Erwartungen übereinstimmen, weil das *Zufalls*risiko falsch eingeschätzt wurde und keine hinreichende Berücksichtigung in der Prämienkalkulation fand. Auch könnte man dieses Schätzrisiko als Teil des *Prognose*risikos dem versicherungstechnischen Risiko subsumieren. Auf welche Komponenten[261] dieses branchenspezifischen Risikos Änderungen in der Erwartung künftiger Erfolgsgrößen zurückzuführen sind, läßt sich zwar theoretisch erörtern, aber praktisch kaum feststellen, da die Auswirkungen der einzelnen Teilrisiken nicht isolierbar erscheinen. Folglich kompensieren Prämienanpassungsklauseln u.U. die Konsequenzen verschiedener versicherungstechnischer Teilrisiken gleichzeitig, wobei sich die Anteile der Ausgleichswirkungen, die den unterschiedlichen Ursachen zuzurechnen sind, wegen deren praktischen Untrennbarkeit als nicht exakt ermittelbar erweisen.

Wie oben bereits angedeutet, muß sich das Aufleben von Prämienanpassungsklauseln am Eintritt resp. Vorliegen konkreter Indikatoren ausrichten. Diese Anlehnung an eindeutig quantifizierbaren Änderungsmaßstäben gewährleistet Willkürfreiheit und intersubjektive Nachprüfbarkeit der hierauf begründeten Beitragsangleichungen. Es ist demnach in den Anpassungsklauseln einzelner Versicherungszweige jeweils individuell festzulegen, welcher Änderungsindikator Anwendung

---

257 Vgl. *Hübner*, Ulrich (Vertragsbindung 1989), S. 60.

258 Vgl. *Lipperheide*, Manfred (Prämienanpassungsklauseln 1988), S. 541.

259 Zum Änderungsrisiko und seinem Zusammenhang mit der Drohverlustrückstellung aus Versicherungsgeschäften vgl. die Ausführungen des Kapitels 2.3.1.

260 Zwar wird das versicherungstechnische Risiko definitorisch auf das reine Risikogeschäft beschränkt, doch unterliegen die bezüglich der Verlustrückstellung bewertungsrelevanten künftigen Betriebsaufwendungen ebenfalls möglichen Änderungen, die es zu berücksichtigen gilt. Vgl. Kapitel 2.3.1.

261 Zur Erläuterung der einzelnen Teilgrößen des versicherungstechnischen Risikos siehe Kapitel 2.3.1.

findet und welches absolute oder relative Ausmaß einer solchen Änderung als so erheblich anzusehen ist, daß es ein Wirksamwerden jener Klausel rechtfertigt. So geht in praxi der Trend in Richtung einer Orientierung an *unternehmensinternen* Bezugsgrößen, die gegenüber *externen* Indizes (z.B. Lohn- und Preisindizes) den Vorzug aufweisen, auf die individuelle Situation eines Versicherungsunternehmens Bezug zu nehmen[262]. Gerade im Hinblick auf die Bewertung einer u.U. zu bildenden Rückstellung für drohende Verluste wäre eine Definition *unternehmensinterner* Kennziffern, die eine Prämienanpassung auslösen, vorzuziehen. Denn auch diese Rückstellung, in deren Bemessung mögliche Prämienanhebungen - wie oben festgestellt - reduzierend eingehen, wird angelehnt an unternehmensindividuelle Umstände gebildet[263].

Mit Bezug auf die Bewertung von Drohverlustrückstellungen wäre es im weiteren sinnvoll, nicht die Gesamtsituation einzelner Versicherungsunternehmen als Basis der Festlegung und anschließenden Messung von Veränderungsindikatoren zugrundezulegen. Statt dessen würde eine stärkere Differenzierung derartiger, ein Aufleben von Prämienanpassungsklauseln auslösender Maßgrößen nach Versicherungszweigen, -unterzweigen und weiteren Kriterien zu einer realitätskonformeren Berücksichtigung potentieller Beitragsanhebungen im Rahmen der Schätzung und Reduzierung zu erwartender Verpflichtungsüberschüsse führen. Denn zwecks Bewertung einer Verlustrückstellung wurde die Bildung möglichst in sich homogener (Teil-)-Kollektive vorgeschlagen[264], weshalb eine Ausrichtung auch einer Prämienanpassungsklausel an diesen Kollektiven die realen Gegebenheiten am treffendsten berücksichtigen würde.

In praxi allerdings erfolgt die Prämienanpassung nicht in der vorgeschlagenen differenzierten Form. Statt unternehmensindividuellen und unternehmensintern weiter differenzierten Gefahrengemeinschaften dient häufig die Aggregation der Bestände zahlreicher Versicherungsunternehmen dazu, Indikatoren festzulegen, die im Falle ihres Eintretens eine Beitragsangleichung ermöglichen. Derartige, oftmals auf Verbandsebene ermittelte Maßgrößen tragen jedoch weder der Heterogenität der Gesamtvertragsbestände einzelner Versicherungsunternehmen zueinander noch der unternehmensinternen Verschiedenheit einzelner Teilkollektive Rechnung. So werden relativ unternehmensindividuell kalkulierte und vereinbarte Prämien im Regelfall gemessen an unternehmensübergreifenden Indikatoren und mittels entsprechend allgemeinen Anpassungssätzen verändert. Diese potentielle Beitragsangleichung, die häufig branchenweit in bezug auf einen Versicherungszweig vereinheitlicht ist, führt zugleich zu einer undifferenzierten Reduktion möglicher drohender Verluste.

---

262 Vgl. *Lipperheide*, Manfred (Prämienanpassungsklauseln 1988), S. 544 f.

263 Dieses individuelle Element der Rückstellungsbildung kann aus der gesetzlich vorgeschriebenen „vernünftigen kaufmännischen Beurteilung" abgeleitet werden. Vgl. den Wortlaut der §§ 253 Abs. 1 S. 2 HGB sowie 56 Abs. 3 VAG. Vgl. hierzu die Ausführungen der Kapitel 3.1.2.1 und 4.1.2.

264 Vgl. die Kapitel 3.1.1.1 sowie 3.1.2.1.

Im Sinne einer gezielten, an der unterschiedlichen Erfolgserwartung einzelner (Teil-)Kollektive im Rahmen eines (Unter-)Zweiges eines Versicherungsunternehmens ausgerichteten Bildung der Drohverlustrückstellung wäre es jedoch wünschenswert, nicht nur die erwarteten negativen Erfolgsbeiträge differenziert eingehen zu lassen. Vielmehr sollten analog hierzu konsequenterweise auch die positiven Erfolgserwartungen und damit implizit auch deren mögliche Veränderungen entsprechend differenziert bei der Bemessung der Rückstellung für drohende Verluste berücksichtigt werden. Eine derartige, nach (Teil-) Kollektiven, die in sich bezüglich der Erfolgserwartung der enthaltenen Versicherungsverträge homogen sind, differenzierte potentielle Prämienanpassung würde in einzelnen Teilbeständen ein gezieltes Abwenden bzw. ein zumindest teilweises Kompensieren drohender Verpflichtungsüberschüsse ermöglichen. In bezug auf Teilkollektive, aus denen kein Verlust droht, kann hingegen eine Beitragsanhebung unterbleiben. Somit wäre gewährleistet, daß das Instrument der Prämienanpassung tatsächlich nur im Falle eines erwarteten, sich aus der Verrechnung der für die Drohverlustrückstellung bewertungsrelevanten Aufwands- und Ertragsgrößen ergebenden negativen Erfolgssaldos und dann in angemessenem Umfang zum Einsatz kommt. Nur diese Orientierung möglicher Beitragsanhebungen an den für die Bildung einer Verlustrückstellung bewertungsrelevanten Kollektiven gestattet es, Prämienanpassungsklauseln als sinnvolle, weil gezielte Instrumente der Reduktion drohender Verluste anzusehen und einzusetzen. Demhingegen ermöglichen undifferenzierte, unternehmensübergreifend gleiche Beitragsangleichungen auch in solchen Unternehmen Prämienerhöhungen, wo es infolge der individuellen Zukunftserwartung eigentlich nicht erforderlich wäre. Andererseits dürften Versicherungsunternehmen, für die aufgrund insgesamt relativ negativer Erfolgserwartungen einzelner Teilbestände eine stärkere Beitragsanhebung zur Abwendung künftiger Verluste vonnöten wäre, ebenfalls nur den unternehmensübergreifend ermittelten, in diesem Fall zu niedrigen Anpassungsfaktor verwenden.

Die soeben vertretene individuelle Festlegung der eine Prämienanpassung auslösenden Indikatoren ebenso wie die vorgeschlagene, im Hinblick auf die jeweilige Erfolgserwartung eines (Teil-)Kollektivs dem Grunde und der Höhe nach differenzierte Durchführung jener Anpassung erweisen sich zwar unter der Zwecksetzung einer möglichst gezielten Reduktion drohender Verluste als vorteilhaft. Allerdings ist diese Vorgehensweise im Vergleich zur bislang meist praktizierten stark pauschalisierenden Betrachtungsweise mit einem gewissen Mehraufwand verbunden. Dieser verliert jedoch an Gewicht, wenn man bedenkt, daß im Kontext der Bewertung einer Drohverlustrückstellung die vom Verfasser befürwortete Einteilung in bewertungsrelevante Kollektive[265] sowie die Schätzung der hieraus jeweils zu erwartenden künftigen Erfolgsgrößen ohnehin bereits vorzunehmen ist und somit für die Bestimmung von Prämienanpassungsmaßnahmen schon zur Verfügung steht. Im übrigen stellen Beitragsangleichungsklauseln allgemein das ratio-

265 Vgl. insbesondere die Kapitel 3.1.1.1 und 3.1.2.1.

nellste und folglich am wenigsten kostenintensive Anpassungsverfahren dar. Demhingegen wäre ohne jene Klauseln eine Beitragsangleichung nur nach ausdrücklicher Einverständniserklärung der im einzelnen betroffenen Versicherungsnehmer durchführbar, was aufgrund der großen Masse an Versicherungsverträgen eine äußerst zeit- und kostenintensive Alternative bedeutete[266]. Ein Nachteil der oben vorgeschlagenen differenzierteren Durchführung klauselabhängiger Prämienanpassungen besteht jedoch in den Genehmigungs- und Überwachungsverfahren auf seiten der Versicherungsaufsicht, die im Vergleich zur derzeit üblichen allgemeinen Verwendung aggregierter (Verbands-)Daten erheblich aufwendiger wären. Zudem bestünde aufgrund entsprechend aufgeblähter AVB u.U. die Gefahr, insbesondere bei nicht branchenkundigen Versicherungsnehmern eher für Verwirrung als für Klarheit zu sorgen.

Die rechtliche Durchführbarkeit der hier erörterten Beitragsangleichung kann im Regelfall auch nicht am Willen des Versicherungsnehmers scheitern. Denn dieser hat bei Abschluß des Versicherungsvertrags u.a. in die spezielle Prämienanpassungsklausel, die entweder Bestandteil der AVB[267] ist oder über eine besondere Klausel hinzugefügt wird, eingewilligt. Auch ist es dem Kunden prinzipiell nicht möglich, das Vertragsverhältnis aufgrund einer von ihm nicht erwünschten Beitragserhöhung zu kündigen. Ein außerordentliches Kündigungsrecht steht ihm erst dann zu, wenn eine beispielsweise bei 10 % pro Jahr fixierte Anpassungsschwelle überschritten wird[268]. Die künftige Rechtsentwicklung auf EG-Ebene läßt allerdings eine Ausweitung des dem Versicherungsnehmer zustehenden, bislang relativ eingeschränkten Kündigungsrechts[269] erwarten[270].

Als bisheriges Fazit dieses Kapitels kann festgehalten werden, daß Prämienanpassungsklauseln - bei entsprechender Ausgestaltung - als gezieltes und wirkungsvolles Instrument zur Reduktion drohender Verluste eingesetzt bzw. angesehen werden können. Denn die Möglichkeit einer Erhöhung künftiger Prämien trägt zweifellos zu einer verstärkten Kompensation künftiger Aufwendungen bei. Da Prämienanpassungsklauseln direkt[271] ausschließlich zur Steigerung einer *positiven* Erfolgsgröße - der Prämienerträge - führen, wirken sie erheblich stärker verlustmindernd als die in den vorangegangenen Kapiteln beschriebenen Formen der Risikoteilung. So kommt es infolge der Vereinbarung einer Selbstbeteiligung oder durch Rückversi-

---

266 Vgl. *Lipperheide*, Manfred (Prämienanpassungsklauseln 1988), S. 541 und 543 f.

267 Zur Bedeutung von Prämienanpassungsklauseln in den AVB verschiedener Versicherungszweige siehe *Angerer*, August (Klauseln 1973), S. 684 ff.

268 Zum Kündigungsrecht der Versicherungsnehmer im Falle von Prämienerhöhungen vgl. *Hübner*, Ulrich (Vertragsbindung 1989), S. 64 ff.

269 Zu den derzeit bestehenden Kündigungsmöglichkeiten vgl. die Ausführungen des Kapitels 2.1.2.2.

270 Vgl. *Lipperheide*, Manfred (Prämienanpassungsklauseln 1988), S. 547.

271 Indirekt kommt es aufgrund steigender Prämienerträge - darauf basierend - auch zur Erhöhung einer weiteren positiven Erfolgsgröße, der Kapitalerträge.

cherungsnahme zur gleichzeitigen Verminderung oder zur Erhöhung künftiger Ertrags- *und* Aufwandsarten, d.h. von Erfolgsgrößen, die einander gegenläufig sind[272]. Durch die Verrechnung jener gegenläufigen Entwicklungen wird die verlustmindernde Wirkung jener Maßnahmen der Risikoteilung ganz oder z.T. neutralisiert.

Die Berücksichtigung von Prämienanpassungsklauseln als reduzierendes Element im Rahmen der Schätzung künftiger Verpflichtungsüberschüsse steht auch nicht in konfliktärer Beziehung zum *Stichtagsprinzip der Bewertung*. Danach sind schließlich sämtliche Umstände in die Bewertung einer Rückstellung einzubeziehen, die am Abschlußstichtag objektiv gegeben sind[273]. Selbst wenn im Einzelfall die Ursachen für eine potentielle Prämienerhöhung bis zum Tag der Bilanzaufstellung noch nicht eingetreten sind, so ist doch jedenfalls die Möglichkeit einer Beitragsanhebung in Form einer entsprechenden Klausel *am Stichtag objektiv gegeben*. Damit ist das Vorhandensein einer Beitragsangleichungsklausel zwingend im Rahmen der Ermittlung drohender Verluste zu berücksichtigen, zumal die Indikatoren, die ihr Aufleben im jeweiligen Fall auslösen, in der Regel als mögliche Erhöhungen negativer Erfolgsgrößen in die Saldierung eingehen. In bezug auf Prämienanpassungsklauseln gilt es allerdings einschränkend zu bedenken, daß mit diesem Instrument nur in gewissen Grenzen eine verlustmindernde Wirkung erreicht werden kann. Vor allem könnte eine oben angedeutete Ausweitung des Kündigungsrechts der Versicherungsnehmer die faktische Durchsetzbarkeit von Beitragsanhebungen am Markt einschränken. Auch wird die Funktion der Verlustreduktion von Beitragsangleichungen u.U. durch die zeitliche Verzögerung beeinträchtigt, die vom Eintritt bestimmter Indikatoren bis zum wirksamen Aufleben der Anpassungsklauseln liegt.

Abschließend sei im Rahmen dieses Kapitels auf eine besondere Möglichkeit der Anhebung von Prämien hingewiesen, die speziell auf Versicherungsunternehmen zugeschnitten ist, die in der Rechtsform eines VVaG betrieben werden. So steht es diesen Unternehmen gemäß § 24 Abs. 2 VAG offen, sich neben den im voraus erhobenen Beiträgen sog. *Nachschüsse* vorzubehalten. Eine solche *Nachschußpflicht* soll gemäß § 27 VAG mitsamt ihren Modalitäten in der Satzung des VVaG festgeschrieben werden. Je nachdem, ob ein Nachschuß unbeschränkt oder beschränkt (z.B. auf ein Vielfaches des Vorbeitrages) erhoben wird[274], kann er - aus Sicht des Versicherungsunternehmens - als positive Erfolgsgröße mehr oder weniger stark zur Reduktion u.U. drohender Verluste beitragen. Obgleich eine in der Satzung objektiv fixierte Nachschußpflicht - ähnlich einer Prämienanpassungsklausel - *de jure* als Instrument der Reduktion erwarteter Verpflichtungsüberschüsse angesehen werden kann, ist sie jedoch *de facto* kaum in diesem Sinne einsetzbar:

---

272 Vgl. die Ausführungen der Kapitel 3.2.1 und 3.2.2.

273 Vgl. hierzu die näheren Ausführungen in Kapitel 3.1.3.1.

274 Zu den verschiedenartigen Erhebungsmöglichkeiten von Nachschüssen vgl. *Schmidt*, Reimer; *Frey*, Peter (Kommentar 1989), Rdnr. 4 zu § 24 VAG.

Selbst wenn ein Beitragsnachschuß im Einzelfall angebracht wäre, unterbleibt dies in praxi doch meist aus wettbewerbspolitischen Gründen. Denn eine derartige Maßnahme würde bei zahlreichen Versicherungsnehmern auf Unverständnis stoßen, zumal sie sich alternativ bei einem Unternehmen anderer Rechtsform versichern könnten, das derartige Maßnahmen nicht ergreifen kann. Aufgrund dieser faktischen Hindernisse, die einem tatsächlichen Einsatz der Nachschußpflicht in praxi entgegenstehen, erscheint es n.A. des Verfassers nicht vertretbar, potentielle Nachschüsse als positive künftige Erfolgsgrößen bei der Ermittlung drohender Verluste eines VVaG zu berücksichtigen.

Gleiches gilt für die einem VVaG zustehende Möglichkeit, nach § 24 Abs. 2 S. 1 2. Halbsatz VAG - im Falle des satzungsmäßigen Ausschlusses einer Nachschußpflicht - Versicherungsansprüche kürzen zu dürfen. Zwar werden hierdurch künftige Aufwendungen reduziert, indem sie den - zumindest ex post betrachtet - zu niedrig erhobenen Prämien angepaßt werden; doch ist auch diese Form der Reduktion von Verlustsalden kaum mittel- oder langfristig am Markt durchsetzbar. Deshalb sollte auch eine Berücksichtigung möglicher Leistungskürzungen als verlustmindernden Faktor im Rahmen der Ermittlung einer Rückstellung für drohende Verluste unterbleiben.

Neben dem Regelfall der *(vollständigen) Prämienvorauszahlung*, von dem im Kontext dieser Arbeit durchweg ausgegangen wird[275], besteht auch eingeschränkt[276] die in praxi eher selten vorkommende Möglichkeit einer *(teilweisen) nachträglichen Prämienerhebung*. Ein solches *Umlageverfahren* ist bei VVaG gemäß § 24 Abs. 1 VAG i.V.m. § 27 VAG, anstatt einer (vollständigen) Vorauserhebung der Beiträge, in der Satzung festzulegen. Mittels einer *nach Bedarf* durchführbaren *(teilweise) nachträglichen Beitragserhebung* i.S.d. § 24 Abs. 1 VAG ist dem Versicherungsunternehmen eine wirksame Möglichkeit gegeben, durch die endgültige *ex post*-Festlegung einer wichtigen Ertragsgröße sich den ex ante ungewissen künftigen Aufwandsgrößen anzupassen. Zwar können insoweit - zumindest kurzfristig - negative Erfolgssalden verhindert werden. Dennoch kann auch ein Umlageverfahren nur sehr eingeschränkt als Instrument der Verlustreduktion angesehen werden, da es - ebenso wie eine Nachschußpflicht - mittel- und langfristig u.U. auf Akzeptanzschwierigkeiten seitens des Kunden stößt.

3.2.4. Sonstige Einflußgrößen

Der Vollständigkeit halber sei an dieser Stelle auf einige weitere Instrumente der Risikoteilung hingewiesen, deren Einsatz im Hinblick auf seine u.U. verlustredu-

---

275 Vgl. vor allem die Ausführungen der Kapitel 2.1.2.1 und 2.1.2.2.

276 Zu den näheren Voraussetzungen vgl. *Schmidt*, Reimer; *Frey*, Peter (Kommentar 1989), Rdnr. 2 zu § 24 VAG.

zierende Wirkung kurz zu untersuchen ist. So wird durch *Mitversicherung* eine Risikoteilung zwischen Erstversicherern erreicht, während im Rahmen einer *Poolung* Erst- und Rückversicherer in diesen Prozeß einbezogen sind. Zwar werden bei derartigen Vertragsgestaltungen - vor allem im Falle von Großrisiken - potentielle künftige Schaden- und Betriebsaufwendungen auf mehrere Versicherungsunternehmen verteilt, wodurch mögliche Verpflichtungsüberschüsse einzelner Unternehmen isoliert betrachtet verringert werden. Doch ist diese Reduktion der negativen Erfolgsgrößen verbunden mit einer entsprechenden Aufteilung und damit Verminderung der Prämienerträge und somit indirekt auch der daraus resultierenden Kapitalerträge als positive Erfolgsbeiträge. Deshalb kann eine wirkungsvolle Reduktion drohender Verluste - als Saldogröße verringerter Aufwendungen und ebenso reduzierter Erträge - mittels Poolung oder Mitversicherung nicht erzielt werden.

Auch *Teilungsabkommen* zwischen Versicherungsunternehmen vermögen es kaum, die Erfolgslage einzelner Unternehmen dauerhaft zu entlasten[277]; schließlich kommt es auch hier mittel- und langfristig zu einem Ausgleich zwischen den beteiligten Vertragspartnern.

277 Zudem ist es grundsätzlich strittig, ob Erträge aus Teilungsabkommen oder anderen Rückgriffsrechten (z.B. Regressen und Provenues) in die Ermittlung eines drohenden Verlustes einzubeziehen sind. Siehe hierzu *Kühnberger*, Manfred (Bildung 1990), S. 702 mit weiteren Nachweisen.

4. Die Rückstellung für drohende Verluste aus schwebenden Geschäften im Verhältnis zu den anderen versicherungstechnischen Passivposten

4.1. Unterscheidung der Drohverlustrückstellung von der Rückstellung zum Ausgleich der Schwankungen im jährlichen Schadenbedarf

4.1.1. Schwankungs- und Großrisikenrückstellungen als Instrumente der Verlustantizipation

4.1.1.1. Aufgabe und Funktionsweise

Im bisherigen Verlauf der vorliegenden Arbeit wurde versucht, sämtliche in bezug auf die Rückstellung für drohende Verluste aus Versicherungsverträgen bedeutsamen Bestimmungsgrößen aufzuzeigen und - darauf basierend - Bilanzierungs- und Bewertungsregeln abzuleiten. Nun gilt es im weiteren, eine so gestaltete Drohverlustrückstellung mit anderen Passivposten der Versicherungsbilanz zu vergleichen. Bereits im einleitenden Teil dieser Untersuchung wurde auf die besondere Bedeutung einer klaren Abgrenzbarkeit der Verlustrückstellung von den übrigen sog. *versicherungstechnischen Rückstellungen* hingewiesen[1]. Denn käme es zu Überschneidungen der Funktionsweise der Verlustrückstellung mit der Aufgabe bzw. dem Charakter eines jener branchenspezifischen Passivposten, so implizierte dies u.U. eine *Doppelerfassung* erwarteter Verpflichtungsüberschüsse in Versicherungsbilanzen. Eine derartige Mehrfachberücksichtigung drohender Verluste würde allerdings kein den tatsächlichen Verhältnissen entsprechendes Bild der Unternehmenslage i.S.d. § 264 Abs. 2 HGB[2] mehr vermitteln. Aus Gründen eines wirkungsvollen Gläubigerschutzes und somit als Ausfluß eines angemessen angewandten Vorsichtsgrundsatzes ist eine solche Konstellation zu vermeiden. Folglich erweist es sich als sinnvoll, die Drohverlustrückstellung den quantitativ bedeutsamsten versicherungstechnischen Rückstellungen gegenüberzustellen. Denn ergäbe dieser Vergleich eine völlige Überschneidungsfreiheit der Funktionsweise jener Rückstellungen, so könnte es auch zu *keiner Doppelerfassung* drohender Verluste kommen. In diesem Fall wäre die Verlustrückstellung vielmehr *zwingend* nach den im bisherigen Verlauf der Arbeit abgeleiteten Grundsätzen *zu bilden*, da *andernfalls* eine *Nichtberücksichtigung* künftiger Verpflichtungsüberschüsse vorläge.

---

1 Vgl. die Ausführungen in Hauptabschnitt 1.

2 Vgl. hierzu auch die Ausführungen des Kapitels 3.1.2.1.

Dies bedeutete jedoch einen eindeutigen Verstoß gegen das Imparitätsprinzip, das sich in der gesetzlichen Verpflichtung des § 249 Abs. 1 S. 1 HGB zur Bildung der Drohverlustrückstellung konkretisiert[3].

Wie schon angedeutet[4], ist der Unterscheidung zwischen Verlustrückstellung und *Rückstellung zum Ausgleich der Schwankungen im jährlichen Schadenbedarf* (kurz: „Schwankungsrückstellung" bzw. „Schwankungsfonds") besondere Bedeutung beizumessen, da beide Passivposten bei näherer Betrachtung gewisse Ähnlichkeiten zueinander aufweisen. Vor einer direkten Gegenüberstellung jener Verpflichtungsgrößen[5] sind allerdings Funktion und Charakter der Schwankungsrückstellung in ihren Grundzügen zu erörtern. Nur auf diese
besondere Eigenschaften und damit Differenzierungskriterien im Verhältnis zur Drohverlustrückstellung zu ermitteln. Um den Schwerpunkt der vorliegenden Untersuchung bei der Behandlung der Rückstellung für drohende Verluste zu belassen, beschränkt sich die Erörterung der Schwankungsrückstellung auf die Aspekte, die für den Vergleich beider Passivposten am wesentlichsten sind.

Wie bereits mehrfach festgestellt, basiert die Produktion von Versicherungsschutz auf dem Prinzip des *Risikoausgleichs im Kollektiv*[6]. Dieser wiederum erfordert als Prämisse das *Gesetz der Großen Zahlen*, d.h. die Zusammenfassung möglichst vieler Einzelverträge zu einer Gefahrengemeinschaft[7]. Allerdings funktioniert der Risikoausgleich im Kollektiv in praxi nicht vollkommen, so daß die exakte künftige Realisation des zuvor geschätzten Schadenerwartungswertes innerhalb eines Geschäftsjahres höchst unwahrscheinlich erscheint. Selbst wenn die Schwankungen um jenen Erwartungswert mit zunehmender Kollektivgröße und steigendem Homogenitätsgrad der berücksichtigten Versicherungskontrakte *der Höhe nach* abnehmen, bleiben sie *dem Grunde nach* immer noch vorhanden[8]. So kommt es aufgrund zufallsbedingter Abweichungen der sich a posteriori realisierenden von den a priori geschätzten Schadengrößen zu u.U. erheblichen Erfolgsschwankungen im Verlauf mehrerer Geschäftsjahre. Die Stochastizität der Schadenwerte resultiert aus dem *versicherungstechnischen Risiko* in der Ausprägung des *Zufallsrisikos* und ist damit der Versicherungswirtschaft „arteigen" bzw. ihr eigentümlich. Dieses branchenspezifische Risiko begründet - wie oben ausgeführt - besondere bilanzielle Maßnahmen[9]. So erscheint zur Kompensation des im Vergleich zu anderen Wirtschaftszweigen zusätzlichen Risikos eine „besondere Vorsicht" im Rahmen der

---

3 Vgl. *ebenda*.

4 Vgl. Hauptabschnitt 1.

5 Vgl. hierzu Kapitel 4.1.2.

6 Vgl. u.a. die Kapitel 2.1.2.1 sowie 3.1.1.1.

7 Vgl. *Albrecht*, Peter (Ausgleich 1982), S. 501 ff.

8 Vgl. auch *Lippe*, Stefan (Prämienprinzipien 1984), S. 136 f.

9 Vgl. insbesondere die Ausführungen des Kapitels 2.3.1 zum Zusammenhang zwischen verschiedenen Komponenten des versicherungstechnischen Risikos und ausgewählten versicherungstechnischen Rückstellungen.

Bewertung u.a. der Drohverlustrückstellung vertretbar[10]. Zum Ausgleich der speziellen Komponente *Zufallsrisiko* als Teil des versicherungstechnischen Risikos wurde sogar ein gesonderter Passivposten geschaffen, der nur in Versicherungsbilanzen zulässig und geboten ist: Die *Rückstellung zum Ausgleich der Schwankungen im jährlichen Schadenbedarf* dient - wie schon aus ihrer Bezeichnung hervorgeht - der erfolgsmäßigen Kompensation jener Schadenschwankungen, die aus der Unvollkommenheit des Risikoausgleichs im Kollektiv resultieren. Folglich kommt der Schwankungsrückstellung die Aufgabe zu, den nicht perfekt funktionierenden kollektiven Ausgleich um einen *Risikoausgleich in der Zeit* zu ergänzen[11]. Untrennbar mit dieser *Ausgleichs*funktion eines Schwankungsfonds verbunden ist dessen *Sicherheits*funktion, deren Aufgabe darin besteht, die Ruinwahrscheinlichkeit des versicherungstechnischen Geschäfts zu reduzieren[12].

Da das versicherungstechnische Risiko in verschiedenen Versicherungssparten und -zweigen unterschiedlich stark ausgeprägt[13] ist, sind dort auch die Schwankungen des künftigen Schadenbedarfs von divergierender Größenordnung. Deshalb darf und muß die Schwankungsrückstellung nach geltendem Recht - d.h. gemäß der Anordnung des BAV vom 21.09.1978[14] - ausschließlich für die Zweige der *Schaden- und Unfallversicherung* sowie durch *professionelle Rückversicherungsunternehmen* gebildet werden[15]. In den übrigen, mit geringeren Schwankungen der Entschädigungszahlungen und damit niedrigeren Kalkulationsrisiken behafteten Zweigen der Lebens- und Krankenversicherung hingegen wurde ein passiver Bilanzposten zur Glättung der Erfolgslage im Zeitverlauf vom BAV offenbar nicht als erforderlich erachtet.

Innerhalb der einzelnen Zweige der Schaden- und Unfallversicherung müssen jedoch mehrere *Voraussetzungen* vorliegen, um die Ansatzpflicht einer Schwankungsrückstellung dem Grunde nach auszulösen. So muß u.a. „... , die Standardabweichung der Schadenquoten[16] des Beobachtungszeitraums von der durchschnittlichen Schadenquote mindestens 5 v.H. ... "[17] betragen. Der zugrundegelegte *Beobachtungszeitraum* umfaßt prinzipiell die fünfzehn, in der Hagel- und der

---

10 Vgl. Kapitel 3.1.2.1.

11 Vgl. u.a. *Nies*, Helmut (Rückstellung 1973), S. 347 f.

12 Vgl. u.a. *Karten*, Walter (Grundlagen 1966), S. 206. Zum Zusammenhang zwischen dem *Risikoausgleich im Kollektiv* und der *Verlustwahrscheinlichkeit* vgl. *Albrecht*, Peter (Ausgleich 1987), S. 95 ff.

13 Vgl. Kapitel 2.3.1.

14 Anordnung R 4/78 vom 21.09.1978, in: VerBAV 1978, S. 262-265 (nachfolgend kurz als „AO 78" bezeichnet).

15 Vgl. die Bemerkungen vor Abschnitt I der AO 78 sowie die vom BAV vertretene analoge Anwendung der AO 78 durch professionelle Rückversicherer auf S. 265 der VerBAV 1978.

16 Zum Begriff der Schadenquote im Sinne dieser Anordnung siehe die Definition in Abschnitt II Nr. 4 Abs. 1 AO 78.

17 Abschnitt I Nr. 1 AO 78. An dieser Stelle sind auch die übrigen Voraussetzungen normiert.

Kreditversicherung wegen der dort gegebenen besonders starken Schadenschwankungen die dreißig dem Bilanzjahr vorausgegangenen Geschäftsjahre[18]. Hieraus, wie auch aus den beiden anderen grundlegenden Prämissen, ist ersichtlich, daß die Verpflichtung zur Bildung einer Schwankungsrückstellung aus der Beobachtung von *Vergangenheits*daten resultiert. Der Ansatz des untersuchten Passivpostens wird allerdings der Höhe nach begrenzt, indem das Viereinhalbfache der oben beschriebenen Standardabweichung der Schadenquoten - multipliziert mit den verdienten Beiträgen des Bilanzjahres - als jeweiliger *Höchst-* resp. *Sollbetrag* festgelegt wird[19]. Aufgrund der individuellen Daten, die in jene Multiplikation eingehen, erhält man einen unternehmensspezifischen und zudem versicherungszweigbezogen unterschiedlich hohen Sollbetrag. Ergibt sich eine im Vergleich zur durchschnittlichen Schadenquote des Beobachtungszeitraums *höhere* Grenzschadenquote, so ist der Höchstbetrag um die dreifache Differenz dieser Vergleichsgrößen - multipliziert mit den verdienten Beiträgen des Geschäftsjahres - zu kürzen[20].

Der zum jeweiligen Bilanzstichtag individuell zu ermittelnde Sollbetrag einer Schwankungsrückstellung wird mittels *zwei Arten von Zuführungen*, die der Anpassung des Istbestandes an diese „Idealgröße" dienen, erreicht: *Erstens* sind dem real existierenden Passivposten 3,5 % seiner Sollgröße zuzuführen[21]. Diese *regelmäßige Zinszuführung* hat unabhängig von der Erfolgslage des jeweiligen Geschäftsjahres stattzufinden, wobei der jeweilige Sollbetrag die Obergrenze der Erhöhung des Istbetrages repräsentiert[22]. *Zweitens* ist zusätzlich zur Zinszuführung eine Erhöhung der Schwankungsrückstellung - bis zur Erreichung ihres Höchstbetrages - vorzunehmen, sofern die Erfolgslage einen sog. *Unterschaden* aufweist[23]. Ein derartiger Unterschaden liegt vor, sofern die Schadenquote des gerade vergangenen Geschäftsjahres die durchschnittliche Schadenquote des Beobachtungszeitraums unterschreitet. Die Differenz beider Quoten - multipliziert mit den verdienten Beiträgen des aktuellen Bilanzjahres - ergibt den Betrag des Unterschadens[24], welcher dem existierenden Schwankungsfonds bis zur Erreichung seines jeweiligen Höchstbetrages zuzuführen ist. Falls hingegen im gerade vergangenen Geschäftsjahr ein sog. *Überschaden* eintrat, so ist dieser Betrag der Schwankungsrückstellung *zu entnehmen*[25]. Ein solcher Überschaden liegt vor, falls die Schadenquote des gerade vergangenen Geschäftsjahres die durchschnittliche Schaden-

18 Vgl. Abschnitt II Nr. 3 Abs. 1 AO 78.

19 Vgl. Abschnitt I Nr. 2 Abs. 1 AO 78. Statt „viereinhalb" ist dort für die Hagel- und die Kreditversicherung der Faktor „sechs" vorgeschrieben.

20 Vgl. Abschnitt I Nr. 2 Abs. 2 AO 78. Zur reduzierenden Wirkung vorhandener Sicherheitszuschläge auf die Höhe des Sollbetrages vgl. *Nies*, Helmut (Neuordnung 1979), S. 163.

21 Vgl. Abschnitt I Nr. 3 Abs. 1 AO 78.

22 Vgl. *ebenda*. Vgl. auch Abschnitt I Nr. 5 Abs. 1 S. 3 AO 78, wonach der Betrag, um den eine vorhandene Schwankungsrückstellung ihren Sollbetrag übersteigt, aufzulösen ist.

23 Vgl. Abschnitt I Nr. 3 Abs. 2 AO 78.

24 Vgl. Abschnitt II Nr. 7 AO 78.

25 Vgl. Abschnitt I Nr. 4 AO 78.

quote des Beobachtungszeitraums übersteigt. Analog zum Fall des Unterschadens ergibt sich der Betrag des Überschadens aus der Differenz jener Quoten multipliziert mit den verdienten Beiträgen des Bilanzjahres[26].

Mittels der Zurückstellung von Unterschäden in eine Schwankungsrückstellung wird in Bilanzjahren, deren relative Schadenbelastung geringer war als der Durchschnittswert des vorausgegangenen Beobachtungszeitraums (sog. *Unterschadenjahre*), Vorsorge getroffen für künftige Geschäftsjahre, die eine im Vergangenheitsvergleich überdurchschnittlich hohe Schadenquote aufweisen. In solchen *Überschadenjahren* findet eine *positiv erfolgswirksame Entnahme* bzw. *Auflösung* der Schwankungsrückstellung statt. Demhingegen schlagen sich *Zuführungen* zu diesem passiven Bilanzposten *negativ erfolgswirksam* in der GuV-Rechnung eines Versicherungsunternehmens nieder[27]. Folglich verursachen die erfolgsabhängigen Zuführungen und Entnahmen eine *Erfolgsglättung im Zeitverlauf*: Während nach relativ positiv verlaufenen Geschäftsjahren sich die Erfolgslage durch eine Verbuchung des ermittelten Unterschadens als Aufwand der Periode verschlechtert, kommt es in verhältnismäßig negativen Jahren aufgrund der Entnahme des Überschadens zu einer gezielten Verbesserung des Periodenerfolges. Eine derartige Angleichung der versicherungstechnischen Ergebnisse aufeinanderfolgender Geschäftsjahre bedeutet die *Kompensation von Erfolgsschwankungen im Zeitablauf*. Der so bewirkte *Risikoausgleich in der Zeit* funktioniert jedoch - bedingt durch das starre Ermittlungsschema der Schwankungsrückstellung - nicht bei jeder möglichen Datenkonstellation in hinreichendem Maße. So ist es vorstellbar, daß über mehrere Geschäftsjahre hinweg die jeweilige *Schadenquote* permanent oder zumindest ohne längere Unterbrechungen *ansteigt* und sich damit in (fast) jeder Periode als im Vergleich zur durchschnittlichen Schadenquote des Beobachtungszeitraums *höher* erweist. In dieser Situation mehrerer aufeinanderfolgender Überschadenjahre ist eine zuvor vorhandene Schwankungsrückstellung aufgrund der regelmäßigen Entnahmen irgendwann bei einem tatsächlichen Bestand von Null angelangt, obwohl ihr Sollbetrag nach wie vor positiv ist. Auch die alljährliche erfolgs*un*abhängige Zinszuführung in Höhe von 3,5 % des Höchstbetrages vermag es u.U. nicht, die völlige Aufzehrung des Schwankungsfonds zu verhindern oder den hiernach noch verbleibenden jeweiligen Überschaden zu decken. Statt dessen reicht in diesem Fall die vorzunehmende Zinszuführung häufig nicht aus, einen vorliegenden Überschaden zu kompensieren, weshalb es auch nicht zu der beabsichtigten Erhöhung des Istbetrages der Schwankungsrückstellung auf einen positiven Wert kommen kann. Demnach steht im speziellen Fall eines „entleerten" Schwankungsfonds keine bilanzielle Reserve gezielt zur Abdeckung potentieller zukünftiger Überschäden zur Verfügung. Folglich wird die Schwankungsrückstellung ihrer Aufgabe, eine Glättung des

---

26 Vgl. Abschnitt II Nr. 8 AO 78.

27 Der *Ausweis* erfolgt als *Saldogröße* sämtlicher Zuführungen und Entnahmen eines Geschäftsjahres unter der Position „Veränderung der Schwankungsrückstellung und ähnlicher Rückstellungen". Vgl. Externe VUReV, a.a.O., Formblatt III, Posten 11.

versicherungstechnischen Ergebnisses im Zeitverlauf und damit einen Risikoausgleich in der Zeit zu bewirken, in dieser Situation nicht mehr gerecht. Die, in jedem Einzelfall zu einem *eindeutigen Wertansatz* führende, stark schematisierte Anordnung läßt keine Flexibilität im Hinblick auf einen höheren, positiven Schwankungsfonds zu. In einem ähnlichen Punkt ist besagter Anordnung eine Inkonsequenz zu bescheinigen, da sie - wie soeben geschildert - zwar ein *Unter*schreiten des jeweiligen Sollbetrages in Kauf nimmt, jedoch ein *Über*schreiten verbietet: Gemäß Abschnitt I Nr. 5 Abs. 1 S. 3 AO 78 ist der den aktuellen Höchstbetrag übersteigende Teil der tatsächlich vorhandenen Schwankungsrückstellung aufzulösen.

Anstelle einer Schwankungsrückstellung ist ausnahmsweise dann eine sog. *Großrisikenrückstellung* zu bilden, wenn kein ausreichend großes Kollektiv vorliegt, so daß „... das Gesetz der großen Zahl noch nicht anwendbar ist"[28]: Die Anzahl versicherungstechnischer Einheiten ist nur gering, während die möglichen Maximalschäden aus derartigen Großrisiken sich als relativ hoch erweisen. Ein Kollektiv, das aus sehr wenigen Großrisiken besteht, muß - da der kollektive Ausgleich allenfalls äußerst mangelhaft funktioniert - durch einen entsprechend wirkungsvollen Risikoausgleich in der Zeit ergänzt werden[29]. So erscheint es gerechtfertigt, für die Versicherung von Atomanlagen und Pharmarisken die Bildung von Großrisikenrückstellungen anstelle der sonst üblichen Schwankungsrückstellung anzuordnen[30]. Denn die Großrisikenrückstellung ist ihrem Charakter nach ein besonders hoch anzusetzender Schwankungsfonds[31].

4.1.1.2. Charakterisierung als Bilanzposition

Nachdem im vorangegangenen Kapitel bereits die Funktionsweise der Schwankungsrückstellung skizziert wurde, gilt es nun, aus diesen Erkenntnissen Aussagen bezüglich einer Zuordnung dieser Bilanzposition zu einer konkreten Gruppe von Passivposten abzuleiten. Das Ergebnis dieser Ausführungen wird sodann der im nachfolgenden Kapitel durchzuführenden unmittelbaren Gegenüberstellung von Schwankungs- und Drohverlustrückstellung dienen. Eine direkte Subsumtion der Schwankungsrückstellung unter einen übergeordneten Bilanzposten erscheint aufgrund der ihr immanenten Funktionsweise äußerst problematisch: In Geschäftsjahren mit relativ positivem versicherungstechnischem Ergebnis wird die Erfolgs-

---

28 *Weiße*, Christoph (Schwankungsrückstellung 1974), S. 472.

29 Zu den näheren theoretischen Grundlagen der Bildung von Rückstellungen für Großrisiken siehe insbesondere die Ausführungen in *Ziegler*, Günter (Großrisiken 1973), S. 77 ff.

30 Vgl. BdF-Schreiben IV B7 - S 2775 - 27/80 vom 10.12.1980, in: DB, 34. Jg. (1981), S. 40 zur Versicherung von Atomanlagen sowie BdF-Schreiben IV B7 - S 2775 - 27/79 vom 20.11.1979, in: BStBl. 1979 I, S. 685 zur Versicherung von Pharmarisiken.

31 Zu den Berechnungsmodalitäten der Großrisikenrückstellung vgl. die in Fn. 30) genannten Vorschriften.

lage durch negativ erfolgswirksame Zuführungen zu dieser Position gezielt verschlechtert. Hierdurch wird eine Reserve geschaffen, die in „verhältnismäßig schlechten Jahren" der Zukunft positiv erfolgswirksam aufzulösen ist. Zuführung und Auflösung erfolgen somit auf sehr pauschale Weise. Demhingegen muß zur Bildung einer Rückstellung i.S.d. allgemeinen Handelsrechts ein *konkreter Anlaß* vorliegen. Ohne einen erkennbaren und folglich intersubjektiv nachprüfbaren Rückstellungsgrund darf eine Rückstellung für ungewisse Verbindlichkeiten gemäß § 249 Abs. 1 S. 1 HGB nicht gebildet werden[32]. Auch die häufig als Unterfall[33] dieser Position angesehene Rückstellung für drohende Verluste darf nur der Antizipation im voraus erkennbarer Verpflichtungsüberschüsse dienen, die zumindest wirtschaftlich im abgelaufenen Zeitraum verursacht sind[34]. Die Schwankungsrückstellung hingegen wird nach einem angeordneten Schema gebildet, demzufolge Daten des gerade abgelaufenen Bilanzjahres mit Durchschnittsdaten vergangener Geschäftsjahre verglichen werden. Demnach findet hier eine *reine Vergangenheitsbetrachtung* statt, auf deren Basis eine *Reserve für die Zukunft* gebildet wird. An die so zurückgestellten Beträge wird allerdings nicht die Voraussetzung der Erkennbarkeit künftiger Verpflichtungen in dieser Höhe geknüpft. Statt dessen erweist es sich für die Bildung der Schwankungsrückstellung als irrelevant, ob für einen konkreten Zukunftszeitraum tatsächlich eine erhöhte Schadenquote zu erwarten ist und ob diese als bereits im abgelaufenen Geschäftsjahr verursacht angesehen werden kann.

Die aufgezeigten Tatbestände sprechen offensichtlich *gegen* die Qualifizierung der Schwankungsrückstellung als eine Rückstellung i.S.d. *allgemeinen* Handels- und Steuerrechts, da sie in ihren gerade beschriebenen Eigenschaften *nicht* den von Rechtsprechung und Schrifttum entwickelten Rückstellungskriterien entspricht. Auch erscheint ein Schwankungsfonds in der angeordneten Form insoweit *nicht* dem branchenübergreifenden Rückstellungsbegriff subsumierbar, als der dort angenommenen Ungewißheit der Höhe und gegebenenfalls dem Grunde nach[35] im Falle der Schwankungsrückstellung nicht durch eine Ermessensvorschrift Rechnung getragen wird: Anstelle der durch § 253 Abs. 1 S. 2 HGB für die Rückstellungsbildung geforderten *vernünftigen kaufmännischen Beurteilung* führt die AO 78 zu einem im jeweiligen Einzelfall *eindeutigen Wertansatz*[36].

Allerdings spricht auch eine Eigenheit *für* die Charakterisierung der Schwankungsrückstellung als Verbindlichkeits- bzw. *Schuld*rückstellung im allgemeinen handels-

---

32 So entsteht die Pflicht zur Bildung einer Verbindlichkeitsrückstellung mit der wirtschaftlichen Verursachung und/oder der rechtlichen Entstehung der Verbindlichkeit. Vgl. *Adler*, Hans; *Düring*, Walther; *Schmaltz*, Kurt (Rechnungslegung 1987 ff.), Tz. 66 ff. zu § 249 HGB.

33 Vgl. Kapitel 2.1.1.3.

34 Vgl. Kapitel 3.1.3.

35 Vgl. z.B. *Adler*, Hans; *Düring*, Walther; *Schmaltz*, Kurt (Rechnungslegung 1987 ff.), Tz. 59 ff. zu § 249 HGB.

36 Vgl. auch Kapitel 4.1.2.

und steuerrechtlichen Sinne. Schließlich bildet jener Passivposten ein *Verpflichtungsvolumen gegenüber Dritten*[37] ab, das in künftigen Jahren in Gestalt steigender Schadenquoten zutage tritt und mittels Entnahmen aus dem vorhandenen Schwankungsfonds kompensiert wird. Zwar sind die betreffenden Verpflichtungen zum Zeitpunkt der Rückstellungsbildung noch nicht konkret erkennbar, und die schematisierten Zuführungen orientieren sich nicht an Zukunftserwartungen, sondern ausschließlich an Vergangenheitsdaten. Doch wenngleich diese Tatbestände *gegen* eine Subsumtion unter den allgemeinen Rückstellungsbegriff sprechen, so ist unter Beachtung des Gedankens der Unternehmensfortführung[38] die Schwankungsrückstellung dennoch dem *Fremdkapital* zuzuordnen[39]. Denn die unter Annahme des Fortbestandes eines Versicherungsunternehmens irgendwann in Zukunft durchzuführenden Entnahmen in Überschadenjahren dienen letztlich der - wenn auch pauschalen - Deckung von Verpflichtungen gegenüber Versicherungsnehmern oder geschädigten Dritten.

Lediglich hinsichtlich *Auflösungen*, die auf einen den tatsächlichen Bestand unterschreitenden Höchstbetrag oder auf das Wegfallen der Voraussetzungen des Abschnitts I Nr. 1 AO 78 zurückzuführen sind[40], stellt die zuvor bestehende Schwankungsrückstellung - *a posteriori* betrachtet - *kein Fremdkapital* dar, da dieser Teil der Reserve nicht den ihm ursprünglich zugedachten Zweck zugeführt wird, künftige Überschäden zu decken. Ebenso verhält es sich bei Aufgabe des Fortführungsgedankens, d.h. einer Einstellung des Geschäftsbetriebes. Auch in diesem Fall erweist sich der aufzulösende Bestand einer Schwankungsrückstellung ex post betrachtet als aufgedeckte stille Reserve[41]; denn die ex ante gegebene Zwecksetzung, zukünftige Verpflichtungen gegenüber Dritten abzudecken, die sich in der Größe *Überschaden* konkretisieren, braucht nun nicht mehr erfüllt zu werden. Doch selbst wenn sich - wie beschrieben - der Istbetrag einer Schwankungsrückstellung im nachhinein in einigen Fällen z.T. oder sogar vollständig als auflösungspflichtig erweist, ist diese Entwicklung kaum im voraus abschätzbar. Folglich kann *ex ante* keine Unterscheidung getroffen werden, welchem Teil eines jeweils vorhandenen Schwankungsfonds - wegen einer künftig eintretenden Auflösungspflicht - der Charakter von Eigenkapital beizumessen ist. Maßgebend für eine derartige Klassifizierung der Schwankungsrückstellung und die damit verbundenen Folgen für die Gewinnermittlung ist vielmehr der *Erkenntnisstand zum Zeitpunkt der Bilanzierung*[42].

---

37 Zum Vorliegen einer Verpflichtung gegenüber Dritten als, neben der Ungewißheit bestehendes, Wesensmerkmal der Verbindlichkeitsrückstellung siehe die näheren Ausführungen in *Adler*, Hans; *Düring*, Walther; *Schmaltz*, Kurt (Rechnungslegung 1987 ff.), Tz. 42 ff. zu § 249 HGB.

38 Hiervon ist bei der Bewertung gemäß § 252 Abs. 1 Nr. 2 HGB auszugehen, solange „... dem nicht tatsächliche oder rechtliche Gegebenheiten entgegenstehen".

39 Vgl. auch *Farny*, Dieter (Periodenrechnung 1989), S. 133.

40 Vgl. Abschnitt I Nr. 5 Abs. 1 AO 78.

41 Siehe auch *Karten*, Walter (Grundlagen 1966), S. 209.

42 Siehe hierzu auch die Ausführungen des Kapitels 3.1.3.1 zur Bedeutung des Abschlußstichtages und des Tages der Aufstellung des Jahresabschlusses.

Dem zu diesem Termin passivierten Schwankungsfonds kommt aus Sicht dieses Zeitpunktes *in voller Höhe Fremdkapitalcharakter* zu, da der gesamte Betrag - im voraus betrachtet - die Funktion hat, potentielle künftige Überschäden zu kompensieren, die wiederum aus Verträgen resultieren, die mit Dritten abgeschlossen wurden.

Obgleich, wie soeben erörtert, der Schwankungsrückstellung - zumindest bei ihrer Bildung - die Eigenschaft eines Fremdkapitalpostens zuzugestehen ist, fällt eine nähere Zuordnung schwer. Auch wenn sie prinzipiell eine Schuld, d.h. ein Verpflichtungsvolumen, das gegenüber Dritten besteht, repräsentiert, erfüllt sie - wie oben aufgezeigt - *nicht sämtliche* Kriterien einer Schuld- resp. Verbindlichkeits*rückstellung* im allgemeinen Sinne. Doch selbst wenn eine Subsumtion unter den handelsrechtlichen Rückstellungsbegriff des § 249 Abs. 1 S. 1 HGB nicht oder nur partiell gelingt, so ist die Schwankungsrückstellung dennoch dem inhaltlich weiter gefaßten Terminus der *versicherungstechnischen Rückstellungen* i.S.d. § 56 Abs. 3 VAG zuzuordnen[43]. Schließlich erweitert diese branchenspezifische Vorschrift die Verpflichtung von Versicherungsunternehmen, Rückstellungen zu bilden, aufgrund der zusätzlich zu beachtenden Risiken über die Rückstellungspflichten anderer Wirtschaftszweige hinaus[44]. So ist auch die Schwankungsrückstellung als Schuldposten in diesem weiter gefaßten Sinne anzusehen, da sie die Zielsetzung des § 56 Abs. 3 VAG unterstützt, „... die dauernde Erfüllbarkeit der Verpflichtungen aus den Versicherungen sicherzustellen". Denn die Erreichung dieses Zieles ist wegen des stets unvollkommenen *Risikoausgleichs im Kollektiv* zweifelsfrei besser gewährleistet, wenn *ergänzend* ein *Ausgleich in der Zeit* über einen Schwankungsfonds zulässig und geboten ist. Auch steuerrechtlich ist die Schwankungsrückstellung anerkannt. Mit § 20 Abs. 2 KStG schuf der Gesetzgeber sogar eine Sondervorschrift zur *ertragsteuerlichen Abzugsfähigkeit* der Zuführungen zu diesem Passivposten; dort findet - neben einer eindeutigen Subsumtion unter den Oberbegriff der versicherungstechnischen Rückstellungen - eine kurze Aufzählung der Prämissen statt, die für „... die Bildung der Rückstellungen zum Ausgleich des schwankenden Jahresbedarfs ... erforderlich" sind. Dieselben Voraussetzungen sind auch hinsichtlich der *substanzsteuerlichen Abzugsfähigkeit* relevant; dies geht sowohl aus § 53 Abs. 2 BewDV als auch aus dem gleichlautenden Abschnitt 36 Abs. 2 VStR hervor; nach jahrelanger Praxis der Finanzverwaltung handelt es sich bei der Schwankungsrückstellung um eine im Rahmen der Ermittlung des Einheitswertes des Betriebsvermögens abzugsfähige Betriebsschuld i.S.d. § 103 Abs. 2 BewG. Die in der ertragsteuerlichen Norm wie auch in den substanzsteuerlichen Vorschriften kodifizierten, relativ abstrakt formulierten Prämissen der Bildung einer Schwankungsrückstellung erfahren durch die detaillierte Anordnung des BAV

---

43 Dies entspricht offensichtlich auch der Auffassung des BAV, das sich bezüglich der von ihm erlassenen Anordnung zur Schwankungsrückstellung u.a. auf die Rechtsgrundlage des § 56 Abs. 3 VAG stützt. Vgl. die Bemerkungen vor Abschnitt I der AO 78.

44 Zur Erweiterungsfunktion des § 56 Abs. 3 VAG vgl. auch Kapitel 2.2.1.2.

aus dem Jahre 1978 eine eindeutige Konkretisierung. Diese Anordnung wurde als Anlage des ertragsteuerlich ausgerichteten BdF-Schreibens vom 02.01.1979 veröffentlicht[45], womit die oberste Behörde der Bundesfinanzverwaltung[46] sie anerkannte.

Trotz der beschriebenen ertrag- wie auch substanzsteuerlichen Anerkennung ihrer Abzugsfähigkeit als versicherungstechnische Rückstellung, und obgleich ihre oben erörterten Eigenschaften z.T. für eine Zuordnung der Schwankungsrückstellung zum Oberbegriff des Fremdkapitals sprechen, wird diese Position nicht von allen Seiten geteilt. So spricht *Schneider* dem untersuchten Passivposten jeglichen Fremdkapitalcharakter ab; seiner Auffassung zufolge handelt es sich bei Schwankungsrückstellungen in voller Höhe um „zweckgebundene Eigenmittel", die gebildet werden, um eventuell eintretende Verluste zu kompensieren[47].

Selbst wenn man die Schwankungsrückstellung - trotz der oben erörterten Einwendungen - in ihrer gesamten Höhe als *Eigenmittel* klassifizierte und sie - bedingt durch ihre steuerliche Abzugsfähigkeit - als eine Art von *steuerbegünstigte Rücklage* bezeichnete, so wäre dieses steuerrechtliche „Branchenprivileg" zugunsten der Versicherungswirtschaft doch gerechtfertigt. Denn der hierdurch angestrebte *Risikoausgleich in der Zeit* erweist sich aufgrund der *Unvollkommenheit des Ausgleichs im Kollektiv*, der wiederum auf die *Zufallsabhängigkeit* bedeutsamer Erfolgskomponenten zurückzuführen ist, als erforderlich. Dieses besondere, der Produktion von Versicherungsschutz anhaftende „arteigene" (Zufalls-)Risiko erfordert die Bildung eines speziellen Reservefonds[48], der in den Bilanzen von Unternehmen anderer Wirtschaftszweige nicht erforderlich erscheint und deshalb dort auch nicht in dieser Form zulässig ist. Statt dessen steht jenen Unternehmen die Möglichkeit der Bildung zuvor zu versteuernder Rück*lagen* auf gesetzlicher oder freiwilliger Basis zu. Eine ebenfalls *nicht* steuerlich begünstigte Schwankungsrückstellung in Versicherungsbilanzen würde hingegen den ihr zugedachten Zweck nicht erfüllen; denn in Unterschadenjahren wäre in diesem Fall zuviel Liquidität aus dem Versicherungsunternehmen an den Fiskus abgeflossen und stünde somit in künftigen Jahren nicht zur Deckung potentieller Überschäden zur Verfügung. Die Zuführung zur Schwankungsrückstellung im Rahmen der Erfolgs*ermittlung* verhindert durch die damit einhergehende Aufwandsverbuchung zudem über das Handelsbilanzergebnis eine entsprechende Gewinnausschüttung. Damit entspricht eine Erhöhung dieses versicherungstechnischen Passivpostens in ihrer Auswirkung der ebenso negativ erfolgswirksamen Zuführung zu einer (Verbindlichkeits-)Rückstellung im allgemeinen handels- und steuerrechtlichen Sinne; sie stellt folglich *keine* Rücklagenzuführung im Kontext der Gewinn*verwendung* dar.

---

45 Vgl. BdF IV B 7 - S 2775 - 34/78 vom 02.01.1979, in: BStBl. 1979 I, S. 58 ff.

46 Vgl. § 1 Nr. 1 FVG.

47 Vgl. *Schneider*, Dieter (Unternehmenserhaltung 1984), S. 264 ff.

48 Vgl. auch Kapitel 2.3.1.

Recht und Pflicht zur Bildung einer Schwankungsrückstellung, deren Veränderungen wie auch deren Gesamtbestand sich analog zu einer Schuldrückstellung auswirken, repräsentieren - trotz ihrer Beschränkung auf Versicherungsbilanzen - keinen Verstoß gegen den *Grundsatz der Gleichmäßigkeit der Besteuerung*. Dieses aus Art. 3 Abs. 1 GG ableitbare Prinzip impliziert schließlich nicht nur eine steuerliche Gleichbehandlung gleicher, sondern zugleich eine Ungleichbehandlung wesentlich ungleicher Sachverhalte[49]. Somit erscheint - aufgrund der im Verhältnis zu Unternehmen anderer Wirtschaftszweige z.T. erheblich höheren Produktionsrisiken - die branchenbezogene Begrenzung einer steuerbegünstigten Schwankungsrückstellung auf Unternehmen der Assekuranz durchaus verfassungskonform. Auch die Beschränkung auf die Zweige der Schaden- und Unfall- sowie Rückversicherungsunternehmen erweist sich unter dem Aspekt des Gleichheitsgrundsatzes als gerechtfertigt. Schließlich verursacht das versicherungstechnische Risiko dort erheblich größere Schwankungen des jährlichen Schadenbedarfs als bezüglich der Entschädigungsleistungen in den übrigen Versicherungssparten. Ein gezielter bilanzieller Risikoausgleich in der Zeit ist letztlich nur erforderlich, wenn der Ausgleich im Kollektiv nicht hinreichend funktioniert[50].

Selbst wenn die stark schematisierte Ermittlungsweise von Soll- und Istbestand der Schwankungsrückstellung offenbar in Einzelfällen zu nicht angemessenen Ergebnissen führt[51], so ist ihr dennoch der Vorteil zuzugestehen, zu jeweils *eindeutigen* Werten zu führen. Eine dergestalt objektivierte Bewertung schränkt jeglichen Ermessensspielraum, wie er im Rahmen der Rückstellungsbildung aufgrund der Schätzung ungewisser Erfolgsgrößen üblicherweise besteht[52], völlig ein. Die Wertermittlung der Schwankungsrückstellung führt stets zu einem eindeutigen, intersubjektiv nachprüfbaren Ergebnis, was Manipulationen bezüglich der Rückstellungshöhe unmöglich macht. Die willkürliche Bildung stiller *Rücklagen*[53] ist somit *ausgeschlossen*, weshalb es unmöglich ist, mittels eines Schwankungsfonds „Bilanz-" bzw. „Steuerpolitik" zu betreiben. Denn Einstellungen in diesen Reservefonds, die den Umfang übersteigen, der sich aus einer Anwendung der Anordnung von 1978 eindeutig ergibt, erweisen sich als nicht steuerlich abzugsfähig: Das BAV kritisiert derartige Zuführungen, die über das angeordnete Maß hinausgehen, pauschal als unzulässig, da die Werte, die sich aus der AO 78 ergeben, zugleich die

---

49 Vgl. *Arndt*, Hans-Wolfgang (Grundzüge 1988), S. 66 f.

50 Zur unterschiedlichen Bedeutung des versicherungstechnischen Risikos in verschiedenen Versicherungssparten vgl. auch Kapitel 2.3.1.

51 Vgl. den in Kapitel 4.1.1.1 erörterten Extremfall eines über mehrere Geschäftsjahre hinweg „entleerten" Schwankungsfonds.

52 Vgl. hierzu insbesondere Kapitel 3.1.2.1. Vgl. auch Kapitel 4.1.2.

53 Zu den Möglichkeiten und Grenzen der Unterscheidung stiller Rücklagen in stille Zwangs-, Schätzungs-, Ermessens- und Willkürrücklagen siehe *Wöhe*, Günter (Bilanzpolitik 1987), S. 634 ff.

verbindliche Mindest- wie auch Höchstgrenze des Wertansatzes in der Handels- und in der Steuerbilanz repräsentierten[54].

Selbst wenn der jeweilige Sollbetrag durch die i.S.d. Anordnung vorzunehmenden Zuführungen (noch) nicht erreicht ist, vertritt das BAV diese ablehnende Haltung gegenüber einer zusätzlichen Erhöhung des Istbetrages auf freiwilliger Basis[55]. Um eine wirkungsvolle Vorsorge zur Kompensation potentieller künftig eintretender Überschäden zu ermöglichen, erscheint es allerdings überlegenswert, ob nicht eine *ergänzende freiwillige Zuführung* - gerade im Falle eines (fast) entleerten Schwankungsfonds - bis zur jeweiligen Höchstgrenze als wünschenswert anzusehen wäre und deshalb befürwortet werden sollte. Nach Maßgabe der Bundesaufsicht jedoch sind die Teile eines Schwankungsfonds, die - trotz des festgestellten Verbots - die nach der AO 78 zu ermittelnden Beträge übersteigen, unter den *freien Rücklagen*, d.h. im Rahmen einer *Eigen*kapitalposition, auszuweisen. Wahlweise ist auch ein gesonderter Ausweis in einer Unterposition der freien Rücklagen mit der Bezeichnung „Schwankungs*rücklage*" zulässig[56]. Demnach dürfen jene freiwillig gebildeten Schwankungsreserven *nicht* im Rahmen der Erfolgs*ermittlung* unter der Position „Schwankungs*rückstellung*" angesetzt werden, womit auch die handels- und steuerrechtlichen Konsequenzen, die sich aus der Bildung jenes Passivpostens ergeben, nicht eintreten. Statt einer (versicherungstechnischen) Fremdkapitalposition wird vielmehr von einer Gewinn*verwendung* in Form einer freiwilligen und zugleich steuerpflichtigen Erhöhung des Eigenkapitals ausgegangen.

Da die Schwankungsrückstellung in ihrer derzeitigen Fassung - wie den bisherigen Ausführungen zu entnehmen ist - unter allgemeinen Gesichtspunkten keiner speziellen Eigen- oder Fremdkapitalposition zweifelsfrei subsumierbar erscheint, wird sie z.T. als *Bilanzposten eigener Art* resp. *Rückstellung sui generis* bezeichnet[57]. Obgleich diese schillernde Größe nicht eindeutig einer übergeordneten Bilanzposition i.S.d. allgemeinen Handels- und Steuerrechts subsumiert werden kann, so ist sie doch - wie oben erörtert - dem weitgefaßten Begriff der *versicherungstechnischen Rückstellungen* unterzuordnen.

Die vorstehenden Ausführungen gelten analog auch für die Charakterisierung der Großrisikenrückstellung als Bilanzposition.

---

54 Vgl. *BAV* (Verstärkungen 1987), S. 78.

55 Vgl. *ebenda.*

56 Vgl. *ebenda.*

57 Siehe hierzu die Stellungnahme *Farnys*, der die Schwankungsrückstellung als „Rückstellung besonderer Art" bezeichnet, in: *Karten*, Walter (Diskussionsbericht 1967), S. 44.

4.1.2. Gegenüberstellung von Schwankungs- und Drohverlustrückstellung

Wie bereits in Abschnitt 1.1 angedeutet, erweist sich der Vergleich der Rückstellung für drohende Verluste mit der Schwankungsrückstellung als besonders bedeutsam, weil zwischen beiden Bilanzposten gewisse Ähnlichkeiten bestehen. Da jedoch eine bilanzielle Mehrfacherfassung zu antizipierender Verpflichtungsüberschüsse zwingend zu vermeiden ist, dürfen und müssen beide Rückstellungspositionen nur dann *nebeneinander* gebildet werden, wenn sie sich in bezug auf ihre Aufgabe und ihre Funktionsweise klar, d.h. eindeutig, voneinander unterscheiden lassen. Nachfolgend gilt es deshalb, bestehende Differenzierungskriterien deutlich herauszuarbeiten. Ebenso sind Gemeinsamkeiten, die zwischen beiden Rückstellungsarten existieren, darzulegen und in ihren Auswirkungen hinsichtlich der Bildung einer Rückstellung für drohende Verluste zu untersuchen. Ferner soll das laufende Kapitel dazu dienen, unterschiedliche inhaltliche Gestaltungsmöglichkeiten einer potentiellen Anordnung zur Verlustrückstellung zu diskutieren: Hierzu erscheint diese Stelle der vorliegenden Arbeit am geeignetsten, denn die vergleichende Anlehnung der Ausführungen an die bereits existierende Anordnung zur Schwankungsrückstellung erweist sich - unmittelbar nach deren Erörterung in den vorangegangenen Kapiteln - als sinnvoll.

Das Erfordernis beider hier zu vergleichender Passivposten kann (nahezu) analog begründet werden[58]: So dient die Rückstellung für drohende Verluste der Antizipation künftiger Verpflichtungsüberschüsse, die sich aus der Saldierung zukunftsbezogener Aufwendungen und Erträge ergeben. Ähnlich wird die Schwankungsrückstellung „... für den Teil der künftigen Verpflichtungen ... aus den laufenden Versicherungsverträgen gebildet, der durch die künftigen Prämien nicht gedeckt sein wird"[59]. Im folgenden wird aufzuzeigen sein, daß beide Rückstellungsarten - trotz der offensichtlichen Parallelitäten in ihrer Zwecksetzung - z.T. verschiedenartige Funktionen erfüllen. Wenngleich die Schwankungsrückstellung der Deckung künftiger Überschäden dient, so bestehen doch gewisse Divergenzen zur Vorwegnahme drohender Verluste mittels einer Verlustrückstellung. Schließlich darf und muß eine Drohverlustrückstellung nur für Verlusttatbestände gebildet werden, die bei Aufstellung des Jahresabschlusses bereits erkennbar sind und deren Realisation für einen konkreten Zukunftszeitraum zu erwarten ist[60]. Demhingegen erfolgen die Zuführungen zu einem Schwankungsfonds ohne Vorliegen eines konkreten Anlasses; sie dienen vielmehr der „... Deckung zufälliger und nicht

---

58 Vgl. hierzu *Brands*, Heinrich (Schadenschwankungen 1979), S. 131 f. mit weiteren Nachweisen.

59 *Nies*, Helmut (Rückstellung 1973), S. 340.

60 Vgl. Kapitel 3.1.3.

systematischer ... "[61] künftiger Überschäden. Ein erkennbarer Rückstellungsgrund, eine konkrete rechtliche oder zumindest wirtschaftliche Verursachung, die einen sich in Zukunft realisierenden Aufwand mit hoher Wahrscheinlichkeit erwarten läßt, braucht dabei nicht vorzuliegen. Somit erfüllt die Schwankungsrückstellung wesentliche Kriterien nicht, die für eine Einstufung in die Gruppe der (Verbindlichkeits-) Rückstellungen i.S.d. allgemeinen Handels- und Steuerrechts nach h.M. erforderlich wären[62].

Die Verlustrückstellung hingegen entspricht in ihren oben sowie im gesamten bisherigen Verlauf dieser Arbeit beschriebenen Eigenschaften diesen Prämissen und wird in der branchenübergreifenden Vorschrift des § 249 Abs. 1 S. 1 HGB explizit genannt. Sie stellt damit eine echte (Schuld-)Rückstellung dar, die in den Bilanzen *aller* Wirtschaftszweige zum Ansatz gelangt, während die Schwankungsrückstellung die allgemeinen Rückstellungskriterien allenfalls z.T. erfüllt. Sie ist deshalb nur beschränkt auf Versicherungsbilanzen als sog. *versicherungstechnische Rückstellung* zu passivieren. Zwar wird auch die Drohverlustrückstellung unter den (sonstigen) *versicherungstechnischen Rückstellungen* ausgewiesen[63], doch repräsentiert sie ebenso eindeutig einen Schuldposten i.S.d. inhaltlich enger gefaßten allgemeinen Rückstellungsbegriffs. Die Schwankungsrückstellung hingegen ist - wie aus den Ausführungen des Kapitels 4.1.1.2 hervorgeht - nicht zweifelsfrei einer konkreten Eigen- oder Fremdkapitalposition subsumierbar.

Wie bereits mehrfach in verschiedenen Zusammenhängen der vorliegenden Arbeit erörtert, handelt es sich im Falle der Verlustrückstellung um eine *zukunfts*bezogene Bilanzposition, die der Antizipation im voraus erkennbarer Verpflichtungsüberschüsse dient. Demhingegen basiert die Ermittlung der Schwankungsrückstellung auf einer reinen *Vergangenheitsbetrachtung*, die sich im Vergleich von Daten des gerade abgelaufenen Bilanzjahres mit Durchschnittsdaten zuvor vergangener Geschäftsjahre äußert. Auf der Grundlage dieses ausschließlichen Blicks in die Vergangenheit wird sodann die Höhe der Reserve errechnet, die *in Zukunft* eintretende Überschäden kompensieren soll. In bezug auf einen Schwankungsfonds erscheint eine derartige, individuelle Zukunftserwartungen ignorierende Berechnungsweise u.U. vertretbar, weil sich jene Reserve nicht gezielt auf einzelne, konkrete Verlustsachverhalte bezieht. Hinsichtlich der Drohverlustrückstellung jedoch kann diese Vorgehensweise keine Anwendung finden, da es hier um die Erkennung konkreter (zukünftiger) Verlustrisiken geht und es in diesem Kontext gilt, daraus resultierende wahrscheinliche künftige Verlustrealisationen der Höhe nach zu schätzen. Bei der Ermittlung der Verlustrückstellung erscheint demnach der „Blick in die Zukunft" unumgänglich, wenngleich die Prognose der rückstellungs-

---

61 *Karten*, Walter (Drohverlustrückstellung 1973), S. 1426.

62 Vgl. die näheren Ausführungen des Kapitels 4.1.1.2.

63 Zum Ausweis der Verlustrückstellung in Versicherungsbilanzen vgl. die näheren Ausführungen in Kapitel 2.2.2.

pflichtigen Verlustsalden auch nicht ohne den Rückgriff auf Erfahrungswerte der Vergangenheit auskommt[64].

Eine zweckgerichtete Diagnose alter Datenbestände darf jedoch nicht - wie bei der Schwankungsrückstellung - in einem schematisierten Vergleich einzelner Größen bestehen, der letztlich zu einem eindeutigen Wertansatz der Drohverlustrückstellung führte. Statt dessen sind Vergangenheitsdaten zu analysieren und - darauf aufbauend - Prognosen bezüglich künftiger Verpflichtungsüberschüsse vorzunehmen. Dabei gilt es, im Zeitverlauf mögliche Änderungen der Schadengesetzmäßigkeit der in diese Saldogröße eingehenden Aufwendungen für Versicherungsfälle zu berücksichtigen. Auch im Hinblick auf die übrigen, über die auf Schadengrößen und Risikoprämien beschränkte Definition des versicherungstechnischen Risikos[65] hinausgehenden künftigen Erfolgsgrößen, die in die Ermittlung eines rückstellungspflichtigen Verlustsaldos einzubeziehen sind, können sich Änderungen des Zusammenwirkens ergeben. Jenes *Änderungs*risiko wird - ebenso wie das damit eng verbundene *Prognoserisiko* - durch die Rückstellung für drohende Verluste kompensiert. Das gleiche gilt - wie oben ausgeführt - für das *Diagnoserisiko* sowie das terminologisch übergeordnete *Irrtumsrisiko*[66]. Während diese Komponenten des versicherungstechnischen Risikos durch die Bildung einer Verlustrückstellung abgedeckt werden, hat die Schwankungsrückstellung prinzipiell die Kompensation des *Zufalls*risikos zum Gegenstand[67]. Sie ist grundsätzlich - wie bereits weiter oben erörtert - auf die Deckung zufällig und nicht systematisch auftretender künftiger Überschäden ausgerichtet, wohingegen die Rückstellung für drohende Verluste eine Vorsorge für Verpflichtungen verkörpert, die im voraus erkennbar sind[68]. So darf und muß erst im Falle der Erkennbarkeit eines drohenden Verlustes eine entsprechende Rückstellung gebildet werden; folglich findet hier keine planmäßige Erfolgsverschlechterung in „guten" Geschäftsjahren, verbunden mit einer Verbesserung der Erfolgslage in „schlechten" Perioden statt.

Zu einer derartigen Erfolgsglättung im Zeitverlauf kommt es jedoch mittels der per Anordnung schematisierten Zuführungen und Entnahmen der Schwankungsrückstellung. Hierdurch, d.h. durch eine bewußte Reservebildung in relativ erfolgreichen Jahren und deren Auflösung nach weniger positiv verlaufenden Perioden, wird der *Schwankungsfonds* seiner Funktion gerecht, einen *Risikoausgleich in der Zeit* zu bewirken[69]. Diese Ausgleichsfunktion wird nicht zusätzlich von der Rückstellung für drohende Verluste erfüllt, da diese nur dann zu bilden ist, wenn ein konkreter Anlaß vorliegt. Das diesem Schuldposten zugrundeliegende Imparitäts-

64 Vgl. hierzu die Ausführungen des Kapitels 3.1.2.1.

65 Zu dieser Definition des versicherungstechnischen Risikos vgl. Kapitel 2.3.1.

66 Vgl. *ebenda*.

67 Vgl. *ebenda*.

68 Vgl. *Karten*, Walter (Drohverlustrückstellung 1973), S. 1426.

69 Vgl. Kapitel 4.1.1.1.

prinzip[70] ermöglicht und erzwingt schließlich erst im Falle der Erkennbarkeit eines wahrscheinlich sich künftig realisierenden Verpflichtungsüberschusses dessen negativ erfolgswirksame Antizipation.

Demhingegen bezieht sich die Bildung der Schwankungsrückstellung nicht auf bestimmte, im voraus erkennbare künftige Verpflichtungen. Sie basiert statt dessen auf einer Gegenüberstellung feststehender Daten der Vergangenheit, woraus - ohne auch nur einen Blick auf die voraussichtliche zukünftige Erfolgsermittlung zu werfen - die Höhe einer Reserve zur Deckung irgendwann in Zukunft eintretender Überschäden abgeleitet wird[71]. Die sich jeweils ergebenden Höchst- und Istbeträge stellen intersubjektiv nachvollziehbare, *eindeutige* Werte dar und lassen dem Rechnung legenden Versicherungsunternehmen somit keinen Bewertungsspielraum. Der Eindeutigkeit der Wertermittlung nach einem vereinheitlichten Schema ist der Vorzug zuzusprechen, einen Mißbrauch der steuerlich abzugsfähigen Schwankungsrückstellung als Instrument der Handels- und der Steuerbilanzpolitik zu verhindern. Schließlich kann diese Bilanzposition nicht zweifelsfrei dem allgemeinen Begriff der Schuld- resp. Verbindlichkeitsrückstellung subsumiert werden[72]; deshalb ist es gerechtfertigt, das branchenspezifische Steuerprivileg eines abzugsfähigen Schwankungsfonds - wenngleich es aufgrund der Besonderheiten der Versicherungsschutzproduktion *dem Grunde nach erforderlich* erscheint - *der Höhe nach zu begrenzen* und im Sinne einer Gleichbehandlung sämtlicher auf diese Weise begünstigter Unternehmen exakt zu determinieren.

Eine solche Festlegung des zu passivierenden Wertes mittels eines starren Schemas wäre jedoch für den Fall der Verlustrückstellung aus mehreren Gründen abzulehnen: Erstens handelt es sich bei diesem Posten eindeutig um eine (Schuld-) Rückstellung i.S.d. allgemeinen Handels- und Steuerrechts, deren Fremdkapitalcharakter zweifelsfrei feststeht. Die Abzugsfähigkeit dieser Position stellt folglich *kein* steuerliches *Branchenprivileg der Assekuranz, sondern* eine *Verpflichtung aller Wirtschaftszweige* dar. Somit wäre es nicht vertretbar, in einer ausschließlich auf Versicherungsunternehmen Bezug nehmenden Anordnung zur Bilanzierung der Drohverlustrückstellung über ein starres Schema deren jeweilige Höhe - mehr oder weniger willkürlich - zu determinieren, während Unternehmen anderer Branchen - in Ermangelung einer derartigen Vorschrift - ein gewisser „Prognosespielraum" verbliebe. Eine derartige Bandbreite möglicher Wertansätze ist schließlich dem Begriff der (Verbindlichkeits-)Rückstellung immanent, da es sich hierbei nach h.M. um eine zumindest der Höhe oder gar dem Grunde nach ungewisse Schuld handelt[73]. Die künftige Realisation eines erwarteten Verlustes läßt sich demnach nicht exakt, sondern nur unter Angabe von Wahrscheinlichkeiten und unter Berücksichti-

70 Vgl. Kapitel 3.1.2.1.

71 Vgl. die Kapitel 4.1.1.1 sowie 4.1.1.2.

72 Vgl. Kapitel 4.1.1.2.

73 Vgl. u.a. *Clemm*, Hermann; *Nonnenmacher*, Rolf (Anmerkungen 1990), Anm. 52 f. zu § 249 HGB.

gung möglicher Schwankungen um diese Erwartungswerte annehmen. Die dabei zu prognostizierenden Erfolgserwartungen könnten jedoch nicht sinnvoll in einer für alle betroffenen Versicherungsunternehmen geltenden und deshalb stark schematisierten Anordnung ihren Niederschlag finden. Denn potentielle Verlustursachen vermögen unternehmensindividuell in so verschiedenen Ausprägungen und Ausmaßen aufzutreten, daß eine quantitativ ausgeprägte Berechnungsvorschrift - jedenfalls, sofern sie überschaubar und verständlich gestaltet sein soll - unmöglich alle bedeutsamen Einzelaspekte enthalten kann.

Eine verallgemeinernde Außerachtlassung zahlreicher Details führte zwar im Einzelfall zu einer eindeutigen, jedoch vergröbernden Bemessung der Drohverlustrückstellung, die n.A. des Verfassers nicht i.S.d. Gesetzgebers wäre. Schließlich erfordert die in § 253 Abs. 1 S. 2 HGB vorgeschriebene „vernünftige kaufmännische Beurteilung", die bei der Bemessung von Rückstellungen Anwendung zu finden hat, eine individuelle Einschätzung möglicher Rückstellungsgründe durch das bilanzierende Unternehmen. Denn die Einzigartigkeit der künftigen Erfolgslage und der Ursachen drohender Verluste eines jeden (Versicherungs-)Unternehmens bedingt, daß nur ein mit den individuellen Gegebenheiten Vertrauter das Erfordernis einer Rückstellung für drohende Verluste dem Grunde und der Höhe nach angemessen beurteilen kann: Wer mit der internen Situation eines Versicherungsunternehmens - oder besser noch mit der Lage einzelner (Unter-)Zweige - vertraut ist und wer zudem externe, durch die vertraglichen Beziehungen zur Umwelt entstandene, erfolgsbeeinflussende Faktoren kennt, vermag das Drohen eines Verlustes schließlich am besten dem Grunde nach zu erkennen und der Höhe nach zu schätzen[74]. Ein durch das BAV, d.h. von außen vorgegebenes, starres Ermittlungsschema stünde demnach der Vorstellung des § 253 Abs. 1 S. 2 HGB entgegen, da die Wertansätze, die sich in diesem Falle *eindeutig* ergäben, keinen Raum ließen für die gesetzlich geforderte „vernünftige kaufmännische Beurteilung".

Statt einer stark verallgemeinernden Anordnung, die über ein vorgegebenes Berechnungsschema zu einem im Einzelfall eindeutig quantifizierbaren Wertansatz der Verlustrückstellung führt, sollte vielmehr die Möglichkeit einer individuellen Einschätzung der jeweils einzigartigen künftigen Erfolgslage durch den Bilanzierenden belassen werden. Nur eine dergestalt *qualitativ* ausgerichtete Anordnung, die einen gewissen Spielraum bezüglich der Auswahl der Prognoseverfahren läßt, erscheint geeignet, die gesetzlich geforderte (Eigen-)Beurteilung zu gewährleisten. Anstelle eines einzigen, vorgeschriebenen Bewertungsverfahrens sollte jede Methode, deren Anwendung im Einzelfall sinnvoll begründet werden kann und intersubjektiv nachvollziehbar erscheint, von der Bundesaufsicht akzeptiert werden. In diesem Zusammenhang wäre n.A. des Verfassers eine *Angabe* - verbunden mit einer Erläuterung - des jeweils gewählten Verfahrens zur Wertermittlung einer Verlustrückstellung *im Anhang* zu begrüßen, da dies der Informationsfunktion des han-

74 Vgl. zu dieser Problematik auch die Ausführungen des Kapitels 3.1.2.1.

delsrechtlichen Jahresabschlusses entgegenkäme. Denn falls den betroffenen Versicherungsunternehmen auch im Falle einer irgendwann erlassenen Anordnung - wie gerade vorgeschlagen - eine gewisse Wahlfreiheit bezüglich der Bewertungsmethoden einer Drohverlustrückstellung erhalten bliebe, so sollte der unternehmensexterne Bilanzleser das gewählte Verfahren doch wenigstens in groben Zügen nachvollziehen können.

Eine nicht quantitativ, sondern qualitativ geprägte Anordnung sollte vor allem dem Grunde nach aufzeigen, welche Bewertungsdeterminanten bezüglich einer Rückstellung für drohende Verluste in Versicherungsbilanzen von Bedeutung sind. Dabei wäre es durchaus sinnvoll, die Berücksichtigung der betreffenden versicherungsspezifischen sowie branchenübergreifenden Faktoren und Prinzipien dem Grunde nach als zwingend anzuordnen; schließlich hängen von einer (Nicht-) Berücksichtigung einzelner Einflußgrößen oft entscheidende Folgen im Hinblick auf die Höhe oder sogar das Vorzeichen eines für die Zukunft erwarteten Erfolgssaldos ab. Insbesondere von der Frage der (Nicht-)Einbeziehung der künftigen Erfolgsbeiträge aus Kapitalanlagen gehen häufig grundlegende Konsequenzen hinsichtlich der rechnerischen Ermittlung eines passivierungspflichtigen Verpflichtungsüberschusses im Rahmen einer Drohverlustrückstellung aus[75]. Ein klärendes Wort in dieser und anderen nach wie vor strittigen Fragen würde zweifellos zu einem Abbau der bestehenden Rechtsunsicherheit und einer Reduktion daraus resultierender (steuerlicher) Ungleichbehandlungen beitragen. In der Anordnung zur Schwankungsrückstellung sind derartige grundlegende Unklarheiten ausgeräumt. Auch der Grundsatz der Gleichmäßigkeit der Besteuerung ist somit - wie bereits in Kapitel 4.1.1.2 erörtert - in bezug auf diesen Passivposten gewahrt. Darüber hinaus regelt diese Anordnung die Wertermittlung eines Schwankungsfonds in allen Details. Über die exakt vorgegebenen, engen Grenzen hinaus darf nach Maßgabe des BAV *keine* steuerlich abzugsfähige Schwankungs*rückstellung* auf der Stufe der Erfolgs*ermittlung* gebildet werden. Eine freiwillige, d.h. die Begrenzung des BAV übersteigende Reservebildung wird hingegen pauschal als (Schwankungs-)-*Rücklage* klassifiziert und somit von Beginn an als Eigenkapitalposition auf die Ebene der Gewinn*verwendung* verwiesen[76].

Da es sich jedoch im Gegensatz zur Schwankungsrückstellung bei der Drohverlustrückstellung nicht um eine „schillernde" Bilanzposition, sondern eindeutig um einen Fremdkapitalposten i.S.d. allgemeinen Handels- und Steuerrechts handelt, erweisen sich exakt vorgeschriebene Höchstgrenzen hier nicht als erforderlich. Eine Unterscheidung in eine steuerlich abzugsfähige (Verlust-)*Rückstellung* und in eine nicht abzugsfähige „Drohverlust*rücklage*" ist deshalb nicht angebracht. Schließlich gilt es im Zusammenhang mit der Verlustrückstellung nicht, ein steuerliches Privileg der Assekuranz nach oben zu begrenzen. Statt dessen geriete eine pauschale,

---

75 Vgl. Kapitel 3.1.1.2.

76 Vgl. Kapitel 4.1.1.2.

sich über einen vom BAV angeordneten Rechenmechanismus ergebende Begrenzung der Drohverlustrückstellung in Konflikt mit grundlegenden Normen des allgemeinen Handelsrechts: So fordert der in § 246 Abs. 1 HGB kodifizierte *Grundsatz der Vollständigkeit* u.a. einen *vollständigen Schuldausweis*[77], der durch eine mehr oder weniger willkürliche Grenzziehung seitens der Aufsicht kaum gewährleistet würde. Denn die wahrscheinliche Höhe, d.h. der Erwartungswert einer Schuld, zuzüglich einer im Einzelfall angemessenen Vorsichtskomponente in Form eines „Sicherheitszuschlags" kann im Hinblick auf den Informationsstand über die jeweils individuelle Situation eines Versicherungs(unter)zweigs von Experten des jeweiligen Unternehmens besser beurteilt werden, als dies durch ein starres Ermittlungsschema der Fall wäre[78]. Ein per Anordnung zu ermittelnder eindeutiger Höchstbetrag, über den hinaus - analog zur Schwankungsrückstellung - zurückgestellte Beträge als „Drohverlust*rücklage*", d.h. als *Eigen*kapitalposition qualifiziert würden, wäre hingegen unhaltbar. Denn selbst wenn sich eine Verlustrückstellung *ex post* betrachtet als „zu hoch gebildet" erwiese, ist diese Rückstellung *ex ante* in voller Höhe dem Fremdkapital zu subsumieren. Schließlich verpflichtet der Gesetzgeber in § 252 Abs. 1 Nr. 4 HGB zu einer *vorsichtigen Bewertung*, was u.a. einen bilanziellen Ansatz der Höhe nach ungewisser Verpflichtungen über deren Erwartungswert hinaus bedeutet[79]. Obgleich es unter diesen Umständen - zumindest mittel- oder langfristig - zu in Zukunft aufgedeckten *Schätzreserven* kommt, ist eine dergestalt bewertete Rückstellung *im voraus*, d.h. im Zeitpunkt ihrer Bildung, in ihrem ganzen Umfang als Fremdkapitalposition auszuweisen, um nicht gegen den Grundsatz der Vollständigkeit zu verstoßen. Dieses Prinzip - verbunden mit dem *Stichtagsprinzip der Bewertung* des § 252 Abs. 1 Nr. 3 HGB - fordert letztlich eine lückenlose Passivierung sämtlicher Schulden nach den objektiv am Abschlußstichtag gegebenen Umständen[80]. Folglich muß bei Erkennbarkeit eines drohenden Verlustes ein Betrag in voller Höhe dieser negativen Erfolgserwartung zurückgestellt werden. Eine nur allmähliche Zuführung in mehreren Etappen, wie sie im Rahmen der Anordnung zur Schwankungsrückstellung vorgeschrieben ist, verstieße im Falle der Drohverlustrückstellung gegen das Imparitätsprinzip, das eine verlustfreie Bewertung fordert. Denn eine sukzessive Aufstockung der Verlustrückstellung käme der Aufzinsung eines zuvor abgezinsten Barwertes gleich. Eine explizite Abzinsung von Verpflichtungsüberschüssen ist jedoch im speziellen Fall des *Dauerrechtsverhältnisses Versicherungsvertrag* u.a. deshalb abzulehnen, weil bereits die Berücksichtigung der Nettokapitalerträge bei der Saldierung Zinswirkungen kompensiert. Eine zusätzlich zu dieser „impliziten

77 Vgl. Kapitel 2.2.1.1.

78 Vgl. auch die Ausführungen des Kapitels 3.1.2.1.

79 Vgl. Kapitel 3.1.2.1.

80 Vgl. Kapitel 3.1.3.1.

Abzinsung" erfolgende explizite Diskontierung liefe jedoch dem Imparitätsprinzip klar zuwider[81].
Aus denselben Gründen dürfte in Geschäftsjahren mit relativ hohen Verlustrealisationen keine „Entleerung" einer Verlustrückstellung unter den Betrag stattfinden, der noch für die Zukunft als Verpflichtungsüberschuß droht. Andernfalls wäre eine vollständige Verlustantizipation mit dem Ziel einer verlustfreien Bewertung künftiger Perioden nicht gewährleistet[82]. Ebenso wäre ein durch ein Berechnungsschema bedingtes Verharren des tatsächlichen Bestandes der Drohverlustrückstellung bei Null im Falle einer zu erwartenden künftigen Verlustrealisation aus diesen Gründen abzulehnen. Schließlich ist die Rückstellung für drohende Verluste als konkrete Ausprägung des Imparitätsprinzips anzusehen. Sie hat deshalb - mit dem Ziel der verlustfreien Bewertung - erkennbare, aber noch nicht realisierte negative Erfolgssalden in ihrem gesamten Umfang zu antizipieren.

Die gerade dargelegten - ebenso wie die weiter oben erörterten - Argumente stehen einem quantitativen Aufbau einer möglichen Anordnung zur Verlustrückstellung, deren Höhe sich - analog zur Berechnung der Schwankungsrückstellung - aus streng schematisierten Zuführungen und Entnahmen jeweils eindeutig ergäbe, klar entgegen. Die deswegen bereits geforderte *qualitative* Prägung einer Anordnung zur Bildung der Rückstellung für drohende Verluste würde demnach in dieser Sache deutlich von der bereits existierenden Vorschrift zum Schwankungsfonds abweichen. Dennoch wäre es u.U. sinnvoll, einige grundlegende Regelungen in beiden Anordnungen *gleich* zu gestalten. So wurde bereits festgestellt, daß eine Drohverlustrückstellung aufgrund versicherungszweigspezifischer Besonderheiten ausschließlich für Unternehmen, die das Schaden- und Unfall- und/oder das Rückversicherungsgeschäft betreiben, von praktischer Bedeutung ist[83]. Da die Schwankungen des jährlichen Schadenbedarfs ebenfalls in diesen Bereichen am stärksten sind, ist die Anordnung zur Schwankungsrückstellung bereits hierauf beschränkt worden. Auch eine branchenspezifische Anordnung zur Verlustrückstellung könnte nach diesem Vorbild auf die Zweige der Schaden- und Unfallversicherung und auf die Rückversicherung begrenzt ergehen. Eine Außerachtlassung der Sparten Lebens- und Krankenversicherung wäre - jedenfalls zur Zeit - vertretbar, weil aus verschiedenen Gründen in diesen Bereichen derzeit keine Verluste drohen[84].

Reduzierte man folglich den Anwendungsbereich einer Anordnung zur Drohverlustrückstellung im beschriebenen Sinne, so wäre im weiteren zu entscheiden, ob auch die Gliederungstiefe jener Zweige der Schaden- und Unfall- und der Rückversicherung der für die Ermittlung der Schwankungsrückstellung vorgeschriebenen Aufteilung entsprechen sollte. Dort wird als bewertungsrelevanter Versiche-

---

81 Vgl. die näheren Ausführungen des Kapitels 3.1.2.3.

82 Vgl. Kapitel 3.1.2.1.

83 Vgl. Kapitel 2.3.1.

84 Vgl. *ebenda.*

rungszweig grundsätzlich[85] derjenige angesehen, für den gemäß der Internen RechVUVO[86] eine gesonderte GuV-Rechnung aufgestellt wird. In jedem dieser Zweige ist - sofern die angeordneten Voraussetzungen vorliegen - eine Schwankungsrückstellung zu bilden. Eine Übertragung dieses Einteilungskriteriums auf eine Anordnung zur Bemessung der Rückstellung für drohende Verluste impliziert sowohl Vor- als auch Nachteile. Ein *Vorteil* besteht in der *Eindeutigkeit und Willkürfreiheit* der Kollektivbildung: Manipulationen sind ausgeschlossen und die Vorgehensweise ist für die Versicherungsaufsicht aufgrund der gewohnten Strukturen problemlos nachvollziehbar. Hinzu kommt der Vorteil für die betroffenen Unternehmen, die Verlustrückstellung bezogen auf Vertragsgruppen bilden zu können, die bereits für die Zwecke der (Internen) Rechnungslegung gegenüber dem BAV und die Ermittlung der Schwankungsrückstellung zusammengefaßt wurden. Die Bildung besonderer Kollektive für die Berechnung der Drohverlustrückstellung wäre damit redundant und würde folglich keine zusätzlichen Kosten verursachen.

Allerdings erwiese sich eine Gliederung bewertungsrelevanter Gefahrengemeinschaften ausschließlich nach den Maßstäben der Internen Rechnungslegung - trotz der aufgezeigten Vorzüge - als zu grob, um den im Verlauf der vorliegenden Untersuchung erarbeiteten allgemeinen Bewertungsgrundsätzen gerecht zu werden. So wurde in den Kapiteln 3.1.1.1 sowie 3.1.2.1 eine tiefere Untergliederung der betreffenden Versicherungs(unter)zweige vertreten, um die Einhaltung von Realisations- und Imparitätsprinzip zu gewährleisten. Denn nur eine nach der Erfolgserwartung der eingehenden Einzelverträge differenzierte Kollektivbildung vermag eine Saldierung der Verlusterwartung einzelner Kontrakte mit der Gewinnerwartung anderer Verträge zu verhindern. Eine zu grobe, nicht nach Homogenitätskriterien bezüglich der Erfolgsaussichten einzelner Verträge unterschiedene Kollektivbildung führte hingegen zu einer unzulässigen Reduktion der i.S.d. Imparitätsprinzips zu bildenden Verlustrückstellung aufgrund der Verrechnung mit unrealisierten Gewinnchancen. Aus diesem Grund sollte eine Anordnung dazu auffordern, bewertungsrelevante Vertragsgruppen zwecks Ermittlung einer zugehörigen Drohverlustrückstellung zu bilden, deren Elemente in bezug auf ihre Erfolgserwartungen gleichartig oder zumindest ähnlich sind. Eine solche „Aufforderung" könnte im Massengeschäft durchaus verbindliche Form annehmen, indem - auf der Basis aggregierter Aufsichts- oder Verbandsdaten - geeignete Kriterien zur Bildung bewertungsrelevanter (Teil-)Kollektive abgeleitet und für alle Unternehmen angeordnet würden. Im Industriegeschäft hingegen sollten wegen der z.T. starken Heterogenität der Verträge den einzelnen Unternehmen gewisse Freiräume bei der Zusammenstellung der Bewertungseinheiten gelassen oder allenfalls Regelungen mit Empfehlungscharakter getroffen werden. Die auf Verbandsebene bereits vorhandenen Kategorisierungen könnten dabei eine bedeutsame Orientierungshilfe darstellen.

---

85 Vgl. Abschnitt II Nr. 1 Abs. 1 und Abs. 2 AO 78.

86 heute: Interne VUReV.

Wie oben ausgeführt, ist das Erfordernis von Drohverlust- und Schwankungsrückstellung - trotz unterschiedlicher Zielsetzungen - ähnlich zu begründen. Der *Schwankungsfonds* dient dabei der Deckung *zufälliger* Überschäden unter der Annahme einer voraussichtlich ausreichenden Prämienerhebung[87]. Demhingegen bildet die *Verlustrückstellung systematische* Verpflichtungsüberschüsse ab, die sich in einer wahrscheinlich nicht leistungsdeckenden künftigen Gegenleistung äußern[88]. Auch wenn beide Passivposten auf unterschiedlichen Ursachen basieren, so erfüllen sie doch den *gemeinsamen übergeordneten Zweck*, die *Unausgeglichenheiten* abzubilden, die für die *Zukunft* zwischen Leistungs- und Gegenleistungsgrößen zu erwarten sind. Zufallsbedingte Leistungsüberschüsse, die bereits durch die Schwankungsrückstellung gedeckt werden, müssen und dürfen deshalb keine zusätzliche Berücksichtigung mehr in der ebenfalls zukunftsbezogenen Drohverlustrückstellung erfahren. Andernfalls käme es zu einer unzulässigen Doppelerfassung von Verpflichtungsüberschüssen in Versicherungsbilanzen. Es hat demzufolge eine *Anrechnung* der künftigen Veränderungen der Schwankungsrückstellung auf den Betrag zu erfolgen, der sich als Verpflichtungsüberschuß ergibt[89]. Der Betrag, der nach Subtraktion des sich verändernden Schwankungsfonds verbleibt, ist sodann als drohender Verlust der entsprechenden Rückstellung zuzuführen.

Um die geforderte Anrechnung auf die Verlustrückstellung in angemessener Weise durchzuführen, sind die voraussichtlichen Überschäden (und Unterschäden) der künftigen Jahre möglichst unter den gleichen Rahmenbedingungen zu schätzen, wie die Verpflichtungsüberschüsse, in die sie reduzierend eingehen: So hat sich die Schätzung der Überschäden auf denselben Zeitraum - d.h. die durchschnittliche Restlaufzeit des bewertungsrelevanten Kollektivs[90] - zu erstrecken wie die Ermittlung drohender Verluste. Es erweist sich bei der anschließenden Anrechnung als Vereinfachung, wenn Schwankungs- und Verlustrückstellung auf der Basis derselben Kollektive gebildet werden[91].

Eine reduzierende Berücksichtigung künftiger Überschäden bei der Bemessung der Rückstellung für drohende Verluste kann und muß jedoch nur dann stattfinden, sofern und soweit der Bestand der Schwankungsrückstellung in diesem Zukunftszeitraum voraussichtlich positiv sein wird. Es darf also nicht der künftige Sollbestand berücksichtigt werden. Vielmehr müssen die tatsächlich erwarteten zukünftigen Veränderungen der Schwankungsrückstellung in die Saldierung der Drohverlustrückstellung einbezogen werden. Denn nur der sich daraus ergebende künftige *Istbestand*, d.h. der real vorhandene Schwankungsfonds, erfüllt die Funk-

---

87 Vgl. *Nies*, Helmut (Rückstellungen 1984), S. 134.

88 Vgl. *ebenda*. Vgl. auch *Karten*, Walter (Drohverlustrückstellung 1973), S. 1426.

89 In diesem Sinne äußert sich auch *Nies*. Vgl. *Nies*, Helmut (Rückstellungen 1984), S. 135. Vgl. auch *Donandt*, Klaus; *Richter*, Horst (Posten 1989), S. 242 f.

90 Vgl. hierzu insbesondere Kapitel 3.1.3.2.

91 Vgl. die obigen Ausführungen dieses Kapitels. Vgl. auch Kapitel 3.1.1.1.

tion einer Antizipation künftiger Leistungsüberschüsse. Ist der Fonds hingegen „entleert"[92], so kann er auch nicht reduzierend auf den Ansatz einer Verlustrückstellung wirken. Zwecks Ermittlung der Rückstellung für drohende Verluste ist es folglich erforderlich, zuvor die voraussichtlich vorhandene Schwankungsrückstellung und deren Änderungen i.S.d. AO 78 - auf der Grundlage der individuell gegebenen Daten - zu ermitteln.

4.2. Abgrenzung der Rückstellung für drohende Verluste von anderen branchenspezifischen Passivposten der Versicherungsbilanz

4.2.1. Abgrenzung von den Beitragsüberträgen

4.2.1.1. Charakterisierung der Beitragsüberträge als Bilanzposition

Wie bereits in Kapitel 2.1.1.1 festgestellt, existieren *zwei* wesentliche *Ausnahmen zur* grundsätzlichen bilanziellen *Nichterfassung* schwebender Geschäfte. Neben der im Mittelpunkt dieser Arbeit stehenden Pflicht zur Bildung einer *Rückstellung für* u.U. *drohende Verluste* stellen auch durch den Vertragspartner erbrachte *Vorleistungen* eine berücksichtigungsbedürftige Störung des Gleichgewichts dar, das bei schwebenden Verträgen zwischen erwarteter Leistung und Gegenleistung prinzipiell angenommen wird. Auch der Versicherungsvertrag repräsentiert aufgrund des üblichen *Vorausempfangs der Gegenleistung*[93] einen schwebenden Vertrag im *weiteren* Sinne. Wird die zu Beginn der Versicherungsperiode vereinnahmte Prämie für einen Zeitraum erhoben, der über den des laufenden Geschäftsjahres hinausgeht, so ist der Teilbetrag, welcher sich auf die künftige(n) Periode(n) bezieht, dem passiven Bilanzposten „Prämien-" bzw. „Beitragsüberträge" zuzuführen. Folglich werden dieser Position Einnahmen zugewiesen, die noch vor dem Abschlußstichtag zugegangen sind, aber erst Ertrag für einen konkreten Zeitraum danach darstellen. Damit entsprechen die Beitragsüberträge eindeutig der in § 250 Abs. 2 HGB kodifizierten allgemeinen handelsrechtlichen sowie der gleichlautenden, in § 5 Abs. 4 S. 1 Nr. 2 EStG verankerten, steuerrechtlichen Legaldefinition des *passiven Rechnungsabgrenzungspostens* (PRAP).

Obwohl die Beitragsüberträge als PRAP nicht dem branchenübergreifenden Rückstellungsbegriff des § 249 HGB entsprechen, sind sie gemäß Position III. 1 Form-

---

92 Vgl. die Kapitel 4.1.1.1 sowie 4.1.1.2.

93 Vgl. hierzu die näheren Ausführungen insbesondere des Kapitels 2.1.2. Zu den Ausnahmen von diesem Grundsatz vgl. Kapitel 3.2.3.

blatt I[94] unter den *versicherungstechnischen Rückstellungen* auszuweisen. Diese auf dem Verordnungswege vorgeschriebene Einreihung unter jenen wirtschaftszweigspezifischen Oberbegriff belegt dessen bewußte inhaltliche Weiterfassung im Vergleich zum allgemeinen Rückstellungsbegriff[95]. Dies entspricht der seit langem gleichsam in Rechtsprechung und Schrifttum h.M., daß auch PRAP dem übergeordneten Terminus der versicherungstechnischen Rückstellungen zu subsumieren sind[96]. Zugleich bedeutet dies eine Gültigkeit der bereits in Kapitel 2.2.1.2 erörterten Ansatz- resp. Bewertungsvorschriften der §§ 56 Abs. 3 VAG, 20 Abs. 1 KStG sowie 103 Abs. 2 BewG auch für die Prämienüberträge.

4.2.1.2. Gegenüberstellung von Beitragsüberträgen und Drohverlustrückstellung

Wie aus Kapitel 4.2.1.1 hervorgeht, schlägt sich die bilanzielle Berücksichtigung des Versicherungsvertrags in seiner Eigenschaft als schwebendes Geschäft prinzipiell ausschließlich in der Position „Beitragsüberträge" nieder. Die Abbildung des am Bilanzstichtag noch schwebenden Teils jenes Dauerschuldverhältnisses erfolgt demnach mittels eines PRAP. Somit werden die bereits für die Zukunft vereinnahmten Gegenleistungsteile im abgelaufenen Geschäftsjahr erfolgsneutral erfaßt. Außer diesem bilanziellen Hinweis auf bevorstehende Leistungsverpflichtungen, die durch die Prämienvorauszahlung begründet sind, bleibt das dadurch bedingte, auf einen künftigen Zeitraum bezogene Verpflichtungsvolumen wegen der grundsätzlichen Annahme der Ausgeglichenheit schwebender Geschäfte[97] im Jahresabschluß unberücksichtigt. Nur falls die für kommende Geschäftsjahre erwarteten Leistungskonkretisierungen die bereits vereinnahmte, d.h. deterministische[98] Gegenleistung übersteigen, kann und muß dieser voraussichtliche Leistungsrückstand durch die negativ erfolgswirksame Zuführung zu einer Rückstellung für drohende Verluste berücksichtigt werden.

Im Rahmen der Ermittlung eines derartigen zu passivierenden Verpflichtungsüberschusses ist eine - von etwaigen nachträglichen Prämienanpassungen abgesehen - exakt feststehende, da bereits als Zahlung eingegangene zukünftige Gegen-

---

94 Vgl. Externe VUReV, a.a.O., S. 74.

95 Zur inhaltlichen Weiterfassung des Terminus *versicherungstechnische Rückstellungen* im Vergleich zum allgemeinen Rückstellungsbegriff vgl. auch Kapitel 2.2.1.2.

96 Vgl. u.a. RFH III A 189/29 vom 13.03.30, in: RStBl. 1930, S. 396, BFH I 124/65 vom 30.09.1970, in: BStBl. 1971 II, S. 66. Vgl. auch *Boetius*, Jan (Anmerkungen 1950 ff.), Anm. 59 ff. zu § 20 KStG.

97 Vgl. Kapitel 2.1.1.1.

98 Abgesehen sei hier von möglichen nachträglichen Prämienanpassungen. Vgl. hierzu Kapitel 3.2.3.

leistung[99] mit einer zum großen Teil zufallsabhängigen, für diesen Zeithorizont geschätzten Leistungsgröße zu saldieren. Somit unterscheiden sich die Beitragsüberträge u.a. durch ihre eindeutige Quantifizierbarkeit von der Drohverlustrückstellung, in deren Bemessung sie als stabilisierendes Element eingehen. Denn die übrigen Erfolgsgrößen, die bei der Ermittlung eines Verlustsaldos zu berücksichtigen sind, unterliegen im Rahmen ihrer Schätzung einem erheblich höheren Risiko[100]. Hierbei gilt es allerdings zu bedenken, daß die Beitragsüberträge nur unter der die realen Gegebenheiten vereinfachenden Annahme eines *zeitproportionalen* Prämienverzehrs resp. einer Berechnung dieses Bilanzpostens pro rata temporis als eindeutig bestimmbar angesehen werden können. Im Falle einer *leistungsbewirkungsproportionalen* Periodisierung der Prämieneinnahmen orientiert sich die Bemessung jenes PRAP an der konkreten Leistungserbringung des jeweiligen Versicherers. Diese Vorgehensweise entspricht zwar - infolge der Berücksichtigung beispielsweise saisonaler Schadenschwankungen - am ehesten den tatsächlichen Verhältnissen[101]; sie ist allerdings auch mit einem erhöhten Bewertungsaufwand und einer höheren Bewertungsunsicherheit verbunden.

Des weiteren unterscheiden sich die Prämienüberträge aufgrund ihrer Funktion, Einnahmen erfolgsneutral abzugrenzen bzw. zeitraumbezogene Erträge periodengerecht in die Zukunft zu verlagern, von der Verlustrückstellung; deren Aufgabe besteht hingegen in der Antizipation resp. der erfolgswirksamen Vorwegnahme für künftige Perioden erwarteter Aufwandsüberschüsse, d.h. einer Saldogröße aus mehreren verschiedenen Erfolgsbeiträgen. Die Erhöhung der Rückstellung für drohende Verluste erweist sich demnach bereits für das abgelaufene Geschäftsjahr als erfolgswirksam, obgleich sich hieraus erst in Zukunft zufallsabhängig eine Auszahlung in noch unbestimmter Höhe ergibt[102]. Umgekehrt geht im Rahmen der Zuführung zu den Beitragsüberträgen ein deterministischer Zahlungsvorgang voraus, dessen Erfolgswirksamkeit erst nach dem Bilanzstichtag durch die Auflösung dieses Passivpostens eintritt.

Allerdings besitzen die obigen allgemeinen Ausführungen zum Verhältnis zwischen Beitragsüberträgen und Drohverlustrückstellung keine Relevanz für die in praxi ebenfalls häufig vorkommenden Vertragsgestaltungen, aus denen keine Prämienüberträge resultieren. So sind keine Beitragsüberträge zu verbuchen, wenn Versicherungsperiode und Geschäftsjahr übereinstimmen oder bei kurzfristigen

---

99 Dies gilt freilich nicht für den zweiten Hauptteil der Gegenleistung, die künftigen Kapitalerträge, die ex ante einer größeren Unsicherheit unterliegen als die hier gemeinten Prämienerträge.

100 Vgl. hierzu die Kapitel 2.1.2.1 sowie 3.1.2.1.

101 Vgl. hierzu *Baur*, Wolfgang (Periodisierung 1984), S. 94 ff.

102 Ziel dieser Antizipation künftiger Verluste i.S.d. Imparitätsprinzips ist die verlustfreie Bewertung künftiger Perioden. Vgl. hierzu Kapitel 3.1.2.1.

Verträgen der erstgenannte Zeitraum innerhalb des letztgenannten liegt[103]. Denn in beiden Fällen beziehen sich die vereinnahmten Prämien in vollem Umfang auf die betreffende Rechnungsperiode, weshalb kein Abgrenzungsbedarf besteht. Ebenso ist es im gerade erwähnten Fall eines kurzfristigen Versicherungsvertrags, der spätestens am Bilanzstichtag endgültig abgelaufen ist, weder erforderlich noch zulässig, eine Rückstellung für drohende Verluste zu bilden, da das Dauerschuldverhältnis beendet ist, d.h. keinen schwebenden Teil mehr aufweist. Allenfalls eine Rückstellung für Erfüllungsrückstände, d.h. im gegebenen branchenspezifischen Fall die sog. *Rückstellung für noch nicht abgewickelte Versicherungsfälle*, erweist sich aufgrund ihres Vergangenheitsbezugs hier u.U. als erforderlich[104]. Im erstgenannten Fall einer exakten Übereinstimmung von Versicherungsperiode und Geschäftsjahr sind zwar ebenso keine Prämienüberträge mehr zu verbuchen; doch kann - sofern der betreffende Vertrag nicht zum Bilanzstichtag durch Ablauf oder Kündigung endet[105] - durchaus das Erfordernis einer Verlustrückstellung bestehen. Hierbei entstünde die zusätzliche Schwierigkeit, daß nicht nur die künftige Leistung, sondern zudem die erwartete Gegenleistung in Form der künftigen Prämienerträge zu schätzen wäre. Dieses Problem existiert allerdings auch bei zahlreichen Versicherungsverträgen, die eine Zuführung zu den Beitragsüberträgen hervorrufen: Sofern die voraussichtliche durchschnittliche Restvertragslaufzeit[106] über den künftigen Zeitraum hinausgeht, für den bereits vor dem Bilanzstichtag die Prämie vereinnahmt wurde, besteht die für die Bestimmung einer Drohverlustrückstellung zu ermittelnde Gegenleistungsgröße aus zwei Teilen: zum einen aus einem *deterministischen* Teil, der den Beitragsüberträgen entspricht und zum anderen aus jenen Prämienerträgen, die über den Zeitraum hinausgehen, der durch diesen PRAP abzudecken ist. Auch jene noch nicht zugeflossenen, *zu schätzenden* Beiträge sind in die Ermittlung eines Verpflichtungsüberschusses einzubeziehen. Denn es ist, wie erörtert, bei der Berechnung eines drohenden Verpflichtungsüberschusses von den Erfolgsbeiträgen der *gesamten Restlaufzeit* eines Versicherungsvertrags bzw. eines Kollektivs von derartigen Dauerschuldverhältnissen auszugehen[107]. Folglich genügt es nicht, die Ermittlung der Gegenleistung auf den Zeitraum zu beschränken, der den Prämienüberträgen entspricht. Statt dessen ist es erforderlich - analog zur Bestimmung der Leistungsgrößen - auch hinsichtlich der Gegenleistungsteile den Zeitraum vom jeweils aktuellen Bilanzstichtag bis zum voraussichtlichen Vertragsende zugrundezulegen. Es ist dabei stets von *Durch-*

---

103 Auch im Falle der Vereinbarung *echter Monatsprämien* - wie sie in der Krankenversicherung üblich sind - *entfällt* die Position *Beitragsüberträge*. Vgl. *Farny*, Dieter (Periodenrechnung 1989), S. 130.

104 Vgl. hierzu Kapitel 4.2.2. Vgl. auch Kapitel 2.1.1.3.

105 Vgl. hierzu Kapitel 2.1.2.2.

106 Zur Relevanz dieses Zukunftszeitraums für die Bewertung einer Drohverlustrückstellung aus Versicherungsgeschäften vgl. Kapitel 3.1.3.2.

107 Vgl. die Ausführungen der Kapitel 3.1.2.1 sowie 3.1.3.2.

schnittswerten auszugehen, die sich aus den einzelnen bewertungsrelevanten Kollektiven ergeben.

Die Ausführungen dieses Kapitels sollten verdeutlicht haben, daß sich zwischen *Beitragsüberträgen* und *Drohverlustrückstellungen* keine funktionalen Überschneidungen ergeben. Auch kann die Verlustrückstellung - infolge ihres im Vergleich zu den Prämienüberträgen unterschiedlichen Zukunftsbezugs - nicht als „bloßer Korrekturposten" zu diesem PRAP angesehen werden[108].

4.2.2. Abgrenzung von der Rückstellung für noch nicht abgewickelte Versicherungsfälle

4.2.2.1. Charakterisierung der Schadenrückstellung als Bilanzposition

Nach Maßgabe des BAV ist die *Rückstellung für noch nicht abgewickelte Versicherungsfälle* (kurz: „Schadenrückstellung" bzw. „-reserve") „... für die nach dem Bilanzstichtag voraussichtlich entstehenden Aufwendungen zur Regulierung der bis zum Bilanzstichtag eingetretenen oder verursachten, aber bis zu diesem Zeitpunkt noch nicht abgewickelten Versicherungsfälle zu bilden"[109]. Da die Verursachung eines Versicherungsfalls zugleich die Verursachung der hiermit verbundenen Leistungskonkretisierungen bedeutet, sind die entsprechenden Schadenzahlungen verursachungsgerecht dem betreffenden Geschäftsjahr als Aufwand, d.h. negativ erfolgswirksam zuzuordnen. Sofern jene Schadenaufwendungen erst nach dem jeweiligen Bilanzstichtag zu Auszahlungen führen, sind diese Beträge im Sinne einer periodengerechten Erfolgsermittlung als Schadenaufwand der Rückstellung für noch nicht abgewickelte Versicherungsfälle zum Ende der abgelaufenen Geschäftsperiode zuzuführen. Aufgrund ihrer Bezugnahme ausschließlich auf Versicherungsfälle, die zumindest bereits verursacht oder sogar eingetreten sind, erweist sich die *Schadenrückstellung* als eine Bilanzposition mit *Vergangenheitsbezug*, d.h. als eine *Rückstellung für Erfüllungsrückstände*[110]. Schließlich wurde die Gegenleistung in Form der Prämie für jene abgelaufenen Jahre zu Beginn der jeweiligen Versicherungsperiode vollständig im voraus durch die Versicherungsnehmer erbracht. Demhingegen wurden die jenem Zeitraum zuzuordnenden Leistungskonkretisierungen damals noch nicht (vollständig) in konkrete Entschädigungszahlungen umgesetzt. Folglich besteht seitens des Versicherungsunternehmens ein *Erfüllungsrückstand.*

---

108 Vgl. *Karten*, Walter (Drohverlustrückstellung 1973), S. 1426.

109 Nr. I P 3.3.1 Abs. 1 VUBR.

110 Vgl. auch Kapitel 2.1.1.3.

Die oben in allgemeiner Form charakterisierte Brutto-Schadenrückstellung für das selbst abgeschlossene Versicherungsgeschäft setzt sich den realen Gegebenheiten entsprechend aus verschiedenen **Teilpositionen** zusammen[111]: Erste Unterart ist die Rückstellung für *Versicherungsfälle, die zwar verursacht, eingetreten und bis zum Bilanzstichtag bereits gemeldet* (sog. Geschäftsjahresschäden, ohne Renten-Versicherungsfälle), d.h. dem Versicherer bekannt, aber noch nicht abgewickelt sind. Vom gerade bei bekannten Versicherungsfällen anwendbaren *Grundsatz der Einzelbewertung* darf im Falle hiermit verbundener Unwirtschaftlichkeiten, d.h. bei einer großen Zahl gleichartiger Schadenfälle zugunsten einer Gruppenbewertung abgewichen werden. Ähnliches gilt, sofern aufgrund der Besonderheiten des Versicherungsgeschäfts - wie z.B. in der Transportversicherung - eine Einzelbewertung unmöglich erscheint, wobei an deren Stelle eine Pauschalbewertung durchzuführen ist[112]. Eine zweite Teilrückstellung ist für die bis zum Bilanzstichtag *eingetretenen und gemeldeten Renten-Versicherungsfälle* zu bilden. Dieser sog. *Renten-Dekkungsrückstellung* sind die Barwerte künftiger Rentenverpflichtungen unter Zugrundelegung einer strengen Einzelbewertung zuzuführen[113]. Eine dritte Teil-Schadenrückstellung umfaßt im abzuschließenden Rechnungsjahr *verursachte*, jedoch bis zum Bilanzstichtag dem Versicherungsunternehmen *nicht gemeldete* und folglich auch noch nicht regulierte *Versicherungsfälle* (sog. Spätschäden). Die *Rückstellung für Spätschäden* resp. IBNR-Reserve läßt sich weiter untergliedern in eine sog. *Nachmeldungsrückstellung* bzw. Spätschadenrückstellung im *weiteren* Sinne, die Versicherungsfälle beinhaltet, die zum Abschlußstichtag verursacht *und* eingetreten sind, während in eine Spätschadenrückstellung im *engeren* Sinne Schäden eingehen, die am Stichtag zwar verursacht, aber noch nicht eingetreten sind[114]. Wird aus einem bislang unbekannten im Zeitverlauf ein bekannter Versicherungsfall, so ist er dennoch weiterhin in der Teilrückstellung für Spätschäden zu belassen[115]. Für jene bekanntgewordenen Spätschäden gilt - ebenso wie für Geschäftsjahresschäden - der Grundsatz der Einzelbewertung, wohingegen auf unbekannte Spätschäden die Verfahren der Gruppen- oder der Pauschalbewertung Anwendung finden[116], da sich hier eine Einzelbewertung als nicht möglich erweist. Schließlich ist viertens eine *Rückstellung für Schadenregulierungsaufwendungen* für noch nicht abgewickelte Versicherungsfälle im Rahmen der Gesamt-Schadenrückstellung zu bilden.

---

111 Vgl. hierzu Nr. I P 3.3.1 Abs. 2 VUBR.

112 Vgl. Nr. I P 3.3.1 Abs. 3 VUBR.

113 Vgl. Nr. I P 3.3.1 Abs. 4 VUBR.

114 Verursachte, aber noch nicht eingetretene Versicherungsfälle spielen z.B. in der Architekten-Haftpflichtversicherung eine Rolle. So kann die *Verursachung* eines Schadens dort bereits bei der Konstruktion eines Bauwerkes in Gestalt eines Konstruktionsfehlers vorliegen, obgleich der *Eintritt* des Versicherungsfalls erst nach Beginn oder u.U. erst nach Vollendung des Baus liegt. Vgl. auch *Donandt*, Klaus; *Richter*, Horst (Posten 1989), S. 171.

115 Vgl. Nr. I P 3.3.1 Abs. 5 VUBR.

116 Vgl. *Donandt*, Klaus; *Richter*, Horst (Posten 1989), S. 172.

Die Bezugnahme sämtlicher beschriebener Teil-Schadenrückstellungen auf die Situation am jeweiligen Abschlußstichtag impliziert zugleich eine Berücksichtigung bis zum Zeitpunkt der Bilanzerstellung auftretender wertaufhellender Ereignisse[117]. Wird im Extremfall ein Schaden innerhalb dieses Zeitraums vollständig reguliert, so verliert der im vergangenen Geschäftsjahr verursachungsgerecht zu antizipierende Aufwand seinen Ungewißheitscharakter (dem Grunde und) der Höhe nach, weshalb dieser Teil der Schadenrückstellung eher als *(echte) Verbindlichkeit* anzusehen ist. Auch in diesem Beispielfall liegt ein passivierungspflichtiger Erfüllungsrückstand vor, wenngleich neben der stets deterministischen Gegenleistung die Leistungskonkretisierung hier ebenso exakt feststeht und damit der Erfüllungsrückstand nicht geschätzt werden muß. Folglich besitzt die bilanzielle Berücksichtigung eines Erfüllungsrückstands seitens des zur Leistung verpflichteten Unternehmens auch im Fall des Versicherungsvertrags nicht immer den Charakter einer Verbindlichkeitsrückstellung im engeren Sinne, sondern nur, sofern jener Betrag (dem Grunde und) der Höhe nach ungewiß ist.

4.2.2.2. Gegenüberstellung von Schaden- und Drohverlustrückstellung

Sowohl die Rückstellung für noch nicht abgewickelte Versicherungsfälle als auch die für drohende Verluste aus schwebenden Geschäften bilden gegenüber Dritten bestehende rechtliche Leistungsverpflichtungen ab. Deshalb handelt es sich in beiden Fällen - zumindest im *weiteren* Sinne - um Schuld- resp. Verbindlichkeitsrückstellungen[118]. Trotz dieser Gemeinsamkeit erweisen sich jene Rückstellungsarten als eindeutig voneinander unterscheidbar, sofern man den ihnen jeweils zugrundeliegenden Betrachtungszeitraum als Differenzierungskriterium heranzieht. So ist die *Schadenrückstellung* aufgrund ihres in Kapitel 4.2.2.1 festgestellten *Vergangenheitsbezugs* den Verbindlichkeitsrückstellungen im *engeren* Sinne zuzuordnen. Ihre Funktion besteht in der sachgerechten Zuordnung bereits vor dem Bilanzstichtag verursachter und z.T. eingetretener (Schaden-) Aufwendungen zu den für diese vergangene Periode bereits positiv erfolgswirksam verbuchten Prämienerträgen. Folglich resultiert die *Schadenrückstellung* als Verbindlichkeitsrückstellung im engeren Sinne aus dem *Realisationsprinzip*[119], wohingegen die *Drohverlustrückstellung* als Ausfluß des *Imparitätsprinzips*[120] anzusehen ist. Der mit der Antizipation künftiger Aufwandsüberschüsse verbundene *Zukunftsbezug* der Verlustrückstellung läßt - beabsichtigt man aufgrund des gemeinsamen Kriteriums der gegenüber Dritten bestehenden Verpflichtung eine Zuord-

---

117 Vgl. auch Kapitel 3.1.3.1.

118 Abgesehen sei hier vom in Kapitel 4.2.2.1 beschriebenen Fall eines Erfüllungsrückstandes, der bis zur Aufstellung des Jahresabschlusses beglichen ist.

119 Vgl. Kapitel 2.1.1.3 mit weiteren Nachweisen.

120 Vgl. Kapitel 3.1.2.1.

nung zu den Schuldrückstellungen - allenfalls eine Bezeichnung als Rückstellung für ungewisse Verbindlichkeiten im *weiteren* Sinne zu[121].

Es erscheint in diesem Zusammenhang bemerkenswert, daß es sich bei den hier verglichenen Passivposten in beiden Fällen um Rückstellungen im allgemeinen handelsrechtlichen, d.h. branchenübergreifenden Sinne des § 249 Abs. 1 S. 1 HGB handelt. Während die Drohverlustrückstellung dort explizit erwähnt wird, ist die Pflicht zur Bildung einer Schadenrückstellung aus dem kodifizierten Gebot des Ansatzes von Rückstellungen für ungewisse Verbindlichkeiten abzuleiten, da die Schadenreserve - wie erörtert - jenem Oberbegriff zu subsumieren ist[122]. Obgleich demnach auch die Schadenrückstellung sämtliche wirtschaftszweigunabhängigen Rückstellungskriterien aufweist und folglich ihre Bilanzierungspflicht - jedenfalls dem *Grunde* nach[123] - bereits auf die allgemeine Norm des § 249 HGB stützbar ist, wird sie analog zum Fall der Rückstellung für drohende Verluste als *versicherungstechnische Rückstellung* eingestuft. Somit gelten die in Kapitel 2.2.1.2 behandelten, wirtschaftszweigspezifischen Ansatz- bzw. Bewertungsvorschriften der §§ 56 Abs. 3 VAG, 20 Abs. 1 KStG sowie 103 Abs. 2 BewG auch in bezug auf die Rückstellung für noch nicht abgewickelte Versicherungsfälle in ihrer Eigenschaft als versicherungstechnisches Fremdkapital[124].

Der oben konstatierte *Vergangenheitsbezug* der Schadenrückstellung - im Gegensatz zum *Zukunftsbezug* der Drohverlustrückstellung - repräsentiert ein eindeutiges Unterscheidungskriterium dieser Bilanzpositionen. Beide Passivposten können als bilanzielles Ergebnis der *Aufteilung des Dauerschuldverhältnisses Versicherungsvertrag* in einen *abgewickelten* und einen *noch schwebenden* Teil angesehen werden. Hierbei verkörpert die Schadenreserve als *Rückstellung für Erfüllungsrückstände* eine zum Bilanzstichtag noch bestehende, vor diesem Datum verursachte Verpflichtung[125]. Demhingegen werden im Rahmen der *Rückstellung für drohende Verluste* Verpflichtungsüberschüsse antizipiert, die aus dem *noch schwebenden*, d.h. *mit dem Stichtag beginnenden* Zeitraum zu erwarten sind. Durch diese klare Trennung in *vor* resp. *nach* dem Abschlußstichtag liegende Rückstellungstatbestände wird eine im Falle unklarer Abgrenzungskriterien denkbare Doppelerfassung von Verpflichtungen im Jahresabschluß vermieden. Auch eine Nichterfassung einzelner, dem zukünftigen oder vergangenen Verursachungszeitraum eindeutig zuordenbarer Verpflichtungssachverhalte kann unter diesen Umständen nicht mit einer bereits vorgenommenen Berücksichtigung im Rahmen des jeweils anderen

---

121 Vgl. Kapitel 2.1.1.3.

122 Vgl. auch *Donandt*, Klaus; *Richter*, Horst (Posten 1989), S. 164.

123 Der *Höhe* nach könnte die Berufung auf § 56 Abs. 3 VAG durchaus einen „noch vorsichtigeren" Wertansatz begründen als § 249 Abs. 1 S. 1 HGB. Vgl. hierzu die Kapitel 2.2.1.2 sowie 3.1.2.1 mit weiteren Nachweisen.

124 Vgl. u.a. *Boetius*, Jan (Anmerkungen 1950 ff.), Anm. 106 ff. zu § 20 KStG sowie *Donandt*, Klaus; *Richter*, Horst (Posten 1989), S. 164 ff.

125 Vgl. auch *Molnar*, Hans (Schadenrückstellungen 1986), S. 83.

Passivpostens gerechtfertigt werden. Aus diesen Gründen erweist sich in Versicherungsbilanzen die Bildung sowohl der Schaden- als auch der Verlustrückstellung *nebeneinander* nicht nur als berechtigt; sie ist im Sinne eines *vollständigen Schuldausweises*[126] und damit der Vermittlung eines den tatsächlichen Verhältnissen entsprechenden Bildes der Unternehmenslage[127] sogar zwingend geboten.

Die soeben festgestellte, dem Grunde nach existierende Verschiedenheit bzw. Unabhängigkeit beider Bilanzpositionen voneinander impliziert zugleich, daß im Hinblick auf den Ansatz der Höhe nach ebenfalls *keine direkten* ein- oder wechselseitigen Abhängigkeiten bestehen. So könnte es sich allenfalls als sinnvoll erweisen, im Zusammenhang mit der früheren Schätzung sowie der späteren Abwicklung der Schadenreserve gesammelte Erfahrungen in die Ermittlung der Rückstellung für drohende Verluste einzubringen, wodurch deren Höhe folglich *mittelbar* beeinflußt würde. Hierbei erwiese es sich als empfehlenswert, insbesondere die im Rahmen der Bemessung der Spätschadenrückstellung vorliegenden Erfahrungswerte zu berücksichtigen. Denn im Regelfall noch *unbekannter* Spätschäden sind die Einzeltatbestände resp. die sich aus jenen ergebende Schadenzahl zwecks Bewertung dieser Teil-Schadenrückstellung - ebenso wie bei der zukunftsbezogenen Drohverlustrückstellung - nicht exakt determinierbar, sondern müssen geschätzt werden. Obzwar (unbekannte) Spätschäden analog zu Geschäftsjahresschäden bereits in der Vergangenheit verursacht wurden, ist ihre Existenz dem Grunde nach einer ähnlich hohen Unsicherheit unterworfen wie die Existenz für die Zukunft erwarteter Verpflichtungsüberschüsse. Die Ungewißheit ihrer tatsächlich stattgefundenen Verursachung stellt ein wesentliches Unterscheidungskriterium der Spät- von den Geschäftsjahresschäden dar. Letztere Schäden - ebenso wie die nach dem Abschlußstichtag, aber noch vor dem Datum der Bilanzaufstellung bekanntgewordenen Spätschäden - wurden dem Versicherungsunternehmen gemeldet und stellen folglich ihrer Anzahl nach eine deterministische Größe dar. Deshalb haftet der Ermittlung derjenigen Teile der Gesamt-Schadenrückstellung, die sich auf Geschäftsjahresschäden beziehen, stets geringere Unsicherheit an als der Berechnung einer Verlustrückstellung. Schließlich repräsentiert im Rahmen der Berechnung einer Rückstellung für drohende Verluste nicht nur - ebenso wie bei allen Unterarten der Schadenreserve[128] - die jeweilige Schadenhöhe eine ungewisse und damit zu schätzende Größe. Als *zusätzlicher Schwierigkeitsfaktor* im Vergleich zum Geschäftsjahresschäden betreffenden Teil der Schadenrückstellung erweist sich vielmehr die unbekannte Zahl berücksichtigungspflichtiger Sachverhalte, die demzufolge auch der Schätzung unterliegt. Zudem impliziert die Drohverlustrückstellung bereits deshalb größere Bewertungsunsicherheiten als sämtliche Teilpositionen der

---

126 Siehe auch Kapitel 2.2.1.1.

127 Vgl. § 264 Abs. 2 S. 1 HGB.

128 Lediglich im speziellen Fall eines bis zum Zeitpunkt der Bilanzerstellung vollständig regulierten Geschäftsjahresschadens des Vorjahres verliert dieser Teil der Schadenrückstellung seinen Ungewißheitscharakter der Höhe nach. Vgl. die Ausführungen am Ende des Kapitels 4.2.2.1.

Schadenreserve, da aufgrund ihres Zukunftsbezugs die vergleichsweise später verursachten Verpflichtungsüberschüsse im Durchschnitt auch erst zeitlich nach den in der Schadenrückstellung erfaßten Fällen (aus-)zahlungswirksam werden. Letztlich ist eine Prognose mit umso größerer Unsicherheit behaftet, je weiter sie in die Zukunft gerichtet ist[129], was nicht nur für die Schätzung künftiger Zahlungen, sondern ebenso für die im Vorfeld praktizierte negativ erfolgswirksame Rückstellungszuführung gilt.

Die Erfolgswirksamkeit sowohl einer Erhöhung der Verlust- als auch der Schadenrückstellung in dem zum jeweiligen Bilanzstichtag abgelaufenen Geschäftsjahr sowie die erst nach diesem Tag mit einer gewissen Wahrscheinlichkeit Platz greifende (Aus-)Zahlungswirksamkeit sind beiden Passivposten gemein. Dennoch gilt es zu bedenken, daß im Rahmen der Schadenreserve lediglich Schaden- bzw. Schadenregulierungsaufwendungen abgebildet werden. Demhingegen gehen im Unterschied hierzu bei der Ermittlung der Drohverlustrückstellung entsprechend dem erörterten Leistungsbegriff in Versicherungsunternehmen zusätzlich Betriebsaufwendungen unterschiedlicher Art als negative Erfolgsgrößen ein. Außerdem sind bei der Berechnung der Rückstellung für drohende Verluste - im Gegensatz zur Schadenrückstellung - nicht nur die Aufwandsgrößen in voller Höhe zu berücksichtigen. Diese sind vielmehr mit den voraussichtlichen Erträgen aus dem technischen und dem nicht-technischen Geschäft - d.h. insbesondere mit den Prämien- und den Kapitalerträgen - zu saldieren[130]. Es gelangt demnach nicht die vollständige künftige Verpflichtung, sondern nur der zu erwartende Verpflichtungsüberschuß der Leistungsgrößen (Aufwendungen) über die Gegenleistungsgrößen (Erträge) im Rahmen einer Drohverlustrückstellung zum Ansatz. Der sich ergebende wahrscheinliche Leistungsrückstand wirft infolge der Einbeziehung *zweier* Hauptaufwands- und *zweier* Hauptertragspositionen naturgemäß umfassendere Ermittlungsprobleme auf als die Schätzung eines Erfüllungsrückstands in Gestalt *nur einer* bedeutsamen Aufwandsgröße. Auch deshalb erweist sich die Bewertung der zukünftige Leistungsrückstände beinhaltenden Verlustrückstellung als im Vergleich zur Erfüllungsrückstände erfassenden Schadenrückstellung komplizierter. Dennoch wird vom Verfasser nicht verkannt, daß die sich in der Schadenreserve niederschlagende Aufwandsposition aufgrund ihrer Zufallsabhängigkeit gleichsam in der Drohverlustrückstellung die bedeutsamsten Bewertungsschwierigkeiten verursacht[131]. Demhingegen implizieren die bei letzterer Position zusätzlich zu berücksichtigenden Betriebskosten - abgesehen von den schadenabhängigen -

129 Vgl. hierzu auch die Kapitel 3.1.2.1 sowie 3.1.2.3.

130 Zu den im einzelnen bei der Bemessung einer Drohverlustrückstellung aus Versicherungsverträgen berücksichtigungspflichtigen Aufwands- und Ertragspositionen vgl. die Kapitel 2.1.2.1, 3.1.1.2, 3.1.2.2 sowie 3.2.2.

131 Vgl. auch die Kapitel 2.1.2.1 sowie 2.3.1.

ebenso wie die künftigen Prämienerträge keine Schätzprobleme in diesem Umfang[132].

Zusammenfassend kann festgehalten werden, daß zwischen *Schaden-* und *Drohverlustrückstellung* keine funktionalen Überschneidungen bestehen. Beide Bilanzpositionen sind klar voneinander trennbar.

4.2.3. Abgrenzung von Deckungs- und Alterungsrückstellung

4.2.3.1. Charakterisierung der Deckungsrückstellung als Bilanzposition

Die sog. *Deckungsrückstellung*[133] repräsentiert vor allem in den Sparten *Lebens-* und *Kranken*versicherung einen quantitativ bedeutsamen Passivposten. In der **Lebens**versicherung wird diese Position - abhängig von der Art des zugrundeliegenden Versicherungsvertrags - nach unterschiedlichen Verfahren gebildet. Allen Vertragsformen gemeinsam ist die Idee, über die gesamte Vertragslaufzeit hinweg eine aus geschäftspolitischen Gründen gleichbleibende Prämie zu erheben, obwohl mit zunehmendem Lebensalter das Todesfallrisiko des Versicherungsnehmers steigt. Die Deckungsrückstellung dient in diesem Kontext dazu, in den Anfangsjahren diejenigen Prämienteile aufzunehmen, die aufgrund der anfänglich im Vergleich zur konstanten Durchschnittsprämie niedrigeren Sterblichkeit des Kunden „zu viel" erhoben wurden[134]. Das so in den ersten Vertragsjahren angesammelte Deckungskapital wird in späteren Perioden aufgelöst, um eine Erhöhung des Risikobeitrags zu bewirken, der sich nun wegen der - trotz gestiegenen Todesfall- bzw. Mortalitätsrisikos - gleichbleibenden Prämienerhebung als „zu niedrig" erweist. Somit kommt der Deckungsrückstellung diesbezüglich die Funktion der Rechnungsabgrenzung zu[135], da sie die Zurückbehaltung zu hoch erhobener (Prämien-) Einnahmen bewirkt. Die betreffenden Prämienteile verbleiben - bedingt durch die Rückstellungszuführung - im Unternehmen, um in künftigen Geschäftsjahren die dann - gemessen am Lebensalter - zu niedrig erhobenen Risikoprämien zu erhöhen. Diese Funktion der Rechnungsabgrenzung kommt der Deckungsrückstellung in sämtlichen Versicherungsarten der Lebensversicherung zu, so auch bei der kurzfristigen Todesfallversicherung. Dort dient die Prämie - abgesehen vom Betriebskostenzuschlag - der reinen Risikodeckung, da die Leistungskonkretisierung

---

132 Vgl. Kapitel 3.1.2.1.

133 Synonym finden auch die Bezeichnungen *Deckungsrücklage*, *Deckungskapital* sowie *Prämienreserve* Verwendung. Vgl. *Boetius*, Jan (Anmerkungen 1950 ff.), Anm. 41 zu § 20 KStG sowie *Farny*, Dieter (Periodenrechnung 1989), S. 131.

134 Zur bilanziellen Behandlung der speziellen Fälle *Einmalbeitragszahlung* und der *abgekürzten Beitragszahlung* siehe *Eisold*, Uwe; *Jäger*, Otto (Posten 1989), S. 74.

135 Vgl. auch *Farny*, Dieter (Periodenrechnung 1989), S. 131.

nur beim Tod der versicherten Person innerhalb der Vertragslaufzeit eintritt. Dem für solche Risikolebensversicherungen gebildeten Deckungskapital ist die Aufgabe zuzusprechen, ausschließlich als Form der Rechnungsabgrenzung die Anpassung konstant erhobener (Risiko-)Prämien an die altersbedingt steigenden Sterbewahrscheinlichkeiten zu gewährleisten.

Die Deckungsrückstellung ist bei der Vertragsform der (kurzfristigen) Todesfallversicherung von relativ geringer Höhe und erweist sich zum Zeitpunkt des Vertragsablaufs als vollständig aufgezehrt. Anders ist die Situation im Falle der kapitalbildenden Lebensversicherung. Das Deckungskapital ist dort regelmäßig höher als bei der reinen Todesfallversicherung, weil es eine zusätzliche Funktion erfüllt: Neben der bereits erörterten Rechnungsabgrenzung dient die Deckungsrückstellung auch der Abbildung und Abwicklung von Spar- bzw. Entsparprozessen[136], da die erhobene Prämie keine reine Risikoprämie darstellt, sondern neben dem Risikobeitrag (und dem Betriebskostenanteil) auch einen *Sparbeitrag* enthält. So sind außer dem zu viel erhobenen Risikoprämienanteil zusätzlich die eingezahlten und verzinsten Sparprämienanteile als Guthaben der Versicherungsnehmer in der Deckungsrückstellung enthalten. Bei einer gemischten Lebensversicherung wird die Versicherungssumme - entweder im Todesfall innerhalb des Vertragszeitraums oder im Erlebensfall bei Vertragsablauf - mit Gewißheit einmal fällig. Deshalb darf das Deckungskapital im Falle dieser Vertragsform bei Ablauf nicht aufgezehrt sein; es wächst vielmehr kontinuierlich bis zur Versicherungssumme an, so daß bei Rückkauf der Versicherungsnehmer eine vorzeitige Auszahlung des bis zu diesem Zeitpunkt angesammelten (positiven) Deckungskapitals erhält[137].

Wegen ihrer Eigenschaften wird die Deckungsrückstellung im Schrifttum „... als Differenz zwischen dem ... Barwert der versicherten Leistung und dem Barwert der im gleichen Zeitpunkt noch nicht verdienten Jahresbeiträge ohne Verwaltungskostenzuschläge"[138] definiert[139]. Die im Deckungskapital angesammelten Prämienteile werden alljährlich durch den Rechnungszins in Höhe von 3,5 %[140] aufgezinst.

Die bisherigen Ausführungen dieses Kapitels bezogen sich auf die Bildung einer sog. *ungezillmerten* Deckungsrückstellung. Zusätzlich zu beachten ist allerdings eine besondere Form der Berücksichtigung eines Teils der Abschlußkosten. Diese Kosten entstehen dem Lebensversicherungsunternehmen in der Regel zu Vertragsbeginn, während sie erst im Laufe der ersten Beitragszahlungen[141] durch die

---

136 Vgl. *Farny*, Dieter (Periodenrechnung 1989), S. 131.

137 Vgl. *Eisold*, Uwe; *Jäger*, Otto (Posten 1989), S. 73 f.

138 *Ebenda*, S. 74.

139 Im Sinne dieser Definition äußert sich - mit einer ähnlich lautenden Formulierung - auch *Farny*. Vgl. *Farny*, Dieter (Periodenrechnung 1989), S. 131.

140 Bei älteren Tarifen beträgt der Rechnungszins im Regelfall 3 %.

141 Rein kalkulatorisch betrachtet erfolgt die Deckung der Abschlußkosten allerdings nicht allein durch die ersten Beiträge, sondern durch die Erhebung eines gleichbleibenden Abschlußkosten-Zuschlags im Rahmen der Prämie.

(Gegen-)Leistung des Versicherungsnehmers gedeckt werden. Deshalb wird der einzelne Vertrag zu Versicherungsbeginn mit einem im Geschäftsplan festgelegten Teil der Abschlußprovision belastet, um den die ungezillmerte Deckungsrückstellung reduziert wird[142]. Der Differenzbetrag stellt die sog. *gezillmerte* Deckungsrückstellung dar. Bei Kapitalversicherungen beträgt die Höhe der so vorzunehmenden Belastung einzelner Verträge maximal 3,5 % der Versicherungssumme. Durch den Abzug jenes Teils der Abschlußkosten zu Versicherungsbeginn wird die *gezillmerte* Deckungsrückstellung - aufgrund des Anfangsbestands der ungezillmerten Position von Null - zwangsläufig *negativ*. Sie wird allerdings *nicht* als „negative Rückstellung" ausgewiesen, d.h. sie wird nicht mit positiven Deckungsrückstellungen saldiert, sondern mit einem Wert von Null passiviert; statt dessen wird der negative Betrag unter den „Forderungen aus dem selbst abgeschlossenen Versicherungsgeschäft an Versicherungsnehmer" aktivisch ausgewiesen. Der anfängliche Abzugsbetrag verringert sich allerdings mit zunehmender Vertragslaufzeit um die im Rahmen der Prämien zufließenden Abschlußkosten-Zuschläge unter Einbeziehung der Verzinsung. Folglich stimmen gezillmerte und ungezillmerte Deckungsrückstellung erst nach der letzten Beitragszahlung überein. Zuvor ist das ungezillmerte Deckungskapital stets *höher* als das gezillmerte. Somit entspricht der jeweilige „... Zillmerabzug dem ... Barwert der künftigen Abschlußkosten-Zuschläge"[143].

Wegen der zusätzlichen Berücksichtigung der in der Lebensversicherungssparte relativ hohen Abschlußprovisionen erscheint die *gezillmerte* Deckungsrückstellung *besser* geeignet, den *Wert* eines Versicherungsvertrags zu repräsentieren, als die ungezillmerte dies vermag. So wird der Bemessung des Rückkaufswertes oder der Ermittlung der beitragsfreien Versicherungssumme das gezillmerte Deckungskapital zugrundegelegt. Folglich kann es erst dann zur Auszahlung eines Rückkaufswertes kommen, wenn die gezillmerte Deckungsrückstellung einen positiven Wert angenommen hat. Die bereits vereinnahmten Beiträge mußten also ausreichen, die zuvor aktivierte Forderung gegenüber dem Versicherungsnehmer mehr als zu kompensieren, um eine Rückzahlung zu ermöglichen, womit ein durch den Rückkauf bedingter Verlust für das Versicherungsunternehmen ausgeschlossen wird. Auch infolge der zu Vertragsbeginn in voller Höhe an den Vermittler gezahlten Abschlußprovision kommt es bei einer frühzeitigen Vertragsauflösung zu keinem Verlust, sofern die Provisionszahlung unter dem Vorbehalt der Einlösung des Vertrags und der Nicht-Kündigung direkt nach Abschluß erfolgte[144].

---

142 Vgl. hierzu und zu den nachfolgenden Ausführungen *Eisold*, Uwe; *Jäger*, Otto (Posten 1989), S. 76 f.

143 *Ebenda*, S. 77.

144 Zu den sonstigen Gründen, die *gegen* das Drohen von Verlusten aus dem Geschäft deutscher Lebensversicherungsunternehmen sprechen, vgl. die Ausführungen zum versicherungstechnischen Risiko in Kapitel 2.3.1.

Wie oben bereits angedeutet, ist die Deckungsrückstellung auch in der privaten **Kranken**versicherung von besonderer Bedeutung. Dies liegt in der Analogie begründet, die zwischen der dortigen Prämienkalkulation und der Beitragsbemessung in der *Lebens*versicherung besteht. So soll auch hier die Versicherungsprämie - trotz des mit zunehmender Lebensdauer steigenden Krankheitsrisikos - über die gesamte Versicherungsdauer hinweg konstant bleiben[145][146]. Auch hier wird eine Deckungsrückstellung gebildet, die eine Abgrenzungsfunktion der gleichbleibenden Beiträge gegenüber dem ansteigenden Morbiditätsrisiko erfüllt. Diese sog. *Alterungsrückstellung* dient folglich der Ansammlung anfangs im Vergleich zum Krankheitsrisiko überhöhter Prämienteile, die dort verzinst und künftig zwecks Erhöhung der nicht mehr ausreichenden (Risiko-)Prämien wieder aufgelöst werden[147]. Wenn eine Alterungsrückstellung gebildet wird, sind Beitragsanhebungen oder Leistungssenkungen, die mit dem Älterwerden des Versicherungsnehmers begründet werden, vertraglich ausgeschlossen. Eine solche Regelung im Rahmen der AVB bezieht sich allerdings exklusive auf das Alterungsrisiko[148], weshalb Prämienerhöhungen aus anderen, alters**un**abhängigen Gründen - wie beispielsweise Kostensteigerungen im Gesundheitswesen - trotz vorhandener Alterungsrückstellung zulässig sind[149].

Anders als in der Lebensversicherung kommt es in der Krankenversicherung im Falle einer vorzeitigen Vertragsbeendigung nicht zur Auszahlung eines Rückkaufswertes, da in der Krankenversicherung das Risiko des vorzeitigen Vertragsabgangs bereits rechnungsmäßig berücksichtigt wird[150]. So schlägt sich die Einbeziehung von Stornowahrscheinlichkeiten ermäßigend auf die kalkulierten Beiträge nieder. Wird der Ansatz jener Abgangswahrscheinlichkeiten im Rahmen der Kalkulation zu hoch gewählt, so führt dies zu nicht ausreichenden Beiträgen. Da in dieser Situation die Zuführungen zur Alterungsrückstellung nicht mehr in der erforderlichen Höhe aufgebracht werden können, erscheint es möglich, daß ein Krankenversicherungsunternehmen deshalb künftig Verluste erleidet[151]. Denn die gleichbleibende, in Zukunft infolge des gestiegenen Risikos zu niedrige (Risiko-) Prämie vermag dann wegen einer ebenfalls zu niedrigen Deckungsrückstellung nicht hinreichend durch deren Auflösung erhöht zu werden. Deshalb übersteigt aus Sicht des Versicherers die zu erbringende Leistung die beanspruchte Gegenleistung. Allerdings dürfte es im Regelfall gelingen, derartige Abweichungen der tatsächlichen Entwicklung von dem Geschäftsverlauf, wie er bei der Prämienkalkulation

---

145 Vgl. *Heubaum*, Wolfgang (Posten 1989), S. 114.

146 Abgesehen sei hier vom Fall alters**un**abhängiger Prämienerhöhungen. Vgl. weiter unten.

147 Vgl. auch *Boetius*, Jan (Anmerkungen 1950 ff.), Anm. 52 ff. zu § 20 KStG.

148 Vgl. *Heubaum*, Wolfgang (Posten 1989), S. 114.

149 Analoges gilt für die oben erörterte *Lebensversicherung*. Auch dort werden nur jene Prämienerhöhungen vertraglich ausgeschlossen, die sich am Älterwerden des Kunden ausrichten.

150 Vgl. *Heubaum*, Wolfgang (Posten 1989), S. 118.

151 Vgl. *ebenda*.

rechnungsmäßig unterstellt wird, mittels im Geschäftsplan vorzusehender Sicherheitszuschläge zu kompensieren.

Wie oben angedeutet, erfolgt in der Krankenversicherung selbst bei einer einzelvertragsbezogen positiven Alterungsrückstellung im Stornofall keine Auszahlung des angesammelten Deckungskapitals an die ausscheidenden Versicherungsnehmer. Statt dessen wird die Rückstellung positiv erfolgswirksam aufgelöst und geht als Stornogewinn in den Überschuß des Geschäftsjahres ein. Durch eine Zuweisung zur *Rückstellung für (erfolgsabhängige) Beitragsrückerstattung*[152] kommen diese Stornogewinne aus der Auflösung von Alterungsrückstellungen dem verbleibenden Kollektiv von Versicherungsnehmern zugute[153]. Infolge der rechnungsmäßigen Deckung von Teilen der Abschlußkosten mittels Zillmerung der Alterungsrückstellung ergeben sich in den Anfangsjahren *negative* Einzelrückstellungen. Anders als in der Lebensversicherung ist jenes negative Deckungskapital in der Krankenversicherung nicht als Anspruch gegenüber dem Versicherungsnehmer zu aktivieren, sondern als Verpflichtungsminderung mit den positiven übrigen Deckungsrückstellungen zu saldieren[154].

4.2.3.2. Gegenüberstellung von Deckungs- und Drohverlustrückstellung

Wie dem vorangegangenen Kapitel zu entnehmen ist, bildet die Deckungsrückstellung ein Verpflichtungsvolumen ab, das aus Versicherungsverträgen resultiert und gegenüber Dritten besteht. Auch die Rückstellung für drohende Verluste aus schwebenden Versicherungsverträgen umfaßt - wie aus den bisherigen Ausführungen hervorgeht - Verpflichtungen gegenüber Dritten. Auch gilt die Deckungsrückstellung als versicherungstechnische Rückstellung i.S.d. § 56 Abs. 3 VAG sowie des § 20 Abs. 1 KStG[155]. Hält man sich die Situation in der Lebens- und Krankenversicherung nochmals vor Augen, so gelangt man zur Erkenntnis einer weiteren Ähnlichkeit dieser Passivposten: So wird die Deckungsrückstellung u.a. dazu gebildet, um ein künftiges Übersteigen der Gegenleistung in Form der Prämie durch die Leistung zu kompensieren. Infolge der im Vertragsverlauf grundsätzlich konstanten Beiträge der Lebens- und der Krankenversicherung ist mit Sicherheit vorhersehbar, daß die gleichbleibenden Prämien wegen des altersbedingt zunehmenden Todesfall- bzw. Krankheitsrisikos in der späteren Vertragslaufzeit im Durchschnitt nicht ausreichen werden, die steigenden Leistungspflichten zu erfüllen. Diese Verpflichtungsüberschüsse künftiger Perioden werden durch die Kalkulation konstanter Beiträge planmäßig in Kauf genommen. Ebenso planmäßig

152 Zu diesem Passivposten siehe auch die Ausführungen des Kapitels 4.2.4.

153 Vgl. *Heubaum*, Wolfgang (Posten 1989), S. 118.

154 Vgl. *ebenda*, S. 123.

155 Vgl. u.a. *Boetius*, Jan (Anmerkungen 1950 ff.), Anm. 54 zu § 20 KStG.

erfolgt die Bildung einer Deckungsrückstellung mit dem Ziel, eine Reserve für jenen in Zukunft erwarteten Leistungsüberhang zu schaffen. Somit erfüllt die Deckungsrückstellung die gleiche Funktion wie die Drohverlustrückstellung, die ebenfalls dazu dient, künftige Verpflichtungsüberschüsse zu antizipieren. Allerdings gilt es zu bedenken, daß das Verpflichtungsvolumen eines Versicherungsunternehmens - zumindest in der kapitalbildenden Lebensversicherung - nicht nur künftig bestehende Überschüsse der Versicherungsleistung über die dann vereinnahmten Risikoprämien abbildet, sondern auch die erhobenen Sparbeiträge umfaßt.

Die Verlustrückstellung stellt - wie mehrfach erörtert - eine zukunftsbezogene Bilanzposition dar, d.h. nur die für den durchschnittlichen Vertragszeitraum *nach* dem jeweiligen Abschlußstichtag zu erwartenden Aufwendungen und Erträge dürfen und müssen in die Ermittlung des Verlustsaldos eingehen. Ebenso handelt es sich bei der Deckungsrückstellung um eine zukunftsbezogene Größe. Zum Zeitpunkt des Vertragsbeginns hat sie zurecht einen Bestand von Null, da noch keine Gegenleistung zugeflossen ist und somit die sich auf die gesamte Vertragslaufzeit beziehenden künftigen Leistungs- und Gegenleistungskonkretisierungen noch im kalkulatorischen Gleichgewicht sind. Doch bereits bei der ersten Prämienzahlung kommt es zu einem künftigen Verpflichtungsüberschuß, da die Leistungen, die innerhalb der nunmehr verkürzten Restlaufzeit des einzelnen Vertrages zu erbringen sind, die für diesen Zeitraum zu erwartenden Gegenleistungen voraussichtlich übersteigen werden. Denn der von Beginn an insgesamt ausgeglichene Vertrag gerät schon nach Zahlung der Erstprämie in ein künftiges Ungleichgewicht, da ein Teil der Risikoprämie - gemessen am derzeitigen Risiko - „zu viel" erhoben wurde und in der restlichen Vertragslaufzeit fehlt, um einen voraussichtlichen Ausgleich zwischen Leistung und Gegenleistung herzustellen. Deshalb ist es i.S.d. Imparitätsprinzips korrekt, jene drohenden Leistungsüberschüsse zu antizipieren, indem man die anfänglich zu viel erhobenen (Risiko-)Prämienteile einer Deckungsrückstellung zuführt. Es ist außerdem in diesem Sinne angebracht, mit im Vertragsverlauf - ab einem bestimmten Zeitpunkt - abnehmenden künftigen Verpflichtungsüberschüssen Teile des Deckungskapitals entsprechend wieder aufzulösen.

Die Deckungsrückstellung beruht stets auf dem Gedanken, daß das zugrundeliegende Versicherungsgeschäft ex ante insgesamt (kalkulatorisch) ausgeglichen ist: Bei Vertragsabschluß halten sich künftige Leistung und Gegenleistung (im Durchschnitt) die Waage, weshalb noch keine Rückstellung für dieses ausgeglichene schwebende Geschäft zu bilden ist[156]. Hier kommt demnach auch für die Dekkungsrückstellung der Grundsatz zur Anwendung, daß schwebende Geschäfte - unter der Annahme ihrer Ausgeglichenheit - grundsätzlich nicht bilanziell zu erfassen sind[157]. Erst nach Zahlung des überhöhten ersten Risikobeitrags erweist sich die

156 Von der bereits anfänglichen Berücksichtigung der Abschlußkosten durch die Verbuchung einer Forderung oder einer negativen Rückstellung (vgl. Kapitel 4.2.3.1) sei hier aus Vereinfachungsgründen abgesehen.

157 Vgl. Kapitel 2.1.1.1.

zukünftig voraussichtlich zu erbringende Leistung als höher im Vergleich zur noch ausstehenden Gegenleistung des Kunden. Die Abbildung dieses Leistungsüberhangs kommt der Antizipation drohender Verluste im Rahmen einer Verlustrückstellung sehr nahe. Allerdings erfolgt die Inkaufnahme künftiger Verpflichtungsüberschüsse und deren Passivierung in der Deckungsrückstellung *immer planmäßig* ab der ersten Beitragszahlung. Zwar ist auch allgemein für bewußt abgeschlossene Verlustgeschäfte eine entsprechende (Verlust-)Rückstellung zu bilden[158], doch kann der Abschluß verlustreicher Geschäfte keinesfalls als Regelfall angesehen werden. Auch in der Lebens- und der Krankenversicherung sind die Verträge jedoch - ex ante betrachtet - in der Regel nicht verlustträchtig. Erst mit zunehmender Verkürzung der Restlaufzeit[159] ergibt sich ein Verpflichtungsüberschuß, der zuerst sukzessive zu- und anschließend wieder abnimmt. Dieser Überschuß entsteht und verschwindet - bedingt durch die relativ stabilen Kalkulationsgrundlagen in der Lebens- und der Krankenversicherung - *planmäßig* und damit mit hoher Wahrscheinlichkeit vorhersehbar. Er ist deshalb im Sinne des Imparitätsprinzips zwingend zu antizipieren[160]. Dennoch verfolgen Deckungs- und Verlustrückstellung unterschiedliche Zwecksetzungen: Die Deckungsrückstellung wird „... planmäßig aus äquivalenten Prämien finanziert ... ", wobei sich „... die Schere zwischen Prämien- und Leistungsstrom im Zeitablauf ... "[161] schließt. Der abgebildete Verpflichtungsüberschuß wird demzufolge auf der Basis stabiler Rechnungsgrundlagen - bezogen auf die Gesamtvertragslaufzeit - planmäßig abgebaut. Demhingegen dient die Drohverlustrückstellung im Regelfall der Antizipation „unplanmäßiger" Leistungsüberhänge[162].

Die Deckungsrückstellung weist den obigen Ausführungen zufolge zahlreiche Parallelen zur Rückstellung für drohende Verluste auf. Doch trotz z.T. ähnlicher Funktionen erweisen sich die Vorgehensweisen im Rahmen der Ermittlung dieser Passivposten als relativ unterschiedlich. So basiert die Berechnung der Dekkungsrückstellung auf einem starren Schema von Zuführungen und Auflösungen, während im Hinblick auf die Verlustrückstellung ein gewisser Ermessensspielraum für den Bilanzierenden gefordert wurde, um die in § 253 Abs. 1 S. 2 HGB vorgeschriebene „vernünftige kaufmännische Beurteilung" bei der Bewertung von Rückstellungen zu gewährleisten[163]. Des weiteren wurde bezüglich der Drohverlustrückstellung grundsätzlich eine Pauschalbewertung auf der Basis von Kollekti-

---

158 Vgl. Kapitel 2.3.2.

159 Die *Restvertragslaufzeit* ist auch für die Ermittlung der Drohverlustrückstellung maßgebend. Vgl. hierzu Kapitel 3.1.3.2.

160 Vgl. auch Kapitel 3.1.2.1.

161 *Karten*, Walter (Drohverlustrückstellung 1973), S. 1426.

162 Vgl. auch *ebenda*.

163 Vgl. insbesondere die Kapitel 3.1.2.1 sowie 4.1.2.

ven vertreten[164], wohingegen die *Deckungsrückstellung* im Regelfall *einzeln* zu bewerten ist[165].

Nachdem oben zahlreiche ähnliche, aber auch einige unterschiedliche Eigenschaften zwischen Deckungs- und Verlustrückstellung aufgezeigt wurden, gilt es noch festzustellen, daß *neben* einer Deckungs- bzw. einer Alterungsrückstellung eine Drohverlustrückstellung derzeit nicht erforderlich erscheint: Die Erfolgslage in der deutschen Lebens- und privaten Krankenversicherung läßt zur Zeit keine Verluste erwarten, da die Rechnungsgrundlagen über längere Zeit hinweg stabil sind[166] und sicherheitsbetonende Kapitalanlagevorschriften gelten[167]. Unter diesen Umständen ist neben dem planmäßigen Beitragsausgleich in der Zeit, der sich in der Deckungsrückstellung niederschlägt, keine weitere Antizipation von Verpflichtungsüberschüssen notwendig. Sollte allerdings künftig das *Änderungsrisiko* auch in der Personenversicherung - beispielsweise durch neu auftretende Krankheiten - zunehmen, so könnte eine Rückstellung für drohende Verluste *zusätzlich* zur üblichen Deckungsrückstellung durchaus erforderlich werden[168]. Auch eine Liberalisierung der Kapitalanlagevorschriften könnte - bei unvorsichtigem Verhalten - derartige Bilanzierungsmaßnahmen auslösen[169].

4.2.4. Abgrenzung von der Rückstellung für Beitragsrückerstattung

4.2.4.1. Charakterisierung der Rückstellung für Beitragsrückerstattung als Bilanzposition

Da es in den Sparten *Lebens-*, *Kranken-* sowie *Schaden- und Unfall*versicherung regelmäßig zu *Beitragsrückerstattungen*[170] kommt, gilt es, diese Beträge bis zu ihrer späteren Ausschüttung an die Versicherungsnehmer einem konkreten Verpflichtungsposten innerhalb der Versicherungsbilanz zuzuführen. Die für diesen Zweck vorgesehene *Rückstellung für Beitragsrückerstattung* ist danach zu untergliedern, ob die Beitragsrückgewähr von der Erfolgslage des jeweiligen Versiche-

164 Vgl. Kapitel 3.1.1.1.

165 Vgl. *Boetius*, Jan (Anmerkungen 1950 ff.), Anm. 75 zu § 20 KStG.

166 Vgl. Kapitel 2.3.1.

167 Vgl. Kapitel 2.3.2.

168 Vgl. hierzu Kapitel 2.3.1 zur Bedeutung des *Änderungsrisikos* als Teil des versicherungstechnischen (Gesamt-)Risikos in unterschiedlichen Versicherungssparten und zur Abdeckung dieses Teilrisikos durch die *Drohverlustrückstellung*.

169 Vgl. Kapitel 2.3.2.

170 Synonym hierzu sind vor allem die Bezeichnungen „Beitragsermäßigung", „Beitragsrückgewähr", „Gewinnbeteiligung" sowie „Überschußbeteiligung" für verschiedene Formen der Beitragsrückerstattung üblich. Vgl. *Boetius*, Jan (Anmerkungen 1950 ff.), Anm. 5 zu § 21 KStG.

rers abhängig ist oder nicht. Erfolgs**un**abhängige Beitragsrückerstattungen sind ungeachtet eines u.U. negativen versicherungstechnischen Ergebnisses oder eines verlustreichen Gesamtgeschäfts zu gewähren, weil es durch Gesetz, Versicherungsbedingungen, Satzung oder den einzelnen Versicherungsvertrag so bestimmt wird[171]. Diese Art der Beitragsrückgewähr ist im wesentlichen in den Zweigen der Kranken-, Kredit- und Transportversicherung sowie in den technischen Zweigen vorzufinden[172]. Jene nicht vom Erfolg abhängigen Beitragsrückerstattungen sind bilanziell wie Konkretisierungen der Versicherungsleistung, d.h. Entschädigungszahlungen zu behandeln. Sie erweisen sich deshalb - da es zu ihrer tatsächlichen Auszahlung erst in späteren Geschäftsjahren kommt - als passivierungspflichtige Verbindlichkeit. Die Zuführungen zu diesem Passivposten mit der Bezeichnung *Rückstellung für Beitragsrückerstattung* sind - soweit es sich um erfolgs**un**abhängige Rückerstattungen handelt - uneingeschränkt als Betriebsausgaben steuerlich abzugsfähig[173]. Bereits im Jahr 1940 sprach sich der damalige *Reichs*finanzhof für die unbedingte und unbegrenzte steuerliche Abzugsfähigkeit von Beitragsrückerstattungen aus, sofern diese **un**abhängig von der Erfolgslage gewährt werden[174].

Anders als bezüglich der erfolgs**un**abhängigen Rückgewähr gestaltet sich die Rechtslage im Hinblick auf die erfolgs**abhängige** Beitragsrückerstattung. Diese ist nur in den Grenzen steuerlich abzugsfähig, die in § 21 KStG gesetzlich vorgegeben sind. Denn mit dieser Norm schuf der Gesetzgeber eigens zur Begrenzung der Abzugsfähigkeit der „Beitragsrückerstattungen, die ... auf Grund des Jahresergebnisses oder des versicherungstechnischen Überschusses gewährt werden, ... "[175] eine besondere Regelung, die erheblich detaillierter ist als die relativ kurz gefaßte Vorschrift des § 20 Abs. 1 S. 1 KStG. Letztgenannte Rechtsquelle regelt die steuerliche Behandlung versicherungstechnischer Rückstellungen grundlegend und allgemein, ohne auf einzelne Unterarten dieses Sammelbegriffs einzugehen. § 21 KStG dient folglich der Konkretisierung der Grundsatzvorschrift des § 20 Abs. 1 S. 1 KStG[176]. Die Begrenzung der steuerlichen Abzugsfähigkeit erfolgsabhängiger Beitragsrückerstattungen ergibt sich zum einen aus der Vorschrift des § 21 Abs. 1 S. 1 KStG, die sich erstens auf die Lebens- und Krankenversicherung bezieht (S. 1 Nr. **1**) und die zweitens die Schaden- und Unfallversicherung (S. 1 Nr. **2**) betrifft. Die unterschiedliche Regelung zur Ermittlung der maximal abzugsfähigen Beitragsrückerstattungen in zwei Nummern trägt den stark unterschiedlichen Gegebenheiten

---

171 Vgl. *ebenda*, Anm. 7 zu § 21 KStG.

172 Vgl. *Farny*, Dieter (Periodenrechnung 1989), S. 134.

173 Vgl. *Nies*, Helmut (Bestimmungen 1977), S. 128; vgl. auch *Boetius*, Jan (Anmerkungen 1950 ff.), Anm. 7 zu § 21 KStG.

174 Vgl. RFH I 112/39 vom 21.05.1940, in: RStBl. 1940, S. 747 f.; vgl. in diesem Kontext auch das BdF-Schreiben IV B 7 - S 2775 - 10/78 vom 07.03.1978, in: BStBl. 1978 I, S. 160, Tz. 1.

175 § 21 Abs. 1 S. 1 KStG.

176 Vgl. *Boetius*, Jan (Anmerkungen 1950 ff.), Anm. 1 zu § 21 KStG.

beider dort behandelter Bereiche des Versicherungsgeschäfts Rechnung[177]. Zusätzlich zu den Regelungen des Abs. 1 enthält Abs. 2 des § 21 KStG in S. 2 - gegliedert in drei Nummern - unterschiedliche Voraussetzungen, bei deren Vorliegen eine bereits vorhandene Rückstellung für Beitragsrückerstattung aufzulösen ist. Bei näherer Betrachtung zielen diese Prämissen, ebenso wie S. 1 des § 21 Abs. 2 KStG, auf die rechtliche Absicherung einer zweckgebundenen Verwendung der reservierten Rückerstattungsbeträge ab. So sind nach § 21 Abs. 2 S. 1 KStG „Zuführungen zu einer Rückstellung für Beitragsrückerstattung ... insoweit abziehbar, als die ausschließliche Verwendung der Rückstellung für diesen Zweck durch die Satzung oder durch geschäftsplanmäßige Erklärung gesichert ist".

In S. 2 Nr. 2 und 3 dieser Vorschrift wird zudem eine *Auflösung* derjenigen Rückstellungsteile vorgeschrieben, die über die Rückerstattungs- bzw. Aufwandsermäßigungsbeträge, die vor dem Abschlußstichtag verbindlich festgelegt wurden, hinausgehen. Diese Begrenzung der steuerlichen Abzugsfähigkeit auf Beitragsrückerstattungen, deren spätere Ausschüttung verbindlich festgelegt ist, dient der klaren Grenzziehung zu Formen der steuerpflichtigen Gewinnverwendung[178]. Das Privileg einer steuerlich abzugsfähigen Beitragsrückerstattung kann demnach nur in Anspruch genommen werden, sofern rechtlich gewährleistet ist, daß die auf diese Weise passivierten Beträge in Zukunft tatsächlich in dieser Form an die Versicherungsnehmer zurückfließen. Sind jene Voraussetzungen nicht gegeben, so wird die steuerliche Abzugsfähigkeit als Rückstellung(-szuführung) nicht anerkannt. Statt dessen handelt es sich in diesem Fall um eine zu versteuernde Gewinnverwendung, die als (Gewinn-)*Rücklage* ihren Niederschlag in der Bilanz zu finden hat. Um eine eindeutige Trennung zwischen steuerbegünstigter Beitragsrückerstattung und steuerpflichtiger Erfolgsverwendung zu gewährleisten, erscheint es bezüglich erfolgs- bzw. gewinnabhängiger Beitragsrückgewährsysteme gerechtfertigt, die steuerliche Abzugsfähigkeit auf das Vorhandensein intersubjektiv nachprüfbarer Rechtsgrundlagen zu beschränken. Andernfalls, d.h. im Falle einer nicht klar begrenzten Abzugsfähigkeit, wäre eine Willkürfreiheit ebenso wie eine steuerliche Gleichbehandlung der Versicherungsunternehmen untereinander in dieser Sache nicht gewährleistet.

In der GuV-Rechnung eines Versicherungsunternehmens gehen Zuführungen zur Rückstellung für Beitragsrückerstattung bei erfolgsunabhängiger Rückgewähr uneingeschränkt und bei der gewinnabhängigen Rückerstattung in den oben angedeuteten Grenzen erfolgsmindernd ein. Die Erhöhung des hier untersuchten Passivpostens ist folglich mit einer Aufwandsverbuchung verbunden und entspricht demnach dem Sachverhalt, wie er im Rahmen der Zuführung zu einer Rückstellung typischerweise gegeben ist. Dennoch erscheint es *nicht* möglich, die beschriebene Position dem *allgemeinen Rückstellungsbegriff* des § 249 Abs. 1 S. 1 HGB zu sub-

177 Vgl. hierzu auch die Ausführungen des Kapitels 2.3.1.

178 Vgl. auch *Boetius*, Jan (Anmerkungen 1950 ff.), Anm. 3 f. zu § 21 KStG.

sumieren. Denn statt der dort vorausgesetzten „ungewissen Verbindlichkeiten" ist den durch die Rückstellung für Beitragsrückerstattung verkörperten Verpflichtungen die gegenteilige Eigenschaft zuzusprechen, a priori rechtlich verbindlich festgelegt und folglich exakt bemessen zu sein. Somit repräsentiert diese Position eine *(echte) Verbindlichkeit*, die allerdings dem im Vergleich zum allgemeinen Rückstellungsbegriff inhaltlich weiter gefaßten Terminus der versicherungstechnischen Rückstellungen zugeordnet werden kann.

Obgleich Beitragsrückerstattungen in praxi häufig vom Vorhandensein erzielter Gewinne abhängen und z.T. als „Gewinnbeteiligung der Versicherungsnehmer" bezeichnet werden[179], stellen sie - in den oben erörterten Grenzen - keine Verwendung dieser Gewinne dar. Schließlich steht hinter der Beitragsrückgewähr die Idee, hierdurch zuvor „überhobene Beiträge"[180] an den Versicherungsnehmer zurückzuerstatten. Eine solche Rückgewähr „zu viel" erhobener Prämien in späteren Geschäftsjahren schlägt sich im Jahr der verbindlichen Reservierung solcher Beträge zurecht negativ erfolgswirksam im Rahmen der *Erfolgsermittlung* nieder. Denn auf diese Weise kommt es zur Verbuchung einer steuermindernden Betriebsausgabe, die in früheren Perioden verbuchte Betriebseinnahmen nachträglich kompensiert, da Teile der damals erfaßten (steuerpflichtigen) Prämienerträge nun für die Rückerstattung vorgesehen sind. Sofern die Beitragsrückerstattung - wie von Gesetzgebung und Rechtsprechung gefordert - ausschließlich die Rückgewähr überhobener Beiträge umfaßt und *sonstige* Überschußquellen *nicht* berührt werden, erweist sie sich als steuerlich abzugsfähig und *nicht* als steuer*pflichtige* Gewinn*verwendung*[181]. Die Charakterisierung einer dergestalt ausgeprägten Rückstellung für Beitragsrückerstattung als *Verbindlichkeit* erscheint somit gerechtfertigt, da sie sich auf die rechtlich verbindlich festgelegte Verpflichtung beschränkt, Prämien, die - im nachhinein betrachtet - zu viel erhoben wurden, an die Kunden zurückzugewähren. Diese Verpflichtung, die in jenem Passivposten angesammelten Beträge zweckentsprechend zu verwenden, besteht allerdings noch nicht gegenüber einzelnen Versicherungsnehmern. Statt dessen ist die Rückstellung für Beitragsrückerstattung zwar bereits der Gesamtheit der Versicherungsnehmer gewidmet, weshalb sie auch als Verbindlichkeit gegenüber allen Versicherten zu klassifizieren ist[182]. Doch eine konkrete Verpflichtung gegenüber dem einzelnen Kunden besteht erst zu einem späteren Zeitpunkt, da die reservierten Beträge oft erst nach mehreren Jahren ihrer Zwecksetzung entsprechend an die Versicherungsnehmer zurückvergütet werden[183].

---

179 So von *Farny*, Dieter (Periodenrechnung 1989), S. 134.

180 So die Formulierung des RFH I 112/39 vom 21.05.1940, in: RStBl. 1940, S. 747 f.

181 Vgl. *Boetius*, Jan (Anmerkungen 1950 ff.), Anm. 3 zu § 21 KStG mit weiteren Nachweisen.

182 Vgl. auch *Farny*, Dieter (Periodenrechnung 1989), S. 134.

183 Eine Ausnahme hiervon stellt die sog. *Direktgutschrift* von Gewinnanteilen in der Lebensversicherung dar.

4.2.4.2. Gegenüberstellung von Rückstellung für Beitragsrückerstattung und Drohverlustrückstellung

Wie im vorangegangenen Kapitel festgestellt, repräsentiert die Rückstellung für Beitragsrückerstattung - ebenso wie die Rückstellung für drohende Verluste - eine *Fremdkapitalposition*, weshalb ihre Zuführungen entsprechend steuerlich abzugsfähig sind. Trotz dieser Gemeinsamkeit weisen die reservierten Prämienrückerstattungsbeträge - im Gegensatz zur Verlustrückstellung - nicht die allgemeinen Rückstellungskriterien auf, wie sie von Rechtsprechung und Schrifttum entwickelt wurden. Es handelt sich bei der Rückstellung für Beitragsrückerstattung statt dessen um eine *(echte) Verbindlichkeit*, da verschiedenartige Ermittlungsvorschriften in unterschiedlichen Rückgewährfällen zu jeweils eindeutigen Höchstgrenzen führen. Als künftige Beitragsrückerstattung dürfen letztlich nur die Beträge passiviert werden, deren Rückgewähr zuvor rechtsverbindlich festgelegt wurde. Der künftige Liquiditätsabfluß erfolgt demnach relativ planmäßig. Demhingegen stellt die Drohverlustrückstellung eine Rückstellung im branchenübergreifenden Sinne des § 249 Abs. 1 S. 1 HGB dar, die der Höhe und in Einzelfällen sogar dem Grunde nach ungewiß ist. Ihr abzugsfähiger Höchstbetrag ist nach keinem starren Schema zu ermitteln. Sie ist vielmehr gemäß § 253 Abs. 1 S. 2 HGB „... in Höhe des Betrags anzusetzen, der nach vernünftiger kaufmännischer Beurteilung notwendig ist"[184].

Die Rückstellung für drohende Verluste stellt eine *zukunfts*bezogene Bilanzposition dar, d.h. sie antizipiert die künftige Erfolgslage. Demhingegen bezieht sich die Rückstellung für Beitragsrückerstattung - jedenfalls, sofern ihre Zuführungen erfolgsabhängig sind - auf die Erfolgslage von Geschäftsjahren, die zum Abschlußstichtag bereits *vergangen* sind, wobei die Beitragsrückgewähr allerdings erst in der Zukunft stattfindet. Dieser unterschiedliche Zeitbezug liegt in den verschiedenartigen Zwecksetzungen beider Passivposten begründet. So dient die Drohverlustrückstellung der Antizipation wahrscheinlicher künftiger Verluste und damit der Wahrung des Imparitätsprinzips mit dem Ziel der verlustfreien Bewertung künftiger Perioden[185]. Der Rückstellung für Beitragsrückerstattung hingegen kommt die Funktion zu, in der Vergangenheit zu hoch erhobene Beiträge für eine spätere Rückgewähr anzusammeln[186]. Während Beitragsrückerstattungen in *zu viel* erhobenen Prämien begründet sind, werden Rückstellungen für drohende Verluste häufig durch die umgekehrte Situation einer *unzureichenden Prämienerhebung* erforderlich[187]. Trotz dieser z.T. konträren Rückstellungsursachen schließen sich beide Passivposten nicht zwangsläufig gegenseitig aus, da sie sich auf divergierende Zeiträume beziehen. Gerade bezüglich der erfolgs*abhängigen* Beitragsrückerstat-

---

184 Vgl. hierzu auch die Kapitel 3.1.2.1 sowie 4.1.2.

185 Vgl. Kapitel 3.1.2.

186 Vgl. Kapitel 4.2.4.1.

187 Vgl. u.a. die Kapitel 2.3.1, 2.3.2 sowie 4.1.2.

tung tritt die Divergenz der in diesem Kapitel miteinander zu vergleichenden Bilanzpositionen besonders deutlich zutage. Denn während in diesem Fall eine Rückstellung für Beitragsrückerstattung nur dann gebildet resp. erhöht wird, sofern bereits *realisierte Gewinne* als Voraussetzung gegeben sind, muß zur Bildung einer Verlustrückstellung die gegenteilige Prämisse eines drohenden, d.h. noch *nicht realisierten Verlusts* vorliegen.

Auch existiert hinsichtlich der Drohverlustrückstellung kein Abgrenzungsproblem zum Bereich der (steuerpflichtigen) Gewinnverwendung. Die ausschließliche Fremdkapitaleigenschaft dieses Postens steht vielmehr zum Zeitpunkt der Bilanzierung zweifelsfrei fest, weshalb sich Veränderungen stets auf der Ebene der Erfolgs*ermittlung* niederschlagen. Diese Möglichkeit steuerlich abzugsfähiger Zuführungen besteht hingegen in bezug auf die erfolgsabhängige Rückstellung für Beitragsrückerstattung nur in den angedeuteten gesetzlichen Grenzen, deren Funktion es ist, eine in diesem Fall erforderliche Abgrenzbarkeit von der (zu versteuernden) Gewinnverwendung zu gewährleisten. Im Falle der erfolgs**un**abhängigen Rückgewähr allerdings erweisen sich die Zuführungen zu jener versicherungstechnischen Rückstellung in vollem Umfang als steuerlich abzugsfähig, ohne daß dies an das Vorliegen bestimmter Voraussetzungen gebunden ist. Die Bildung der Rückstellung für Beitragsrückerstattung erfolgt hier völlig unabhängig von der tatsächlichen Erfolgslage, d.h. eine Erhöhung dieses Postens kommt auch dann in Frage, wenn bereits ein versicherungstechnischer Verlust oder sogar ein Verlust des Gesamtgeschäfts erwirtschaftet wurde. Neben der (Gesamt-)Erfolgslage der Vergangenheit besitzt - ebenso wie bei der gewinnabhängigen Beitragsrückerstattung - in der erfolgs**un**abhängigen Rückgewähr auch die Erfolgslage der Zukunft keine Bewertungsrelevanz, was wiederum ein Unterscheidungsmerkmal zur Rückstellung für drohende Verluste darstellt.

Wie aus den Ausführungen dieses Kapitels geschlossen werden kann, erfüllen die *Rückstellung für Beitragsrückerstattung* und die *Drohverlustrückstellung* Funktionen, die völlig verschieden voneinander sind und sich u.U. sogar gegenseitig ausschließen. Funktionale Überschneidungen beider Passivposten können folglich nicht festgestellt werden.

5. Zusammenfassung der Untersuchungsergebnisse

Erklärte Zielsetzung dieser Arbeit war es, die grundlegenden Bilanzierungsprobleme, die im Zusammenhang mit der Rückstellung für drohende Verluste im besonderen Fall des Versicherungsvertrags bestehen, zu erörtern und Lösungsansätze zur Bewältigung jener Zweifelsfragen anzubieten. Hierzu wurde der Versicherungsvertrag zuerst einer allgemeinen Einordnung in den Gesamtkontext sämtlicher schwebender Geschäfte unterzogen. Dabei war er aufgrund der üblichen Vorauserbringung der *Gegenleistung Prämie* als *schwebendes Geschäft im weiteren Sinne* zu kennzeichnen. Außerdem ist der Versicherungsvertrag - nach dem Kriterium der *Häufigkeit der Erfüllungshandlungen* - den *(schwebenden) Dauerschuldverhältnissen* zuzuordnen, da die Leistungserbringung von Versicherungsunternehmen zeitraumbezogen bzw. kontinuierlich erfolgt. Eine Rückstellung für drohende Verluste ist dann zu bilden, wenn die erwarteten Leistungsgrößen die voraussichtlichen Gegenleistungsgrößen übersteigen. Der so ermittelte *Verpflichtungsüberschuß* ist zwingend als drohender Verlust einer entsprechenden Rückstellung zuzuführen. Diese Passivierungspflicht ergibt sich aus der allgemeinen handelsrechtlichen Norm des § 249 Abs. 1 S. 1 HGB, die über § 5 Abs. 1 EStG auch für die Steuerbilanz gilt. Doch auch Vorschriften, die speziell für Unternehmen der Versicherungswirtschaft erlassen wurden, schließen diese Verpflichtung ein.

Für die Höhe eines rückstellungspflichtigen Verlustes ist es von Bedeutung, aus welchen Komponenten sich diese Saldogröße ergibt. So wurde dem Grunde nach erörtert, welche künftigen Aufwands- und Ertragsgrößen als Leistungs- bzw. Gegenleistungsteile in die Ermittlung eines Verpflichtungsüberschusses aus Versicherungsverträgen einzubeziehen sind. Die Berücksichtigung der *Schaden-* und der *Betriebsaufwendungen* als Leistungsgrößen des sog. *technischen Geschäfts* erwies sich dabei als (relativ) unstrittig. Auch die Einbeziehungspflicht der *Prämienerträge* als (technische) Gegenleistungsgröße war zweifelsfrei festzustellen. Im Schrifttum umstritten ist allerdings, ob auch Erfolgsbeiträge aus dem *nicht-technischen Geschäft* in die Ermittlung des Verlustsaldos einzugehen haben. Diese Frage wurde vom Verfasser vor allem aufgrund des *engen wirtschaftlichen Zusammenhangs*, der zwischen technischem und nicht-technischem Geschäft besteht, bejaht. U.a. aus diesem Grund wurde auch die Einbeziehung der Erfolgsbeiträge, die das Rechnung legende Versicherungsunternehmen aus einer (passiven) Rückversicherungsbeziehung erwartet, befürwortet. Neben der Rückversicherungsnahme wurden auch andere *Formen der Risikoteilung* hinsichtlich ihrer Auswirkungen auf die Bemessung einer Rückstellung für drohende Verluste untersucht. Obwohl diese Instrumente als berücksichtigungspflichtig angesehen wurden, erfüllen sie die Funktion, drohende Verluste zu reduzieren, wenn überhaupt, so allenfalls kurzfristig. Als relativ wirkungsvolles Instrument der Reduktion drohender Verluste erwiesen sich demhingegen *Prämienanpassungsklauseln*, die eine Anhebung künftiger (Prämien-)Erträge ermöglichen.

Neben den behandelten wirtschaftszweigspezifischen Bewertungsdeterminanten unterliegen allerdings auch allgemeine Bewertungsgrundsätze bezüglich der Ermittlung erwarteter Verpflichtungsüberschüsse aus Versicherungsverträgen branchenspezifischen Modifikationen. So ist aufgrund der kollektiven Produktionsweise von Versicherungsschutz auch die Rückstellung für drohende Verluste auf der Basis von Gefahrengemeinschaften zu bilden. Das betreffende Kollektiv stellt die bewertungsrelevante Einheit i.S.d. Grundsatzes der Einzelbewertung dar. Die Kollektivbildung hat dabei nach dem Kriterium zu erfolgen, möglichst solche Einzelverträge zusammenzufassen, die bezüglich ihrer Erfolgserwartung homogen sind. Nur auf diese Weise können Verstöße gegen das Realisations- und das Imparitätsprinzip verhindert werden.

Die Antizipation drohender Verluste mittels einer entsprechenden Rückstellungszuführung kann als konkrete Ausprägung des Imparitätsprinzips angesehen werden, das eine verlustfreie Bewertung künftiger Geschäftsjahre zum Ziel hat. Um diese Zielsetzung umfassend realisieren zu können, hat die Ermittlung der Verpflichtungsüberschüsse auf der Basis von *Vollkosten* zu erfolgen. Zur Gewährleistung einer verlustfreien Bewertung ist des weiteren eine explizite Abzinsung des Verlustsaldos abzulehnen. Außerdem kommt es durch die Einbeziehung der Nettokapitalerträge schon zu einer "impliziten Abzinsung", die den Zweck einer Diskontierung, Zinswirkungen zu kompensieren, bereits erfüllt. Im Sinne einer *vorsichtigen Bewertung* sind die einzelnen Aufwands- und Ertragsgrößen - noch vor ihrer Saldierung - nach der Schätzung ihres Erwartungswertes mit gewissen Zu- bzw. Abschlägen auf diesen Wert zu versehen.

Um eine vollständige Verlustantizipation zu gewährleisten, ist ferner ausschließlich die durchschnittliche *Restvertragslaufzeit* eines Kollektivs ab dem jeweiligen Abschlußstichtag zugrundezulegen. Saldierungen mit den bereits realisierten Erfolgsbeiträgen vergangener Perioden sind i.S.d. Imparitätsprinzips zu verhindern, weshalb die auf die Gesamtvertragslaufzeit abstellende sog. *Ganzheitsbetrachtung* abzulehnen ist. Schließlich ist die Rückstellung für drohende Verluste aus *schwebenden* Geschäften zu bilden, was eine Berücksichtigung *ausschließlich* der Aufwendungen und Erträge *künftiger* Perioden erfordert und zuläßt. Bei der Ermittlung der bewertungsrelevanten Restvertragslaufzeit sind vor allem die besonderen Regelungen des Versicherungsvertragsrechts zu beachten. So haben beispielsweise Zahlungsverzüge des Kunden, die Kündigungsmöglichkeit nach Eintritt des Versicherungsfalls oder die Möglichkeit einer stillschweigenden Vertragsverlängerung bei Nichtkündigung entscheidenden Einfluß auf die tatsächliche durchschnittliche (Rest-)Vertragslaufzeit.

Um mögliche Mehrfach- sowie Nichterfassungen drohender Verluste im Jahresabschluß eines Versicherungsunternehmens zu vermeiden, erfolgte eine ausführliche Gegenüberstellung der Drohverlustrückstellung mit den übrigen sog. *versicherungstechnischen Rückstellungen*. Gewisse Überschneidungen ergaben sich mit den Funktionen der *Schwankungsrückstellung*. Es wurde deshalb eine Anrechnung der künftigen Veränderungen dieses Postens auf das Erfordernis einer Verlustrückstellung vertreten, um eine Doppelerfassung antizipationspflichtiger Verlusterwartungen zu vermeiden. Ähnlichkeiten ergaben sich außerdem im Vergleich der Drohverlust- mit der *Deckungsrückstellung*, was allerdings keine Konsequenzen in der Bewertung einer dieser Positionen hervorruft. Von der *Schadenrückstellung* ließ sich die Verlustrückstellung klar abgrenzen, da jene eine vergangenheitsbezogene Rückstellung für Erfüllungsrückstände repräsentiert, während die Drohverlustrückstellung zukunftsbezogen ist. Auch zu den *Beitragsüberträgen*, einem passiven Rechnungsabgrenzungsposten, war die Abgrenzung der Rückstellung für drohende Verluste problemlos möglich, da diese den Verbindlichkeitsrückstellungen - zumindest im weiteren Sinne - zu subsumieren ist. Als ebenso eindeutig erwies sich die Unterscheidbarkeit von der Rückstellung für Beitragsrückerstattung, die im Gegensatz zur Verlustrückstellung der späteren Rückgewähr zu hoch erhobener Prämien der Vergangenheit dient.

Auch wurde der Zusammenhang zwischen Komponenten des *versicherungstechnischen Risikos* und der Drohverlustrückstellung aufgezeigt. Dieser Passivposten dient demnach in erster Linie der Kompensation des Irrtums- und des Änderungsrisikos. Da jene Teile des versicherungstechnischen Risikos in der *Lebens-* und in der *privaten Krankenversicherung* am schwächsten ausgeprägt sind, erscheint die Bildung von Verlustrückstellungen in diesen Sparten derzeit kaum erforderlich. Drohende Verluste sind zur Zeit vor allem in den Versicherungszweigen der *Schaden- und Unfallversicherung* sowie in der *Rückversicherung* von Bedeutung. Eine mögliche BAV-Anordnung zur Bildung der Rückstellung für drohende Verluste aus dem Versicherungsgeschäft könnte sich deshalb auf Unternehmen dieser Art beschränken. Es bleibt aus Sicht des Verfassers zu hoffen, daß die Bundesaufsicht in nicht allzuferner Zukunft eine derartige Anordnung erlassen wird, um den Zustand relativ großer Rechtsunsicherheit, der zur Zeit bezüglich der Bilanzierung dieses Passivpostens dem Grunde und der Höhe nach gegeben ist, zu beenden. Die vorliegende Arbeit soll zu einer entsprechenden Diskussion anregen und somit einen - wenn auch kleinen - Beitrag zum Entwurf einer potentiellen künftigen Regelung leisten.

Anhang

Verzeichnis der Gesetze, Verordnungen, Richtlinien u. ä.

Aktiengesetz (AktG) vom 06.09.1965, in: BGBl. I 1965, S. 1089-1184, zuletzt geändert durch das Bilanzrichtlinien-Gesetz vom 19.12.1985, in: BGBl. I 1985, S. 2355-2433

Aktiengesetz (AktG 1965) vom 06.09.1965, in: BGBl. I 1965, S. 1089-1184

BdF-Schreiben IV B 7 - S 2775 - 10/78 vom 07.03.1978 zur körperschaftsteuerlichen Behandlung von Beitragsrückerstattungen, in: BStBl. 1978 I, S. 160-164

BdF-Schreiben IV B 7 - S 2775 - 27/79 vom 20.11.1979 zur Großrisikenrückstellung für die Produkthaftpflicht-Versicherung von Pharma-Risiken, in: BStBl. 1979 I, S. 685

BdF-Schreiben IV B 7 - S 2775 - 27/80 vom 10.12.1980 zur Großrisikenrückstellung für die Versicherung von Atomanlagen, in: DB, 34. Jg. (1981), S. 40

Bewertungsgesetz (BewG) in der Fassung vom 30.05.1985, in: BGBl. I 1985, S. 845-888, zuletzt geändert durch Gesetz vom 22.12.1989, in: BGBl. I, S. 2408-2420

Bilanzierungsrichtlinien für Versicherungsunternehmen (VUBR) vom 30.12.1987, in: VerBAV, Sonderheft 12, S. 12 ff.

Durchführungsverordnung zum Bewertungsgesetz (BewDV) vom 02.02.1935, in: RGBl. I 1935, S. 81-99

Einkommensteuergesetz (EStG) in der Fassung der Bekanntmachung vom 27.02.1987, in: BGBl. I, S. 657, zuletzt geändert durch Gesetz vom 22.02.1990, in: BGBl. I, S. 266

Einkommensteuer-Richtlinien 1987 (EStR 1987) in der Fassung der Bekanntmachung vom 24.02.1988, in: BStBl. I, Sondernummer 1

Finanzgerichtsordnung (FGO) vom 06.10.1965, in: BGBl. I, S. 1477, zuletzt geändert durch Gesetz vom 18.12.1986, in: BGBl. I, S. 2496

Gesetz über den Versicherungsvertrag (Versicherungsvertragsgesetz - VVG) vom 30.05.1908, in: RGBl., S. 263 ff., zuletzt geändert durch das Gesetz zur Änderung versicherungsrechtlicher Vorschriften vom Dezember 1990, in: VerBAV, 39. Jg. (1990), S. 562-564

Gesetz über die Beaufsichtigung der Versicherungsunternehmen (Versicherungsaufsichtsgesetz - VAG) vom 12.05.1901, in: RGBl., S. 139 ff., in der Fassung der Bekanntmachung vom 13.10.1983, in: BGBl. I, S. 1261 ff., nichtamtliche redaktionelle Neufassung auf dem Stand vom 01.07.1990, in: VerBAV, 39. Jg. (1990), S. 389 ff., zuletzt geändert durch das Gesetz zur Änderung versicherungsrechtlicher Vorschriften vom Dezember 1990, in: VerBAV, 39. Jg. (1990), S. 562-564

Gesetz über die Finanzverwaltung (FVG) in der Fassung vom 30.08.1971, in: BGBl. I 1971, S. 1426-1436, zuletzt geändert durch Gesetz vom 19.12.1985, in: BGBl. I 1985, S. 2436-2459

Gesetz zur Durchführung der Vierten, Siebenten und Achten Richtlinie des Rates der Europäischen Gemeinschaften zur Koordinierung des Gesellschaftsrechts (Bilanzrichtlinien-Gesetz - BiRiLiG) vom 19.12.1985, in: BGBl. I 1985, S. 2355-2433

Handelsgesetzbuch (HGB) vom 10.05.1897, in: RGBl., S. 219 ff., zuletzt geändert durch das Bilanzrichtlinien-Gesetz vom 19.12.1985, in: BGBl. I, S. 2355 ff.

Körperschaftsteuergesetz (KStG) in der Fassung vom 10.02.1984, in: BGBl. I, S. 217-236, zuletzt geändert durch Gesetz vom 22.12.1989, in: BGBl. I, S. 2408-2420

(1978), S. 262-265 sowie in: BdF IV B 7 - S 2775 - 34/78 vom 02.01.1979, in: BStBl. 1979 I, S. 58 ff.

Siebente Richtlinie des Rates vom 13.06.1983 aufgrund von Artikel 54 Absatz 3 Buchstabe g) des Vertrages über den konsolidierten Abschluß (83/349/EWG), in: ABl. EG Nr. L 193 vom 18.07.1983, S. 1-17

Vermögensteuer-Richtlinien (VStR) in der Fassung vom 09.03.1989, in: BStBl. I 1989, Sondernummer 1

Verordnung über die Rechnungslegung der Versicherungsunternehmen vom 11.07.1973 in der Fassung der Zweiten Änderungsverordnung vom 16.08.1976 (Externe RechVUVO)

Verordnung über die Rechnungslegung der Versicherungsunternehmen vom 11.07.1973 in der Fassung der Dritten Änderungsverordnung vom 23.12.1986, in: BGBl. I 1987, S. 2 ff., (Externe VUReV)

Verordnung über die Rechnungslegung von Versicherungsunternehmen gegenüber dem Bundesaufsichtsamt für das Versicherungswesen vom 17.10.1974 (Interne RechVUVO)

Verordnung über die Rechnungslegung von Versicherungsunternehmen gegenüber dem Bundesaufsichtsamt für das Versicherungswesen vom 30.01.1987 (Interne VUReV)

Vierte Richtlinie des Rates vom 25.07.1978 aufgrund von Artikel 54 Absatz 3 Buchstabe g) des Vertrages über den Jahresabschluß von Gesellschaften bestimmter Rechtsformen (78/660/EWG), in: Abl. EG Nr. L 222 vom 14.08.1978, S. 11-31

Vorschlag für eine Richtlinie des Rates über den Jahresabschluß und den konsolidierten Abschluß von Versicherungsunternehmen vom 21.01.1987, KOM (86) 764 endg.; Ratsdok. 4374/87, in: ABl. EG Nr. C 131 vom 18.05.1987, S. 1-21

Urteilsregister

RFH		vom 20.01.1926	StuW	1926	S. 161
RFH	III A 189/29	vom 13.03.1930	RStBl	1930	S. 396-399
RFH	I A 218/31	vom 24.01.1933	RStBl	1933	S. 337-338
RFH	I 112/39	vom 21.05.1940	RStBl	1940	S. 747-748
BFH	I 118/55 U	vom 03.07.1956	BStBl	1956 III	S. 248-250
BFH	I 103/55 U	vom 25.09.1956	BStBl	1956 III	S. 333-334
BFH	I 185/57 U	vom 14.01.1958	BStBl	1958 III	S. 75
BFH	IV 95/63 S	vom 12.03.1964	BStBl	1964 III	S. 404-406
BFH	IV 456/61 U	vom 12.03.1964	BStBl	1964 III	S. 525-526
BFH	I 162/64	vom 27.11.1968	BStBl	1969 II	S. 247-249
BFH	I R 15/68	vom 24.06.1969	BStBl	1969 II	S. 581
BFH	IV R 22/68	vom 20.11.1969	BStBl	1970 II	S. 309-310
BFH	I 124/65	vom 30.09.1970	BStBl	1971 II	S. 66-68
BFH	I 114/65	vom 19.01.1972	BStBl	1972 II	S. 392-397
BFH	I R 28/73	vom 19.02.1975	BStBl	1975 II	S. 480-482
BFH	I R 148/75	vom 26.10.1977	BStBl	1978 II	S. 97-99
BFH	IV R 89/79	vom 20.03.1980	BStBl	1980 II	S. 297-299
BFH	IV R 138/76	vom 03.07.1980	BStBl	1980 II	S. 648-651
BFH	I R 170/78	vom 21.10.1981	BStBl	1982 II	S. 121-123
BFH	VIII R 95/81	vom 16.11.1982	BStBl	1983 II	S. 361-364
BFH	IV R 158/80	vom 20.01.1983	BStBl	1983 II	S. 413-417
BFH	IV R 47/80	vom 07.07.1983	BStBl	1983 II	S. 753
BFH	VIII R 160/79	vom 19.07.1983	BStBl	1984 II	S. 56-59
BFH	I R 7/80	vom 25.01.1984	BStBl	1984 II	S. 344-347
BFH	VIII R 377/83	vom 25.02.1986	BStBl	1986 II	S. 465-467
BFH	IV R 81/84	vom 05.02.1987	BStBl	1987 II	S. 845-848
BFH	IV R 18/86	vom 08.10.1987	BStBl	1988 II	S. 57-62
BGH	II ZR 23/81	vom 01.03.1982	DB	1982	S. 1922-1923
EuGH	Rs. 152/84	vom 26.02.1986	RIW	1986	S. 739

Literaturverzeichnis

Adler, Hans; Düring, Walther; Schmaltz, Kurt (Rechnungslegung 1987 ff.): Rechnungslegung und Prüfung der Unternehmen, Kommentar zum HGB, AktG, GmbHG, PublG nach den Vorschriften des Bilanzrichtlinien-Gesetzes, bearbeitet v. Karl-Heinz Forster u.a., Band I, 5. Auflage, Stuttgart 1987 ff.

Albach, Horst (Rechnungslegung 1966): Rechnungslegung im neuen Aktienrecht, in: NB, 19. Jg. (1966), S. 178-192

Albach, Horst (Rückstellungen 1967/68): Die Bilanzierung von Rückstellungen in der Ertragsteuerbilanz, in: StbJb 1967/68, S. 305-358

Albrecht, Peter (Ausgleich 1982): Gesetze der großen Zahlen und Ausgleich im Kollektiv - Bemerkungen zu Grundlagen der Versicherungsproduktion, in: ZVersWiss, 71. Jg. (1982), S. 501-538

Albrecht, Peter (Ausgleich 1987): Ausgleich im Kollektiv und Verlustwahrscheinlichkeit, in: ZVersWiss, 76. Jg. (1987), S. 95-117

Albrecht, Peter (Produktion 1987): Die Versicherungsproduktion - eine Kuppelproduktion bei Risiko, in: ZfB, 57. Jg. (1987), S. 316-328

Albrecht, Peter (Deckungsbeiträge 1990): Glaubwürdige Deckungsbeiträge in der Schadenversicherung, Mannheimer Vorträge zur Versicherungswissenschaft, hrsg. v. Peter Albrecht und Egon Lorenz, Nr. 47, Karlsruhe 1990

Albrecht, Peter; Lippe, Stefan (Prämie 1988): Prämie, mathematische und wirtschaftliche Fragen, in: HdV, hrsg. v. Dieter Farny u.a., Karlsruhe 1988, S. 525-532

Albrecht, Peter; Schwake, Edmund (Risiko 1988): Risiko, Versicherungstechnisches, in: HdV, hrsg. v. Dieter Farny u.a., Karlsruhe 1988, S. 651-657

Angerer, August (Dienstleistungen 1982): Dienstleistungen zwischen verbundenen (Versicherungs-) Unternehmen, in: VW, 37. Jg. (1982), S. 1456-1462

Angerer, August (Klauseln 1973): Beitragsänderungsklauseln in den Allgemeinen Versicherungsbedingungen, in: ZfV, 24. Jg. (1973), S. 684-691

Angerer, August (Vorschriften 1989): Die Vorschriften über die Rechnungslegung und Prüfung der Versicherungsunternehmen, in: Rechnungslegung und Prüfung der Versicherungsunternehmen, hrsg. v. IdW, 3. Auflage, Düsseldorf 1989, S. 1-44

Arndt, Hans-Wolfgang (Grundzüge 1988): Grundzüge des Allgemeinen Steuerrechts, München 1988

Baetge, Jörg (Objektivierung 1970): Möglichkeiten der Objektivierung des Jahreserfolges, Düsseldorf 1970

Baetge, Jörg (Vorschriften 1987): Die neuen Ansatz- und Bewertungsvorschriften, in: WPg, 40. Jg. (1987), S. 126-134

Baetge, Jörg; Knüppe, Wolfgang (Risiken 1986): Vorhersehbare Risiken und Verluste, in: HURB, hrsg. v. Ulrich Leffson, Dieter Rückle und Bernhard Großfeld, Köln 1986, S. 394-403

Ballwieser, Wolfgang (Vorsorge 1989): Bilanzielle Vorsorge zur Bewältigung des personellen Strukturwandels, in: ZfbF, 41. Jg. (1989), S. 955-973

Bauch, Günter; Oestreicher, Andreas (Bilanzen 1989): Handels- und Steuerbilanzen, 4. Auflage, Heidelberg 1989

Bauer, Heinrich (Geschäfte 1981): Schwebende Geschäfte im Steuerrecht, Diss., Erlangen-Nürnberg 1981

Baumann, Horst (Prämie 1988): Prämie, Rechtsfragen, in: HdV, hrsg. v. Dieter Farny u.a., Karlsruhe 1988, S. 533-539

Baur, Wolfgang (Periodisierung 1984): Die Periodisierung von Beitragseinnahmen und Schadenausgaben im aktienrechtlichen Jahresabschluß von Schaden- und Unfallversicherungsunternehmen, Karlsruhe 1984

BAV (Angabe 1975): Neue Rechnungslegungsvorschriften, in: VerBAV, 24. Jg. (1975), S. 301-304

BAV (Angabe 1976): Neue Rechnungslegungsvorschriften, in: VerBAV, 25. Jg. (1976), S. 178

BAV (Bundesaufsichtsamt 1987): Teilweise Auflösung einer überdotierten Verlustrücklage (§ 37 VAG) bei Versicherungsvereinen a.G., in: VerBAV, 36. Jg. (1987), S. 18

BAV (Haftpflichtversicherung 1990): Allgemeine Haftpflichtversicherung - Die Vereinbarung unbegrenzter Deckungssummen in der Allgemeinen Haftpflichtversicherung, in: VerBAV, 39. Jg. (1990), S. 478-479

BAV (Stellungnahme 1983): Stellungnahme zur Bildung der Rückstellung für drohende Verluste aus dem Versicherungsgeschäft, in: VerBAV, 32. Jg. (1983), S. 35

BAV (Verlautbarung 1988): Bilanzierungsrichtlinien für Versicherungsunternehmen, in: VerBAV, 37. Jg. (1988), S. 102

BAV (Verstärkungen 1987): Verstärkungen der Schwankungsrückstellung, in: VerBAV, 36. Jg. (1987), S. 78

Beisse, Heinrich (Handelsbilanzrecht 1980): Handelsbilanzrecht in der Rechtsprechung des Bundesfinanzhofs, in: BB, 35. Jg. (1980), S. 637-646

Bering, Rolf (Vorschriften 1987): Erweiterte Anlagevorschriften für Versicherungsunternehmen - Möglichkeiten und immanente Anwendungsgrenzen, in: VW, 42. Jg. (1987), S. 973-981

Bieg, Hartmut (Erfassung 1977): Lassen sich die buchhaltungstechnischen Schwierigkeiten bei der Erfassung schwebender Geschäfte lösen?, in: WPg, 30. Jg. (1977), S. 113-127

Bieg, Hartmut (Geschäfte 1977): Schwebende Geschäfte in Handels- und Steuerbilanz, Frankfurt a.M./Bern 1977

Biener, Herbert (Rückstellungen 1988): Rückstellungen für drohende Verluste aus schwebenden Geschäften bei Dauerrechtsverhältnissen, in: Handelsrecht und Steuerrecht, Festschrift für Georg Döllerer, hrsg. v. Brigitte Knobbe-Keuk, Franz Klein und Adolf Moxter, Düsseldorf 1988, S. 45-64

Biener, Herbert; Berneke, Wilhelm (Gesetz 1986): Bilanzrichtlinien-Gesetz, Düsseldorf 1986

Biergans, Enno (Einkommensteuer 1990): Einkommensteuer und Steuerbilanz, 5. Auflage, München 1990

Böcking, Hans-Joachim (Verzinslichkeit 1988): Bilanzrechtstheorie und Verzinslichkeit, Wiesbaden 1988

Boetius, Jan (Anmerkungen 1950 ff.): Vorbemerkungen sowie Anmerkungen zu den §§ 20 und 21 KStG, in: Einkommensteuer- und Körperschaftsteuergesetz (Kommentar), hrsg. v. Carl Herrmann, G. Heuer und Arndt Raupach, 19. Auflage, Köln 1950 ff.

Borstell, Thomas (Aufwandsrückstellungen 1988): Aufwandsrückstellungen nach neuem Bilanzrecht, Bergisch Gladbach/Köln 1988

Brands, Heinrich (Schadenschwankungen 1979): Periodische Schadenschwankungen und ihre Berücksichtigung im Jahresabschluß von Versicherungsunternehmungen, Berlin 1979

Brandt, Gerold (Kapitalanlagen 1988): Kapitalanlagen in unruhiger Zeit, in: VW, 43. Jg. (1988), S. 116-118

Bruck, Ernst; Möller, Hans (Anmerkungen 1961): Anmerkungen zu § 35 VVG, in: Versicherungsvertragsgesetz (Kommentar), 8. Auflage, Berlin 1961

Budde, Wolfgang Dieter; Geißler, Horst (Anmerkungen 1990): Anmerkungen zu § 252 HGB, in: Beck'scher Bilanz-Kommentar: Der Jahresabschluß nach Handels- und Steuerrecht, bearbeitet v. Wolfgang Dieter Budde u.a., 2. Auflage, München 1990

Burkhardt, Dietrich (Fremdwährungsgeschäfte 1988): Grundsätze ordnungsmäßiger Bilanzierung für Fremdwährungsgeschäfte, Düsseldorf 1988

Busse von Colbe, Walther (Rechnungslegungsvorschriften 1987): Die neuen Rechnungslegungsvorschriften aus betriebswirtschaftlicher Sicht, in: WPg, 40. Jg. (1987), S. 117-126

Clemm, Hermann (Realisation 1981): Grundprobleme der Gewinn- und Verlustrealisation bei langfristiger Auftragsfertigung und langfristiger Vermietung, in: Gewinnrealisierung im Steuerrecht, JDStJG 1981, hrsg. v. Hans Georg Ruppe, Köln 1981, S. 117-135

Clemm, Hermann (Verzinslichkeit 1984): Der Einfluß der Verzinslichkeit auf die Bewertung der Aktiva und Passiva, in: Werte und Wertermittlung im Steuerrecht, hrsg. v. Arndt Raupach, Köln 1984, S. 219-243

Clemm, Hermann; Nonnenmacher, Rolf (Anmerkungen 1990): Anmerkungen zu den §§ 249 und 253 HGB, in: Beck'scher Bilanz-Kommentar: Der Jahresabschluß nach Handels- und Steuerrecht, bearbeitet v. Wolfgang Dieter Budde u.a., 2. Auflage, München 1990

Crezelius, Georg (Rechtsprechung 1987): Das Handelsbilanzrecht in der Rechtsprechung des Bundesfinanzhofs, in: ZGR, 16. Jg. (1987), S. 1-45

Danner, Max (Schadenverhütung 1989): Schadenverhütungsarbeit zahlt sich für alle aus, in: VW, 44. Jg. (1989), S. 1638-1643

Döllerer, Georg (Begriff 1975): Grundsätzliches zum Begriff der Rückstellungen, in: DStZ, 63. Jg. (1975), S. 291-296

Döllerer, Georg (Bilanzierung 1974): Zur Bilanzierung des schwebenden Vertrags, in: BB, 29. Jg. (1974), S. 1541-1548

Döllerer, Georg (Korreferat 1977/78): Korreferat zum Referat Dr. Vogel, in: JbFfSt 1977/78, S. 268-277

Döllerer, Georg (Grundsätze 1982): Grundsätze ordnungswidriger Bilanzierung, in: BB, 37. Jg. (1982), S. 777-781

Donandt, Klaus; Richter, Horst (Posten 1989): Die versicherungstechnischen Posten des Jahresabschlusses der Schaden- und Unfallversicherungsunternehmen, in: Rechnungslegung und Prüfung der Versicherungsunternehmen, hrsg. v. IdW, 3. Auflage, Düsseldorf 1989, S. 135-282

Eder, Dieter (Aufwandsrückstellungen 1988): Aufwandsrückstellungen nach § 249 Abs. 2 HGB, Bergisch Gladbach/Köln 1988

Eibelshäuser, Manfred (Rückstellungen 1987): Rückstellungsbildung nach neuem Handelsrecht, in: BB, 42. Jg. (1987), S. 860-866

Eifler, Günter (Rückstellungen 1976): Grundsätze ordnungsmäßiger Bilanzierung für Rückstellungen, Düsseldorf 1976

Eifler, Günter (Rückstellungen 1987): Rückstellungen für ungewisse Verbindlichkeiten und für drohende Verluste aus schwebenden Geschäften, in: HdJ, hrsg. v. Klaus von Wysocki und Joachim Schulze-Osterloh, Abt. III/5, Köln 1987

Eisold, Uwe; Jäger, Otto (Posten 1989): Die versicherungstechnischen Posten des Jahresabschlusses der Lebensversicherungsunternehmen, in: Rechnungslegung und Prüfung der Versicherungsunternehmen, hrsg. v. IdW, 3. Auflage, Düsseldorf 1989, S. 65-96

Ellenbürger, Frank (Erfolgsrechnung 1990): Die versicherungstechnische Erfolgsrechnung, Bergisch Gladbach/Köln 1990

Erhard, Fritz (Rückstellungen 1977): A-B-C der Rückstellungen und Rücklagen nach Handels- und Steuerrecht, Bielefeld 1977

Farny, Dieter (Periodenrechnung 1989): Buchführung und Periodenrechnung im Versicherungsunternehmen, 3. Auflage, Wiesbaden 1989

Farny, Dieter (Produktion 1979): Versicherungsbetriebe(n), Produktion in, in: HWProd, hrsg. v. Werner Kern, Stuttgart 1979, Sp. 2138-2145

Farny, Dieter (Rechnungswesen 1981): Versicherungsunternehmungen, Rechnungswesen der, in: HWR, hrsg. v. Erich Kosiol, Klaus Chmielewicz und Marcell Schweitzer, 2. Auflage, Stuttgart 1981, Sp. 1699-1713

Farny, Dieter (Rückstellungen 1983): Rückstellungen für drohende Verluste aus schwebenden Geschäften in den Jahresabschlüssen 1982 der großen deutschen Kompositversicherungsunternehmen, in: VW, 38. Jg. (1983), S. 1581-1583

Farny, Dieter (Rückversicherung 1963): Der „Preis" für Rückversicherung in Theorie und Praxis, in: ZfV, 14. Jg. (1963), S. 737-740

Farny, Dieter (Theorie 1965): Produktions- und Kostentheorie der Versicherung, Karlsruhe 1965

Farny, Dieter (Underwriting 1983): Nichtversicherungstechnische Erträge und Prämienbedarf in der Schaden/Unfallversicherung oder: Versuche und Versuchungen des Cash flow-Underwriting, in: VW, 38. Jg. (1983), S. 398-403 (Teil I) und S. 476-485 (Teil II)

Farny, Dieter (Versicherungsbetriebslehre 1989): Versicherungsbetriebslehre, Karlsruhe 1989

Farny, Dieter; Helten, Elmar (Grundlagen 1977/81): Über Grundlagen und Praxis der Rückversicherung, in: VW, 32. Jg. (1977), S. 775-786 (Teil I) und 36. Jg. (1981), S. 594-603 (Teil II)

Fey, Dirk (Imparitätsprinzip 1987): Imparitätsprinzip und GoB-System im Bilanzrecht 1986, Berlin 1987

Forster, Karl-Heinz (Rückstellungen 1971): Rückstellungen für Verluste aus schwebenden Geschäften, in: WPg, 24. Jg. (1971), S. 393-399

Fricke, Friedrich (Sonderfragen 1989): Sonderfragen der Besteuerung von Versicherungsunternehmen, in: Rechnungslegung und Prüfung der Versicherungs-unternehmen, hrsg. v. IdW, 3. Auflage, Düsseldorf 1989, S. 631-688

Friederich, Hartmut (Grundsätze 1976): Grundsätze ordnungsmäßiger Bilanzierung für schwebende Geschäfte, 2. Auflage, Düsseldorf 1976

Gail, Winfried (Auflösung 1982): Die Auflösung von Rückstellungen in der Handels- und Steuerbilanz, in: BB, 37. Jg. (1982), S. 217-222

Gail, Winfried (Voraussetzungen 1987): Rechtliche Entstehung und wirtschaftliche Verursachung als Voraussetzungen für die Bildung von Rückstellungen, in: Beiträge zum Bilanzrichtlinien-Gesetz, hrsg. v. Horst Albach und Karl-Heinz Forster, Wiesbaden 1987, S. 51-65

Gärtner, Rudolf (Verzug 1977): Der Prämienzahlungsverzug, 2. Auflage, Neuwied 1977

Giese, Rolf (Merkmale 1981): Die Merkmale von Rückstellungen in der EG-Bilanzrichtlinie und dem Vorentwurf eines Bilanzrichtlinie-Gesetzes, in: DB, 34. Jg. (1981), S. 537-542

Glade, Anton (Rechnungslegung 1986): Rechnungslegung und Prüfung nach dem Bilanzrichtlinien-Gesetz, Herne/Berlin 1986

Groh, Manfred (Abzinsung 1988): Abzinsung von Verbindlichkeitsrückstellungen?, in: BB, 43. Jg. (1988), 1919-1921

Groh, Manfred (Rückstellung 1988): Verbindlichkeitsrückstellung und Verlustrückstellung: Gemeinsamkeiten und Unterschiede, in: BB, 43. Jg. (1988), S. 27-33

Groh, Manfred (Verluste 1976): Künftige Verluste in der Handels- und Steuerbilanz, zugleich ein Beitrag zur Teilwertdiskussion, in: StuW, 53. (6.) Jg. (1976), S. 32-42

Gross, Gerhard; Schruff, Lothar; Wysocki, Klaus von (Konzernabschluß 1987): Der Konzernabschluß nach neuem Recht, Aufstellung - Prüfung - Offenlegung, 2. Auflage, Düsseldorf 1987

Gürtler, Max (Risiko 1929): Das Risiko des Zufalles im Versicherungsbetrieb, in: ZVersWiss, 18. Jg. (1929), S. 209-236 und S. 292-326

Gürtler, Max (Risiko 1936-1939): Risiko und Rückversicherung, in: Deutsche Versicherungswirtschaft, hrsg. v. Rudolf Lencer und Paul Riebesell, Berlin 1936-1939, Band II, S. 445-452

Haberstock, Lothar (Steuerbilanz 1984): Steuerbilanz und Vermögensaufstellung, 2. Auflage, Hamburg 1984

Hartung, Werner (Verlustrückstellung 1988): Verlustrückstellung und Ganzheitsbetrachtung, in: BB, 43. Jg. (1988), S. 376-377

Heinen, Edmund (Handelsbilanzen 1986): Handelsbilanzen, 12. Auflage, Wiesbaden 1986

Heinen, Edmund (Kostenlehre 1983): Betriebswirtschaftliche Kostenlehre - Kostentheorie und Kostenentscheidungen, 6. Auflage, Wiesbaden 1983

Helten, Elmar (Entscheidungsverfahren 1973): Statistische Entscheidungsverfahren zur Risikopolitik von Versicherungsunternehmen, Habilitationsschrift, Köln 1973

Helten, Elmar (Nutzen 1984): Vom Nutzen der Rückversicherung aus der Sicht der Erstversicherer, in: Rückversicherung - Anspruch und Selbstverständnis, hrsg. v. EISEN UND STAHL Rückversicherungs-AG und HANNOVER Rückversicherungs-AG, Karlsruhe 1984, S. 53-68

Helten, Elmar (Prognose 1981): Methoden und Grenzen der Prognose im Versicherungsunternehmen, in: ZVersWiss, 70. Jg. (1981), S. 335-365

Helten, Elmar (Zielstrukturen 1983): Zielstrukturen und Organisation von Rückversicherungsentscheidungen - erste Ergebnisse einer empirischen Untersuchung deutscher Schaden- und Unfallversicherungsunternehmen, in: Geld, Banken und Versicherungen, hrsg. v. Hermann Göppl und Rudolf Henn, Karlsruhe 1983, Band II, S. 941-957

Helten, Elmar; Karten, Walter (Risiko 1984): Das Risiko und seine Kalkulation (Teile I-III), in: Versicherungswirtschaftliches Studienwerk, hrsg. v. Heinz Leo Müller-Lutz und Reimer Schmidt, Studienhefte 21-23, Wiesbaden 1984, S. 1-151

Helten, Elmar; Schwake, Edmund (Rückversicherung 1987): Rückversicherung, in: Vahlens Großes Wirtschaftslexikon, hrsg. v. Erwin Dichtl und Otmar Issing, Band 2, München 1987, S. 496-498

Helten, Elmar; Schwake, Edmund; Henke, Klaus-Dirk (Selbstbeteiligung 1987): Selbstbeteiligung, in: Vahlens Großes Wirtschaftslexikon, hrsg. v. Erwin Dichtl und Otmar Issing, Band 2, München 1987, S. 532-534

Herfurth, Rolf (Bewertung 1979): Zur Bewertung von Forderungen, in: WPg, 32. Jg. (1979), S. 525-528

Herzig, Norbert (Arbeitsverhältnisse 1985/86): Rückstellungen für Verbindlichkeiten aus Arbeitsverhältnissen, in: StbJb 1985/86, S. 61-112

Heubaum, Wolfgang (Posten 1989): Die versicherungstechnischen Posten des Jahresabschlusses der Krankenversicherungsunternehmen, in: Rechnungslegung und Prüfung der Versicherungsunternehmen, hrsg. v. IdW, 3. Auflage, Düsseldorf 1989, S. 111-133

Horbach, Lothar (EG-Entwurf 1988): Der EG-Versicherungsbilanzrichtlinien-Entwurf, Bergisch Gladbach/Köln 1988

Hübner, Ulrich (Vertragsbindung 1989): Vertragsbindung und Beitragsanpassungsklauseln, in: Assekuranz im Wandel, hrsg. v. Peter Koch, Karlsruhe 1989, S. 57-70

Hüttner, Manfred (Prognoseverfahren 1986): Prognoseverfahren und ihre Anwendung, Berlin/New York 1986

IASC (IAS 11/1979): Internationaler Rechnungslegungsgrundsatz des International Accounting Standards Committee Nr. 11 (IAS 11): Zur Bilanzierung bei Fertigungsaufträgen (construction contracts), in: WPg, 32. Jg. (1979), S. 446-450

IdW (Fachgutachten 1989): Grundsätze für die Erteilung von Bestätigungsvermerken bei Abschlußprüfungen/Hauptfachausschuß - Fachgutachten 3/1988, in: WPg, 42. Jg. (1989), S. 27-36

IdW (WP-Handbuch 1985): Wirtschaftsprüfer-Handbuch 1985/86, bearbeitet v. Wolfgang Dieter Budde u.a., Band I, 9. Auflage, Düsseldorf 1985

IdW (WP-Handbuch 1986): Wirtschaftsprüfer-Handbuch 1985/86, bearbeitet v. Wolfgang Dieter Budde u.a., Band II, 9. Auflage, Düsseldorf 1986

Jacobs, Otto H. (Realisationsprinzip 1972): Stellen die aktienrechtlichen Gewinnermittlungsvorschriften einen Verstoß gegen das Realisationsprinzip dar?, in: WPg, 25. Jg. (1972), S. 173-178

Jacobs, Otto H. (Rückstellungen 1988): Berechnung von Rückstellungen in der Steuerbilanz, in: DStR, 26. Jg. (1988), S. 238-247

Jannott, Horst K. (Einfluß 1975): Einfluß der Währungsprobleme auf die Rückversicherung, in: Sorgen - Vorsorgen - Versichern, Festschrift für Heinz Gehrhardt, hrsg. v. Hans Kalwar, Karlsruhe 1975, S. 173-197

Jannott, Horst K. (Rückversicherungspolitik 1988): Rückversicherungspolitik, in: HdV, hrsg. v. Dieter Farny u.a., Karlsruhe 1988, S. 715-719

Jäger, Bernd (Ergebnisse 1989): Nachwuchswissenschaftler referierten ihre Ergebnisse zur Versicherungslehre, in: VW, 44. Jg. (1989), S. 700-704

Jonas, Heinrich H. (Rückstellung 1986): Die in der aktienrechtlichen Handelsbilanz zulässige Rückstellung für drohende Verluste aus schwebenden Geschäften, in: DB, 39. Jg. (1986), S. 1733-1737

Kammann, Evert (Jahresabschlußkostenurteile 1980): Die Bedeutung von Imparitätsprinzip und wirtschaftlicher Betrachtungsweise für die Rückstellungsbildung - Grundfragen der Handelsbilanzkonzeption aus der Perspektive der Jahresabschlußkostenurteile des FG Münster vom 23.2.1979 und des BFH vom 20.3.1980, in: DStR, 18. Jg. (1980), S. 400-408

Karten, Walter (Diskussionsbericht 1967): Diskussionsbericht zum Thema „Die Schwankungsrückstellung und ihre betriebswirtschaftliche Funktion", in: ZVersWiss, 56. Jg. (1967), S. 39-47

Karten, Walter (Drohverlustrückstellung 1973): Zu Inhalt und Abgrenzung der Rückstellung für drohende Verluste aus schwebenden Geschäften in Versicherungsbilanzen, in: VW, 28. Jg. (1973), S. 1425-1428

Karten, Walter (Grundlagen 1966): Grundlagen eines risikogerechten Schwankungsfonds für Versicherungsunternehmen, Berlin 1966

Kayser, Georg; Rettig, Wolfgang (Rückstellungen 1985): Bewertung von Rückstellungen für drohende Verluste im Versicherungsgeschäft, in: VW, 40. Jg. (1985), S. 250-253

Knappmann, Ulrich (Kommentar 1988): Prölss/Martin, Kommentar zum Versicherungsvertragsgesetz, 24. Auflage, München 1988, Anmerkungen zu den §§ 38, 39 und 158 VVG

Korn, Klaus (Geschäfte 1987): Schwebende Geschäfte im Bilanzsteuerrecht und bei der Einheitsbewertung, in: KÖSDI, 1987, S. 7024-7035

Körner, Werner (Einzelbewertung 1976): Das Prinzip der Einzelbewertung, in: WPg, 29. Jg. (1976), S. 430-441

Kramer, Jörg-Dietrich (Stichtagsprinzip 1983): Rückstellungen und Stichtagsprinzip, in: FR, 38. (65.) Jg. (1983), S. 474-479

Kraus, Stefan (Rückstellungen 1987): Rückstellungen in der Handels- und Steuerbilanz, Bergisch Gladbach/Köln 1987

Kropff, Bruno (Grundsätze 1966): Grundsätze der Rechnungslegung nach dem Aktiengesetz 1965, in: NB, 19. Jg. (1966), S. 58 - 62

Kropff, Bruno (Rückstellungen 1988): Rückstellungen für künftige Verlustübernahmen aus Beherrschungs- und/oder Gewinnabführungsverträgen ?, in: Handelsrecht und Steuerrecht, Festschrift für Georg Döllerer, hrsg. v. Brigitte Knobbe-Keuk, Franz Klein und Adolf Moxter, Düsseldorf 1988, S. 349-367

Kupsch, Peter (Handbuch 1986 ff.): Anmerkungen zu § 246 HGB, in: Bonner Handbuch Rechnungslegung, hrsg. v. Max A. Hofbauer u.a., Bonn 1986 ff.

Kußmaul, Heinz (Nutzungsrechte 1987): Sind Nutzungsrechte Vermögensgegenstände bzw. Wirtschaftsgüter?, in: BB, 42. Jg. (1987), S. 2053-2065

Kühnberger, Manfred (Bildung 1990): Zur Bildung von Drohverlustrückstellungen bei Versicherungsunternehmen, in: VW, 45. Jg. (1990), S. 695-703 (Teil I) und 840-845 (Teil II)

Küting, Karlheinz; Kessler, Harald (Abzinsung 1989): Handels- und steuerbilanzielle Rückstellungsbildung: Fragen zur Abzinsung von Rückstellungen, in: DStR, 27. Jg. (1989), S. 723-729

Küting, Karlheinz; Kessler, Harald (Kostenbegriff 1989): Handels- und steuerbilanzielle Rückstellungsbildung: Rückstellungsbewertung und Kostenbegriff, in: DStR, 27. Jg. (1989), S. 693-697

Laaß, Wolfgang (Vorschriften 1988): Die neuen Rechnungslegungsvorschriften für Versicherungsunternehmen, in: WPg, 41. Jg. (1988), S. 353-365

Labes, Hartmut W. (Rückversicherungsformen 1988): Rückversicherungsformen, in: HdV, hrsg. v. Dieter Farny u.a., Karlsruhe 1988, S. 703-707

Leffson, Ulrich (Grundsätze 1987): Die Grundsätze ordnungsmäßiger Buchführung, 7. Auflage, Düsseldorf 1987

Lempenau, Gerhard (Stichtagsprinzip 1978/79): Aktuelle bilanzrechtliche Fragen aus der Sicht des Stichtagsprinzips, in: StbJb 1978/79, S. 149-200

Liedmeier, Norbert (Rückstellungen 1989): Rückstellungen wegen drohender Haftung bei bestehender Versicherungsdeckung, in: DB, 42. Jg. (1989), S. 2133-2136

Lippe, Stefan (Prämienprinzipien 1984): Mathematische Grundlagen von Prämienprinzipien, in: ZVersWiss, 73. Jg. (1984), S. 133-156

Lipperheide, Manfred (Prämienanpassungsklauseln 1988): Prämienanpassungsklauseln, in: HdV, hrsg. v. Dieter Farny u.a., Karlsruhe 1988, S. 541-547

Lohmeyer, Heinz (Bilanzierung 1969): Die Bilanzierung schwebender Geschäfte, in: DStZ, 57. Jg. (1969), S. 379-383

Lück, Wolfgang (Rechnungslegung 1990): Rechnungslegung nach Handels- und Steuerrecht, 4. Auflage, Bonn 1990

Maenner, Rolf (Theorie 1986): Theorie und Praxis der Rückwärtsversicherung, Karlsruhe 1986

Martin, Anton (Kommentar 1988): Prölss/Martin, Kommentar zum Versicherungsvertragsgesetz, 24. Auflage, München 1988, Anmerkungen zu den §§ 68 und 96 VVG

Martin, Walter (Bilanzierung 1982): Falsche Bilanzierung durch die herrschende Auffassung über Anschaffungskosten und schwebende Verträge?, in: DStR, 20. Jg. (1982), S. 243-246

Mathiak, Walter (Rechtsprechung 1984): Rechtsprechung zum Bilanzsteuerrecht, in: StuW, 61. (14.) Jg. (1984), S. 270-276

Mayer-Wegelin, Eberhard (Anmerkungen 1990): Anmerkungen zu § 249 HGB, in: Küting/Weber: Handbuch der Rechnungslegung, hrsg. v. Karlheinz Küting und Claus-Peter Weber, 3. Auflage, Stuttgart 1990

Mellwig, Winfried (Bilanzrechtsprechung 1983): Bilanzrechtsprechung und Betriebs-wirtschaftslehre, in: BB, 38. Jg. (1983), S. 1613-1620

Meyer, Lothar (Gesamtbewertung 1975): Die Gesamtbewertung von Versicherungsunternehmungen - Ein Beitrag zur Theorie der Gesamtbewertung, Karlsruhe 1975

Minz, Günter; Richter, Horst (Prüfung 1988): Prüfung von Versicherungsunternehmen, in: HdV, hrsg. v. Dieter Farny u.a., Karlsruhe 1988, S. 581-589

Mittelbach, Rolf (Bewertung 1966): Bewertung verkaufter Wirtschaftsgüter, in: DStZ, 54. Jg. (1966), S. 265-268

Molnar, Hans (Schadenrückstellungen 1986): Bilanzierung aktienrechtlicher Schaden-rückstellungen dem Grunde nach, Karlsruhe 1986

Moxter, Adolf (Bilanzrecht 1979): Rückstellungskriterien nach neuem Bilanzrecht, in: BB, 34. Jg. (1979), S. 433-440

Moxter, Adolf (Bilanzrechtsprechung 1985): Bilanzrecht-sprechung, 2. Auflage, Tübingen 1985

Moxter, Adolf (Bilanzrechtsprechung 1986): Ulrich Leffson und die Bilanzrechtsprechung, in: WPg, 39. Jg. (1986), S. 173-177

Moxter, Adolf (Fremdkapitalbewertung 1984): Fremdkapitalbewertung nach neuem Bilanzrecht, in: WPg, 37. Jg. (1984), S. 397-408

Moxter, Adolf (Gewinnermittlung 1983): Wirtschaftliche Gewinnermittlung und Bilanzsteuerrecht, in: StuW, 60. (13.) Jg. (1983), S. 300-307

Müller, Welf (Begriff 1981): Gedanken zum Rückstellungsbegriff in der Bilanz, in: ZGR, 10. Jg. (1981), S. 126-144

Müller, Welf (Rückstellungen 1987): Rückstellungen für drohende Verluste aus Dauerrechtsverhältnissen, in: BFuP, 39. Jg. (1987), S. 322-331

Müller, Wolfgang (Produkt 1981): Das Produkt der Versicherung, in: Geld und Versicherung, Festgabe für Wilhelm Seuß, hrsg. v. Michael Jung, Ralph René Lucius und Werner G. Seifert, Karlsruhe 1981, S. 155-171

Naumann, Klaus-Peter (Rückstellungen 1989): Die Bewertung von Rückstellungen in der Einzelbilanz nach Handels- und Ertragsteuerrecht, Düsseldorf 1989

Niemann, Ursula (Dauerschuldverhältnisse 1986): Rückstellungen für drohende Verluste aus schwebenden Geschäften mit Dauerschuldcharakter, hrsg. v. Institut „Finanzen und Steuern", Nr. 258, Bonn 1986

Niemann, Ursula (Rückstellungen 1974/75): Rückstellungen im Handels- und Steuerrecht nach gegenwärtigem Recht, in: StbJb 1974/75, S. 259-319

Nies, Helmut (Bestimmungen 1977): Die besonderen Bestimmungen des KStG 1977 für Lebensversicherungsunternehmen, in: VW, 32. Jg. (1977), S. 113-128

Nies, Helmut (Neuordnung 1979): Zur Neuordnung der Rückstellung zum Ausgleich des schwankenden Jahresbedarfs, in: VW, 34. Jg. (1979), S. 156-167

Nies, Helmut (Rückstellung 1973): Die Rückstellung zum Ausgleich des schwankenden Jahresbedarfs (Schwankungsrückstellung), in: WPg, 26. Jg. (1973), S. 337-356

Nies, Helmut (Rückstellungen 1972): Rückstellungen für drohende Verluste im Versicherungsgeschäft, in: WPg, 25. Jg. (1972), S. 383-392 (Teil I) und 446-453 (Teil II)

Nies, Helmut (Rückstellungen 1984): Rückstellungen für drohende Verluste bei schwebenden Dauerschuldverhältnissen unter besonderer Berücksichtigung des Versicherungsgeschäfts, in: StBp, 24. Jg. (1984), S. 130-135

Oberbrinkmann, Frank (Handelsbilanz 1990): Statische und dynamische Interpretation der Handelsbilanz, Düsseldorf 1990

Oos, Johannes (Ausweis 1979): Zum Ausweis des passiven Rückversicherungsgeschäfts im Rechnungsabschluß der Schaden- und Unfallversicherungsunternehmen, in: WPg, 32. Jg. (1979), S. 604-613

o.V. (AIDS 1989): AIDS-Fälle in der Lebensversicherung, in: ZfV, 40. Jg. (1989), S. 435

o.V. (Jahrbuch 1987): Bundesaufsichtsamt für das Versicherungswesen, in: Versicherungsreport 1986/87 - Jahrbuch der Versicherungswirtschaft, hrsg. v. Karl-Heinz Rehnert, 10. Jg., Karlsruhe 1987, S. 18

Paus, Bernhard (Vermietung 1984): Rückstellungen wegen drohender Verluste aus der Vermietung eines Wirtschaftsguts, in: DStZ, 72. Jg. (1984), S. 450-452

Perlet, Helmut (Versicherungsfälle 1986): Rückstellungen für noch nicht abgewickelte Versicherungsfälle in Handels- und Steuerbilanz, Karlsruhe 1986

Pößl, Wolfgang (Saldierungen 1984): Die Zulässigkeit von Saldierungen bei der Bilanzierung von wirtschaftlich ineinandergreifenden Vorgängen, in: DStR, 22. Jg. (1984), S. 428-435

Prölss, Jürgen (Kommentar 1988): Prölss/Martin, Kommentar zum Versicherungsvertragsgesetz, 24. Auflage, München 1988, Anmerkungen zu den §§ 2,7,8 und 40 VVG

Raupach, Arndt u.a. (Anmerkungen 1950 ff.): Anmerkungen zu § 5 EStG, in: Einkommensteuer- und Körperschaftsteuergesetz (Kommentar), hrsg. v. Carl Herrmann, G. Heuer und Arndt Raupach, 19. Auflage, Köln 1950 ff.

Richter, Horst (Anpassung 1988): Anpassung der Rechnungslegung der Versicherungsunternehmen an das Bilanzrichtlinien-Gesetz, Mannheimer Vorträge zur Versicherungswissenschaft, hrsg. v. Elmar Helten und Egon Lorenz, Nr. 40, Karlsruhe 1988

Richter, Horst (Prüfung 1983): Versicherungsunternehmen, Prüfung der, in: HWRev, hrsg. v. Adolf Gerhard Coenenberg und Klaus von Wysocki, Stuttgart 1983, Sp. 1668-1676

Richter, Horst; Treuberg, Hubert Graf von (Konzernabschluß 1989): Der Konzernabschluß (mit Exkurs: Der Abhängigkeitsbericht), in: Rechnungslegung und Prüfung der Versicherungsunternehmen, hrsg. v. IdW, 3. Auflage, Düsseldorf 1989, S. 555-630

Roer, Hans (Bilanzierung 1972): Bilanzierung und Vermögensbewertung bei schwebenden Geschäften (Verträgen), in: DB, 25. Jg. (1972), S. 345-355

Rohse, Heinz Werner (Rückstellung 1988): Richten sich die Bildung und Höhe einer Rückstellung für drohende Verluste aus schwebenden Geschäften nach der Ganzheitsbetrachtung oder ist nur der Restzeitraum ab Bilanzstichtag maßgeblich?, in: DStR, 26. Jg. (1988), S. 247-250

Rosenau, Heinz (Geschäfte 1972): Schwebende Geschäfte der Unternehmer im Steuerrecht, in: BB, 27. Jg. (1972), S. 167-172

Rückle, Dieter (Vorsicht 1986): Vorsicht, in: HURB, hrsg. v. Ulrich Leffson, Dieter Rückle und Bernhard Großfeld, Köln 1986, S. 403-416

Sarx, Manfred (Probleme 1985): Aktuelle Probleme der Verlustrückstellungen für Dauerschuldverhältnisse aus der Sicht der Handelsbilanz, in: Der Wirtschaftsprüfer im Schnittpunkt nationaler und internationaler Entwicklungen, Festschrift für Klaus von Wysocki, hrsg. v. Gerhard Gross, Düsseldorf 1985, S. 91-109

Sasse, Jürgen; Boetius, Jan (Bedeutung 1973): Wirtschaftliche und rechtliche Bedeutung der versicherungstechnischen Rückstellungen, in: Die versicherungstechnischen Rückstellungen im Steuerrecht, hrsg. v. Erich R. Prölss, Ernst von der Thüsen und Günter Ziegler, 3. Auflage, Karlsruhe 1973, S. 14-40

Schäfer, Wolf (Grundsätze 1977): Grundsätze ordnungsmäßiger Bilanzierung für Forderungen, 2. Auflage, Düsseldorf 1977

Schildbach, Thomas (Geldwertänderung 1981): Geldwertänderung, in: HWR, hrsg. v. Erich Kosiol, Klaus Chmielewicz und Marcell Schweitzer, 2. Auflage, Stuttgart 1981, Sp. 587-594

Schmidt, Reimer; Frey, Peter (Kommentar 1989): Prölss - Versicherungsaufsichtsgesetz (Kommentar), 10. Auflage, München 1989

Schmitz, Paul G. (Besteuerung 1978): Sonderfragen der Besteuerung von Versicherungsunternehmen, in: Rechnungslegung und Prüfung der Versicherungsunternehmen, hrsg. v. IdW, Düsseldorf 1978, S. 381-421

Schneider, Dieter (Bilanzierungsfähigkeit 1981): Bilanzierungs- und Buchungsfähigkeit, in: HWR, hrsg. v. Erich Kosiol, Klaus Chmielewicz und Marcell Schweitzer, 2.Auflage, Stuttgart 1981, Sp. 215-224

Schneider, Dieter (Bilanzrechtsprechung 1980): Bilanzrechtsprechung und wirtschaftliche Betrachtungsweise, in: BB, 35. Jg. (1980), S. 1225-1232

Schneider, Dieter (Problematik 1969): Die Problematik betriebswirtschaftlicher Teilwertlehren, in: WPg, 22. Jg. (1969), S. 305-313

Schneider, Dieter (Reform 1971): Eine Reform der steuerlichen Gewinnermittlung? Anmerkungen zum Teil „Gewinnermittlung" des Gutachtens der Steuerreformkommission 1971, in: StuW, 48. (1.) Jg. (1971), S. 326-341

Schneider, Dieter (Unternehmenserhaltung 1984): Unternehmenserhaltung und Gewinnverwendung in der Versicherungswirtschaft, in: ZVersWiss, 73. Jg. (1984), S. 253-269

Schneider, Dieter (Vorschriften 1983): Kapitalanlagevorschriften und Verbraucherschutz, in: ZfbF, 35. Jg. (1983), Sonderheft 16, S. 5-30

Schönnenbeck, Hermann (Auftrag 1963): Der unter „Vollkosten" hereingenommene Auftrag und sein Bilanzwert, in: DB, 16. Jg. (1963), S. 142-143

Schülen, Werner (Tendenzen 1983): Entwicklungstendenzen bei der Bildung von Rückstellungen, in: WPg, 36. Jg. (1983), S. 658-665

Schwake, Edmund (Marketing 1984): Die Bedeutung des Marketing für den Erfolg von Versicherungsunternehmen, in: ZVersWiss, 73. Jg. (1984), S. 389-408

Schwake, Edmund (Risiko 1988): Das versicherungstechnische Risiko als arteigenes Risiko der Versicherungsunternehmen?, in: ZVersWiss, 77. Jg. (1988), S. 61-81

Schwake, Edmund (Überlegungen 1987): Überlegungen zu einem risikoadäquaten Marketing als Steuerungskonzeption von Versicherungsunternehmen, Karlsruhe 1987

Stapper, Klaus (Bilanzierung 1964): Die Bilanzierung schwebender Geschäfte, Diss., München 1964

Streitferdt, Lothar (Rückstellungen 1981): Rückstellungen, in: HWR, hrsg. v. Erich Kosiol, Klaus Chmielewicz und Marcell Schweitzer, 2. Auflage, Stuttgart 1981, Sp. 1473-1482

Strobl, Elisabeth (Bewertung 1984): Die Bewertung von Rückstellungen, in: Werte und Wertermittlung im Steuerrecht, hrsg. v. Arndt Raupach, Köln 1984, S. 195-218

Tipke, Klaus; Langs, Joachim (Steuerrecht 1991): Steuerrecht, 13. Auflage, Köln 1991

Vassel, Klaus (Feststellung 1961): Zur Feststellung des BFH, daß Bilanzierungsanweisungen des Bundesaufsichtsamts für das Versicherungs- und Bausparwesen (BAV) steuerlich nicht binden, in: StuW, 38. Jg. (1961), Sp. 31-36

Vellguth, Hans Karl (Grundsätze 1938): Grundsätze ordnungsmäßiger Bilanzierung für schwebende Geschäfte, Leipzig 1938

Voit, Wolfgang (Kommentar 1988): Prölss/Martin, Kommentar zum Versicherungsvertragsgesetz, 24. Auflage, München 1988, Anmerkungen zu § 158 VVG

Weirich, Siegfried (Prüfung 1983): Rückstellungen für drohende Verluste aus schwebenden Geschäften, Prüfung der, in: HWRev, hrsg. v. Adolf Gerhard Coenenberg und Klaus von Wysocki, Stuttgart 1983, Sp. 1323-1337

Weiße, Christoph (Schwankungsrückstellung 1974): Schwankungsrückstellung und Großrisikenrückstellung nach versicherungsmathematischen Grundsätzen, in: WPg, 27. Jg. (1974), S. 470-483

Welzel, Hans-Joachim (Rechnungslegung 1987): Zur externen Rechnungslegung von Versicherungsunternehmen nach dem Bilanzrichtlinien-Gesetz (BiRiLiG), in: VW, 42. Jg. (1987), S. 436-443

Welzel, Hans-Joachim (Versicherungsbilanzen 1988): Versicherungsbilanzen im Umbruch, in: ZVersWiss, 77. Jg. (1988), S. 573-617

Westermann, Harm Peter (Beurteilung 1986): Vernünftige kaufmännische Beurteilung, in: HURB, hrsg. v. Ulrich Leffson, Dieter Rückle und Bernhard Großfeld, Köln 1986, S. 351-365

Woerner, Lothar (Grundsatzfragen 1984): Grundsatzfragen zur Bilanzierung schwebender Geschäfte, in: FR, 39. (66.) Jg. (1984), S. 489-496

Woerner, Lothar (Passivierung 1984/85): Passivierung schwebender Dauerschuldverhältnisse in der Bilanz des Unternehmers, in: StbJb 1984/85, S. 177-200

Wöhe, Günter (Bilanzpolitik 1987): Bilanzierung und Bilanzpolitik, 7. Auflage, München 1987

Wysocki, Klaus von (Bilanzpolitik 1982): Zur Bilanzpolitik bei rückläufiger Konjunktur, in: StuW, 59. (12.) Jg. (1982), S. 44-50

Wysocki, Klaus von (Sozialverpflichtungen 1989): Sozialverpflichtungen in der Bilanz, in: Bericht über die Fachtagung 1988: Risiken erkennen - Risiken bewältigen, hrsg. v. IdW, Düsseldorf 1989, S. 103-125

Wysocki, Klaus von; Wohlgemuth, Michael (Konzernrechnungslegung 1986): Konzernrechnungslegung unter Berücksichtigung des Bilanzrichtlinien-Gesetzes, 3. Auflage, Düsseldorf 1986

Zahn, Erich (Kalkulation 1981): Kalkulation, in: HWR, hrsg. v. Erich Kosiol, Klaus Chmielewicz und Marcell Schweitzer, 2. Auflage, Stuttgart 1981, Sp. 841-856

Ziegler, Günter (Großrisiken 1973): Rückstellungen für Großrisiken (RfGr), in: Die versicherungstechnischen Rückstellungen im Steuerrecht, hrsg. v. Erich R. Prölss, Ernst von der Thüsen und Günter Ziegler, 3. Auflage, Karlsruhe 1973, S. 77-89

Ziegler, Günter (Rückstellungen 1973): Rückstellungen für drohende Verluste (RdV) im Versicherungsgeschäft, in: Die versicherungstechnischen Rückstellungen im Steuerrecht, hrsg. v. Erich R. Prölss, Ernst von der Thüsen und Günter Ziegler, 3. Auflage, Karlsruhe 1973, S. 90 - 99

Ziegler, Günter (Rückstellungen 1989): Die versicherungstechnischen Rückstellungen - Bilanzierungs- und Bewertungsfragen - , in: Assekuranz im Wandel, hrsg. v. Peter Koch, Karlsruhe 1989, S. 205-215

Autorenverzeichnis

Stichwortverzeichnis

W

Z

Made in United States
Cleveland, OH
21 October 2026

46618795R00142